明解
線形代数

[改訂版]

長崎憲一・横山利章 共著

培風館

まえがき

今日では, コンピューターの計算処理能力の向上に伴い, 数理科学, 工学分野にとどまらず, 従来は文系と考えられた分野においても, 行列を用いてモデルを構築する, 大規模な線形連立方程式を処理するなど線形代数の知識が必要とされる場面が増えている. このような状況のもとで, 高校数学においてベクトル, 行列を特に履修していなくても, 実際に手を動かして計算することを通じて線形代数の最小限の基本的事項を理解してもらうために, 本書が著された. 工学系あるいは文系大学1, 2年生用教科書として用いられる場合には, 2セメスター (1年間) 週1回の講義ですべての内容が扱われることを想定しているが, 1セメスター (半年間) の講義として, 第1章から第4章だけを取り扱うこともできる.

著者たちが工科系大学において長年にわたって担当している入門的な「線形代数」教育で感じる難しさの主なものは, 「どのように行列式を導入するか」, 「1次独立・1次従属, ベクトル空間とその次元などの抽象的概念をいかに理解させるか」, などである. そこで, 執筆にあたっては特に入門書であることも意識して, 次のような点に注意を払った.

- 本格的な「線形代数」の本のように定義・定理・証明という形式はとらずに, まず例を挙げて計算を実行したあとで関連する計算法則・定理などを枠で囲って示すことによって, その内容を実感できるようにする.
- 置換とその符号を用いる行列式の標準的な定義から行列式の性質を導くことに困難を感じ, 4次以上の行列式の計算もできない学生が増えてきたので, 行列から実数への対応として満たすべき性質を先に列挙することによって行列式を定める方式を採用する.
- 応用面を考えても一般のベクトル空間を取り扱うことが理想的ではあるが, これまでの経験ではベクトル空間, 1次独立などの概念を抽象的に理解させることは極めて難しい. そこで, ベクトル空間としては $\boldsymbol{R}^n$ だけを, ベクトルとしては $\boldsymbol{R}^n$ の要素である数ベクトルだけを扱うことにする.
- 実際に手を動かして計算してみることによって, 基本的な計算法則および定理の意味が理解できるように, 各節末には十分な量の演習問題を用意する.

- 構成においても, 最初は計算中心の学習が可能となるように, 第 1–3 章で行列の演算, 連立方程式の掃き出し法による解法, 行列式の計算を取り上げる.
- 学習する内容がすぐわかるように, 1 つの話題はページの最初から始めて, できるだけ 1 ページまたは見開きの 2 ページで完結させる.

このような工夫によって, 読者である皆さんが線形代数に対して少しでも親しみやすさをもてるようになるならば, 我々著者の大いなる喜びとするところである.

終わりに, 企画の段階から編集および校正までの長い期間にわたって辛抱強くお世話くださった培風館編集部の木村博信氏に心から御礼申し上げる次第である.

2005 年 6 月

長崎 憲一
横山 利章

改訂にあたって

2005 年 10 月の初版発行から 18 年, この度, 改訂させていただくこととなった.
この間, 高等学校における数学の学習内容が大幅に変更された. それを踏まえて今回の改訂では, 2 次行列に関連する記述を充実させた. たとえば, 平面上の 1 次変換を追加したこと, 固有値・固有ベクトルと対角化を n 次の場合と分けて, それぞれ独立した節としたこと, などである. また, 行列式について, 2 次行列式と 3 次行列式を詳述し, n 次行列式は簡単に述べるにとどめた. 演習問題については, 新たな問題を追加し, 解答では詳しい途中式を示した.
このような工夫によって, 読者の皆さんにとってより使いやすい教科書となっているならば, 我々著者の喜びとするところである.
最後に, 改訂を辛抱強く待ってくださった培風館営業部の斉藤 淳氏, 校正と組版でお世話になった同社編集部の岩田誠司氏に心から御礼申し上げる.

2023 年 11 月

長崎 憲一
横山 利章

目　次

第1章 行　列

§1　ベクトルと行列

行ベクトルと列ベクトル　座標平面, 座標空間におけるベクトルは成分を用いて, たとえば

$$[1 \quad 3] \text{ または } \begin{bmatrix} 1 \\ 3 \end{bmatrix}, \quad [-2 \quad 2 \quad 1] \text{ または } \begin{bmatrix} -2 \\ 2 \\ 1 \end{bmatrix}$$

のように表される. これを拡張して, n 個の数を横に, または縦に並べて得られる

$$[a_1 \quad a_2 \quad \cdots \quad a_n], \quad \begin{bmatrix} a_1 \\ a_2 \\ \vdots \\ a_n \end{bmatrix}$$

を考えて, それぞれを $\boldsymbol{n}$ **次行ベクトル**, $\boldsymbol{n}$ **次列ベクトル**という. このとき, 成分表示された平面ベクトル, 空間ベクトルはそれぞれ2次行ベクトル (または2次列ベクトル), 3次行ベクトル (または3次列ベクトル) である.

本書では, n 次行ベクトルを表す記号は $\vec{\boldsymbol{a}}, \vec{\boldsymbol{b}}, \cdots$ とし, n 次列ベクトルを表す記号は $\boldsymbol{a}, \boldsymbol{b}, \cdots$ とする. たとえば

$$\vec{\boldsymbol{a}} = [1 \quad 2 \quad 3], \quad \boldsymbol{b} = \begin{bmatrix} -3 \\ 0 \\ 4 \end{bmatrix}$$

のように表す.

行列と行列の型　たとえば,

$$\begin{bmatrix}1 & 5\\6 & 7\end{bmatrix},\quad \begin{bmatrix}0 & -1 & \sqrt{5} & 4\\2 & 3 & \sqrt{2} & -3\end{bmatrix},\quad \begin{bmatrix}4 & -3\\-2 & 1\\6 & 7\end{bmatrix}$$

のように, 数を長方形状に並べて, 両端を $\left[\ \right]$ でくくったものを**行列**という.

一般に, $m \times n$ 個の数 a_{ij} $(1 \leqq i \leqq m,\ 1 \leqq j \leqq n)$, すなわち

$$a_{11},\ a_{12},\ \cdots,\ a_{1n};\ a_{21},\ a_{22},\ \cdots,\ a_{2n};\ \cdots\cdots;\ a_{m1},\ a_{m2},\ \cdots,\ a_{mn}$$

を

$$A = \overbrace{\begin{bmatrix}a_{11} & a_{12} & \cdots & a_{1n}\\ a_{21} & a_{22} & \cdots & a_{2n}\\ & \cdots\cdots & & \\ a_{m1} & a_{m2} & \cdots & a_{mn}\end{bmatrix}}^{n\text{ 個}}\left.\vphantom{\begin{bmatrix}a\\a\\a\\a\end{bmatrix}}\right\} m\text{ 個} \tag{1.1}$$

のように縦方向に m 個, 横方向に n 個の長方形状に並べて得られる行列を **m 行 n 列の行列**, あるいは簡単に **$m \times n$ 行列** (または **$m \times n$ 型行列**) という. $m \times n$ 行列 A には, 上から順に m 個の行ベクトル

$$\vec{\boldsymbol{a}}_1 = \begin{bmatrix}a_{11} & a_{12} & \cdots & a_{1n}\end{bmatrix},$$
$$\vec{\boldsymbol{a}}_2 = \begin{bmatrix}a_{21} & a_{22} & \cdots & a_{2n}\end{bmatrix},$$
$$\cdots\cdots$$
$$\vec{\boldsymbol{a}}_m = \begin{bmatrix}a_{m1} & a_{m2} & \cdots & a_{mn}\end{bmatrix}$$

があるが, これらを A の 第1行, 第2行, $\cdots$, 第 m 行 (ベクトル) という. また, 左から順に n 個の列ベクトル

$$\boldsymbol{a}_1 = \begin{bmatrix}a_{11}\\a_{21}\\\vdots\\a_{m1}\end{bmatrix},\quad \boldsymbol{a}_2 = \begin{bmatrix}a_{12}\\a_{22}\\\vdots\\a_{m2}\end{bmatrix},\quad \cdots\cdots,\quad \boldsymbol{a}_n = \begin{bmatrix}a_{1n}\\a_{2n}\\\vdots\\a_{mn}\end{bmatrix}$$

があるが, これらを A の 第1列, 第2列, $\cdots$, 第 n 列 (ベクトル) という.

また, 第 i 行第 j 列にある数 a_{ij} を行列 A の **(i, j) 成分**という. ここで, a_{ij} の添え字 ij は「行列」の文字の順序どおり,

i は行の番号,　j は列の番号

を表していることに注意しよう.

例 1.　3×4 行列において

$$\begin{bmatrix} 1 & 2 & 3 & 4 \\ 5 & 6 & 7 & 8 \\ 9 & 10 & 11 & 12 \end{bmatrix} \begin{matrix} \cdots \text{第}1\text{行} \\ \cdots \text{第}2\text{行} \\ \cdots \text{第}3\text{行} \end{matrix} \qquad \begin{array}{cccc} \left[1 \right. & 2 & 3 & \left. 4 \right] \\ 5 & 6 & 7 & 8 \\ \left[9 \right. & 10 & 11 & \left. 12 \right] \\ \vdots & \vdots & \vdots & \vdots \\ \text{第} & \text{第} & \text{第} & \text{第} \\ 1 & 2 & 3 & 4 \\ \text{列} & \text{列} & \text{列} & \text{列} \end{array}$$

$$(2,3)\ \text{成分} \quad \begin{bmatrix} 1 & 2 & 3 & 4 \\ 5 & 6 & 7 & 8 \\ 9 & 10 & 11 & 12 \end{bmatrix} \cdots \text{第}2\text{行}$$

$$\vdots$$

$$\text{第}3\text{列}$$

である.

前ページ (1.1) の行列 A を簡単に

$$A = [a_{ij}]$$

と表すことがある. また, 特に A の行ベクトル, 列ベクトルに着目するときには

$$A = \begin{bmatrix} \vec{\boldsymbol{a}}_1 \\ \vec{\boldsymbol{a}}_2 \\ \vdots \\ \vec{\boldsymbol{a}}_m \end{bmatrix}, \quad A = [\,\boldsymbol{a}_1 \quad \boldsymbol{a}_2 \quad \cdots \quad \boldsymbol{a}_n\,]$$

などと表す.

例 2.　2×3 行列 $A = [a_{ij}]$ において, $a_{ij} = 5i - 4j$ であるとする. このとき,

$$\begin{aligned} A &= \begin{bmatrix} a_{11} & a_{12} & a_{13} \\ a_{21} & a_{22} & a_{23} \end{bmatrix} \\ &= \begin{bmatrix} 5 \cdot 1 - 4 \cdot 1 & 5 \cdot 1 - 4 \cdot 2 & 5 \cdot 1 - 4 \cdot 3 \\ 5 \cdot 2 - 4 \cdot 1 & 5 \cdot 2 - 4 \cdot 2 & 5 \cdot 2 - 4 \cdot 3 \end{bmatrix} = \begin{bmatrix} 1 & -3 & -7 \\ 6 & 2 & -2 \end{bmatrix} \end{aligned}$$

となる. また, A の行ベクトル, 列ベクトルをそれぞれ

$$\vec{\boldsymbol{a}}_1 = [1 \quad -3 \quad -7],\ \vec{\boldsymbol{a}}_2 = [6 \quad 2 \quad -2], \quad \boldsymbol{a}_1 = \begin{bmatrix} 1 \\ 6 \end{bmatrix},\ \boldsymbol{a}_2 = \begin{bmatrix} -3 \\ 2 \end{bmatrix},\ \boldsymbol{a}_3 = \begin{bmatrix} -7 \\ -2 \end{bmatrix}$$

とおくとき,

$$A = \begin{bmatrix} \vec{\boldsymbol{a}}_1 \\ \vec{\boldsymbol{a}}_2 \end{bmatrix}, \quad \text{または} \quad A = [\,\boldsymbol{a}_1 \quad \boldsymbol{a}_2 \quad \boldsymbol{a}_3\,]$$

と表すこともできる.

正方行列・対角行列・単位行列 行の個数と列の個数が等しい行列, すなわち, $n \times n$ 行列を $\boldsymbol{n}$ **次正方行列** (または $\boldsymbol{n}$ **次行列**) という. n 次正方行列

$$A = \begin{bmatrix} a_{11} & a_{12} & \cdots & a_{1n} \\ a_{21} & a_{22} & \cdots & a_{2n} \\ \vdots & \vdots & \ddots & \vdots \\ a_{n1} & a_{n2} & \cdots & a_{nn} \end{bmatrix}$$

において, 左上から右下に向かう対角線上にある成分 $a_{11}, a_{22}, \cdots, a_{nn}$ を A の**対角成分**という.

例 3. 3 次正方行列 $A = \begin{bmatrix} 1 & 2 & 3 \\ 4 & 5 & 6 \\ 7 & 8 & 9 \end{bmatrix}$ において, 対角成分は 1, 5, 9 である.

また, n 次正方行列 $A = [a_{ij}]$ において, 対角成分以外の成分がすべて 0 であるとき, A を**対角行列**という.

例 4. 次の行列はいずれも 3 次対角行列である.

$$\begin{bmatrix} 1 & 0 & 0 \\ 0 & 1 & 0 \\ 0 & 0 & 1 \end{bmatrix}, \quad \begin{bmatrix} 3 & 0 & 0 \\ 0 & 5 & 0 \\ 0 & 0 & 7 \end{bmatrix}, \quad \begin{bmatrix} -1 & 0 & 0 \\ 0 & 0 & 0 \\ 0 & 0 & 3 \end{bmatrix}$$

ここで, 対角行列の対角成分には 0 が含まれていてもよいことに注意しよう.

さらに, 対角成分がすべて 1 であって, それ以外の成分はすべて 0 である正方行列を**単位行列**といい, E と表す. 特に, n 次単位行列であることを明らかにしたいときには E_n と表すこともある.

例 5. 2 次単位行列, 3 次単位行列はそれぞれ次のとおりである.

$$E = E_2 = \begin{bmatrix} 1 & 0 \\ 0 & 1 \end{bmatrix}, \quad E = E_3 = \begin{bmatrix} 1 & 0 & 0 \\ 0 & 1 & 0 \\ 0 & 0 & 1 \end{bmatrix}$$

零行列 成分がすべて 0 であるベクトルを零ベクトルというように, 成分がすべて 0 である行列を**零行列**という. 零行列は O で表す.

例 6. 2 次正方行列, 3×4 行列の零行列はそれぞれ次のとおりである.

$$O = \begin{bmatrix} 0 & 0 \\ 0 & 0 \end{bmatrix}, \quad O = \begin{bmatrix} 0 & 0 & 0 & 0 \\ 0 & 0 & 0 & 0 \\ 0 & 0 & 0 & 0 \end{bmatrix}$$

転置行列　$m \times n$ 行列 A の行と列を入れ替えてできる $n \times m$ 行列を A の**転置行列**といい, ${}^tA$ と表す (左上に小さく t と書く).

例 7.　$A = \begin{bmatrix} 1 & 3 & 5 \\ 6 & 4 & 2 \end{bmatrix}$ (2×3 行列) のとき, 転置行列は ${}^tA = \begin{bmatrix} 1 & 6 \\ 3 & 4 \\ 5 & 2 \end{bmatrix}$ (3×2 行列) である. つまり,

$$A = \begin{bmatrix} 1 & 3 & 5 \\ 6 & 4 & 2 \end{bmatrix} \begin{matrix} \cdots \text{第 1 行} \\ \cdots \text{第 2 行} \end{matrix} \quad \text{に対して,} \quad {}^tA = \begin{bmatrix} 1 & 6 \\ 3 & 4 \\ 5 & 2 \end{bmatrix}$$

（${}^tA$ の各列の下に：⋮ 第1列　⋮ 第2列）

である. また, $B = {}^tA = \begin{bmatrix} 1 & 6 \\ 3 & 4 \\ 5 & 2 \end{bmatrix}$ とすると, ${}^tB = {}^t\begin{bmatrix} 1 & 6 \\ 3 & 4 \\ 5 & 2 \end{bmatrix} = \begin{bmatrix} 1 & 3 & 5 \\ 6 & 4 & 2 \end{bmatrix} = A$ となるから, ${}^t({}^tA) = A$ が成り立っている.

一般の行列 A に対しても, この例と同じように

$${}^t({}^tA) = A \quad \text{(転置行列の転置行列はもとの行列)}$$

が成り立つことがわかる.

正方行列の転置行列について考えてみよう.

例 8.　$A = \begin{bmatrix} 1 & 4 & 7 \\ 9 & 6 & 3 \\ 2 & 5 & 8 \end{bmatrix}$ のとき, 転置行列は ${}^tA = \begin{bmatrix} 1 & 9 & 2 \\ 4 & 6 & 5 \\ 7 & 3 & 8 \end{bmatrix}$ である.

このように n 次正方行列 A の転置行列 ${}^tA$ はやはり n 次正方行列であり, A において左上から右下に向かう対角線に関して対称な位置にある成分どうしを入れ替えた行列が転置行列 ${}^tA$ であるといういい方もできる.

補足　一般に 2 つの行列 A, B について, 行列の型が同じであり, 対応する成分がすべて等しいとき,

$$A = B$$

と表し, A と B は**等しい**という.

対称行列と交代行列　n 次正方行列 A がその転置行列 ${}^tA$ と等しいとき, つまり

$$ {}^tA = A $$

であるとき, A を**対称行列**という. n 次正方行列 A が対称行列となるのは対角線に関して対称な位置にある成分が等しいときであるから, $A = [a_{ij}]$ とすると,

$$ A \text{ は対称行列である} \quad \Leftrightarrow \quad a_{ij} = a_{ji} \ \ (i, j = 1,\, 2,\, \cdots,\, n) $$

が成り立つ.

例 9. $\begin{bmatrix} 1 & 4 & 5 \\ 4 & 2 & 6 \\ 5 & 6 & 3 \end{bmatrix}$, $\begin{bmatrix} 1 & 0 & 0 \\ 0 & 2 & 0 \\ 0 & 0 & 3 \end{bmatrix}$, $\begin{bmatrix} 0 & 0 & 1 \\ 0 & 0 & 0 \\ 1 & 0 & 0 \end{bmatrix}$ はいずれも 3 次対称行列である.

また, n 次正方行列 A が

$$ {}^tA = -A $$

を満たすとき, A を**交代行列**という. ここで $-A$ は A のすべての成分の符号を変えた行列を表す (p.9 参照). A が交代行列であるための条件を成分で表すと, $A = [a_{ij}]$ として,

$$ A \text{ は交代行列である} \quad \Leftrightarrow \quad a_{ij} = -a_{ji} \ \ (i, j = 1,\, 2,\, \cdots,\, n) $$

である.

例 10. $\begin{bmatrix} 0 & -4 & -5 \\ 4 & 0 & 6 \\ 5 & -6 & 0 \end{bmatrix}$, $\begin{bmatrix} 0 & -1 & 0 \\ 1 & 0 & -2 \\ 0 & 2 & 0 \end{bmatrix}$ はいずれも 3 次交代行列である.

この例で, それぞれ対角成分がすべて 0 であることに注意しよう. 一般に, 交代行列の対角成分は 0 である. 実際, 成分による交代行列の条件式において, $j = i$ とすると

$$ a_{ii} = -a_{ii} \ \ (i = 1,\, 2,\, \cdots,\, n) $$

であり, 移項して $2a_{ii} = 0$, したがって $a_{ii} = 0$ $(i = 1,\, 2,\, \cdots,\, n)$ である.

演習問題

問題 1.1　行列 $A = \begin{bmatrix} 2 & 1 & 4 & -3 & 5 \\ 3 & -1 & -5 & 0 & 9 \\ 4 & 7 & 2 & x & -8 \\ 5 & -6 & -2 & 1 & 4 \end{bmatrix}$ について, 型, 第 2 行, 第 3 列, $(3,2)$ 成分, x は何成分か, を答えよ.

問題 1.2　次の行列 $A = [a_{ij}]$ をすべての成分を書き出す形で表せ.

(1) A は 3 次正方行列であり, $a_{ij} = \dfrac{j}{i}$.

(2) A は 3 次正方行列であり, $a_{ij} = \begin{cases} i & (i = j), \\ 0 & (i \neq j). \end{cases}$

(3) A は 2×3 行列であり, $a_{ij} = i^2 + j^2$.

(4) A は 3×4 行列であり, $a_{ij} = |2i - j|$.

問題 1.3　次の行列 $A = [a_{ij}]$ の型を答え, (i,j) 成分 a_{ij} を i, j の式で表せ.

(1) $A = \begin{bmatrix} 2 & 3 & 4 \\ 3 & 4 & 5 \\ 4 & 5 & 6 \\ 5 & 6 & 7 \end{bmatrix}$　　(2) $A = \begin{bmatrix} 1 & 2 & 3 & 4 \\ 4 & 8 & 12 & 16 \\ 9 & 18 & 27 & 36 \end{bmatrix}$

問題 1.4　次の等式が成り立つような a, b, c, d, e の値をそれぞれ求めよ.

(1) $\begin{bmatrix} 2a & b-1 \\ 5 & 1-3c \end{bmatrix} = \begin{bmatrix} -6 & 4 \\ 2d+1 & 7 \end{bmatrix}$　　(2) $\begin{bmatrix} 3 & a-2 & 2b \\ c & d+2 & e \end{bmatrix} = {}^t\begin{bmatrix} 3 & 2-d \\ b-5 & c+6 \\ a+4 & -2 \end{bmatrix}$

問題 1.5　次の行列 A が対称行列となるような a, b, c の値をそれぞれ求めよ.

(1) $A = \begin{bmatrix} 1 & a & 2b \\ 6-2a & -2 & 3c \\ b-3 & c-8 & -2 \end{bmatrix}$　　(2) $A = \begin{bmatrix} a & b & c \\ 3a & -b+2 & c+2 \\ -2a & b-3 & -c \end{bmatrix}$

問題 1.6　次の行列 A が交代行列となるような a, b, c, d の値をそれぞれ求めよ.

(1) $A = \begin{bmatrix} a & b & c \\ a-2 & 0 & d \\ c+4 & 2d-3 & 0 \end{bmatrix}$　　(2) $A = \begin{bmatrix} 0 & a & b-3 \\ 2b & 2c-6 & 3 \\ a+1 & -3 & d+1 \end{bmatrix}$

§2 行列の演算

ベクトルの和, 差, 実数倍 同じ次数の列ベクトル $\boldsymbol{a}=\begin{bmatrix} a_1 \\ a_2 \\ \vdots \\ a_n \end{bmatrix}$, $\boldsymbol{b}=\begin{bmatrix} b_1 \\ b_2 \\ \vdots \\ b_n \end{bmatrix}$ と実数 c に対して, 和, 差, 実数倍をそれぞれ

$$\boldsymbol{a}+\boldsymbol{b}=\begin{bmatrix} a_1+b_1 \\ a_2+b_2 \\ \vdots \\ a_n+b_n \end{bmatrix}, \quad \boldsymbol{a}-\boldsymbol{b}=\begin{bmatrix} a_1-b_1 \\ a_2-b_2 \\ \vdots \\ a_n-b_n \end{bmatrix}, \quad c\boldsymbol{a}=\begin{bmatrix} ca_1 \\ ca_2 \\ \vdots \\ ca_n \end{bmatrix}$$

で定める. 行ベクトルの和, 差, 実数倍も同様に定める.

行ベクトルと列ベクトルの積 n 次行ベクトル $\vec{\boldsymbol{a}}=[a_1 \quad a_2 \quad \cdots \quad a_n]$ に, n 次列ベクトル $\boldsymbol{b}=\begin{bmatrix} b_1 \\ b_2 \\ \vdots \\ b_n \end{bmatrix}$ を右からかけた積 $\vec{\boldsymbol{a}}\boldsymbol{b}$ を

$$\vec{\boldsymbol{a}}\boldsymbol{b}=a_1b_1+a_2b_2+\cdots+a_nb_n \tag{2.1}$$

によって定める. したがって, 積 $\vec{\boldsymbol{a}}\boldsymbol{b}$ の結果は実数であり, $n=2, 3$ のときには高校数学におけるベクトルの内積を成分で表した式と同じである.

なお, 次数の異なる行ベクトルと列ベクトルの積は定義されないこと, また, 行ベクトルと列ベクトルの順序を逆にした積 $\boldsymbol{b}\vec{\boldsymbol{a}}$ は (2.1) のような数にはならないことに注意する (例 6 参照).

例 1. $\vec{\boldsymbol{a}}=[3 \quad -4]$, $\boldsymbol{b}=\begin{bmatrix} 5 \\ 2 \end{bmatrix}$, $\vec{\boldsymbol{c}}=[-2 \quad 0 \quad 7]$, $\boldsymbol{d}=\begin{bmatrix} -4 \\ 5 \\ -2 \end{bmatrix}$ のとき,

$$\vec{\boldsymbol{a}}\boldsymbol{b}=[3 \quad -4]\begin{bmatrix} 5 \\ 2 \end{bmatrix}=3\cdot 5+(-4)\cdot 2=7,$$

$$\vec{\boldsymbol{c}}\boldsymbol{d}=[-2 \quad 0 \quad 7]\begin{bmatrix} -4 \\ 5 \\ -2 \end{bmatrix}=(-2)\cdot(-4)+0\cdot 5+7\cdot(-2)=-6$$

である. ここで $\vec{\boldsymbol{a}}\boldsymbol{d}$, $\vec{\boldsymbol{c}}\boldsymbol{b}$ などは, 行ベクトルと列ベクトルの次数が異なるから定義されないことに注意する.

行列の和, 差, 実数倍 ベクトルの和, 差と同様に, 行列の和, 差は2つの行列 A, B の型が同じときに限って定義される. また, ベクトルの実数倍と同様に行列の実数倍も定義される.

行列の和・差・実数倍

$A = [a_{ij}]$, $B = [b_{ij}]$ を同じ型の行列とし, c を実数とするとき,

$$A + B = [a_{ij} + b_{ij}], \quad A - B = [a_{ij} - b_{ij}], \quad cA = [ca_{ij}]$$

である.

例 2. $A = \begin{bmatrix} 3 & 4 & 6 \\ -3 & 1 & -5 \end{bmatrix}$, $B = \begin{bmatrix} -2 & 5 & 1 \\ 4 & -7 & -3 \end{bmatrix}$ のとき, 和 $A+B$, 差 $A-B$, および A の3倍 $3A$ は次のとおりである.

$$A + B = \begin{bmatrix} 3+(-2) & 4+5 & 6+1 \\ -3+4 & 1+(-7) & -5+(-3) \end{bmatrix} = \begin{bmatrix} 1 & 9 & 7 \\ 1 & -6 & -8 \end{bmatrix},$$

$$A - B = \begin{bmatrix} 3-(-2) & 4-5 & 6-1 \\ -3-4 & 1-(-7) & -5-(-3) \end{bmatrix} = \begin{bmatrix} 5 & -1 & 5 \\ -7 & 8 & -2 \end{bmatrix},$$

$$3A = \begin{bmatrix} 3\cdot 3 & 3\cdot 4 & 3\cdot 6 \\ 3\cdot(-3) & 3\cdot 1 & 3\cdot(-5) \end{bmatrix} = \begin{bmatrix} 9 & 12 & 18 \\ -9 & 3 & -15 \end{bmatrix}.$$

行列 A の実数倍において,

A の 1 倍 $1A$ は A そのもの,

A の 0 倍 $0A$ は零行列 O,

A の -1 倍 $(-1)A$ は A のすべての成分の符号を変えた行列

である. $(-1)A$ を $-A$ と書くことにする.

A, B, C を同じ型の行列とし, O をこれらと同じ型の零行列とする. さらに, a, b を実数とするとき,

$$A + B = B + A, \qquad (A + B) + C = A + (B + C),$$
$$A + O = O + A = A, \qquad A + (-A) = (-A) + A = O,$$
$$a(A + B) = aA + aB, \qquad (a + b)A = aA + bA, \qquad a(bA) = (ab)A$$

が成り立つ.

行列の積 $m \times n$ 行列 A と $k \times \ell$ 行列 B の積 AB は

$$\textbf{(行列 } \boldsymbol{A} \textbf{ の列の個数)} = \textbf{(行列 } \boldsymbol{B} \textbf{ の行の個数)}, \quad \text{つまり} \quad \boldsymbol{n = k}$$

のときに限って定義され, AB は $m \times \ell$ 行列となる. その成分は

$$AB \text{ の } (i, j) \text{ 成分} = A \text{ の第 } i \text{ 行ベクトルと } B \text{ の第 } j \text{ 列ベクトルの積}$$

で定められる.

例 3. 2×3 行列 $A = \begin{bmatrix} 1 & 2 & 4 \\ 5 & 0 & 6 \end{bmatrix}$ と 3×2 行列 $B = \begin{bmatrix} 2 & 1 \\ 5 & 3 \\ -1 & 0 \end{bmatrix}$ の積を考えよう. A の列数 3 と B の行数 3 が一致しているから, 積 AB は計算でき, その型は A の行数 $\times$ B の列数, つまり, 2×2 となる.

$(1, 1)$ 成分は $A = \begin{bmatrix} 1 & 2 & 4 \\ 5 & 0 & 6 \end{bmatrix}$ の第 1 行と $B = \begin{bmatrix} 2 & 1 \\ 5 & 3 \\ -1 & 0 \end{bmatrix}$ の第 1 列の積で,

$$AB \text{ の } (1, 1) \text{ 成分} = \begin{bmatrix} 1 & 2 & 4 \end{bmatrix} \begin{bmatrix} 2 \\ 5 \\ -1 \end{bmatrix} = 1 \cdot 2 + 2 \cdot 5 + 4 \cdot (-1) = 8.$$

$(1, 2)$ 成分は $A = \begin{bmatrix} 1 & 2 & 4 \\ 5 & 0 & 6 \end{bmatrix}$ の第 1 行と $B = \begin{bmatrix} 2 & 1 \\ 5 & 3 \\ -1 & 0 \end{bmatrix}$ の第 2 列の積で,

$$AB \text{ の } (1, 2) \text{ 成分} = \begin{bmatrix} 1 & 2 & 4 \end{bmatrix} \begin{bmatrix} 1 \\ 3 \\ 0 \end{bmatrix} = 1 \cdot 1 + 2 \cdot 3 + 4 \cdot 0 = 7.$$

$(2, 1)$ 成分は $A = \begin{bmatrix} 1 & 2 & 4 \\ 5 & 0 & 6 \end{bmatrix}$ の第 2 行と $B = \begin{bmatrix} 2 & 1 \\ 5 & 3 \\ -1 & 0 \end{bmatrix}$ の第 1 列の積で,

$$AB \text{ の } (2, 1) \text{ 成分} = \begin{bmatrix} 5 & 0 & 6 \end{bmatrix} \begin{bmatrix} 2 \\ 5 \\ -1 \end{bmatrix} = 5 \cdot 2 + 0 \cdot 5 + 6 \cdot (-1) = 4.$$

$(2, 2)$ 成分は $A = \begin{bmatrix} 1 & 2 & 4 \\ 5 & 0 & 6 \end{bmatrix}$ の第 2 行と $B = \begin{bmatrix} 2 & 1 \\ 5 & 3 \\ -1 & 0 \end{bmatrix}$ の第 2 列の積で,

$$AB \text{ の } (2, 2) \text{ 成分} = \begin{bmatrix} 5 & 0 & 6 \end{bmatrix} \begin{bmatrix} 1 \\ 3 \\ 0 \end{bmatrix} = 5 \cdot 1 + 0 \cdot 3 + 6 \cdot 0 = 5.$$

つまり, $AB = \begin{bmatrix} 8 & 7 \\ 4 & 5 \end{bmatrix}$ である.

一般には, $m \times n$ 行列 A, $n \times \ell$ 行列 B をそれぞれ

$$A = \begin{bmatrix} a_{11} & a_{12} & \cdots & a_{1n} \\ a_{21} & a_{22} & \cdots & a_{2n} \\ & \cdots & \cdots & \\ a_{m1} & a_{m2} & \cdots & a_{mn} \end{bmatrix}, \quad B = \begin{bmatrix} b_{11} & b_{12} & \cdots & b_{1\ell} \\ b_{21} & b_{22} & \cdots & b_{2\ell} \\ & \cdots & \cdots & \\ b_{n1} & b_{n2} & \cdots & b_{n\ell} \end{bmatrix}$$

とするとき, 積 AB ($m \times \ell$ 行列) の成分は

$$\begin{aligned} AB \text{ の } (i,j) \text{ 成分} &= A \text{ の第 } i \text{ 行と } B \text{ の第 } j \text{ 列の積} \\ &= \begin{bmatrix} a_{i1} & a_{i2} & \cdots & a_{in} \end{bmatrix} \begin{bmatrix} b_{1j} \\ b_{2j} \\ \vdots \\ b_{nj} \end{bmatrix} \\ &= a_{i1}b_{1j} + a_{i2}b_{2j} + \cdots + a_{in}b_{nj} \end{aligned}$$

によって定められる.

行ベクトル, 列ベクトルを用いると, 次のようにまとめることができる.

行列の積

$m \times n$ 行列 A と $n \times \ell$ 行列 B の積 AB は $m \times \ell$ 行列であり, A, B をそれぞれ行ベクトル, 列ベクトルを用いて,

$$A = \begin{bmatrix} \vec{\boldsymbol{a}}_1 \\ \vec{\boldsymbol{a}}_2 \\ \vdots \\ \vec{\boldsymbol{a}}_m \end{bmatrix}, \quad B = \begin{bmatrix} \boldsymbol{b}_1 & \boldsymbol{b}_2 & \cdots & \boldsymbol{b}_\ell \end{bmatrix}$$

と表すとき,

$$AB = \begin{bmatrix} \vec{\boldsymbol{a}}_1 \\ \vec{\boldsymbol{a}}_2 \\ \vdots \\ \vec{\boldsymbol{a}}_m \end{bmatrix} \begin{bmatrix} \boldsymbol{b}_1 & \boldsymbol{b}_2 & \cdots & \boldsymbol{b}_\ell \end{bmatrix} = \begin{bmatrix} \vec{\boldsymbol{a}}_1\boldsymbol{b}_1 & \vec{\boldsymbol{a}}_1\boldsymbol{b}_2 & \cdots & \vec{\boldsymbol{a}}_1\boldsymbol{b}_\ell \\ \vec{\boldsymbol{a}}_2\boldsymbol{b}_1 & \vec{\boldsymbol{a}}_2\boldsymbol{b}_2 & \cdots & \vec{\boldsymbol{a}}_2\boldsymbol{b}_\ell \\ & \cdots & \cdots & \\ \vec{\boldsymbol{a}}_m\boldsymbol{b}_1 & \vec{\boldsymbol{a}}_m\boldsymbol{b}_2 & \cdots & \vec{\boldsymbol{a}}_m\boldsymbol{b}_\ell \end{bmatrix} \tag{2.2}$$

によって定められる. この結果,

$$(m \times n \text{ 行列 } A)(n \times \ell \text{ 行列 } B) = (m \times \ell \text{ 行列 } AB)$$

が成り立つ.

例 4. $A = \begin{bmatrix} 0 & 1 & 2 \\ 1 & 2 & 1 \end{bmatrix}$, $B = \begin{bmatrix} 3 & 1 \\ 1 & 0 \\ 2 & 1 \end{bmatrix}$, $C = \begin{bmatrix} 1 & 1 \\ -1 & -2 \end{bmatrix}$ とするとき, 積が定まるような異なる 2 つの行列の組合せをすべて求めよう. まず,

$$A \text{ は } 2 \times 3 \text{ 行列}, \quad B \text{ は } 3 \times 2 \text{ 行列}, \quad C \text{ は } 2 \times 2 \text{ 行列}$$

である.

$$\begin{aligned} AX \text{ が定まる} &\Leftrightarrow X \text{ の行数が } 3 \\ &\Leftrightarrow X \text{ に当てはまるのは } B \text{ のみ}, \\ BY \text{ が定まる} &\Leftrightarrow Y \text{ の行数が } 2 \\ &\Leftrightarrow Y \text{ に当てはまるのは } A \text{ と } C, \\ CZ \text{ が定まる} &\Leftrightarrow Z \text{ の行数が } 2 \\ &\Leftrightarrow Z \text{ に当てはまるのは } A \text{ のみ} \end{aligned}$$

より, 積が定められるのは AB, BA, BC, CA の 4 通りである.

例 5. 前例の積を実際に求めると

$$AB = \begin{bmatrix} 0 & 1 & 2 \\ 1 & 2 & 1 \end{bmatrix} \begin{bmatrix} 3 & 1 \\ 1 & 0 \\ 2 & 1 \end{bmatrix} = \begin{bmatrix} 0+1+4 & 0+0+2 \\ 3+2+2 & 1+0+1 \end{bmatrix} = \begin{bmatrix} 5 & 2 \\ 7 & 2 \end{bmatrix},$$

$$BA = \begin{bmatrix} 3 & 1 \\ 1 & 0 \\ 2 & 1 \end{bmatrix} \begin{bmatrix} 0 & 1 & 2 \\ 1 & 2 & 1 \end{bmatrix} = \begin{bmatrix} 0+1 & 3+2 & 6+1 \\ 0+0 & 1+0 & 2+0 \\ 0+1 & 2+2 & 4+1 \end{bmatrix} = \begin{bmatrix} 1 & 5 & 7 \\ 0 & 1 & 2 \\ 1 & 4 & 5 \end{bmatrix},$$

$$BC = \begin{bmatrix} 3 & 1 \\ 1 & 0 \\ 2 & 1 \end{bmatrix} \begin{bmatrix} 1 & 1 \\ -1 & -2 \end{bmatrix} = \begin{bmatrix} 3-1 & 3-2 \\ 1+0 & 1+0 \\ 2-1 & 2-2 \end{bmatrix} = \begin{bmatrix} 2 & 1 \\ 1 & 1 \\ 1 & 0 \end{bmatrix},$$

$$CA = \begin{bmatrix} 1 & 1 \\ -1 & -2 \end{bmatrix} \begin{bmatrix} 0 & 1 & 2 \\ 1 & 2 & 1 \end{bmatrix} = \begin{bmatrix} 0+1 & 1+2 & 2+1 \\ 0-2 & -1-4 & -2-2 \end{bmatrix} = \begin{bmatrix} 1 & 3 & 3 \\ -2 & -5 & -4 \end{bmatrix}$$

である.

この例からわかるように, AB, BA のいずれも計算できたとしても, AB, BA の行列の型が一致するとは限らないことに注意しよう.

n 次行ベクトル, n 次列ベクトルは, それぞれ $1\times n$ 行列, $n\times 1$ 行列とみなすこともできる．その場合の積について考えてみよう．

例 6. $A=[2\quad 3\quad -1]$, $B=\begin{bmatrix}4\\-2\\1\end{bmatrix}$ とするとき, A は 1×3 行列, B は 3×1 行列であるから, AB, BA はいずれも計算できる．実際,

$$AB=[2\quad 3\quad -1]\begin{bmatrix}4\\-2\\1\end{bmatrix}=2\cdot 4+3\cdot(-2)+(-1)\cdot 1=1,$$

$$BA=\begin{bmatrix}4\\-2\\1\end{bmatrix}[2\quad 3\quad -1]=\begin{bmatrix}4\cdot 2 & 4\cdot 3 & 4\cdot(-1)\\ -2\cdot 2 & -2\cdot 3 & -2\cdot(-1)\\ 1\cdot 2 & 1\cdot 3 & 1\cdot(-1)\end{bmatrix}=\begin{bmatrix}8 & 12 & -4\\ -4 & -6 & 2\\ 2 & 3 & -1\end{bmatrix}$$

となる．ここで, 1×3 行列 A と 3×1 行列 B の積 AB は 1×1 行列であり, 1 個の数とみなすことができるので, 行列の括弧 [　] は書かないことにする．

補足　慣れないうちは, 行列の積の計算は次のように書くとよい．たとえば, 例 5 の $B=\begin{bmatrix}3 & 1\\1 & 0\\2 & 1\end{bmatrix}$ と $C=\begin{bmatrix}1 & 1\\-1 & -2\end{bmatrix}$ の積 $BC=[x_{ij}]$ ならば, B, C, $[x_{ij}]$ を

(1,1) 成分

$$\begin{array}{ccc} & & \begin{bmatrix}1 & 1\\-1 & -2\end{bmatrix}\\ & & \uparrow\\ \begin{bmatrix}3 & 1\\1 & 0\\2 & 1\end{bmatrix} & \leftarrow & \begin{bmatrix}x_{11} & x_{12}\\x_{21} & x_{22}\\x_{31} & x_{32}\end{bmatrix}\end{array}$$

(3,2) 成分

$$\begin{array}{ccc} & & \begin{bmatrix}1 & 1\\-1 & -2\end{bmatrix}\\ & & \uparrow\\ \begin{bmatrix}3 & 1\\1 & 0\\2 & 1\end{bmatrix} & \leftarrow & \begin{bmatrix}x_{11} & x_{12}\\x_{21} & x_{22}\\x_{31} & x_{32}\end{bmatrix}\end{array}$$

のように配置して書くと, どの 2 つのベクトルから x_{11}, $\cdots$, x_{32} を計算すればよいかが見やすい．この書き方で例 6 を書くと

AB

$$\begin{array}{cc} & \begin{bmatrix}4\\-2\\1\end{bmatrix}\\ [2\quad 3\quad -1] & [x_{11}]\end{array}$$

BA

$$\begin{array}{cc} & [2\quad 3\quad -1]\\ \begin{bmatrix}4\\-2\\1\end{bmatrix} & \begin{bmatrix}x_{11} & x_{12} & x_{13}\\x_{21} & x_{22} & x_{23}\\x_{31} & x_{32} & x_{33}\end{bmatrix}\end{array}$$

となる．

行列の分割と積 $m \times n$ 行列 A, $n \times \ell$ 行列 B をそれぞれ行ベクトル, 列ベクトルを用いて,

$$A = \begin{bmatrix} \vec{\boldsymbol{a}}_1 \\ \vec{\boldsymbol{a}}_2 \\ \vdots \\ \vec{\boldsymbol{a}}_m \end{bmatrix}, \quad B = [\,\boldsymbol{b}_1 \quad \boldsymbol{b}_2 \quad \cdots \quad \boldsymbol{b}_\ell\,]$$

と表すとき, B の列ベクトル, たとえば, $\boldsymbol{b}_1$ は $n \times 1$ 行列とみなせるから, $m \times n$ 行列 A との積 $A\boldsymbol{b}_1$ が定まり,

$$A\boldsymbol{b}_1 = \begin{bmatrix} \vec{\boldsymbol{a}}_1 \\ \vec{\boldsymbol{a}}_2 \\ \vdots \\ \vec{\boldsymbol{a}}_m \end{bmatrix} \boldsymbol{b}_1 = \begin{bmatrix} \vec{\boldsymbol{a}}_1\boldsymbol{b}_1 \\ \vec{\boldsymbol{a}}_2\boldsymbol{b}_1 \\ \vdots \\ \vec{\boldsymbol{a}}_m\boldsymbol{b}_1 \end{bmatrix}$$

となるが, この結果は (2.2) の右辺の行列の第 1 列に等しい. 同様に調べると, $A\boldsymbol{b}_2, \cdots, A\boldsymbol{b}_\ell$ はそれぞれ (2.2) の右辺の行列の第 2 列, $\cdots$, 第 ℓ 列に等しいから,

$$AB = A[\,\boldsymbol{b}_1 \quad \boldsymbol{b}_2 \quad \cdots \quad \boldsymbol{b}_\ell\,] = [\,A\boldsymbol{b}_1 \quad A\boldsymbol{b}_2 \quad \cdots \quad A\boldsymbol{b}_\ell\,]$$

が成り立つことがわかる. この関係は, これから何度も用いられる.

例 7. 例 3 において, B の列ベクトルを順に $\boldsymbol{b}_1 = \begin{bmatrix} 2 \\ 5 \\ -1 \end{bmatrix}$, $\boldsymbol{b}_2 = \begin{bmatrix} 1 \\ 3 \\ 0 \end{bmatrix}$ とおき, $B = [\,\boldsymbol{b}_1 \quad \boldsymbol{b}_2\,]$ と表すとき,

$$A\boldsymbol{b}_1 = \begin{bmatrix} 1 & 2 & 4 \\ 5 & 0 & 6 \end{bmatrix} \begin{bmatrix} 2 \\ 5 \\ -1 \end{bmatrix} = \begin{bmatrix} 2+10-4 \\ 10+0-6 \end{bmatrix} = \begin{bmatrix} 8 \\ 4 \end{bmatrix},$$

$$A\boldsymbol{b}_2 = \begin{bmatrix} 1 & 2 & 4 \\ 5 & 0 & 6 \end{bmatrix} \begin{bmatrix} 1 \\ 3 \\ 0 \end{bmatrix} = \begin{bmatrix} 1+6+0 \\ 5+0+0 \end{bmatrix} = \begin{bmatrix} 7 \\ 5 \end{bmatrix}$$

であるから, 確かに

$$AB = \begin{bmatrix} 8 & 7 \\ 4 & 5 \end{bmatrix} = [\,A\boldsymbol{b}_1 \quad A\boldsymbol{b}_2\,]$$

が成り立っている.

計算規則：結合則　3 つの行列 A, B, C の積に関して, AB が定まり, $(AB)C$ も定まるときには, BC, $A(BC)$ も定まり, 結合則

$$(AB)C = A(BC) \tag{2.3}$$

が成り立つ．逆に, BC, $A(BC)$ が定まるときには, AB, $(AB)C$ も定まり, やはり (2.3) が成り立つ．そこで, (2.3) において, 左辺または右辺のいずれかの行列が定まるとき, その行列を ABC と表すことにする．

例 8.　$A = \begin{bmatrix} 0 & 1 & 2 \\ 1 & 2 & 1 \end{bmatrix}$, $B = \begin{bmatrix} 3 & 1 \\ 1 & 0 \\ 2 & 1 \end{bmatrix}$, $C = \begin{bmatrix} 1 \\ -1 \end{bmatrix}$ とするとき,

$$AB = \begin{bmatrix} 0 & 1 & 2 \\ 1 & 2 & 1 \end{bmatrix}\begin{bmatrix} 3 & 1 \\ 1 & 0 \\ 2 & 1 \end{bmatrix} = \begin{bmatrix} 5 & 2 \\ 7 & 2 \end{bmatrix}, \quad BC = \begin{bmatrix} 3 & 1 \\ 1 & 0 \\ 2 & 1 \end{bmatrix}\begin{bmatrix} 1 \\ -1 \end{bmatrix} = \begin{bmatrix} 2 \\ 1 \\ 1 \end{bmatrix}$$

であるから,

$$(AB)C = \begin{bmatrix} 5 & 2 \\ 7 & 2 \end{bmatrix}\begin{bmatrix} 1 \\ -1 \end{bmatrix} = \begin{bmatrix} 3 \\ 5 \end{bmatrix},$$

$$A(BC) = \begin{bmatrix} 0 & 1 & 2 \\ 1 & 2 & 1 \end{bmatrix}\begin{bmatrix} 2 \\ 1 \\ 1 \end{bmatrix} = \begin{bmatrix} 3 \\ 5 \end{bmatrix}$$

となる．確かに $(AB)C = A(BC)$ が成り立つので, $ABC = \begin{bmatrix} 3 \\ 5 \end{bmatrix}$ と表す．

計算規則：分配則　3 つの行列 A, B, C の和と積に関して, 分配則

$$A(B + C) = AB + AC, \qquad (A + B)C = AC + BC \tag{2.4}$$

が成り立つ．ただし, 各式のそれぞれの辺の行列は定まるものとする．

例 9.　$A = \begin{bmatrix} 2 & 1 \\ -1 & 1 \end{bmatrix}$, $B = \begin{bmatrix} 1 \\ 2 \end{bmatrix}$, $C = \begin{bmatrix} 3 \\ -1 \end{bmatrix}$ とするとき,

$$A(B + C) = \begin{bmatrix} 2 & 1 \\ -1 & 1 \end{bmatrix}\left(\begin{bmatrix} 1 \\ 2 \end{bmatrix} + \begin{bmatrix} 3 \\ -1 \end{bmatrix}\right) = \begin{bmatrix} 2 & 1 \\ -1 & 1 \end{bmatrix}\begin{bmatrix} 4 \\ 1 \end{bmatrix} = \begin{bmatrix} 9 \\ -3 \end{bmatrix},$$

$$AB + AC = \begin{bmatrix} 2 & 1 \\ -1 & 1 \end{bmatrix}\begin{bmatrix} 1 \\ 2 \end{bmatrix} + \begin{bmatrix} 2 & 1 \\ -1 & 1 \end{bmatrix}\begin{bmatrix} 3 \\ -1 \end{bmatrix} = \begin{bmatrix} 4 \\ 1 \end{bmatrix} + \begin{bmatrix} 5 \\ -4 \end{bmatrix} = \begin{bmatrix} 9 \\ -3 \end{bmatrix}$$

となり, 確かに (2.4) の左の式が成り立つ．

正方行列の積　行列 A, B が n 次正方行列, つまり, $n \times n$ 行列であるとき, AB, BA はともに定まり, いずれも $n \times n$ 行列, つまり, n 次正方行列となる.

例 10. $A = \begin{bmatrix} 1 & 2 \\ 3 & 6 \end{bmatrix}, B = \begin{bmatrix} 4 & -2 \\ -2 & 1 \end{bmatrix}$ とするとき,

$$AB = \begin{bmatrix} 1 & 2 \\ 3 & 6 \end{bmatrix}\begin{bmatrix} 4 & -2 \\ -2 & 1 \end{bmatrix} = \begin{bmatrix} 4-4 & -2+2 \\ 12-12 & -6+6 \end{bmatrix} = \begin{bmatrix} 0 & 0 \\ 0 & 0 \end{bmatrix},$$

$$BA = \begin{bmatrix} 4 & -2 \\ -2 & 1 \end{bmatrix}\begin{bmatrix} 1 & 2 \\ 3 & 6 \end{bmatrix} = \begin{bmatrix} 4-6 & 8-12 \\ -2+3 & -4+6 \end{bmatrix} = \begin{bmatrix} -2 & -4 \\ 1 & 2 \end{bmatrix}$$

である.

この例からわかるように, AB と BA は一致するとは限らない. 2つの n 次正方行列 A, B の積において,

$$AB = BA$$

が成り立つとき, A と B は**交換可能**あるいは**可換**であるという.

例 11. $A = \begin{bmatrix} 1 & 4 \\ 2 & 3 \end{bmatrix}, B = \begin{bmatrix} 2 & 2 \\ 1 & 3 \end{bmatrix}$ とするとき,

$$AB = \begin{bmatrix} 1 & 4 \\ 2 & 3 \end{bmatrix}\begin{bmatrix} 2 & 2 \\ 1 & 3 \end{bmatrix} = \begin{bmatrix} 2+4 & 2+12 \\ 4+3 & 4+9 \end{bmatrix} = \begin{bmatrix} 6 & 14 \\ 7 & 13 \end{bmatrix},$$

$$BA = \begin{bmatrix} 2 & 2 \\ 1 & 3 \end{bmatrix}\begin{bmatrix} 1 & 4 \\ 2 & 3 \end{bmatrix} = \begin{bmatrix} 2+4 & 8+6 \\ 1+6 & 4+9 \end{bmatrix} = \begin{bmatrix} 6 & 14 \\ 7 & 13 \end{bmatrix}$$

となり, $AB = BA$ が成り立っているので, この A と B は交換可能である.

なお, 単位行列 E はすべての正方行列 A と交換可能で,

$$AE = EA = A$$

が成り立つ.

例 12. $A = \begin{bmatrix} 1 & 4 \\ 2 & 3 \end{bmatrix}$ とするとき,

$$AE = \begin{bmatrix} 1 & 4 \\ 2 & 3 \end{bmatrix}\begin{bmatrix} 1 & 0 \\ 0 & 1 \end{bmatrix} = \begin{bmatrix} 1+0 & 0+4 \\ 2+0 & 0+3 \end{bmatrix} = \begin{bmatrix} 1 & 4 \\ 2 & 3 \end{bmatrix} = A,$$

$$EA = \begin{bmatrix} 1 & 0 \\ 0 & 1 \end{bmatrix}\begin{bmatrix} 1 & 4 \\ 2 & 3 \end{bmatrix} = \begin{bmatrix} 1+0 & 4+0 \\ 0+2 & 0+3 \end{bmatrix} = \begin{bmatrix} 1 & 4 \\ 2 & 3 \end{bmatrix} = A$$

である.

単位行列 E は実数の計算における 1 のような働きをする.

正方行列のベキ乗 n 次正方行列 A の**ベキ乗**は, 結合則から,

$$A^2 = AA, \quad A^3 = A^2A = AA^2, \quad A^4 = A^3A = AA^3, \quad \cdots$$

によって定めることができる.

例 13. $A = \begin{bmatrix} 1 & 4 \\ 2 & 3 \end{bmatrix}$ とするとき,

$$A^2 = AA = \begin{bmatrix} 1 & 4 \\ 2 & 3 \end{bmatrix}\begin{bmatrix} 1 & 4 \\ 2 & 3 \end{bmatrix} = \begin{bmatrix} 1+8 & 4+12 \\ 2+6 & 8+9 \end{bmatrix} = \begin{bmatrix} 9 & 16 \\ 8 & 17 \end{bmatrix},$$

$$A^3 = A^2A = \begin{bmatrix} 9 & 16 \\ 8 & 17 \end{bmatrix}\begin{bmatrix} 1 & 4 \\ 2 & 3 \end{bmatrix} = \begin{bmatrix} 9+32 & 36+48 \\ 8+34 & 32+51 \end{bmatrix} = \begin{bmatrix} 41 & 84 \\ 42 & 83 \end{bmatrix}$$

である. $\begin{bmatrix} 1 & 4 \\ 2 & 3 \end{bmatrix}^2 = \begin{bmatrix} 1^2 & 4^2 \\ 2^2 & 3^2 \end{bmatrix}$ や $\begin{bmatrix} 1 & 4 \\ 2 & 3 \end{bmatrix}^3 = \begin{bmatrix} 1^3 & 4^3 \\ 2^3 & 3^3 \end{bmatrix}$ ではないので注意しよう.

次に, 展開を考えよう. たとえば, $(A+B)^2$ について, 分配則を用いると

$$\begin{aligned}(A+B)^2 &= (A+B)(A+B) = A(A+B) + B(A+B) \\ &= A^2 + AB + BA + B^2\end{aligned}$$

となるので, 数の場合と同じ展開公式 $(A+B)^2 = A^2 + 2AB + B^2$ が成り立つのは $AB + BA = 2AB$ つまり $BA = AB$ のとき, すなわち, A と B が交換可能であるときに限ることがわかる.

例 14. A と B が交換可能のとき,

$$\begin{aligned}&(A-B)^2 = A^2 - 2AB + B^2, \quad (A+B)(A-B) = A^2 - B^2, \\ &(A+B)^3 = A^3 + 3A^2B + 3AB^2 + B^3\end{aligned}$$

などが成り立つ. $AB \neq BA$ ならば, これらは成り立たない.

零因子 行列の積が数の積と異なるもう一つの点として, 例 10 のように,

$AB = O$ であっても, $A = O$ または $B = O$ とは限らない

ことがある. ここで, O は零行列である. $A \neq O$, $B \neq O$, $AB = O$ を満たす行列 A, B を**零因子**という. 例 10 の行列 A, B は零因子である.

なお, $AB = O$ であっても, $BA = O$ とは限らない. また, $A^2 = O$ であっても, $A = O$ とは限らない.

演習問題

問題 2.1 $\boldsymbol{a} = \begin{bmatrix} 2 \\ 3 \\ -1 \end{bmatrix}$, $\boldsymbol{b} = \begin{bmatrix} 2 \\ -1 \\ 4 \end{bmatrix}$, $\vec{\boldsymbol{u}} = [-1 \quad 2 \quad 3]$, $\vec{\boldsymbol{v}} = [3 \quad -1 \quad 0]$ のとき, 次を求めよ.

(1) $2\boldsymbol{a}$　(2) $-\boldsymbol{a} + 3\boldsymbol{b}$　(3) $2(3\boldsymbol{a} - 2\boldsymbol{b})$

(4) $\vec{\boldsymbol{u}}\boldsymbol{a}$　(5) $\vec{\boldsymbol{v}}(\boldsymbol{a} - 3\boldsymbol{b})$　(6) $(2\vec{\boldsymbol{u}} + \vec{\boldsymbol{v}})\boldsymbol{b}$

問題 2.2 次の 2 つの方程式を満たす行列 X, Y をそれぞれ求めよ.

(1) $X + Y = \begin{bmatrix} 1 & 2 \\ 3 & 4 \end{bmatrix}$, $\quad X - 2Y = \begin{bmatrix} 1 & -7 \\ -3 & 1 \end{bmatrix}$

(2) $2X + Y = \begin{bmatrix} 4 & -7 & 10 \\ 5 & 3 & -2 \end{bmatrix}$, $\quad X - 3Y = \begin{bmatrix} 9 & -7 & -9 \\ -8 & 5 & 6 \end{bmatrix}$

問題 2.3 次の行列の積を計算せよ.

(1) $[4 \quad 5]\begin{bmatrix} 1 & -3 \\ 2 & 1 \end{bmatrix}$　(2) $\begin{bmatrix} 1 & 2 & -1 \\ 0 & 1 & 2 \\ 3 & -4 & 1 \end{bmatrix}\begin{bmatrix} 3 \\ 5 \\ 4 \end{bmatrix}$

(3) $\begin{bmatrix} 2 \\ 3 \\ 4 \end{bmatrix}[-2 \quad 1 \quad 3]$　(4) $[-2 \quad 1 \quad 3]\begin{bmatrix} 2 \\ 3 \\ 4 \end{bmatrix}$

問題 2.4 次の行列において, 積が定まる 2 つの行列の組合せをすべて求め, それらの積を計算せよ.

$$A = \begin{bmatrix} 5 & 1 \\ 1 & 3 \end{bmatrix}, \quad B = \begin{bmatrix} -2 & 4 & 3 \\ 1 & 5 & 2 \end{bmatrix}, \quad C = \begin{bmatrix} -1 \\ 3 \\ 2 \end{bmatrix}, \quad D = \begin{bmatrix} 2 & 2 \\ 3 & 4 \\ 5 & 1 \end{bmatrix}$$

問題 2.5 $A = \begin{bmatrix} 3 & 1 \\ -2 & 1 \end{bmatrix}$, $B = \begin{bmatrix} -1 & -2 \\ 2 & 3 \end{bmatrix}$, $C = \begin{bmatrix} 0 & -1 \\ 3 & 2 \end{bmatrix}$ であるとき, 次の行列を求めよ.

(1) $2AB - AC$　(2) $3AC + 2BC$　(3) $(2A + B)(2A - B)$

問題 2.6 $A = \begin{bmatrix} 2 & -3 & 1 \\ 2 & 0 & 1 \\ 3 & -1 & 2 \\ -1 & 1 & -2 \end{bmatrix}$, $B = \begin{bmatrix} 1 & -1 \\ 2 & 1 \\ 1 & 0 \end{bmatrix}$, $C = \begin{bmatrix} 2 & -1 & 1 & 1 \\ -1 & 2 & 0 & 1 \end{bmatrix}$ のとき, 行列の積 ABC, BCA, CAB を求めよ.

問題 2.7　$A = \begin{bmatrix} 1 & -2 \\ 2 & -3 \end{bmatrix}$, $B = \begin{bmatrix} 2 & 5 \\ -4 & 2 \end{bmatrix}$ について, 次の各式が成り立つことを確かめよ.

(1) ${}^t(A+B) = {}^tA + {}^tB$　　(2) ${}^t(AB) = {}^tB\,{}^tA$

問題 2.8　2 次正方行列 $A = \begin{bmatrix} 3 & a \\ 2 & 2 \end{bmatrix}$, $B = \begin{bmatrix} 5 & -3 \\ 6 & b \end{bmatrix}$ が

$$(A+B)(A-B) = A^2 - B^2$$

を満たすとき, a, b の値を求めよ.

問題 2.9　2 次正方行列 $A = \begin{bmatrix} x & -9 \\ 1 & y \end{bmatrix}$ が $A^2 = O$ を満たすとき, x, y の値を求めよ.

問題 2.10　2 次正方行列 $A = \begin{bmatrix} a & b \\ c & d \end{bmatrix}$ が次の関係式を満たすことを示せ.

$$A^2 - (a+d)A + (ad-bc)E = O$$

問題 2.11　2 次正方行列 $A = \begin{bmatrix} 1 & 2 \\ -1 & 1 \end{bmatrix}$ と交換可能な 2 次正方行列 X, すなわち $AX = XA$ を満たす 2 次正方行列 X は $X = pE + qA$ (p, q は実数) と表されることを示せ.

問題 2.12　$A = \begin{bmatrix} -1 & 2 \\ 3 & -6 \end{bmatrix}$ とする.

(1) $AB = O$ となる 2 次正方行列 B をすべて求めよ.

(2) $CA = O$ となる 2 次正方行列 C をすべて求めよ.

問題 2.13　次の行列 A に対して, A^k (k は自然数) を求めよ.

(1) $A = \begin{bmatrix} 2 & 0 \\ 0 & 3 \end{bmatrix}$　　(2) $A = \begin{bmatrix} 3 & 1 \\ 0 & 3 \end{bmatrix}$

(3) $A = \begin{bmatrix} 2 & 1 \\ -3 & -2 \end{bmatrix}$　　(4) $A = \begin{bmatrix} 0 & -1 \\ 1 & 0 \end{bmatrix}$

(5) $A = \begin{bmatrix} 0 & 1 & 0 \\ 0 & 0 & 1 \\ 0 & 0 & 0 \end{bmatrix}$　　(6) $A = \begin{bmatrix} 2 & 1 & 0 \\ 0 & 2 & 1 \\ 0 & 0 & 2 \end{bmatrix}$

第2章
連立1次方程式

§3　行基本変形と階段行列

掃き出し法　最初に, 連立1次方程式の解法を簡単な例で見直してみよう.

例 1. (E1) $\begin{cases} 3x + 4y = 9 \\ \ \ x + 2y = 7 \end{cases}$

まず, 第1式＋第2式 × (−3) として　(E2) $\begin{cases} \quad\ \ -2y = -12 \\ x + 2y = 7 \end{cases}$

次に, 第1式 × $(-\frac{1}{2})$ として　(E3) $\begin{cases} \qquad\ \ y = 6 \\ x + 2y = 7 \end{cases}$

次に, 第1式と第2式の交換 をして　(E4) $\begin{cases} x + 2y = 7 \\ \qquad\ \ y = 6 \end{cases}$

最後に, 第1式＋第2式 × (−2) として　(E5) $\begin{cases} x \qquad\ = -5 \\ \qquad\ \ y = 6 \end{cases}$

ここでは, 連立1次方程式を別の連立1次方程式に変形した. この変形の逆もできる. たとえば, (E2) を (E1) に変形するには

$$\text{(E2)} \xrightarrow{\text{第1式} + \text{第2式} \times 3} \text{(E1)}$$

とすればよい. これより, (E2) を満たす x, y は (E1) を満たし, (E1) の解と (E2) の解が一致することがわかる. (E5) を (E4) に, (E4) を (E3) に, (E3) を (E2) に変形することもでき, (E5) が (E1) の解である.

例1からわかるように，連立1次方程式を解くということは，

i.　1つの式に0でない数をかける (割る)
ii.　2つの式を入れ替える
iii.　1つの式に他の式の定数倍を加える (引く)

という操作による連立1次方程式の変形を適切な順に繰り返して，未知数の値を求めること，または，場合によっては，未知数の間のもっとも簡潔な関係式を導くことである．これら3つの操作を連立1次方程式の**基本変形**という．

例1の変形において，文字 x, y と等号 $=$ を省略し，たとえば $\begin{cases} 3x+4y=3 \\ x+2y=-1 \end{cases}$ の代わりに行列を用いて

$$\begin{bmatrix} 3 & 4 & 3 \\ 1 & 2 & -1 \end{bmatrix},\ \text{または，左辺と右辺の区切りを破線}\ \vdots\ \text{で示して}\ \left[\begin{array}{cc:c} 3 & 4 & 3 \\ 1 & 2 & -1 \end{array}\right]$$

と書いても連立1次方程式の意味がわかることに着目しよう．このように行列を用いて表したとき，基本変形 i, ii, iii は，それぞれ行列における

I.　1つの行に0でない数をかける (割る)
II.　2つの行を入れ替える
III.　1つの行に他の行の定数倍を加える (引く)

という操作に対応する．行列におけるこれら3つの操作を**行基本変形**という．

例 2. 例1の基本変形を行列を用いて示すと

(E1) $\begin{cases} 3x+4y=9 \\ x+2y=7 \end{cases}$	$\left[\begin{array}{cc:c} 3 & 4 & 9 \\ 1 & 2 & 7 \end{array}\right]$
$\to$ (E2) $\begin{cases} \quad -2y=-12 \\ x+2y=7 \end{cases}$	$\xrightarrow{\text{第1行}+\text{第2行}\times(-3)} \left[\begin{array}{cc:c} 0 & -2 & -12 \\ 1 & 2 & 7 \end{array}\right]$
$\to$ (E3) $\begin{cases} \quad y=6 \\ x+2y=7 \end{cases}$	$\xrightarrow{\text{第1行}\times(-\frac{1}{2})} \left[\begin{array}{cc:c} 0 & 1 & 6 \\ 1 & 2 & 7 \end{array}\right]$
$\to$ (E4) $\begin{cases} x+2y=7 \\ \quad y=6 \end{cases}$	$\xrightarrow{\text{第1行}\longleftrightarrow\text{第2行}} \left[\begin{array}{cc:c} 1 & 2 & 7 \\ 0 & 1 & 6 \end{array}\right]$
$\to$ (E5) $\begin{cases} x \quad =-5 \\ \quad y=6 \end{cases}$	$\xrightarrow{\text{第1行}+\text{第2行}\times(-2)} \left[\begin{array}{cc:c} 1 & 0 & -5 \\ 0 & 1 & 6 \end{array}\right]$

となる．

結局, 連立 1 次方程式を解くということが, その方程式を表す行列に対して行基本変形を適切な順に繰り返して, 解が容易にわかるような特別な形の行列, たとえば例 1 の (E5) を表す行列

$$\begin{bmatrix} 1 & 0 & \vdots & -5 \\ 0 & 1 & \vdots & 6 \end{bmatrix} \quad (左辺に相当する部分が単位行列)$$

を導くことに帰着する.

　以下では, 変形を示すのに行を丸数字で表し, たとえば

$$\xrightarrow{①-②×5} \quad は, 直前の行列の第 1 行から第 2 行の 5 倍を引く$$

こととする. また, たとえば ①－②×5, ③÷6 などはそれぞれ ①＋②×(−5), ③×$\frac{1}{6}$ と同じ操作であることに注意する.

例 3. $\begin{cases} -2x + 4y - 6z = -14 \\ 2x - 3y + 4z = 6 \\ 4x - 3y + 8z = 24 \end{cases}$

$$\begin{bmatrix} -2 & 4 & -6 & \vdots & -14 \\ 2 & -3 & 4 & \vdots & 6 \\ 4 & -3 & 8 & \vdots & 24 \end{bmatrix} \xrightarrow{①÷(-2)} \begin{bmatrix} 1 & -2 & 3 & \vdots & 7 \\ 2 & -3 & 4 & \vdots & 6 \\ 4 & -3 & 8 & \vdots & 24 \end{bmatrix}$$

$$\xrightarrow[③-①×4]{②-①×2} \begin{bmatrix} 1 & -2 & 3 & \vdots & 7 \\ 0 & 1 & -2 & \vdots & -8 \\ 0 & 5 & -4 & \vdots & -4 \end{bmatrix} \xrightarrow[③-②×5]{①-②×(-2)} \begin{bmatrix} 1 & 0 & -1 & \vdots & -9 \\ 0 & 1 & -2 & \vdots & -8 \\ 0 & 0 & 6 & \vdots & 36 \end{bmatrix}$$

$$\xrightarrow{③÷6} \begin{bmatrix} 1 & 0 & -1 & \vdots & -9 \\ 0 & 1 & -2 & \vdots & -8 \\ 0 & 0 & 1 & \vdots & 6 \end{bmatrix} \xrightarrow[②-③×(-2)]{①-③×(-1)} \begin{bmatrix} 1 & 0 & 0 & \vdots & -3 \\ 0 & 1 & 0 & \vdots & 4 \\ 0 & 0 & 1 & \vdots & 6 \end{bmatrix}$$

最後の行列は $\begin{cases} x & = -3 \\ y & = 4 \\ z = 6 \end{cases}$ を表していて, これが解である.

　連立 1 次方程式のこのような解法を**掃き出し法**という. 掃き出し法の一般的な計算手順に関しては p.26 ～ p.27 で詳しく説明するが, この例では

$$\begin{bmatrix} 1番目 & 5番目 & 8番目 & \vdots & * \\ 2番目 & 4番目 & 9番目 & \vdots & * \\ 3番目 & 6番目 & 7番目 & \vdots & * \end{bmatrix} \quad の順に計算して \quad \begin{bmatrix} 1 & 0 & 0 & \vdots & * \\ 0 & 1 & 0 & \vdots & * \\ 0 & 0 & 1 & \vdots & * \end{bmatrix}$$

の形に変形したことに注意しよう.　　　　　　　　　　　　　　　　　単位行列

例 4. $\begin{cases} x-2y-\ z=4 \\ 3x-4y+\ z=10 \\ -2x+\ y-4z=-5 \end{cases}$

$$\left[\begin{array}{ccc:c} 1 & -2 & -1 & 4 \\ 3 & -4 & 1 & 10 \\ -2 & 1 & -4 & -5 \end{array}\right] \xrightarrow[\text{③}-\text{①}\times(-2)]{\text{②}-\text{①}\times 3} \left[\begin{array}{ccc:c} 1 & -2 & -1 & 4 \\ 0 & 2 & 4 & -2 \\ 0 & -3 & -6 & 3 \end{array}\right]$$

$$\xrightarrow{\text{②}\div 2} \left[\begin{array}{ccc:c} 1 & -2 & -1 & 4 \\ 0 & 1 & 2 & -1 \\ 0 & -3 & -6 & 3 \end{array}\right] \xrightarrow[\text{③}-\text{②}\times(-3)]{\text{①}-\text{②}\times(-2)} \left[\begin{array}{ccc:c} 1 & 0 & 3 & 2 \\ 0 & 1 & 2 & -1 \\ 0 & 0 & 0 & 0 \end{array}\right]$$

この例では, 左辺に相当する部分が単位行列となるようには変形できない.

例 5. $\begin{cases} x+2y+2z=1 \\ 2x+4y+5z=4 \\ 3x+6y+5z=1 \end{cases}$

$$\left[\begin{array}{ccc:c} 1 & 2 & 2 & 1 \\ 2 & 4 & 5 & 4 \\ 3 & 6 & 5 & 1 \end{array}\right] \xrightarrow[\text{③}-\text{①}\times 3]{\text{②}-\text{①}\times 2} \left[\begin{array}{ccc:c} 1 & 2 & 2 & 1 \\ 0 & 0 & 1 & 2 \\ 0 & 0 & -1 & -2 \end{array}\right]$$

この例でも, 左辺に相当する部分を単位行列とするような変形はできそうにない.

また, 一般に, 未知数が n 個で方程式が m 個の連立 1 次方程式

$$\begin{cases} a_{11}x_1 + a_{12}x_2 + \cdots + a_{1n}x_n = b_1 \\ a_{21}x_1 + a_{22}x_2 + \cdots + a_{2n}x_n = b_2 \\ \cdots\cdots\cdots \\ a_{m1}x_1 + a_{m2}x_2 + \cdots + a_{mn}x_n = b_m \end{cases}$$

を考えると, $m \neq n$ の場合は左辺に相当する部分は正方行列ではないので, そもそも単位行列とするような変形はできない.

そこで, 次に, これらの場合も含むような, 目標とするべき特別な形の行列について学習することにしよう.

例 4, 例 5 の解については, §4 で改めて述べる.

階段行列 行列の行基本変形を利用して, 連立1次方程式の解を求めようとするときに, 変形の目標とするべき特別な形の行列 (階段行列) について述べる.

そのような行列を説明するために, まず用語を1つ準備する.

一般の行列の零ベクトルでない行において, 左から見て最初に現れる 0 でない成分をその行の**主成分**という. たとえば行列

$$A = \begin{bmatrix} 2 & 3 & 0 & 1 \\ 4 & 5 & 6 & 0 \\ 0 & 0 & 7 & 8 \end{bmatrix}, \quad B = \begin{bmatrix} 0 & 1 & 0 & 4 \\ 3 & 0 & 2 & 5 \\ 0 & 0 & 0 & 0 \end{bmatrix}$$

において, A の第1行, 第2行, 第3行の主成分は順に 2, 4, 7 である. また, B の第1行, 第2行の主成分は順に 1, 3 であるが, 第3行は零ベクトルであるから主成分はない.

階段行列

次の4つの条件をすべて満たす行列を**階段行列**という.

1° 零ベクトルである行があれば, それらは零ベクトルでない行より下にある.

2° 零ベクトルでない行の主成分は1である.

3° 零ベクトルでない行の主成分は下の行ほど右に現れる.

4° ある行の主成分を含む列では, その主成分 1 以外の成分はすべて 0 である.

例3の変形の最後に現れた, 単位行列 E にもう1列付け加わった行列 $[\,E \mid \boldsymbol{c}\,]$ ($\boldsymbol{c}$ は列ベクトル) は階段行列である.

例 6. 条件 1° ～ 4° を具体例で示すと, たとえば

条件 1° 条件 2°, 3° 条件 4°

$$\begin{bmatrix} 1 & 0 & 2 & 4 & 0 & 6 \\ 0 & 1 & 3 & 5 & 0 & 7 \\ 0 & 0 & 0 & 0 & 1 & 8 \\ 0 & 0 & 0 & 0 & 0 & 0 \\ 0 & 0 & 0 & 0 & 0 & 0 \end{bmatrix}, \quad \begin{bmatrix} 1 & 0 & 2 & 4 & 0 & 6 \\ 0 & 1 & 3 & 5 & 0 & 7 \\ 0 & 0 & 0 & 0 & 1 & 8 \\ 0 & 0 & 0 & 0 & 0 & 0 \\ 0 & 0 & 0 & 0 & 0 & 0 \end{bmatrix}, \quad \begin{bmatrix} 1 & 0 & 2 & 4 & 0 & 6 \\ 0 & 1 & 3 & 5 & 0 & 7 \\ 0 & 0 & 0 & 0 & 1 & 8 \\ 0 & 0 & 0 & 0 & 0 & 0 \\ 0 & 0 & 0 & 0 & 0 & 0 \end{bmatrix}$$

の網掛け部分である.

例 7. 次の行列はいずれも階段行列である.

$$\begin{bmatrix}1&0&0&3\\0&1&0&5\\0&0&1&1\end{bmatrix},\quad \begin{bmatrix}1&0&3&1\\0&1&2&4\\0&0&0&0\end{bmatrix},\quad \begin{bmatrix}1&2&0&3\\0&0&1&4\\0&0&0&0\end{bmatrix},\quad \begin{bmatrix}1&2&0&0\\0&0&1&0\\0&0&0&1\end{bmatrix},$$

$$\begin{bmatrix}1&0&0&6&3\\0&1&0&4&5\\0&0&1&2&1\end{bmatrix},\ \begin{bmatrix}1&0&4&0&3\\0&1&2&0&5\\0&0&0&1&1\end{bmatrix},\ \begin{bmatrix}1&2&0&0&3\\0&0&1&0&5\\0&0&0&1&1\end{bmatrix},\ \begin{bmatrix}1&0&4&0&0\\0&1&5&0&0\\0&0&0&1&0\\0&0&0&0&1\end{bmatrix}.$$

例 8. 次の行列 A, B, C はいずれも階段行列ではない. その理由を考えて, 行基本変形によって階段行列に変形してみよう.

$$A=\begin{bmatrix}1&0&2&0\\0&0&0&0\\0&0&0&3\end{bmatrix},\quad B=\begin{bmatrix}0&1&0&3\\2&0&0&8\\0&0&1&5\end{bmatrix},\quad C=\begin{bmatrix}1&2&7&4\\0&1&2&0\\0&0&0&1\end{bmatrix}.$$

A は条件 1° を満たしていない. また, 第 3 行の主成分が 3 であるから, 条件 2° も満たしていない.

$$A=\begin{bmatrix}1&0&2&0\\0&0&0&0\\0&0&0&3\end{bmatrix}\xrightarrow{②\longleftrightarrow③}\begin{bmatrix}1&0&2&0\\0&0&0&3\\0&0&0&0\end{bmatrix}\xrightarrow{②\div 3}\begin{bmatrix}1&0&2&0\\0&0&0&1\\0&0&0&0\end{bmatrix}.$$

B は条件 3° を満たしていない. また, 第 2 行の主成分が 2 であるから, 条件 2° も満たしていない.

$$B=\begin{bmatrix}0&1&0&3\\2&0&0&8\\0&0&1&5\end{bmatrix}\xrightarrow{①\longleftrightarrow②}\begin{bmatrix}2&0&0&8\\0&1&0&3\\0&0&1&5\end{bmatrix}\xrightarrow{①\div 2}\begin{bmatrix}1&0&0&4\\0&1&0&3\\0&0&1&5\end{bmatrix}.$$

C の第 2 列, 第 4 列は主成分以外に 0 でない成分を含むから, 条件 4° を満たしていない.

$$C=\begin{bmatrix}1&2&7&4\\0&1&2&0\\0&0&0&1\end{bmatrix}\xrightarrow{①-②\times 2}\begin{bmatrix}1&0&3&4\\0&1&2&0\\0&0&0&1\end{bmatrix}\xrightarrow{①-③\times 4}\begin{bmatrix}1&0&3&0\\0&1&2&0\\0&0&0&1\end{bmatrix}.$$

階段行列への変形 与えられた行列から行基本変形によって階段行列を導く計算の手順を, ひとつの行列を例にして説明する.

階段行列を導くには, 第1行から順に主成分となる 1 をつくり, その主成分 1 を含む列の上下にある成分が 0 となるような行基本変形を繰り返すだけである.

例 9. $\begin{bmatrix} 2 & -4 & 10 & 12 & 14 \\ 3 & -2 & 7 & 10 & 9 \\ -2 & 1 & -4 & -1 & 5 \end{bmatrix}$

Step 1a. (1,1) 成分が 1 となるように, 第1行を 2 で割る. (1,1) 成分が 0 のときは行の入れ替えをしておく (この例では不要).

$$\xrightarrow{①\div 2} \begin{bmatrix} \boxed{1} & -2 & 5 & 6 & 7 \\ 3 & -2 & 7 & 10 & 9 \\ -2 & 1 & -4 & -1 & 5 \end{bmatrix}$$

Step 1b. (1,1) 成分の下にある成分が 0 となるように, 第2行, 第3行から第1行の定数倍を引く.

$$\xrightarrow[③-①\times(-2)]{②-①\times 3} \begin{bmatrix} 1 & -2 & 5 & 6 & 7 \\ \boxed{0} & 4 & -8 & -8 & -12 \\ \boxed{0} & -3 & 6 & 11 & 19 \end{bmatrix}$$

主成分 1 の下 (または上) にある, 0 でない成分 α を 0 にするには

$$(\alpha \text{ がある行}) - (\text{主成分 } 1 \text{ がある行}) \times \alpha$$

とすればよい.

Step 2a. (2,2) 成分が 1 となるように, 第2行を 4 で割る. (2,2) 成分が 0 のときは第2行を第3行と交換する (この例では不要).

$$\xrightarrow{②\div 4} \begin{bmatrix} 1 & -2 & 5 & 6 & 7 \\ 0 & \boxed{1} & -2 & -2 & -3 \\ 0 & -3 & 6 & 11 & 19 \end{bmatrix}$$

(2,2) 成分が 0 のとき, (2,2) 成分を 0 でない数とするのに, 第2行を第1行と交換してはいけない. 完成した第1列が壊れてしまう.

Step 2b. (2,2) 成分の上下にある成分が 0 となるように, 第1行, 第3行から第2行の定数倍を引く.

$$\xrightarrow[③-②\times(-3)]{①-②\times(-2)} \begin{bmatrix} 1 & \boxed{0} & 1 & 2 & 1 \\ 0 & 1 & -2 & -2 & -3 \\ 0 & \boxed{0} & 0 & 5 & 10 \end{bmatrix}$$

ここで, (2,1) 成分が 0 であるから, (2,2) 成分の上下の成分を 0 にする変形において, 第1列は変化しない. 結果的に, 第1列, 第2列, $\cdots$ と左から順に導かれていくことになる.

Step 3a. $(3,3)$ 成分が 1 となるように変形したいが, できない (0 で割れない). このときは右隣りの $(3,4)$ 成分を 1 にする.

$$\xrightarrow{③\div 5}\begin{bmatrix}1&0&1&2&1\\0&1&-2&-2&-3\\0&0&0&1&2\end{bmatrix}$$

もしも, 4 行以上の行列で, 下に 3 列目の成分が 0 でない行があれば, その行と交換をする. なお, 上の行と交換してはいけない. 完成した第 1 列, 第 2 列が壊れてしまう.

Step 3b. $(3,4)$ 成分の上にある成分が 0 となるように, 第 1 行, 第 2 行から第 3 行の定数倍を引く.

$$\xrightarrow[②-③\times(-2)]{①-③\times 2}\begin{bmatrix}1&0&1&0&-3\\0&1&-2&0&1\\0&0&0&1&2\end{bmatrix}$$

こうして得られた行列 $\begin{bmatrix}1&0&1&0&-3\\0&1&-2&0&1\\0&0&0&1&2\end{bmatrix}$ は階段行列となっている.

一般の $m\times n$ 行列 A に対しても, 上と同様な行基本変形を行う. すなわち,

1 行目に関する操作 *Step 1a, 1b*,
2 行目に関する操作 *Step 2a, 2b*,
⋮
k 行目に関する操作 *Step ka, kb*,
が終わったあとで

$$\left\{\begin{array}{l}k\text{ 行目が最終行}\\\text{あるいは}\\(k+1)\text{ 行以下がすべて零ベクトル}\end{array}\right.$$

であるならば, 操作を終了する.

このとき, 最後に得られる行列 B は p.24 に示された条件 1°, 2°, 3°, 4° をすべて満たし, 階段行列となる. したがって, 次のことがわかる.

定理 3.1 (階段行列への変形) $m\times n$ 行列 A は, 行基本変形によって階段行列 B に変形できる.

演習問題

問題 3.1 次の連立 1 次方程式を行列で表し, 掃き出し法で解を求めよ.

(1) $\begin{cases} x+\ y+\ z=3 \\ 2x+3y+4z=7 \\ -x+2y+7z=-2 \end{cases}$ (2) $\begin{cases} x+\ y+2z=1 \\ 3x+4y+4z=7 \\ 5x+3y+5z=6 \end{cases}$

(3) $\begin{cases} x+\ y+\ z=3 \\ 2x+5y+8z=9 \\ -x+3y+9z=-1 \end{cases}$ (4) $\begin{cases} x+3y-2z=5 \\ 2x+5y-2z=4 \\ -2x-4y+\ z=-2 \end{cases}$

(5) $\begin{cases} x+3y-3z=2 \\ -x+2y-2z=-7 \\ 3x-4y+2z=13 \end{cases}$ (6) $\begin{cases} 2x-2y+4z=2 \\ 3x-\ y-2z=7 \\ 5x-3y+5z=6 \end{cases}$

問題 3.2 次の行列のなかで階段行列はどれか. また, 階段行列でない行列は行基本変形によって階段行列に変形せよ.

(1) $\begin{bmatrix} 0 & 0 & 1 \\ 0 & 1 & 0 \\ 1 & 0 & 0 \end{bmatrix}$ (2) $\begin{bmatrix} 1 & 2 & 0 \\ 0 & 0 & 0 \\ 0 & 0 & 1 \end{bmatrix}$ (3) $\begin{bmatrix} 1 & 2 & 3 \\ 0 & 0 & 0 \\ 0 & 0 & 0 \end{bmatrix}$

(4) $\begin{bmatrix} 1 & 2 & 0 & 4 \\ 0 & 0 & 1 & 1 \\ 0 & 0 & 0 & 0 \end{bmatrix}$ (5) $\begin{bmatrix} 2 & 0 & 4 & 0 \\ 0 & 1 & 3 & 0 \\ 0 & 0 & 0 & 1 \end{bmatrix}$ (6) $\begin{bmatrix} 1 & 2 & 3 & 0 \\ 0 & 1 & 2 & 0 \\ 0 & 0 & 0 & 1 \end{bmatrix}$

問題 3.3 次の行列を行基本変形によって階段行列に変形せよ.

(1) $\begin{bmatrix} 1 & 0 & 3 \\ 2 & 1 & 5 \\ 1 & 1 & 2 \end{bmatrix}$ (2) $\begin{bmatrix} -1 & 1 & 1 \\ 0 & 2 & 4 \\ -2 & 3 & 4 \end{bmatrix}$ (3) $\begin{bmatrix} 1 & 2 & 3 & 1 \\ 2 & 5 & 8 & 2 \\ 3 & 1 & -1 & 3 \end{bmatrix}$

(4) $\begin{bmatrix} 2 & 4 & 6 & 4 \\ -1 & -2 & -2 & 1 \\ 3 & 6 & 5 & 4 \end{bmatrix}$ (5) $\begin{bmatrix} 1 & 0 & 1 & 1 \\ -3 & 0 & -3 & 4 \\ 0 & 2 & 0 & -4 \\ 0 & 3 & 0 & -2 \end{bmatrix}$ (6) $\begin{bmatrix} 3 & 2 & -1 & 1 \\ 1 & 1 & 2 & 1 \\ 0 & 1 & 8 & 1 \\ 5 & 3 & -4 & 1 \end{bmatrix}$

(7) $\begin{bmatrix} 1 & 0 & 2 & -3 & 2 & 3 \\ 3 & 1 & 5 & -8 & 1 & 2 \\ -1 & 3 & -5 & 6 & 1 & -6 \end{bmatrix}$ (8) $\begin{bmatrix} 1 & -2 & 0 & 3 & 0 & 2 \\ 1 & -2 & 1 & 1 & 1 & 2 \\ 3 & -6 & 1 & 7 & 2 & 7 \end{bmatrix}$

§4 連立 1 次方程式の解法

連立 1 次方程式 これから，連立 1 次方程式の行列を利用した解法を学ぶ．n 個の未知数 $x_1, x_2, \cdots, x_n$ に関する m 個の方程式からなる連立 1 次方程式

$$\text{(E)} \quad \begin{cases} a_{11}x_1 + a_{12}x_2 + \cdots + a_{1n}x_n = b_1 \\ a_{21}x_1 + a_{22}x_2 + \cdots + a_{2n}x_n = b_2 \\ \cdots\cdots\cdots \\ a_{m1}x_1 + a_{m2}x_2 + \cdots + a_{mn}x_n = b_m \end{cases}$$

において，

$$A = \begin{bmatrix} a_{11} & a_{12} & \cdots & a_{1n} \\ a_{21} & a_{22} & \cdots & a_{2n} \\ & \cdots & \cdots & \\ a_{m1} & a_{m2} & \cdots & a_{mn} \end{bmatrix}, \quad \boldsymbol{x} = \begin{bmatrix} x_1 \\ x_2 \\ \vdots \\ x_n \end{bmatrix}, \quad \boldsymbol{b} = \begin{bmatrix} b_1 \\ b_2 \\ \vdots \\ b_m \end{bmatrix}$$

とおくと，(E) は

$$\text{(E)} \quad A\boldsymbol{x} = \boldsymbol{b}$$

と表される．ここで，

$$A = \begin{bmatrix} a_{11} & a_{12} & \cdots & a_{1n} \\ a_{21} & a_{22} & \cdots & a_{2n} \\ & \cdots & \cdots & \\ a_{m1} & a_{m2} & \cdots & a_{mn} \end{bmatrix}, \quad [\,A \,\vdots\, \boldsymbol{b}\,] = \left[\begin{array}{cccc:c} a_{11} & a_{12} & \cdots & a_{1n} & b_1 \\ a_{21} & a_{22} & \cdots & a_{2n} & b_2 \\ & \cdots & \cdots & & \vdots \\ a_{m1} & a_{m2} & \cdots & a_{mn} & b_m \end{array}\right]$$

をそれぞれ連立 1 次方程式 (E) の**係数行列**，**拡大係数行列**という．

例 1. 連立 1 次方程式 $\begin{cases} 3x_1 - x_2 + 4x_3 = -3 \\ 2x_1 + x_2 + 3x_3 = 4 \\ -4x_1 + 3x_2 - 2x_3 = 4 \end{cases}$ は行列を用いて

$$\begin{bmatrix} 3 & -1 & 4 \\ 2 & 1 & 3 \\ -4 & 3 & -2 \end{bmatrix} \begin{bmatrix} x_1 \\ x_2 \\ x_3 \end{bmatrix} = \begin{bmatrix} -3 \\ 4 \\ 4 \end{bmatrix}$$

と表されるので，係数行列，拡大係数行列はそれぞれ

$$\begin{bmatrix} 3 & -1 & 4 \\ 2 & 1 & 3 \\ -4 & 3 & -2 \end{bmatrix}, \quad \left[\begin{array}{ccc:c} 3 & -1 & 4 & -3 \\ 2 & 1 & 3 & 4 \\ -4 & 3 & -2 & 4 \end{array}\right]$$

である．

階段行列と解の関係 拡大係数行列に行基本変形を行っても対応する連立1次方程式の意味は変わらないことはすでに学習した.

ここでは, 拡大係数行列を行基本変形によって階段行列に変形すると, 連立1次方程式の解が求まることを説明しよう.

3個の未知数 x_1, x_2, x_3 に関する3個の方程式からなる連立1次方程式

$$\begin{cases} a_{11}x_1 + a_{12}x_2 + a_{13}x_3 = b_1 \\ a_{21}x_1 + a_{22}x_2 + a_{23}x_3 = b_2 \\ a_{31}x_1 + a_{32}x_2 + a_{33}x_3 = b_3 \end{cases}$$

の拡大係数行列

$$\left[\begin{array}{ccc:c} a_{11} & a_{12} & a_{13} & b_1 \\ a_{21} & a_{22} & a_{23} & b_2 \\ a_{31} & a_{32} & a_{33} & b_3 \end{array}\right]$$

が行基本変形によって, たとえば, 階段行列

$$(1)\ \left[\begin{array}{ccc:c} 1 & 0 & 0 & 4 \\ 0 & 1 & 0 & -2 \\ 0 & 0 & 1 & 5 \end{array}\right], \quad (2)\ \left[\begin{array}{ccc:c} 1 & 0 & -2 & 2 \\ 0 & 1 & 4 & 1 \\ 0 & 0 & 0 & 0 \end{array}\right], \quad (3)\ \left[\begin{array}{ccc:c} 1 & 7 & 0 & 0 \\ 0 & 0 & 1 & 0 \\ 0 & 0 & 0 & 1 \end{array}\right]$$

に変形された場合を考えてみよう.

階段行列 (1), (2), (3) に対応する連立1次方程式はそれぞれ

$$\begin{cases} x_1 = 4 \\ x_2 = -2 \\ x_3 = 5 \end{cases}, \quad \begin{cases} x_1 - 2x_3 = 2 \\ x_2 + 4x_3 = 1 \\ 0 = 0 \end{cases}, \quad \begin{cases} x_1 + 7x_2 = 0 \\ x_3 = 0 \\ 0 = 1 \end{cases}$$

である. この結果から, (1) のときには解は一通りに定まり,

$$x_1 = 4, \quad x_2 = -2, \quad x_3 = 5$$

であることがわかる. (2) のときには解は無数にあり, 階段行列における主成分に対応する未知数 x_1, x_2 以外の未知数 x_3 を先に決めることにし, $x_3 = c$ (c は任意の実数) とすると,

$$x_1 = 2 + 2c, \quad x_2 = 1 - 4c, \quad x_3 = c \quad (c\ \text{は任意の実数})$$

と表される. 一方, (3) のときには, 第3行は

$$0x_1 + 0x_2 + 0x_3 = 1$$

を意味するが, この式を満たす実数 x_1, x_2, x_3 は存在しないので, 解はないことがわかる.

例 2. $\begin{cases} x_1 + 3x_2 + 3x_3 = 2 \\ 2x_1 + 5x_2 + 4x_3 = 2 \\ 3x_1 + 4x_2 - \ \ x_3 = -4 \end{cases}$

$$\left[\begin{array}{ccc:c} 1 & 3 & 3 & 2 \\ 2 & 5 & 4 & 2 \\ 3 & 4 & -1 & -4 \end{array}\right] \xrightarrow[\text{③} - \text{①}\times 3]{\text{②} - \text{①}\times 2} \left[\begin{array}{ccc:c} 1 & 3 & 3 & 2 \\ 0 & -1 & -2 & -2 \\ 0 & -5 & -10 & -10 \end{array}\right]$$

$$\xrightarrow{\text{②} \div (-1)} \left[\begin{array}{ccc:c} 1 & 3 & 3 & 2 \\ 0 & 1 & 2 & 2 \\ 0 & -5 & -10 & -10 \end{array}\right] \xrightarrow[\text{③} - \text{②}\times(-5)]{\text{①} - \text{②}\times 3} \left[\begin{array}{ccc:c} 1 & 0 & -3 & -4 \\ 0 & 1 & 2 & 2 \\ 0 & 0 & 0 & 0 \end{array}\right]$$

これより, もとの連立方程式は

$$\begin{cases} x_1 \qquad - 3x_3 = -4 \\ \qquad x_2 + 2x_3 = 2 \end{cases} \quad \text{すなわち} \quad \begin{cases} x_1 = -4 + 3x_3 \\ x_2 = \ \ 2 - 2x_3 \end{cases}$$

と同値であるから, 解は無数にあって, x_3 を先に $x_3 = c$ (c は任意の実数) と決めると,

$$\begin{bmatrix} x_1 \\ x_2 \\ x_3 \end{bmatrix} = \begin{bmatrix} -4 + 3c \\ 2 - 2c \\ c \end{bmatrix} = \begin{bmatrix} -4 \\ 2 \\ 0 \end{bmatrix} + c \begin{bmatrix} 3 \\ -2 \\ 1 \end{bmatrix}$$

と表される.

最後の階段行列の第3行が零ベクトルとなるのは, もとの連立方程式がこのうちの2個の式だけで表される連立方程式と同値であることを意味する. 実際,

$$(\text{第}3\text{式}) = (\text{第}1\text{式}) \times (-7) + (\text{第}2\text{式}) \times 5$$

が成り立っていることに注意する.

この例から, 連立1次方程式の拡大係数行列から導かれる階段行列において,

すべての主成分が区切り線 ⋮ の左側にあり,
(主成分の個数) < (未知数の個数) のとき, 解は無数にある

ことがわかる. このようなとき, 階段行列において主成分とはならない係数に対応する未知数, この例では x_3 の値を任意に決めるごとに解が1つ定まる.

注意 この例では, x_3 ではなく, x_1 または x_2 を任意の実数 c とおいても解を表すことができるが, そうすると追加の計算 (式変形) が必要となる. 主成分に対応していない x_3 を任意の実数とおくと, 移項だけですむ.

例 3. ここで, 前節の例 4, 例 5 の解について述べておく.

§3 例 4. $\begin{cases} x-2y-\ z=4 \\ 3x-4y+\ z=10 \\ -2x+\ y-4z=-5 \end{cases}$

$$\left[\begin{array}{ccc:c} 1 & -2 & -1 & 4 \\ 3 & -4 & 1 & 10 \\ -2 & 1 & -4 & -5 \end{array}\right] \longrightarrow \left[\begin{array}{ccc:c} 1 & 0 & 3 & 2 \\ 0 & 1 & 2 & -1 \\ 0 & 0 & 0 & 0 \end{array}\right]$$

と変形できることはすでに述べた. 最後の行列は階段行列であり, もとの連立方程式は

$$\begin{cases} x \qquad +3z=2 \\ \qquad y+2z=-1 \end{cases} \quad \text{すなわち} \quad \begin{cases} x=\ \ 2-3z \\ y=-1-2z \end{cases}$$

と同値である. $z=c$ (c は任意の実数) とすると,

$$\begin{bmatrix} x \\ y \\ z \end{bmatrix} = \begin{bmatrix} 2-3c \\ -1-2c \\ c \end{bmatrix} = \begin{bmatrix} 2 \\ -1 \\ 0 \end{bmatrix} + c\begin{bmatrix} -3 \\ -2 \\ 1 \end{bmatrix}$$

である.

§3 例 5. $\begin{cases} x+2y+2z=1 \\ 2x+4y+5z=4 \\ 3x+6y+5z=1 \end{cases}$

$$\left[\begin{array}{ccc:c} 1 & 2 & 2 & 1 \\ 2 & 4 & 5 & 4 \\ 3 & 6 & 5 & 1 \end{array}\right] \xrightarrow[\text{③}-\text{①}\times 3]{\text{②}-\text{①}\times 2} \left[\begin{array}{ccc:c} 1 & 2 & 2 & 1 \\ 0 & 0 & 1 & 2 \\ 0 & 0 & -1 & -2 \end{array}\right]$$

ここまではすでに述べたが, さらに変形できて

$$\xrightarrow[\text{③}-\text{②}\times(-1)]{\text{①}-\text{②}\times 2} \left[\begin{array}{ccc:c} 1 & 2 & 0 & -3 \\ 0 & 0 & 1 & 2 \\ 0 & 0 & 0 & 0 \end{array}\right]$$

となる. もとの連立方程式は

$$\begin{cases} x+2y \qquad =-3 \\ \qquad\qquad z=2 \end{cases} \quad \text{すなわち} \quad \begin{cases} x=-3-2y \\ z=\ \ 2 \end{cases}$$

と同値である. $y=c$ (c は任意の実数) とすると,

$$\begin{bmatrix} x \\ y \\ z \end{bmatrix} = \begin{bmatrix} -3-2c \\ c \\ 2 \end{bmatrix} = \begin{bmatrix} -3 \\ 0 \\ 2 \end{bmatrix} + c\begin{bmatrix} -2 \\ 1 \\ 0 \end{bmatrix}$$

である.

例 4. $\begin{cases} x_1 - 2x_2 - 4x_3 + \ \ 7x_4 = 5 \\ -2x_1 + 3x_2 + 7x_3 - 12x_4 = -9 \\ 3x_1 + 2x_2 - 4x_3 + \ \ 5x_4 = 7 \end{cases}$

$$\left[\begin{array}{cccc|c} 1 & -2 & -4 & 7 & 5 \\ -2 & 3 & 7 & -12 & -9 \\ 3 & 2 & -4 & 5 & 7 \end{array}\right] \xrightarrow[③-①\times 3]{②-①\times(-2)} \left[\begin{array}{cccc|c} 1 & -2 & -4 & 7 & 5 \\ 0 & -1 & -1 & 2 & 1 \\ 0 & 8 & 8 & -16 & -8 \end{array}\right]$$

$$\xrightarrow{②\div(-1)} \left[\begin{array}{cccc|c} 1 & -2 & -4 & 7 & 5 \\ 0 & 1 & 1 & -2 & -1 \\ 0 & 8 & 8 & -16 & -8 \end{array}\right] \xrightarrow[③-②\times 8]{①-②\times(-2)} \left[\begin{array}{cccc|c} 1 & 0 & -2 & 3 & 3 \\ 0 & 1 & 1 & -2 & -1 \\ 0 & 0 & 0 & 0 & 0 \end{array}\right]$$

これより, もとの連立方程式は

$$\begin{cases} x_1 \qquad - 2x_3 + 3x_4 = 3 \\ \qquad x_2 + \ \ x_3 - 2x_4 = -1 \end{cases} \quad \text{すなわち} \quad \begin{cases} x_1 = \ \ 3 + 2x_3 - 3x_4 \\ x_2 = -1 - \ \ x_3 + 2x_4 \end{cases}$$

と同値であるから, 解は無数にあって, x_3, x_4 を先に $x_3 = c$, $x_4 = d$ (c, d は任意の実数) と決めると,

$$\begin{bmatrix} x_1 \\ x_2 \\ x_3 \\ x_4 \end{bmatrix} = \begin{bmatrix} 3 + 2c - 3d \\ -1 - \ \ c + 2d \\ c \\ d \end{bmatrix} = \begin{bmatrix} 3 \\ -1 \\ 0 \\ 0 \end{bmatrix} + c\begin{bmatrix} 2 \\ -1 \\ 1 \\ 0 \end{bmatrix} + d\begin{bmatrix} -3 \\ 2 \\ 0 \\ 1 \end{bmatrix}$$

と表される.

この例でも, もとの連立方程式はこのうちの 2 個の式だけで表される連立方程式と同値であって, 解は無数にあり, x_3, x_4 の値を任意に 1 組決めるごとに解が 1 つ定まることがわかる.

例 2, 例 3, 例 4 から, 連立 1 次方程式が任意の実数を含む解をもつとき,

$$\begin{aligned} \text{任意の実数の個数} &= \text{階段行列の主成分に対応していない未知数の個数} \\ &= (\text{未知数の個数}) - (\text{階段行列の主成分の個数}) \end{aligned}$$

である.

例 5. $\begin{cases} 2x_1 - \ \ x_2 + 4x_3 = -1 \\ \ \ x_1 - 2x_2 - \ \ x_3 = 1 \\ -3x_1 + 2x_2 - 4x_3 = 0 \\ \ \ 5x_1 - 6x_2 + 7x_3 = -3 \end{cases}$

$$\left[\begin{array}{ccc:c} 2 & -1 & 4 & -1 \\ 1 & -2 & -1 & 1 \\ -3 & 2 & -4 & 0 \\ 5 & -6 & 7 & -3 \end{array}\right] \xrightarrow{①\longleftrightarrow②} \left[\begin{array}{ccc:c} 1 & -2 & -1 & 1 \\ 2 & -1 & 4 & -1 \\ -3 & 2 & -4 & 0 \\ 5 & -6 & 7 & -3 \end{array}\right]$$

ここでは, 第1行を 2 で割る ($\frac{1}{2}$ 倍する) 代わりに, 第1行と第2行を入れ替えることによって, 第1行の主成分を 1 とした.

$$\xrightarrow[④-①\times 5]{\substack{②-①\times 2 \\ ③-①\times(-3)}} \left[\begin{array}{ccc:c} 1 & -2 & -1 & 1 \\ 0 & 3 & 6 & -3 \\ 0 & -4 & -7 & 3 \\ 0 & 4 & 12 & -8 \end{array}\right] \xrightarrow{②\div 3} \left[\begin{array}{ccc:c} 1 & -2 & -1 & 1 \\ 0 & 1 & 2 & -1 \\ 0 & -4 & -7 & 3 \\ 0 & 4 & 12 & -8 \end{array}\right]$$

$$\xrightarrow[④-②\times 4]{\substack{①-②\times(-2) \\ ③-②\times(-4)}} \left[\begin{array}{ccc:c} 1 & 0 & 3 & -1 \\ 0 & 1 & 2 & -1 \\ 0 & 0 & 1 & -1 \\ 0 & 0 & 4 & -4 \end{array}\right] \xrightarrow[④-③\times 4]{\substack{①-③\times 3 \\ ②-③\times 2}} \left[\begin{array}{ccc:c} 1 & 0 & 0 & 2 \\ 0 & 1 & 0 & 1 \\ 0 & 0 & 1 & -1 \\ 0 & 0 & 0 & 0 \end{array}\right]$$

これより, 解は $\begin{bmatrix} x_1 \\ x_2 \\ x_3 \end{bmatrix} = \begin{bmatrix} 2 \\ 1 \\ -1 \end{bmatrix}$ である.

もとの連立方程式には4個の式があったが, 最後の階段行列の第4行は零ベクトルであるから, 最終的には3個の式だけで表されたことになる. このことは, もとの連立方程式がこのうちの3個の式だけで表される連立方程式と同値であることを意味する. 実際,

$$(\text{第}4\text{式}) = (\text{第}1\text{式}) \times 4 + (\text{第}2\text{式}) \times 3 + (\text{第}3\text{式}) \times 2$$

が成り立っていることに注意する.

この例から, 連立1次方程式の拡大係数行列から導かれる階段行列において,

すべての主成分が区切り線 ⋮ の左側にあり,
(主成分の個数) = (未知数の個数) のとき, 解が一通りに定まる

ことがわかる.

例 6. $\begin{cases} x_1 + 3x_2 + 3x_3 = 2 \\ 2x_1 + 5x_2 + 4x_3 = 2 \\ 3x_1 + 4x_2 - x_3 = -10 \end{cases}$

$$\left[\begin{array}{ccc:c} 1 & 3 & 3 & 2 \\ 2 & 5 & 4 & 2 \\ 3 & 4 & -1 & -10 \end{array}\right] \xrightarrow[\text{③}-\text{①}\times 3]{\text{②}-\text{①}\times 2} \left[\begin{array}{ccc:c} 1 & 3 & 3 & 2 \\ 0 & -1 & -2 & -2 \\ 0 & -5 & -10 & -16 \end{array}\right]$$

$$\xrightarrow{\text{②}\div(-1)} \left[\begin{array}{ccc:c} 1 & 3 & 3 & 2 \\ 0 & 1 & 2 & 2 \\ 0 & -5 & -10 & -16 \end{array}\right] \xrightarrow[\text{③}-\text{②}\times(-5)]{\text{①}-\text{②}\times 3} \left[\begin{array}{ccc:c} 1 & 0 & -3 & -4 \\ 0 & 1 & 2 & 2 \\ 0 & 0 & 0 & -6 \end{array}\right]$$

$$\xrightarrow{\text{③}\div(-6)} \left[\begin{array}{ccc:c} 1 & 0 & -3 & -4 \\ 0 & 1 & 2 & 2 \\ 0 & 0 & 0 & 1 \end{array}\right] \xrightarrow[\text{②}-\text{③}\times 2]{\text{①}-\text{③}\times(-4)} \left[\begin{array}{ccc:c} 1 & 0 & -3 & 0 \\ 0 & 1 & 2 & 0 \\ 0 & 0 & 0 & 1 \end{array}\right]$$

最後の階段行列の第3行に対応する方程式は

$$0x_1 + 0x_2 + 0x_3 = 1$$

であり, これを満たす x_1, x_2, x_3 は存在しない. このことは, 2段目の右の行列からもわかるので, 連立方程式を解くという意味では, 3段目の操作は必要ない.

この例から, 連立1次方程式の拡大係数行列から導かれる階段行列において,

主成分が区切り線 ⋮ の右側に, つまり, 右端の列に現れるとき,
解は存在しない

ことがわかる. 例2から例6まででわかったことをまとめておこう.

連立1次方程式の解と階段行列

n 個の未知数に関する m 個の方程式からなる連立1次方程式

$$\text{(E)} \quad A\boldsymbol{x} = \boldsymbol{b}$$

の拡大係数行列 $[\,A \,\vdots\, \boldsymbol{b}\,]$ から導かれる階段行列を $[\,B \,\vdots\, \boldsymbol{c}\,]$ とするとき,

(a) 右端の列 $\boldsymbol{c}$ が主成分を含むならば, (E) の解は存在しない.
(b) 右端の列 $\boldsymbol{c}$ が主成分を含まないならば, (E) の解は存在する.

(b) のとき, $[\,B \,\vdots\, \boldsymbol{c}\,]$ の主成分, つまり, B の主成分の個数を N とすると,

$N = n$ ならば, 解が一通りに定まる.
$N < n$ ならば, $(n - N)$ 個の任意の実数を含む無数の解がある.

同次連立１次方程式 連立１次方程式 $A\boldsymbol{x}=\boldsymbol{b}$ において，右辺のベクトル $\boldsymbol{b}$ が零ベクトル $\boldsymbol{0}$ であるとき，すなわち

$$A\boldsymbol{x}=\boldsymbol{0}$$

を**同次連立１次方程式**という．

同次連立１次方程式では，$\boldsymbol{x}=\boldsymbol{0}$ はつねに解であるが，この解を**自明な解**という．それでは，同次連立１次方程式の自明でない解について考えてみよう．

例 7. $\begin{cases} x_1 - 2x_2 + 2x_3 - x_4 = 0 \\ 3x_1 - 6x_2 + 4x_3 + x_4 = 0 \\ 5x_1 - 10x_2 + 3x_3 + 9x_4 = 0 \end{cases}$

$$\left[\begin{array}{cccc:c} 1 & -2 & 2 & -1 & 0 \\ 3 & -6 & 4 & 1 & 0 \\ 5 & -10 & 3 & 9 & 0 \end{array}\right] \xrightarrow[\text{③}-\text{①}\times 5]{\text{②}-\text{①}\times 3} \left[\begin{array}{cccc:c} 1 & -2 & 2 & -1 & 0 \\ 0 & 0 & -2 & 4 & 0 \\ 0 & 0 & -7 & 14 & 0 \end{array}\right]$$

$$\xrightarrow{\text{②}\div(-2)} \left[\begin{array}{cccc:c} 1 & -2 & 2 & -1 & 0 \\ 0 & 0 & 1 & -2 & 0 \\ 0 & 0 & -7 & 14 & 0 \end{array}\right] \xrightarrow[\text{③}-\text{②}\times(-7)]{\text{①}-\text{②}\times 2} \left[\begin{array}{cccc:c} 1 & -2 & 0 & 3 & 0 \\ 0 & 0 & 1 & -2 & 0 \\ 0 & 0 & 0 & 0 & 0 \end{array}\right]$$

これより，もとの連立方程式は

$$\begin{cases} x_1 - 2x_2 + 3x_4 = 0 \\ x_3 - 2x_4 = 0 \end{cases} \quad \text{すなわち} \quad \begin{cases} x_1 = 2x_2 - 3x_4 \\ x_3 = 2x_4 \end{cases}$$

と同値であるから，解は無数にあって，x_2, x_4 を先に $x_2=c$, $x_4=d$ (c, d は任意の実数) と決めると，

$$\begin{bmatrix} x_1 \\ x_2 \\ x_3 \\ x_4 \end{bmatrix} = \begin{bmatrix} 2c-3d \\ c \\ 2d \\ d \end{bmatrix} = c\begin{bmatrix} 2 \\ 1 \\ 0 \\ 0 \end{bmatrix} + d\begin{bmatrix} -3 \\ 0 \\ 2 \\ 1 \end{bmatrix}$$

と表される．

上の計算からわかるように，同次連立１次方程式の拡大係数行列の行基本変形においては，右端の列はつねに零ベクトルである．したがって，今後は右端の列の零ベクトルは省略して，係数行列から導かれる行列だけを示すことにする．

例 8. $\begin{cases} x_1 - 3x_2 + 7x_3 = 0 \\ 3x_1 + \ \ x_2 + \ \ x_3 = 0 \\ 5x_1 + 6x_2 + ax_3 = 0 \end{cases}$　(a は定数)

$$\begin{bmatrix} 1 & -3 & 7 \\ 3 & 1 & 1 \\ 5 & 6 & a \end{bmatrix} \xrightarrow[\text{③}-\text{①}\times 5]{\text{②}-\text{①}\times 3} \begin{bmatrix} 1 & -3 & 7 \\ 0 & 10 & -20 \\ 0 & 21 & a-35 \end{bmatrix}$$

$$\xrightarrow{\text{②}\div 10} \begin{bmatrix} 1 & -3 & 7 \\ 0 & 1 & -2 \\ 0 & 21 & a-35 \end{bmatrix} \xrightarrow[\text{③}-\text{②}\times 21]{\text{①}-\text{②}\times(-3)} \begin{bmatrix} 1 & 0 & 1 \\ 0 & 1 & -2 \\ 0 & 0 & a+7 \end{bmatrix}$$

これより, $a+7=0$ つまり $a=-7$ のときには, 最後の行列が階段行列になっているので, x_3 を先に $x_3=c$ (c は任意の実数) と決めると, 解は

$$\begin{bmatrix} x_1 \\ x_2 \\ x_3 \end{bmatrix} = \begin{bmatrix} -c \\ 2c \\ c \end{bmatrix} = c\begin{bmatrix} -1 \\ 2 \\ 1 \end{bmatrix}$$

と表される.

一方, $a+7 \neq 0$ つまり $a \neq -7$ のときには, 最後の行列からさらに行基本変形を行う.

$$\xrightarrow{\text{③}\div(a+7)} \begin{bmatrix} 1 & 0 & 1 \\ 0 & 1 & -2 \\ 0 & 0 & 1 \end{bmatrix} \xrightarrow[\text{②}-\text{③}\times(-2)]{\text{①}-\text{③}} \begin{bmatrix} 1 & 0 & 0 \\ 0 & 1 & 0 \\ 0 & 0 & 1 \end{bmatrix}$$

階段行列として単位行列が得られるから, 解は自明な解に限られる.

例 7, 例 8 からわかったことをまとめておこう.

同次連立１次方程式の解

n 個の未知数に関する m 個の方程式からなる同次連立１次方程式

$$A\boldsymbol{x} = \boldsymbol{0}$$

において, 係数行列 A から導かれる階段行列を B とし, B の主成分の個数を N とすると,

$\begin{cases} N = n \text{ ならば, 解は自明な解 } \boldsymbol{x} = \boldsymbol{0} \text{ だけである.} \\ N < n \text{ ならば, } (n-N) \text{ 個の任意の実数を含む無数の解がある.} \end{cases}$

演習問題

問題 4.1 次の連立 1 次方程式の係数行列と拡大係数行列を示せ.

(1) $\begin{cases} 3x_1 - 4x_2 + x_3 = -2 \\ 4x_1 + 2x_2 = 8 \\ x_2 - x_3 = -1 \\ x_1 + x_2 + x_3 = 6 \end{cases}$ (2) $\begin{cases} x_1 + 4x_2 + x_4 = 1 \\ 3x_1 + 3x_2 + 2x_3 - x_4 = 0 \\ 2x_1 - x_4 = 5 \end{cases}$

問題 4.2 次の連立 1 次方程式を解け.

(1) $\begin{cases} x_1 - x_2 - 3x_3 = 4 \\ 2x_1 - x_2 - 4x_3 = 7 \\ -x_1 + 3x_2 + 7x_3 = -6 \end{cases}$ (2) $\begin{cases} x_1 + 2x_2 + x_3 = 4 \\ -x_1 - 2x_2 + 2x_3 = 5 \\ 2x_1 + 4x_2 - x_3 = -1 \end{cases}$

(3) $\begin{cases} x_1 - 2x_2 - 2x_3 = 3 \\ 2x_1 - 3x_2 + x_3 = 1 \\ 3x_1 - 4x_2 + 4x_3 = 2 \end{cases}$ (4) $\begin{cases} x_1 - 2x_2 + x_3 - x_4 = 2 \\ x_1 - 2x_2 - 2x_3 + 5x_4 = 5 \\ 3x_1 - 6x_2 + x_3 + x_4 = 8 \end{cases}$

(5) $\begin{cases} x_1 + x_2 + x_3 = 6 \\ x_1 + 2x_2 + 2x_3 = 11 \\ 2x_1 + 3x_2 + 4x_3 = 20 \\ 3x_1 + 5x_2 + 6x_3 = 31 \end{cases}$ (6) $\begin{cases} x_1 + x_2 + x_3 = 1 \\ -2x_1 - x_2 - x_3 + x_4 = 1 \\ -x_1 + 2x_2 + 3x_3 + x_4 = 10 \end{cases}$

問題 4.3 次の同次連立 1 次方程式を解け.

(1) $\begin{cases} x_1 + 2x_2 + 5x_3 = 0 \\ 3x_1 + 2x_2 - x_3 = 0 \\ 2x_1 + x_2 - 2x_3 = 0 \end{cases}$ (2) $\begin{cases} x_1 - 3x_2 + 2x_3 = 0 \\ 2x_1 - 6x_2 + 5x_3 = 0 \\ -x_1 + 3x_2 + 4x_3 = 0 \end{cases}$

(3) $\begin{cases} x_1 + x_2 + x_3 + 3x_4 = 0 \\ -x_1 + 2x_2 + 8x_3 + 3x_4 = 0 \\ 3x_1 + x_2 - 3x_3 + 5x_4 = 0 \end{cases}$ (4) $\begin{cases} x_1 + x_2 + x_3 - x_4 = 0 \\ x_1 + 2x_2 + 2x_3 + x_4 = 0 \\ -2x_1 + 3x_2 - 4x_3 - 2x_4 = 0 \\ 3x_1 + x_2 + 2x_3 - 5x_4 = 0 \end{cases}$

問題 4.4　定数 a, b を含む次の連立 1 次方程式について,

(i) 拡大係数行列の階段行列への変形を, 3 列目まで完成させよ.

(ii) 任意の実数を 1 個だけ含む解が存在するための a の条件を求めよ.

(iii) 解が存在しないような a, b の条件を求めよ.

(iv) 任意の実数を 2 個含む解が存在するための a, b の条件を求めよ.

(v) (iv) のときの解を求めよ.

$$(1)\ \begin{cases} x_1 + x_2 + x_3 + x_4 = 1 \\ x_1 + 2x_2 - x_3 + 3x_4 = -3 \\ 4x_1 + 3x_2 + 6x_3 + ax_4 = b \end{cases}$$

$$(2)\ \begin{cases} x_1 + 3x_2 + 2x_3 + x_4 = 3 \\ 3x_1 + 9x_2 + 8x_3 + x_4 = 13 \\ x_1 + 3x_2 - 3x_3 + ax_4 = b \end{cases}$$

問題 4.5　定数 a を含む次の同次連立 1 次方程式について, 自明でない解が存在するような a の値を求めよ. さらに, そのときの解を求めよ.

$$(1)\ \begin{cases} x_1 + 2x_2 + ax_3 = 0 \\ 2x_1 + 3x_2 + 5x_3 = 0 \\ -x_1 + ax_2 + 2x_3 = 0 \end{cases}$$

$$(2)\ \begin{cases} x_1 + 2x_2 + (7-a)x_3 = 0 \\ x_1 + (a-2)x_2 + 3x_3 = 0 \\ ax_1 + 8x_2 + 12x_3 = 0 \end{cases}$$

§5 正則行列と逆行列

正則行列 n 次正方行列 A に対して, n 次正方行列 B が

$$AB = E \quad \text{かつ} \quad BA = E \quad (E \text{ は } n \text{ 次単位行列}) \tag{5.1}$$

を満たすとき, B を A の**逆行列**という.

n 次正方行列 A の逆行列が存在するときには, 逆行列は一通りに定まる. 実際, B, B' がいずれも A の逆行列であるとすると, 逆行列の定義から

$$B = BE = B(AB') = (BA)B' = EB' = B'$$

となるので, B と B' は一致する. すなわち, 逆行列は1つしかない.

n 次正方行列 A が逆行列をもつとき, A は**正則**あるいは**正則行列**であるといい, A の逆行列を記号 A^{-1} で表す.

なお, 任意の n 次正方行列が逆行列をもつわけではない.

例 1. $A = \begin{bmatrix} 1 & 2 \\ 3 & 6 \end{bmatrix}$ は逆行列をもたない. 実際, $B = \begin{bmatrix} b_{11} & b_{12} \\ b_{21} & b_{22} \end{bmatrix}$ に対して

$$\begin{aligned} &AB \text{ の } (1,1) \text{ 成分} = b_{11} + 2b_{21}, \\ &AB \text{ の } (2,1) \text{ 成分} = 3b_{11} + 6b_{21} = 3 \cdot (AB \text{ の } (1,1) \text{ 成分}) \end{aligned}$$

であるから, AB の $(1,1)$ 成分 $= 1$ かつ $(2,1)$ 成分 $= 0$ となる B は存在しない.

このように, n 次正方行列 A が逆行列をもたないとき, A は**正則でない**という.

例 2. $A = \begin{bmatrix} 1 & 3 \\ 2 & 5 \end{bmatrix}$, $B = \begin{bmatrix} -5 & 3 \\ 2 & -1 \end{bmatrix}$ のとき,

$$AB = \begin{bmatrix} 1 & 3 \\ 2 & 5 \end{bmatrix}\begin{bmatrix} -5 & 3 \\ 2 & -1 \end{bmatrix} = \begin{bmatrix} 1 & 0 \\ 0 & 1 \end{bmatrix}, \quad BA = \begin{bmatrix} -5 & 3 \\ 2 & -1 \end{bmatrix}\begin{bmatrix} 1 & 3 \\ 2 & 5 \end{bmatrix} = \begin{bmatrix} 1 & 0 \\ 0 & 1 \end{bmatrix}$$

が成り立つので, B は A の逆行列, つまり, $B = A^{-1}$ である. また, 逆に A が B の逆行列であることも示しているから, $A = B^{-1}$ である. したがって, $(A^{-1})^{-1} = B^{-1} = A$ が成り立つ.

例2の場合に限らず, 一般に n 次正方行列 A が正則であるとき,

$$(A^{-1})^{-1} = A$$

が成り立つ.

n 次正方行列 A, B に対して, (5.1) の 2 つの式の一方が成り立つと, 残りの式も成り立つことがわかっている (問題 10.4). すなわち,

$AB = E$ が成り立つならば, $BA = E$ も成り立つ.

また, この逆も成り立つ.

このことを, 2 次正方行列について確かめてみよう. $A = \begin{bmatrix} a_{11} & a_{12} \\ a_{21} & a_{22} \end{bmatrix}$ に対して, $B = \begin{bmatrix} x & z \\ y & w \end{bmatrix}$ が

$$AB = E, \quad \text{つまり} \quad \begin{bmatrix} a_{11} & a_{12} \\ a_{21} & a_{22} \end{bmatrix}\begin{bmatrix} x & z \\ y & w \end{bmatrix} = \begin{bmatrix} 1 & 0 \\ 0 & 1 \end{bmatrix}$$

を満たすとする. これは成分ごとに書けば

$$\begin{cases} a_{11}x + a_{12}y = 1 \ \cdots \ ㋐ \\ a_{21}x + a_{22}y = 0 \ \cdots \ ㋑ \end{cases} \quad \text{かつ} \quad \begin{cases} a_{11}z + a_{12}w = 0 \ \cdots \ ㋒ \\ a_{21}z + a_{22}w = 1 \ \cdots \ ㋓ \end{cases}$$

である. これらの式から, ㋐ $\times a_{22}$ − ㋑ $\times a_{12}$ などにより

$$\begin{cases} (a_{11}a_{22} - a_{12}a_{21})x = a_{22} \\ (a_{11}a_{22} - a_{12}a_{21})y = -a_{21} \end{cases}, \quad \begin{cases} (a_{11}a_{22} - a_{12}a_{21})z = -a_{12} \\ (a_{11}a_{22} - a_{12}a_{21})w = a_{11} \end{cases}$$

が導かれるので, $a_{11}a_{22} - a_{12}a_{21} \neq 0$ のもとで, x, y, z, w が一通りに定まり,

$$B = \frac{1}{a_{11}a_{22} - a_{12}a_{21}} \begin{bmatrix} a_{22} & -a_{12} \\ -a_{21} & a_{11} \end{bmatrix}$$

である. このとき, BA を計算してみると, 確かに

$$BA = \frac{1}{a_{11}a_{22} - a_{12}a_{21}} \begin{bmatrix} a_{22} & -a_{12} \\ -a_{21} & a_{11} \end{bmatrix}\begin{bmatrix} a_{11} & a_{12} \\ a_{21} & a_{22} \end{bmatrix} = \begin{bmatrix} 1 & 0 \\ 0 & 1 \end{bmatrix} = E$$

が成り立つ. 以上の計算から得られたことをまとめておこう.

2 次正方行列の逆行列の公式

2 次正方行列 $A = \begin{bmatrix} a_{11} & a_{12} \\ a_{21} & a_{22} \end{bmatrix}$ は, $a_{11}a_{22} - a_{12}a_{21} \neq 0$ のときに限って逆行列 A^{-1} をもち,

$$A^{-1} = \frac{1}{a_{11}a_{22} - a_{12}a_{21}} \begin{bmatrix} a_{22} & -a_{12} \\ -a_{21} & a_{11} \end{bmatrix}$$

である.

逆行列の計算 n 次正方行列 $A=[a_{ij}]$ の逆行列は, 条件

$$AB=E$$

を満たす n 次正方行列 B として得られる. ここでは, この条件を満たす行列 B を求める計算方法について考えてみよう.

簡単のため, $n=3$, つまり, 3次正方行列で説明する. $AB=E$ は

$$B=\begin{bmatrix} x_1 & x_2 & x_3 \\ y_1 & y_2 & y_3 \\ z_1 & z_2 & z_3 \end{bmatrix} \text{ とおくと, } \begin{bmatrix} a_{11} & a_{12} & a_{13} \\ a_{21} & a_{22} & a_{23} \\ a_{31} & a_{32} & a_{33} \end{bmatrix}\begin{bmatrix} x_1 & x_2 & x_3 \\ y_1 & y_2 & y_3 \\ z_1 & z_2 & z_3 \end{bmatrix}=\begin{bmatrix} 1 & 0 & 0 \\ 0 & 1 & 0 \\ 0 & 0 & 1 \end{bmatrix}$$

である. これを列ごとに書くと3個の連立1次方程式

$$\begin{bmatrix} a_{11} & a_{12} & a_{13} \\ a_{21} & a_{22} & a_{23} \\ a_{31} & a_{32} & a_{33} \end{bmatrix}\begin{bmatrix} x_1 \\ y_1 \\ z_1 \end{bmatrix}=\begin{bmatrix} 1 \\ 0 \\ 0 \end{bmatrix}, \quad \begin{bmatrix} a_{11} & a_{12} & a_{13} \\ a_{21} & a_{22} & a_{23} \\ a_{31} & a_{32} & a_{33} \end{bmatrix}\begin{bmatrix} x_2 \\ y_2 \\ z_2 \end{bmatrix}=\begin{bmatrix} 0 \\ 1 \\ 0 \end{bmatrix}, \quad \begin{bmatrix} a_{11} & a_{12} & a_{13} \\ a_{21} & a_{22} & a_{23} \\ a_{31} & a_{32} & a_{33} \end{bmatrix}\begin{bmatrix} x_3 \\ y_3 \\ z_3 \end{bmatrix}=\begin{bmatrix} 0 \\ 0 \\ 1 \end{bmatrix} \tag{5.2}$$

となる. これらを解くことは, それぞれの拡大係数行列

$$\left[\begin{array}{ccc:c} a_{11} & a_{12} & a_{13} & 1 \\ a_{21} & a_{22} & a_{23} & 0 \\ a_{31} & a_{32} & a_{33} & 0 \end{array}\right], \quad \left[\begin{array}{ccc:c} a_{11} & a_{12} & a_{13} & 0 \\ a_{21} & a_{22} & a_{23} & 1 \\ a_{31} & a_{32} & a_{33} & 0 \end{array}\right], \quad \left[\begin{array}{ccc:c} a_{11} & a_{12} & a_{13} & 0 \\ a_{21} & a_{22} & a_{23} & 0 \\ a_{31} & a_{32} & a_{33} & 1 \end{array}\right] \tag{5.3}$$

を行基本変形によって階段行列に変形することに帰着する.

行列 A の逆行列が存在するとき, 逆行列はただ一通りであるから, (5.2) のそれぞれの連立1次方程式の解はただ一通りのはずである. p.34 で示したように,

$$\begin{bmatrix} a_{11} & a_{12} & a_{13} \\ a_{21} & a_{22} & a_{23} \\ a_{31} & a_{32} & a_{33} \end{bmatrix}\begin{bmatrix} x_1 \\ y_1 \\ z_1 \end{bmatrix}=\begin{bmatrix} 1 \\ 0 \\ 0 \end{bmatrix} \text{ の解が一通りに定まる}$$

$\Leftrightarrow \left[\begin{array}{ccc:c} a_{11} & a_{12} & a_{13} & 1 \\ a_{21} & a_{22} & a_{23} & 0 \\ a_{31} & a_{32} & a_{33} & 0 \end{array}\right]$ から導かれる階段行列が $\left[\begin{array}{ccc:c} 1 & 0 & 0 & * \\ 0 & 1 & 0 & * \\ 0 & 0 & 1 & * \end{array}\right]$ の形 (区切り線 ┆ の左側に主成分 1 が3個)

$\Leftrightarrow$ A から導かれる階段行列が単位行列 E

であり, (5.2) の他の連立1次方程式についても同様である. つまり,

$$A \text{ が逆行列をもつ} \Leftrightarrow A \text{ から導かれる階段行列が単位行列 } E$$

である.

行列 $A=[a_{ij}]$ から単位行列 E に変形する一連の行基本変形を操作 f と表す. (5.3) の 3 個の行列は区切り線 ⋮ の左側がいずれも A であるから, 3 個とも同じ操作 f によって階段行列に変形でき, 変形を同時に行うことができる. (5.3) の 3 個の行列を重ねて書いた 3×6 行列

$$\left[\begin{array}{ccc:ccc} a_{11} & a_{12} & a_{13} & 1 & 0 & 0 \\ a_{21} & a_{22} & a_{23} & 0 & 1 & 0 \\ a_{31} & a_{32} & a_{33} & 0 & 0 & 1 \end{array}\right]$$

を考え,

$$\left[\begin{array}{ccc:ccc} a_{11} & a_{12} & a_{13} & 1 & 0 & 0 \\ a_{21} & a_{22} & a_{23} & 0 & 1 & 0 \\ a_{31} & a_{32} & a_{33} & 0 & 0 & 1 \end{array}\right] \xrightarrow{\text{操作 } f} \left[\begin{array}{ccc:ccc} 1 & 0 & 0 & b_{11} & b_{12} & b_{13} \\ 0 & 1 & 0 & b_{21} & b_{22} & b_{23} \\ 0 & 0 & 1 & b_{31} & b_{32} & b_{33} \end{array}\right]$$

となったとすると, (5.2) の 3 個の連立 1 次方程式の解はそれぞれ

$$\begin{bmatrix} x_1 \\ y_1 \\ z_1 \end{bmatrix} = \begin{bmatrix} b_{11} \\ b_{21} \\ b_{31} \end{bmatrix}, \quad \begin{bmatrix} x_2 \\ y_2 \\ z_2 \end{bmatrix} = \begin{bmatrix} b_{12} \\ b_{22} \\ b_{32} \end{bmatrix}, \quad \begin{bmatrix} x_3 \\ y_3 \\ z_3 \end{bmatrix} = \begin{bmatrix} b_{13} \\ b_{23} \\ b_{33} \end{bmatrix}$$

であり, $A=[a_{ij}]$ の逆行列として

$$A^{-1} = B = \begin{bmatrix} b_{11} & b_{12} & b_{13} \\ b_{21} & b_{22} & b_{23} \\ b_{31} & b_{32} & b_{33} \end{bmatrix}$$

が得られる.

一般に, n 次正方行列に対して次が成り立つ.

逆行列の求め方

正方行列 A は, 行基本変形によって導かれる階段行列が単位行列 E であるときに限って逆行列 A^{-1} をもち,

$$[\,A \mid E\,] \xrightarrow{\text{行基本変形}} [\,E \mid B\,]$$

となるとき, $A^{-1}=B$ である.

例 3. 行列 $A = \begin{bmatrix} 1 & 3 & -1 \\ 2 & 5 & -1 \\ 2 & 4 & 1 \end{bmatrix}$ の逆行列を求めよう.

$$\left[\begin{array}{ccc:ccc} 1 & 3 & -1 & 1 & 0 & 0 \\ 2 & 5 & -1 & 0 & 1 & 0 \\ 2 & 4 & 1 & 0 & 0 & 1 \end{array}\right] \xrightarrow[\text{③} - \text{①}\times 2]{\text{②} - \text{①}\times 2} \left[\begin{array}{ccc:ccc} 1 & 3 & -1 & 1 & 0 & 0 \\ 0 & -1 & 1 & -2 & 1 & 0 \\ 0 & -2 & 3 & -2 & 0 & 1 \end{array}\right]$$

$$\xrightarrow{\text{②} \div (-1)} \left[\begin{array}{ccc:ccc} 1 & 3 & -1 & 1 & 0 & 0 \\ 0 & 1 & -1 & 2 & -1 & 0 \\ 0 & -2 & 3 & -2 & 0 & 1 \end{array}\right]$$

$$\xrightarrow[\text{③} - \text{②}\times(-2)]{\text{①} - \text{②}\times 3} \left[\begin{array}{ccc:ccc} 1 & 0 & 2 & -5 & 3 & 0 \\ 0 & 1 & -1 & 2 & -1 & 0 \\ 0 & 0 & 1 & 2 & -2 & 1 \end{array}\right]$$

$$\xrightarrow[\text{②} - \text{③}\times(-1)]{\text{①} - \text{③}\times 2} \left[\begin{array}{ccc:ccc} 1 & 0 & 0 & -9 & 7 & -2 \\ 0 & 1 & 0 & 4 & -3 & 1 \\ 0 & 0 & 1 & 2 & -2 & 1 \end{array}\right]$$

これより, $A^{-1} = \begin{bmatrix} -9 & 7 & -2 \\ 4 & -3 & 1 \\ 2 & -2 & 1 \end{bmatrix}$ である.

例 4. 行列 $A = \begin{bmatrix} 1 & -2 & 3 \\ -2 & 5 & -7 \\ 3 & -4 & 7 \end{bmatrix}$ の逆行列を求めよう.

$$\left[\begin{array}{ccc:ccc} 1 & -2 & 3 & 1 & 0 & 0 \\ -2 & 5 & -7 & 0 & 1 & 0 \\ 3 & -4 & 7 & 0 & 0 & 1 \end{array}\right] \xrightarrow[\text{③} - \text{①}\times 3]{\text{②} - \text{①}\times(-2)} \left[\begin{array}{ccc:ccc} 1 & -2 & 3 & 1 & 0 & 0 \\ 0 & 1 & -1 & 2 & 1 & 0 \\ 0 & 2 & -2 & -3 & 0 & 1 \end{array}\right]$$

$$\xrightarrow[\text{③} - \text{②}\times 2]{\text{①} - \text{②}\times(-2)} \left[\begin{array}{ccc:ccc} 1 & 0 & 1 & 5 & 2 & 0 \\ 0 & 1 & -1 & 2 & 1 & 0 \\ 0 & 0 & 0 & -7 & -2 & 1 \end{array}\right]$$

A から行基本変形によって導かれる階段行列が単位行列 E にはならないので, A の逆行列は存在しない.

逆行列を用いた連立 1 次方程式の解法　連立 1 次方程式

$$A\boldsymbol{x} = \boldsymbol{b}$$

において, 係数行列 A が正則な正方行列である場合を考えてみよう.

$A\boldsymbol{x} = \boldsymbol{b}$ の両辺に A の逆行列 A^{-1} を左からかけると

$$A^{-1}A\boldsymbol{x} = A^{-1}\boldsymbol{b}$$

となるが, $A^{-1}A\boldsymbol{x} = E\boldsymbol{x} = \boldsymbol{x}$ であるから, 連立方程式の解

$$\boldsymbol{x} = A^{-1}\boldsymbol{b}$$

が得られたことになる. このように, 連立 1 次方程式の係数行列 A の逆行列 A^{-1} がわかっている場合には, その解が簡単に求められる.

例 5.　連立 1 次方程式 $\begin{cases} x_1 + 3x_2 - x_3 = 1 \\ 2x_1 + 5x_2 - x_3 = 2 \\ 2x_1 + 4x_2 + x_3 = -3 \end{cases}$ を逆行列を利用して解く.

$$A = \begin{bmatrix} 1 & 3 & -1 \\ 2 & 5 & -1 \\ 2 & 4 & 1 \end{bmatrix}, \quad \boldsymbol{x} = \begin{bmatrix} x_1 \\ x_2 \\ x_3 \end{bmatrix}, \quad \boldsymbol{b} = \begin{bmatrix} 1 \\ 2 \\ -3 \end{bmatrix}$$

とすると, この連立 1 次方程式は

$$A\boldsymbol{x} = \boldsymbol{b}$$

と表され, 係数行列 A は, 例 3 で求めたように, 逆行列 $A^{-1} = \begin{bmatrix} -9 & 7 & -2 \\ 4 & -3 & 1 \\ 2 & -2 & 1 \end{bmatrix}$ をもつ. したがって, 解は

$$\boldsymbol{x} = A^{-1}\boldsymbol{b}, \quad \text{すなわち} \quad \begin{bmatrix} x_1 \\ x_2 \\ x_3 \end{bmatrix} = \begin{bmatrix} -9 & 7 & -2 \\ 4 & -3 & 1 \\ 2 & -2 & 1 \end{bmatrix} \begin{bmatrix} 1 \\ 2 \\ -3 \end{bmatrix} = \begin{bmatrix} 11 \\ -5 \\ -5 \end{bmatrix}$$

である.

逆行列を用いた連立 1 次方程式の解

連立 1 次方程式 $A\boldsymbol{x} = \boldsymbol{b}$ において, 係数行列 A が正則な正方行列であるとき, その解は

$$\boldsymbol{x} = A^{-1}\boldsymbol{b}$$

で与えられる.

演習問題

問題 5.1 次の2次正方行列の逆行列を公式を用いて求めよ.

(1) $\begin{bmatrix} 1 & 2 \\ 3 & 7 \end{bmatrix}$ (2) $\begin{bmatrix} 3 & 7 \\ 1 & 2 \end{bmatrix}$ (3) $\begin{bmatrix} 1 & -2 \\ 3 & 7 \end{bmatrix}$ (4) $\begin{bmatrix} 1 & -2 \\ 3 & -7 \end{bmatrix}$

問題 5.2 次の3次正方行列の逆行列を掃き出し法で求めよ.

(1) $\begin{bmatrix} 1 & 0 & 0 \\ 2 & 1 & 0 \\ 4 & 3 & 1 \end{bmatrix}$ (2) $\begin{bmatrix} 1 & 1 & -1 \\ 2 & 1 & 0 \\ -2 & 1 & -3 \end{bmatrix}$

(3) $\begin{bmatrix} 1 & 1 & 3 \\ -2 & -1 & 1 \\ 2 & 2 & 5 \end{bmatrix}$ (4) $\begin{bmatrix} 1 & 0 & 1 \\ 0 & 2 & 0 \\ 3 & 0 & -1 \end{bmatrix}$

問題 5.3 逆行列をかける方法により, 次の連立1次方程式の解を求めよ. なお, 逆行列は括弧内に示された問題の結果を用いてよい.

(1) $\begin{bmatrix} 1 & -2 \\ 3 & -7 \end{bmatrix}\begin{bmatrix} x_1 \\ x_2 \end{bmatrix} = \begin{bmatrix} 4 \\ 9 \end{bmatrix}$ (5.1 (4)) (2) $\begin{bmatrix} 1 & 1 & -1 \\ 2 & 1 & 0 \\ -2 & 1 & -3 \end{bmatrix}\begin{bmatrix} x_1 \\ x_2 \\ x_3 \end{bmatrix} = \begin{bmatrix} 6 \\ 5 \\ 4 \end{bmatrix}$ (5.2 (2))

(3) $\begin{bmatrix} 1 & 1 & 3 \\ -2 & -1 & 1 \\ 2 & 2 & 5 \end{bmatrix}\begin{bmatrix} x_1 \\ x_2 \\ x_3 \end{bmatrix} = \begin{bmatrix} \frac{2}{3} \\ -\frac{1}{2} \\ \frac{7}{6} \end{bmatrix}$ (5.2 (3))

問題 5.4 次の行列の等式を $X = \cdots$ の形に変形せよ. ただし, A, B, P は正則行列とする.

(1) $AX = C$ (2) $XB = C$ (3) $AXB = C$ (4) $P^{-1}XP = C$

問題 5.5 行列 $A = \begin{bmatrix} 6 & -x \\ x-1 & -1 \end{bmatrix}$ が逆行列をもたないとき, x の値を求めよ.

問題 5.6 行列 $A = \begin{bmatrix} x & y \\ 5 & y-1 \end{bmatrix}$ が逆行列 A^{-1} をもち, $A^{-1} = A$ が成り立つとき, x, y を求めよ.

問題 5.7 正方行列 A, B は正則とする. $AB(B^{-1}A^{-1})$, $(B^{-1}A^{-1})AB$ を計算することにより, $(AB)^{-1} = B^{-1}A^{-1}$ であることを確かめよ.

問題 5.8 正方行列 A が $A^2 - 2A + 3E = O$ を満たすとき, A は正則であることを示し, A^{-1} を $pA + qE$ (p, q は実数) の形で表せ.

第3章 行 列 式

§6　2次行列式

2次行列式の定義　2次正方行列 $A=\begin{bmatrix} a_{11} & a_{12} \\ a_{21} & a_{22} \end{bmatrix}$ の逆行列 A^{-1} は

$$A^{-1}=\frac{1}{a_{11}a_{22}-a_{12}a_{21}}\begin{bmatrix} a_{22} & -a_{12} \\ -a_{21} & a_{11} \end{bmatrix}$$

で与えられる．ただし，$a_{11}a_{22}-a_{12}a_{21}=0$ ならば A^{-1} は存在しない．つまり，$a_{11}a_{22}-a_{12}a_{21}$ は A^{-1} が存在するか，しないかの判定式になっている．これを2次正方行列 A の行列式という．

定義 (2次行列式)　2次正方行列 $A=\begin{bmatrix} a_{11} & a_{12} \\ a_{21} & a_{22} \end{bmatrix}$ に対し，$a_{11}a_{22}-a_{12}a_{21}$ を A の**行列式**といい，$|A|$ または $\det A$ で表す．

$$|A|=\begin{vmatrix} a_{11} & a_{12} \\ a_{21} & a_{22} \end{vmatrix}=a_{11}a_{22}-a_{12}a_{21},$$

または，

$$\det A=\det\begin{bmatrix} a_{11} & a_{12} \\ a_{21} & a_{22} \end{bmatrix}=a_{11}a_{22}-a_{12}a_{21}.$$

例 1.　$\begin{vmatrix} 1 & 2 \\ 3 & 4 \end{vmatrix}=1\cdot 4-2\cdot 3=-2,\quad \begin{vmatrix} 1 & 2 \\ 2 & 4 \end{vmatrix}=1\cdot 4-2\cdot 2=0,$

$\begin{vmatrix} 1 & 0 \\ 0 & 1 \end{vmatrix}=1\cdot 1-0\cdot 0=1.$

2次行列式の性質 2次行列式の性質について述べる．いずれも定義から容易に導くことができる．

定理 6.1 2次行列式は次の性質をもつ．

性質（i） 1つの行がベクトルの和であれば行列式も和になる．

$$\begin{vmatrix} b_{11}+c_{11} & b_{12}+c_{12} \\ a_{21} & a_{22} \end{vmatrix} = \begin{vmatrix} b_{11} & b_{12} \\ a_{21} & a_{22} \end{vmatrix} + \begin{vmatrix} c_{11} & c_{12} \\ a_{21} & a_{22} \end{vmatrix}.$$

2行目でも同様．

性質（ii） 1つの行を c 倍すると行列式も c 倍になる．

$$\begin{vmatrix} c\,a_{11} & c\,a_{12} \\ a_{21} & a_{22} \end{vmatrix} = c\begin{vmatrix} a_{11} & a_{12} \\ a_{21} & a_{22} \end{vmatrix}.$$

2行目でも同様．

性質（iii） 2つの行を入れ替えると行列式の符号が変わる．

$$\begin{vmatrix} a_{21} & a_{22} \\ a_{11} & a_{12} \end{vmatrix} = -\begin{vmatrix} a_{11} & a_{12} \\ a_{21} & a_{22} \end{vmatrix}.$$

性質（iv） 単位行列 $E_2 = \begin{bmatrix} 1 & 0 \\ 0 & 1 \end{bmatrix}$ に対して $|E_2| = \begin{vmatrix} 1 & 0 \\ 0 & 1 \end{vmatrix} = 1$ である．

証明

性質 (i)
$$\begin{aligned} \begin{vmatrix} b_{11}+c_{11} & b_{12}+c_{12} \\ a_{21} & a_{22} \end{vmatrix} &= (b_{11}+c_{11})a_{22} - (b_{12}+c_{12})a_{21} \\ &= b_{11}a_{22} - b_{12}a_{21} + c_{11}a_{22} - c_{12}a_{21} \\ &= \begin{vmatrix} b_{11} & b_{12} \\ a_{21} & a_{22} \end{vmatrix} + \begin{vmatrix} c_{11} & c_{12} \\ a_{21} & a_{22} \end{vmatrix}. \end{aligned}$$

性質 (ii)
$$\begin{aligned} \begin{vmatrix} c\,a_{11} & c\,a_{12} \\ a_{21} & a_{22} \end{vmatrix} &= c\,a_{11}a_{22} - c\,a_{12}a_{21} \\ &= c\,(a_{11}a_{22} - a_{12}a_{21}) = c\begin{vmatrix} a_{11} & a_{12} \\ a_{21} & a_{22} \end{vmatrix}. \end{aligned}$$

性質 (iii)
$$\begin{vmatrix} a_{21} & a_{22} \\ a_{11} & a_{12} \end{vmatrix} = a_{21}a_{12} - a_{22}a_{11} = -\,(a_{11}a_{22} - a_{12}a_{21}) = -\begin{vmatrix} a_{11} & a_{12} \\ a_{21} & a_{22} \end{vmatrix}.$$

性質 (iv) すでに, 例1で示した．(証明終)

性質 (iii) より, 次が成り立つ.

定理 6.2　2 つの行が等しい行列式の値は 0 である.

証明　性質 (iii) の式で $a_{21} = a_{11}$, $a_{22} = a_{12}$ とすると

$$\begin{vmatrix} a_{11} & a_{12} \\ a_{11} & a_{12} \end{vmatrix} = -\begin{vmatrix} a_{11} & a_{12} \\ a_{11} & a_{12} \end{vmatrix}$$

であり, 移項すると

$$2\begin{vmatrix} a_{11} & a_{12} \\ a_{11} & a_{12} \end{vmatrix} = 0, \quad \text{つまり} \quad \begin{vmatrix} a_{11} & a_{12} \\ a_{11} & a_{12} \end{vmatrix} = 0$$

である. (証明終)

さらに, この定理と性質 (i), (ii) を組み合わせると, 次が成り立つ.

定理 6.3　1 つの行に他の行の定数倍を加えても行列式の値は変わらない. たとえば

$$\begin{vmatrix} a_{11} & a_{12} \\ a_{21} + c\,a_{11} & a_{22} + c\,a_{12} \end{vmatrix} = \begin{vmatrix} a_{11} & a_{12} \\ a_{21} & a_{22} \end{vmatrix}.$$

証明　性質 (i), 性質 (ii), 定理 6.2 を順次用いて

$$\begin{aligned} \begin{vmatrix} a_{11} & a_{12} \\ a_{21} + c\,a_{11} & a_{22} + c\,a_{12} \end{vmatrix} &= \begin{vmatrix} a_{11} & a_{12} \\ a_{21} & a_{22} \end{vmatrix} + \begin{vmatrix} a_{11} & a_{12} \\ c\,a_{11} & c\,a_{12} \end{vmatrix} \\ &= \begin{vmatrix} a_{11} & a_{12} \\ a_{21} & a_{22} \end{vmatrix} + c\begin{vmatrix} a_{11} & a_{12} \\ a_{11} & a_{12} \end{vmatrix} \\ &= \begin{vmatrix} a_{11} & a_{12} \\ a_{21} & a_{22} \end{vmatrix} \end{aligned}$$

である. (証明終)

例 2. $\begin{vmatrix} 2 & -3 \\ -6 & 7 \end{vmatrix} \overset{②+①\times 3}{=\!=\!=} \begin{vmatrix} 2 & -3 \\ 0 & -2 \end{vmatrix} = -4.$

例 3. $\begin{vmatrix} 97 & 98 \\ 98 & 99 \end{vmatrix} \overset{②+①\times(-1)}{=\!=\!=} \begin{vmatrix} 97 & 98 \\ 1 & 1 \end{vmatrix} = 97 - 98 = -1.$

転置行列の行列式 転置行列について次が成り立つ.

定理 6.4 2次正方行列 $A=\begin{bmatrix} a_{11} & a_{12} \\ a_{21} & a_{22} \end{bmatrix}$ に対して $|{}^tA|=|A|$ が成り立つ.

証明 $|{}^tA|=\begin{vmatrix} a_{11} & a_{21} \\ a_{12} & a_{22} \end{vmatrix}=a_{11}a_{22}-a_{12}a_{21}=|A|$ である. (証明終)

この定理より, 定理 6.1 ~ 6.3 で述べた性質は列に関しても成り立つ.

定理 6.5 2次行列式は次の性質をもつ.

性質 (i)′ 1つの列がベクトルの和であれば行列式も和になる.

$$\begin{vmatrix} b_{11}+c_{11} & a_{12} \\ b_{21}+c_{21} & a_{22} \end{vmatrix}=\begin{vmatrix} b_{11} & a_{12} \\ b_{21} & a_{22} \end{vmatrix}+\begin{vmatrix} c_{11} & a_{12} \\ c_{21} & a_{22} \end{vmatrix}$$

2列目でも同様.

性質 (ii)′ 1つの列を c 倍すると行列式も c 倍になる.

$$\begin{vmatrix} c\,a_{11} & a_{12} \\ c\,a_{21} & a_{22} \end{vmatrix}=c\begin{vmatrix} a_{11} & a_{12} \\ a_{21} & a_{22} \end{vmatrix}$$

2列目でも同様.

性質 (iii)′ 2つの列を入れ替えると行列式の符号が変わる.

$$\begin{vmatrix} a_{12} & a_{11} \\ a_{22} & a_{21} \end{vmatrix}=-\begin{vmatrix} a_{11} & a_{12} \\ a_{21} & a_{22} \end{vmatrix}$$

定理 6.6 2つの列が等しい行列式の値は 0 である.

定理 6.7 1つの列に他の列の定数倍を加えても行列式の値は変わらない.
たとえば

$$\begin{vmatrix} a_{11} & a_{12}+c\,a_{11} \\ a_{21} & a_{22}+c\,a_{21} \end{vmatrix}=\begin{vmatrix} a_{11} & a_{12} \\ a_{21} & a_{22} \end{vmatrix}.$$

クラーメルの公式　2 次行列式を用いると, 2 個の未知数に関する 2 個の方程式からなる連立 1 次方程式の解の公式を書き下すことができる.

定理 6.8　連立 1 次方程式

$$\begin{cases} a_{11}x_1 + a_{12}x_2 = b_1 \\ a_{21}x_1 + a_{22}x_2 = b_2 \end{cases}$$

において, $\begin{vmatrix} a_{11} & a_{12} \\ a_{21} & a_{22} \end{vmatrix} \neq 0$ とする. このとき, 解は

$$x_1 = \frac{\begin{vmatrix} b_1 & a_{12} \\ b_2 & a_{22} \end{vmatrix}}{\begin{vmatrix} a_{11} & a_{12} \\ a_{21} & a_{22} \end{vmatrix}}, \qquad x_2 = \frac{\begin{vmatrix} a_{11} & b_1 \\ a_{21} & b_2 \end{vmatrix}}{\begin{vmatrix} a_{11} & a_{12} \\ a_{21} & a_{22} \end{vmatrix}}$$

で与えられる.

これを**クラーメルの公式**という.

証明

$$\begin{vmatrix} b_1 & a_{12} \\ b_2 & a_{22} \end{vmatrix} = \begin{vmatrix} a_{11}x_1 + a_{12}x_2 & a_{12} \\ a_{21}x_1 + a_{22}x_2 & a_{22} \end{vmatrix} = \begin{vmatrix} a_{11}x_1 & a_{12} \\ a_{21}x_1 & a_{22} \end{vmatrix} + \begin{vmatrix} a_{12}x_2 & a_{12} \\ a_{22}x_2 & a_{22} \end{vmatrix}$$

$$= x_1 \begin{vmatrix} a_{11} & a_{12} \\ a_{21} & a_{22} \end{vmatrix} + x_2 \begin{vmatrix} a_{12} & a_{12} \\ a_{22} & a_{22} \end{vmatrix} = x_1 \begin{vmatrix} a_{11} & a_{12} \\ a_{21} & a_{22} \end{vmatrix}$$

であるから, $\begin{vmatrix} a_{11} & a_{12} \\ a_{21} & a_{22} \end{vmatrix} \neq 0$ ならば $x_1 = \dfrac{\begin{vmatrix} b_1 & a_{12} \\ b_2 & a_{22} \end{vmatrix}}{\begin{vmatrix} a_{11} & a_{12} \\ a_{21} & a_{22} \end{vmatrix}}$ である. x_2 も同様に示すことができる. (証明終)

例 4.　連立方程式 $\begin{cases} 3x_1 + x_2 = 6 \\ 4x_1 + 2x_2 = 5 \end{cases}$ の解 x_1, x_2 を求めよう.

$$x_1 = \frac{\begin{vmatrix} 6 & 1 \\ 5 & 2 \end{vmatrix}}{\begin{vmatrix} 3 & 1 \\ 4 & 2 \end{vmatrix}} = \frac{7}{2}, \qquad x_2 = \frac{\begin{vmatrix} 3 & 6 \\ 4 & 5 \end{vmatrix}}{\begin{vmatrix} 3 & 1 \\ 4 & 2 \end{vmatrix}} = -\frac{9}{2}$$

である.

演習問題

問題 6.1 次の2次行列式の値を求めよ.

(1) $\begin{vmatrix} 2 & 3 \\ 4 & 5 \end{vmatrix}$ (2) $\begin{vmatrix} 2 & -3 \\ 3 & 2 \end{vmatrix}$ (3) $\begin{vmatrix} 1 & 3 \\ -2 & -6 \end{vmatrix}$

(4) $\begin{vmatrix} 2 & 0 \\ 3 & -5 \end{vmatrix}$ (5) $\begin{vmatrix} 1 & 5 \\ -2 & 7 \end{vmatrix}$ (6) $\begin{vmatrix} 101 & 100 \\ 99 & 102 \end{vmatrix}$

問題 6.2 次の2次行列式 D を求めよ. さらに, $D=0$ となる x の値を求めよ.

(1) $D = \begin{vmatrix} -x & 1 \\ 1 & -x \end{vmatrix}$ (2) $D = \begin{vmatrix} 1-x & 2 \\ 2 & 1-x \end{vmatrix}$

(3) $D = \begin{vmatrix} 1-x & 3 \\ 6 & -2-x \end{vmatrix}$ (4) $D = \begin{vmatrix} 4-x & -4 \\ 1 & -x \end{vmatrix}$

問題 6.3 クラーメルの公式を用いて次の連立1次方程式の解を求めよ.

(1) $\begin{bmatrix} 2 & 3 \\ 3 & 7 \end{bmatrix}\begin{bmatrix} x_1 \\ x_2 \end{bmatrix} = \begin{bmatrix} 1 \\ -1 \end{bmatrix}$ (2) $\begin{bmatrix} 3 & -1 \\ -2 & 3 \end{bmatrix}\begin{bmatrix} x_1 \\ x_2 \end{bmatrix} = \begin{bmatrix} 4 \\ 1 \end{bmatrix}$

問題 6.4 4変数 x, y, z, w の関数 $F\begin{pmatrix} x & y \\ z & w \end{pmatrix}$ が性質

(i) $$F\begin{pmatrix} x+x' & y+y' \\ z & w \end{pmatrix} = F\begin{pmatrix} x & y \\ z & w \end{pmatrix} + F\begin{pmatrix} x' & y' \\ z & w \end{pmatrix}$$

(ii) $$F\begin{pmatrix} c\cdot x & c\cdot y \\ z & w \end{pmatrix} = c\cdot F\begin{pmatrix} x & y \\ z & w \end{pmatrix}$$ (c は任意の定数)

(iii) $$F\begin{pmatrix} z & w \\ x & y \end{pmatrix} = -F\begin{pmatrix} x & y \\ z & w \end{pmatrix}$$

(iv) $$F\begin{pmatrix} 1 & 0 \\ 0 & 1 \end{pmatrix} = 1$$

を満たすとき,

$$F\begin{pmatrix} x & y \\ z & w \end{pmatrix} = xw - yz$$

であることを示せ.

§7　3 次行列式

3 次行列式の定義　3 次行列式を次のように定義する．

定義 (3 次行列式)

$$\begin{vmatrix} a_{11} & a_{12} & a_{13} \\ a_{21} & a_{22} & a_{23} \\ a_{31} & a_{32} & a_{33} \end{vmatrix} = a_{11}\begin{vmatrix} a_{22} & a_{23} \\ a_{32} & a_{33} \end{vmatrix} - a_{12}\begin{vmatrix} a_{21} & a_{23} \\ a_{31} & a_{33} \end{vmatrix} + a_{13}\begin{vmatrix} a_{21} & a_{22} \\ a_{31} & a_{32} \end{vmatrix} \tag{7.1}$$

例 1.
$$\begin{aligned}\begin{vmatrix} 2 & 3 & 4 \\ 9 & 8 & 5 \\ 1 & 7 & 6 \end{vmatrix} &= 2\begin{vmatrix} 8 & 5 \\ 7 & 6 \end{vmatrix} - 3\begin{vmatrix} 9 & 5 \\ 1 & 6 \end{vmatrix} + 4\begin{vmatrix} 9 & 8 \\ 1 & 7 \end{vmatrix} \\ &= 2\cdot(48-35) - 3\cdot(54-5) + 4\cdot(63-8) \\ &= 2\cdot 13 - 3\cdot 49 + 4\cdot 55 = 26 - 147 + 220 = 99.\end{aligned}$$

解説　正則な 3 次正方行列 $A = \begin{bmatrix} a_{11} & a_{12} & a_{13} \\ a_{21} & a_{22} & a_{23} \\ a_{31} & a_{32} & a_{33} \end{bmatrix}$ に対して, $A^{-1} = \begin{bmatrix} x_1 & x_2 & x_3 \\ y_1 & y_2 & y_3 \\ z_1 & z_2 & z_3 \end{bmatrix}$ とするとき, $AA^{-1} = E$ の第 1 列から連立 1 次方程式

$$\begin{cases} a_{11}x_1 + a_{12}y_1 + a_{13}z_1 = 1 \\ a_{21}x_1 + a_{22}y_1 + a_{23}z_1 = 0 \\ a_{31}x_1 + a_{32}y_1 + a_{33}z_1 = 0 \end{cases}$$

が得られる．第 2 式, 第 3 式を $\begin{cases} a_{22}y_1 + a_{23}z_1 = -a_{21}x_1 \\ a_{32}y_1 + a_{33}z_1 = -a_{31}x_1 \end{cases}$ と変形し, クラーメルの公式を用いて y_1, z_1 を求めると

$$y_1 = \frac{\begin{vmatrix} -x_1a_{21} & a_{23} \\ -x_1a_{31} & a_{33} \end{vmatrix}}{\begin{vmatrix} a_{22} & a_{23} \\ a_{32} & a_{33} \end{vmatrix}} = -\frac{\begin{vmatrix} a_{21} & a_{23} \\ a_{31} & a_{33} \end{vmatrix}}{\begin{vmatrix} a_{22} & a_{23} \\ a_{32} & a_{33} \end{vmatrix}}x_1, \quad z_1 = \frac{\begin{vmatrix} a_{22} & -x_1a_{21} \\ a_{32} & -x_1a_{31} \end{vmatrix}}{\begin{vmatrix} a_{22} & a_{23} \\ a_{32} & a_{33} \end{vmatrix}} = \frac{\begin{vmatrix} a_{21} & a_{22} \\ a_{31} & a_{32} \end{vmatrix}}{\begin{vmatrix} a_{22} & a_{23} \\ a_{32} & a_{33} \end{vmatrix}}x_1$$

が得られる．ここで, 分母 $\begin{vmatrix} a_{22} & a_{23} \\ a_{32} & a_{33} \end{vmatrix}$ は 0 でないと仮定した．これらを第 1 式に代入して分母を払うと

$$\left(a_{11}\begin{vmatrix} a_{22} & a_{23} \\ a_{32} & a_{33} \end{vmatrix} - a_{12}\begin{vmatrix} a_{21} & a_{23} \\ a_{31} & a_{33} \end{vmatrix} + a_{13}\begin{vmatrix} a_{21} & a_{22} \\ a_{31} & a_{32} \end{vmatrix}\right)x_1 = \begin{vmatrix} a_{22} & a_{23} \\ a_{32} & a_{33} \end{vmatrix}$$

であるから, x_1 の分母に (7.1) が現れる．それは y_1, z_1 の分母でもある．さらに x_2, y_2, $\cdots$ を計算すると, 全成分の共通分母とできることがわかる．また, 定理 7.1 で示すように, 単位行列 E_3 に対する値が 1 である．そこで, (7.1) を 3 次行列式と定義する．

3 次行列式の性質 3 次行列式は, 2 次行列式の性質 (i), (ii), $\cdots$, (iii)$'$ と同様の性質をもつ.

定理 7.1

性質 (i) 1 つの行がベクトルの和であれば行列式も和になる.

性質 (ii) 1 つの行を c 倍すると行列式も c 倍になる.

性質 (iv) 単位行列 $E_3 = \begin{bmatrix} 1 & 0 & 0 \\ 0 & 1 & 0 \\ 0 & 0 & 1 \end{bmatrix}$ に対して $|E_3| = 1$ である.

証明 性質 (ii) の, 2 行目が c 倍されている場合を示す. 2 次行列式の性質 (ii) を用いて

$$\begin{vmatrix} a_{11} & a_{12} & a_{13} \\ ca_{21} & ca_{22} & ca_{23} \\ a_{31} & a_{32} & a_{33} \end{vmatrix} = a_{11} \begin{vmatrix} ca_{22} & ca_{23} \\ a_{32} & a_{33} \end{vmatrix} - a_{12} \begin{vmatrix} ca_{21} & ca_{23} \\ a_{31} & a_{33} \end{vmatrix} + a_{13} \begin{vmatrix} ca_{21} & ca_{22} \\ a_{31} & a_{32} \end{vmatrix}$$

$$= ca_{11} \begin{vmatrix} a_{22} & a_{23} \\ a_{32} & a_{33} \end{vmatrix} - ca_{12} \begin{vmatrix} a_{21} & a_{23} \\ a_{31} & a_{33} \end{vmatrix} + ca_{13} \begin{vmatrix} a_{21} & a_{22} \\ a_{31} & a_{32} \end{vmatrix} = c \begin{vmatrix} a_{11} & a_{12} & a_{13} \\ a_{21} & a_{22} & a_{23} \\ a_{31} & a_{32} & a_{33} \end{vmatrix}$$

である. 3 行目についても同様である. 1 行目については, 直接定義の式から示すことができる.

性質 (i) も性質 (ii) と同様に, 1 行目は直接定義の式から, 2 行目, 3 行目については, 2 次行列式の性質 (i) から示すことができる.

性質 (iv) については

$$\begin{vmatrix} 1 & 0 & 0 \\ 0 & 1 & 0 \\ 0 & 0 & 1 \end{vmatrix} = 1 \cdot \begin{vmatrix} 1 & 0 \\ 0 & 1 \end{vmatrix} - 0 \cdot \begin{vmatrix} 0 & 0 \\ 0 & 1 \end{vmatrix} + 0 \cdot \begin{vmatrix} 0 & 1 \\ 0 & 0 \end{vmatrix} = 1$$

である. (証明終)

性質 (iii) については, まず列について次が成り立つ.

定理 7.2

性質 (iii)$'$ 任意の 2 つの列を入れ替えると行列式の符号が変わる.

証明　第1列と第2列を入れ替えた場合,

$$\begin{vmatrix} a_{12} & a_{11} & a_{13} \\ a_{22} & a_{21} & a_{23} \\ a_{32} & a_{31} & a_{33} \end{vmatrix} = a_{12}\begin{vmatrix} a_{21} & a_{23} \\ a_{31} & a_{33} \end{vmatrix} - a_{11}\begin{vmatrix} a_{22} & a_{23} \\ a_{32} & a_{33} \end{vmatrix} + a_{13}\begin{vmatrix} a_{22} & a_{21} \\ a_{32} & a_{31} \end{vmatrix}$$

において第1項と第2項を入れ替え, 第3項で2次行列式の性質 (iii)′ を用いると

$$= -a_{11}\begin{vmatrix} a_{22} & a_{23} \\ a_{32} & a_{33} \end{vmatrix} + a_{12}\begin{vmatrix} a_{21} & a_{23} \\ a_{31} & a_{33} \end{vmatrix} - a_{13}\begin{vmatrix} a_{21} & a_{22} \\ a_{31} & a_{32} \end{vmatrix}$$

$$= -\begin{vmatrix} a_{11} & a_{12} & a_{13} \\ a_{21} & a_{22} & a_{23} \\ a_{31} & a_{32} & a_{33} \end{vmatrix}$$

である. 他の場合も同様である. (証明終)

転置行列について, 定理 6.4 と同様に次が成り立つ.

定理 7.3　3次正方行列 $A = [a_{ij}]$ に対して $|{}^tA| = |A|$ が成り立つ.

証明　3次行列式の定義式において, 2次行列式を展開すると

$$|A| = a_{11}(a_{22}a_{33} - a_{23}a_{32}) - a_{12}(a_{21}a_{33} - a_{23}a_{31}) + a_{13}(a_{21}a_{32} - a_{22}a_{31})$$

となる. これは

$$= a_{11}(a_{22}a_{33} - a_{32}a_{23}) - a_{21}(a_{12}a_{33} - a_{32}a_{13}) + a_{31}(a_{12}a_{23} - a_{22}a_{13})$$

と書き直すことができて, $|{}^tA|$ に等しい. (証明終)

この定理より, 定理 7.1 の性質は列に関して, 定理 7.2 の性質は行に関しても成り立つ.

定理 7.4
性質 (i)′　1つの列がベクトルの和であれば行列式も和になる.

性質 (ii)′　1つの列を c 倍すると行列式も c 倍になる.

性質 (iii)　任意の2つの行を入れ替えると行列式の符号が変わる.

3 次行列式の計算 定理 7.1 ～ 7.4 より, 2 次行列式と同様に, 次が成り立つ.

定理 7.5
(1) 2 つの行が等しい行列式の値は 0 である.
(2) 2 つの列が等しい行列式の値は 0 である.

定理 7.6
(1) 1 つの行に他の行の定数倍を加えても行列式の値は変わらない.
(2) 1 つの列に他の列の定数倍を加えても行列式の値は変わらない.

また, 定義より次が成り立つ.

定理 7.7

$$\begin{vmatrix} a_{11} & a_{12} & a_{13} \\ 0 & a_{22} & a_{23} \\ 0 & a_{32} & a_{33} \end{vmatrix} = a_{11}\begin{vmatrix} a_{22} & a_{23} \\ a_{32} & a_{33} \end{vmatrix}, \qquad \begin{vmatrix} a_{11} & 0 & 0 \\ a_{21} & a_{22} & a_{23} \\ a_{31} & a_{32} & a_{33} \end{vmatrix} = a_{11}\begin{vmatrix} a_{22} & a_{23} \\ a_{32} & a_{33} \end{vmatrix}$$

これらを用いると, 連立方程式の掃き出し法と同様の方法で行列式を計算することができる.

例 2.

$$\begin{vmatrix} 1 & 2 & 3 \\ -2 & 1 & 5 \\ 3 & 4 & -1 \end{vmatrix} \overset{\substack{②+①\times2 \\ ③-①\times3}}{=\!=\!=} \begin{vmatrix} 1 & 2 & 3 \\ 0 & 5 & 11 \\ 0 & -2 & -10 \end{vmatrix} = 1 \cdot \begin{vmatrix} 5 & 11 \\ -2 & -10 \end{vmatrix}$$

$$= 1 \cdot (-2)\begin{vmatrix} 5 & 11 \\ 1 & 5 \end{vmatrix} = -2(25-11) = -28$$

例 3.

$$\begin{vmatrix} 0 & 1 & 8 \\ 3 & -1 & 2 \\ 2 & -4 & 6 \end{vmatrix} \overset{①\longleftrightarrow③}{=\!=\!=} -\begin{vmatrix} 2 & -4 & 6 \\ 3 & -1 & 2 \\ 0 & 1 & 8 \end{vmatrix} = -2\begin{vmatrix} 1 & -2 & 3 \\ 3 & -1 & 2 \\ 0 & 1 & 8 \end{vmatrix}$$

$$\overset{②-①\times3}{=\!=\!=} -2\begin{vmatrix} 1 & -2 & 3 \\ 0 & 5 & -7 \\ 0 & 1 & 8 \end{vmatrix} = -2\begin{vmatrix} 5 & -7 \\ 1 & 8 \end{vmatrix}$$

$$= -2(40-(-7)) = -94$$

演習問題

問題 7.1 次の 3 次行列式の値を, 定義の式 (7.1) (p.53) を利用して求めよ.

(1) $\begin{vmatrix} 2 & 0 & 0 \\ 3 & 1 & 0 \\ -9 & 1 & -6 \end{vmatrix}$　(2) $\begin{vmatrix} 1 & 2 & 5 \\ 0 & -6 & 2 \\ 0 & 0 & 8 \end{vmatrix}$　(3) $\begin{vmatrix} 0 & 0 & 8 \\ 0 & -2 & 2 \\ 1 & 4 & 2 \end{vmatrix}$

(4) $\begin{vmatrix} 3 & 4 & 2 \\ -1 & 0 & 0 \\ 1 & 2 & -3 \end{vmatrix}$　(5) $\begin{vmatrix} 1 & 2 & 3 \\ 1 & 4 & 5 \\ 1 & 4 & 6 \end{vmatrix}$　(6) $\begin{vmatrix} 1 & 2 & 3 \\ -1 & 0 & 3 \\ -1 & -2 & 0 \end{vmatrix}$

(7) $\begin{vmatrix} -2 & 3 & 1 \\ 5 & 2 & -2 \\ 3 & 1 & 3 \end{vmatrix}$　(8) $\begin{vmatrix} 3 & 1 & 2 \\ 2 & 0 & -4 \\ 5 & -3 & 2 \end{vmatrix}$

問題 7.2 前問の行列式の値を, 行列式の性質 (p.54 ∼ p.56) を利用して求めよ.

問題 7.3 次の 3 次行列式 D を求めよ. さらに, $D = 0$ となる x の値を求めよ.

(1) $D = \begin{vmatrix} 1-x & 0 & 2 \\ 0 & -x & 0 \\ 5 & 0 & -2-x \end{vmatrix}$　(2) $D = \begin{vmatrix} 1-x & 3 & 0 \\ 0 & 2-x & -1 \\ 4 & 0 & 6-x \end{vmatrix}$

問題 7.4 3 次正方行列 A の第 i 行を $\vec{\boldsymbol{a}}_i$ で表す. $|A| = \begin{vmatrix} \vec{\boldsymbol{a}}_1 \\ \vec{\boldsymbol{a}}_2 \\ \vec{\boldsymbol{a}}_3 \end{vmatrix} = 3$ であるとき, 次の行列式の値を求めよ.

(1) $\begin{vmatrix} 2\vec{\boldsymbol{a}}_1 \\ -\vec{\boldsymbol{a}}_2 \\ 4\vec{\boldsymbol{a}}_3 \end{vmatrix}$　(2) $\begin{vmatrix} \vec{\boldsymbol{a}}_2 \\ \vec{\boldsymbol{a}}_1 \\ \vec{\boldsymbol{a}}_3 \end{vmatrix}$　(3) $\begin{vmatrix} \vec{\boldsymbol{a}}_1 \\ \vec{\boldsymbol{a}}_2 + 2\vec{\boldsymbol{a}}_1 \\ \vec{\boldsymbol{a}}_3 - 5\vec{\boldsymbol{a}}_1 \end{vmatrix}$

(4) $\begin{vmatrix} \vec{\boldsymbol{a}}_1 + \vec{\boldsymbol{a}}_2 - \vec{\boldsymbol{a}}_3 \\ \vec{\boldsymbol{a}}_1 - \vec{\boldsymbol{a}}_2 + \vec{\boldsymbol{a}}_3 \\ -\vec{\boldsymbol{a}}_1 + \vec{\boldsymbol{a}}_2 + \vec{\boldsymbol{a}}_3 \end{vmatrix}$　(5) $\begin{vmatrix} \vec{\boldsymbol{a}}_1 + \vec{\boldsymbol{a}}_2 - 2\vec{\boldsymbol{a}}_3 \\ 2\vec{\boldsymbol{a}}_1 + 5\vec{\boldsymbol{a}}_2 + 2\vec{\boldsymbol{a}}_3 \\ \vec{\boldsymbol{a}}_1 + 4\vec{\boldsymbol{a}}_2 + 5\vec{\boldsymbol{a}}_3 \end{vmatrix}$

問題 7.5 3 次正方行列 A の第 j 列を $\boldsymbol{a}_j$ で表す. $|A| = |\boldsymbol{a}_1 \ \ \boldsymbol{a}_2 \ \ \boldsymbol{a}_3| = 5$ であるとき, 次の行列式の値を求めよ.

(1) $|3\boldsymbol{a}_1 \ \ -2\boldsymbol{a}_2 \ \ -4\boldsymbol{a}_3|$　(2) $|\boldsymbol{a}_2 \ \ \boldsymbol{a}_3 \ \ \boldsymbol{a}_1|$

(3) $|\boldsymbol{a}_1 \ \ \boldsymbol{a}_1 + \boldsymbol{a}_3 \ \ \boldsymbol{a}_2 + \boldsymbol{a}_3|$

§8 n 次行列式

n 次行列式の定義 n 次行列式は 2 次や 3 次のときと同様に逆行列の分母として定義することもできるが, 次のような成分の式で定義することができる.

定義 (n 次行列式)

$$\begin{vmatrix} a_{11} & a_{12} & \cdots & a_{1n} \\ a_{21} & a_{22} & \cdots & a_{2n} \\ \vdots & \vdots & \ddots & \vdots \\ a_{n1} & a_{n2} & \cdots & a_{nn} \end{vmatrix} = \sum_{\{k_1,\,k_2,\,\cdots,\,k_n\}} \mathrm{sgn}(k_1,\,k_2,\,\cdots,\,k_n) a_{1k_1} a_{2k_2} \cdots a_{nk_n}$$

ここで, $\{k_1,\,k_2,\,\cdots,\,k_n\}$ は $\{1,\,2,\,\cdots,\,n\}$ またはその順序を換えたもの (順列) を表していて, $\displaystyle\sum_{\{k_1,k_2,\cdots,k_n\}}$ はそれらすべて ($n!$ 個ある) についての和を表す. $\mathrm{sgn}(k_1,\,k_2,\,\cdots,\,k_n)$ は符号であり, $(1,k_1)$ 成分 $=(2,k_2)$ 成分 $=\cdots=(n,k_n)$ 成分 $=1$, 他の成分 $=0$ である行列 $S(k_1,k_2,\cdots,k_n)$ を行の入れ替えで単位行列 E に変形するとき,

$$\text{入れ替えが偶数回ならば } +, \qquad \text{奇数回ならば } - \tag{8.1}$$

とする.

例 1. $n=4$ のとき. $\{k_1,\,k_2,\,k_3,\,k_4\}$ は全部で $4!=24$ 個あり, 4 次行列式は 24 項の式となる.

$S(1,2,3,4)$ は E なので $+ \ \to\ +a_{11}a_{22}a_{33}a_{44}$,

$S(1,2,4,3)$ は (3 行 $\leftrightarrow$ 4 行) の 1 回で E になるので $- \ \to\ -a_{11}a_{22}a_{34}a_{43}$,

$\vdots$

$S(4,3,2,1)$ は (1 行 $\leftrightarrow$ 4 行) と (2 行 $\leftrightarrow$ 3 行) の 2 回で E になるので $+$

$\to\ +a_{14}a_{23}a_{32}a_{41}$

などにより,

$$\begin{vmatrix} a_{11} & a_{12} & a_{13} & a_{14} \\ a_{21} & a_{22} & a_{23} & a_{24} \\ a_{31} & a_{32} & a_{33} & a_{34} \\ a_{41} & a_{42} & a_{43} & a_{44} \end{vmatrix} = \begin{aligned}[t] & a_{11}a_{22}a_{33}a_{44} - a_{11}a_{22}a_{34}a_{43} - a_{11}a_{23}a_{32}a_{44} + a_{11}a_{23}a_{34}a_{42} \\ & + a_{11}a_{24}a_{32}a_{43} - a_{11}a_{24}a_{33}a_{42} - a_{12}a_{21}a_{33}a_{44} + a_{12}a_{21}a_{34}a_{43} \\ & + a_{12}a_{23}a_{31}a_{44} - a_{12}a_{23}a_{34}a_{41} - a_{12}a_{24}a_{31}a_{42} + a_{12}a_{24}a_{33}a_{41} \\ & + a_{13}a_{21}a_{32}a_{44} - a_{13}a_{21}a_{34}a_{42} - a_{13}a_{22}a_{31}a_{44} + a_{13}a_{22}a_{34}a_{41} \\ & + a_{13}a_{24}a_{31}a_{42} - a_{13}a_{24}a_{32}a_{41} - a_{14}a_{21}a_{32}a_{43} + a_{14}a_{21}a_{33}a_{42} \\ & + a_{14}a_{22}a_{31}a_{43} - a_{14}a_{22}a_{33}a_{41} - a_{14}a_{23}a_{31}a_{42} + a_{14}a_{23}a_{32}a_{41} \end{aligned}$$

である.

解説　2 次行列式を定理 6.1 の性質 (i), (ii) を用いて展開すると

$$
\begin{aligned}
\begin{vmatrix} a_{11} & a_{12} \\ a_{21} & a_{22} \end{vmatrix} &= \begin{vmatrix} a_{11} & 0 \\ a_{21} & a_{22} \end{vmatrix} + \begin{vmatrix} 0 & a_{12} \\ a_{21} & a_{22} \end{vmatrix} \\
&= \begin{vmatrix} a_{11} & 0 \\ a_{21} & 0 \end{vmatrix} + \begin{vmatrix} a_{11} & 0 \\ 0 & a_{22} \end{vmatrix} + \begin{vmatrix} 0 & a_{12} \\ a_{21} & 0 \end{vmatrix} + \begin{vmatrix} 0 & a_{12} \\ 0 & a_{22} \end{vmatrix} \\
&= \begin{vmatrix} 1 & 0 \\ 0 & 1 \end{vmatrix} a_{11}a_{22} + \begin{vmatrix} 0 & 1 \\ 1 & 0 \end{vmatrix} a_{12}a_{21}
\end{aligned} \tag{8.2}
$$

であり,

$$
\begin{vmatrix} 1 & 0 \\ 0 & 1 \end{vmatrix} = +1, \qquad \begin{vmatrix} 0 & 1 \\ 1 & 0 \end{vmatrix} = -\begin{vmatrix} 1 & 0 \\ 0 & 1 \end{vmatrix} = -1
$$

であるから, p.47 で述べた定義の式となる．3 次行列式を同様に展開すると

$$
\begin{aligned}
\begin{vmatrix} a_{11} & a_{12} & a_{13} \\ a_{21} & a_{22} & a_{23} \\ a_{31} & a_{32} & a_{33} \end{vmatrix} &= \begin{vmatrix} a_{11} & 0 & 0 \\ 0 & a_{22} & 0 \\ 0 & 0 & a_{33} \end{vmatrix} + \begin{vmatrix} a_{11} & 0 & 0 \\ 0 & 0 & a_{23} \\ 0 & a_{32} & 0 \end{vmatrix} + \begin{vmatrix} 0 & a_{12} & 0 \\ a_{21} & 0 & 0 \\ 0 & 0 & a_{33} \end{vmatrix} \\
&\quad + \begin{vmatrix} 0 & a_{12} & 0 \\ 0 & 0 & a_{23} \\ a_{31} & 0 & 0 \end{vmatrix} + \begin{vmatrix} 0 & 0 & a_{13} \\ a_{21} & 0 & 0 \\ 0 & a_{32} & 0 \end{vmatrix} + \begin{vmatrix} 0 & 0 & a_{13} \\ 0 & a_{22} & 0 \\ a_{31} & 0 & 0 \end{vmatrix} \\
&= \begin{vmatrix} 1 & 0 & 0 \\ 0 & 1 & 0 \\ 0 & 0 & 1 \end{vmatrix} a_{11}a_{22}a_{33} + \begin{vmatrix} 1 & 0 & 0 \\ 0 & 0 & 1 \\ 0 & 1 & 0 \end{vmatrix} a_{11}a_{23}a_{32} + \begin{vmatrix} 0 & 1 & 0 \\ 1 & 0 & 0 \\ 0 & 0 & 1 \end{vmatrix} a_{12}a_{21}a_{33} \\
&\quad + \begin{vmatrix} 0 & 1 & 0 \\ 0 & 0 & 1 \\ 1 & 0 & 0 \end{vmatrix} a_{12}a_{23}a_{31} + \begin{vmatrix} 0 & 0 & 1 \\ 1 & 0 & 0 \\ 0 & 1 & 0 \end{vmatrix} a_{13}a_{21}a_{32} + \begin{vmatrix} 0 & 0 & 1 \\ 0 & 1 & 0 \\ 1 & 0 & 0 \end{vmatrix} a_{13}a_{22}a_{31}
\end{aligned}
$$

であり,

$$
\begin{vmatrix} 1 & 0 & 0 \\ 0 & 0 & 1 \\ 0 & 1 & 0 \end{vmatrix} = -|E| = -1, \quad \begin{vmatrix} 0 & 1 & 0 \\ 1 & 0 & 0 \\ 0 & 0 & 1 \end{vmatrix} = -|E| = -1, \quad \begin{vmatrix} 0 & 0 & 1 \\ 0 & 1 & 0 \\ 1 & 0 & 0 \end{vmatrix} = -|E| = -1,
$$

$$
\begin{vmatrix} 0 & 1 & 0 \\ 0 & 0 & 1 \\ 1 & 0 & 0 \end{vmatrix} = -\begin{vmatrix} 1 & 0 & 0 \\ 0 & 0 & 1 \\ 0 & 1 & 0 \end{vmatrix} = -(-|E|) = +1, \quad \begin{vmatrix} 0 & 0 & 1 \\ 1 & 0 & 0 \\ 0 & 1 & 0 \end{vmatrix} = -\begin{vmatrix} 1 & 0 & 0 \\ 0 & 0 & 1 \\ 0 & 1 & 0 \end{vmatrix} = -(-|E|) = +1
$$

であるから,

$$
\begin{vmatrix} a_{11} & a_{12} & a_{13} \\ a_{21} & a_{22} & a_{23} \\ a_{31} & a_{32} & a_{33} \end{vmatrix} = a_{11}a_{22}a_{33} - a_{11}a_{23}a_{32} - a_{12}a_{21}a_{33} + a_{12}a_{23}a_{31} + a_{13}a_{21}a_{32} - a_{13}a_{22}a_{31}
$$

となる．n 次正方行列に対しては, 符号の決め方を (8.1) とすることにより, この式の一般化 (と考えられる式) を定義することができる．

n 次行列式の性質 n 次行列式も次の性質をもつ．いずれも証明は省略する．

定理 8.1

性質 (i) 1つの行がベクトルの和であれば行列式も和になる．

$$\begin{vmatrix} a_{11} & a_{12} & \cdots & a_{1n} \\ \multicolumn{4}{c}{\cdots\cdots\cdots\cdots} \\ b_{i1}+c_{i1} & b_{i2}+c_{i2} & \cdots & b_{in}+c_{in} \\ \multicolumn{4}{c}{\cdots\cdots\cdots\cdots} \\ a_{n1} & a_{n2} & \cdots & a_{nn} \end{vmatrix} = \begin{vmatrix} a_{11} & a_{12} & \cdots & a_{1n} \\ \multicolumn{4}{c}{\cdots\cdots} \\ b_{i1} & b_{i2} & \cdots & b_{in} \\ \multicolumn{4}{c}{\cdots\cdots} \\ a_{n1} & a_{n2} & \cdots & a_{nn} \end{vmatrix} + \begin{vmatrix} a_{11} & a_{12} & \cdots & a_{1n} \\ \multicolumn{4}{c}{\cdots\cdots} \\ c_{i1} & c_{i2} & \cdots & c_{in} \\ \multicolumn{4}{c}{\cdots\cdots} \\ a_{n1} & a_{n2} & \cdots & a_{nn} \end{vmatrix}$$

性質 (ii) 1つの行を c 倍すると行列式も c 倍になる．

$$\begin{vmatrix} a_{11} & a_{12} & \cdots & a_{1n} \\ \multicolumn{4}{c}{\cdots\cdots\cdots} \\ c\,a_{i1} & c\,a_{i2} & \cdots & c\,a_{in} \\ \multicolumn{4}{c}{\cdots\cdots\cdots} \\ a_{n1} & a_{n2} & \cdots & a_{nn} \end{vmatrix} = c \begin{vmatrix} a_{11} & a_{12} & \cdots & a_{1n} \\ \multicolumn{4}{c}{\cdots\cdots\cdots} \\ a_{i1} & a_{i2} & \cdots & a_{in} \\ \multicolumn{4}{c}{\cdots\cdots\cdots} \\ a_{n1} & a_{n2} & \cdots & a_{nn} \end{vmatrix}$$

性質 (iii) 2つの行を入れ替えると行列式の符号が変わる．

$$\begin{vmatrix} a_{11} & a_{12} & \cdots & a_{1n} \\ \multicolumn{4}{c}{\cdots\cdots\cdots} \\ a_{j1} & a_{j2} & \cdots & a_{jn} \\ \multicolumn{4}{c}{\cdots\cdots\cdots} \\ a_{i1} & a_{i2} & \cdots & a_{in} \\ \multicolumn{4}{c}{\cdots\cdots\cdots} \\ a_{n1} & a_{n2} & \cdots & a_{nn} \end{vmatrix} = - \begin{vmatrix} a_{11} & a_{12} & \cdots & a_{1n} \\ \multicolumn{4}{c}{\cdots\cdots\cdots} \\ a_{i1} & a_{i2} & \cdots & a_{in} \\ \multicolumn{4}{c}{\cdots\cdots\cdots} \\ a_{j1} & a_{j2} & \cdots & a_{jn} \\ \multicolumn{4}{c}{\cdots\cdots\cdots} \\ a_{n1} & a_{n2} & \cdots & a_{nn} \end{vmatrix}$$

性質 (iv) 単位行列 E_n に対して, $|E_n| = 1$ である．

定理 8.2 ある2つの行が等しい行列式の値は 0 である．

定理 8.3 1つの行に他の行の定数倍を加えても行列式の値は変わらない．

$$\begin{vmatrix} a_{11} & a_{12} & \cdots & a_{1n} \\ \multicolumn{4}{c}{\cdots\cdots\cdots\cdots\cdots} \\ a_{i1}+c\,a_{j1} & a_{i2}+c\,a_{j2} & \cdots & a_{in}+c\,a_{jn} \\ \multicolumn{4}{c}{\cdots\cdots\cdots\cdots\cdots} \\ a_{n1} & a_{n2} & \cdots & a_{nn} \end{vmatrix} = \begin{vmatrix} a_{11} & a_{12} & \cdots & a_{1n} \\ \multicolumn{4}{c}{\cdots\cdots} \\ a_{i1} & a_{i2} & \cdots & a_{in} \\ \multicolumn{4}{c}{\cdots\cdots} \\ a_{n1} & a_{n2} & \cdots & a_{nn} \end{vmatrix}$$

定理 8.4 n 次正方行列 A に対して $|{}^t\!A| = |A|$ が成り立つ．

定理 8.5

性質 (i)′ 1つの列がベクトルの和であれば行列式も和になる.

$$\begin{vmatrix} a_{11} & \cdots & b_{1j}+c_{1j} & \cdots & a_{1n} \\ a_{21} & \cdots & b_{2j}+c_{2j} & \cdots & a_{2n} \\ \multicolumn{5}{c}{\cdots\cdots\cdots\cdots\cdots\cdots} \\ a_{n1} & \cdots & b_{nj}+c_{nj} & \cdots & a_{nn} \end{vmatrix} = \begin{vmatrix} a_{11} & \cdots & b_{1j} & \cdots & a_{1n} \\ a_{21} & \cdots & b_{2j} & \cdots & a_{2n} \\ \multicolumn{5}{c}{\cdots\cdots\cdots\cdots} \\ a_{n1} & \cdots & b_{nj} & \cdots & a_{nn} \end{vmatrix} + \begin{vmatrix} a_{11} & \cdots & c_{1j} & \cdots & a_{1n} \\ a_{21} & \cdots & c_{2j} & \cdots & a_{2n} \\ \multicolumn{5}{c}{\cdots\cdots\cdots\cdots} \\ a_{n1} & \cdots & c_{nj} & \cdots & a_{nn} \end{vmatrix}$$

性質 (ii)′ 1つの列を c 倍すると行列式も c 倍になる.

$$\begin{vmatrix} a_{11} & \cdots & c\,a_{1j} & \cdots & a_{1n} \\ a_{21} & \cdots & c\,a_{2j} & \cdots & a_{2n} \\ \multicolumn{5}{c}{\cdots\cdots\cdots\cdots} \\ a_{n1} & \cdots & c\,a_{nj} & \cdots & a_{nn} \end{vmatrix} = c \begin{vmatrix} a_{11} & \cdots & a_{1j} & \cdots & a_{1n} \\ a_{21} & \cdots & a_{2j} & \cdots & a_{2n} \\ \multicolumn{5}{c}{\cdots\cdots\cdots\cdots} \\ a_{n1} & \cdots & a_{nj} & \cdots & a_{nn} \end{vmatrix}$$

性質 (iii)′ 2つの列を入れ替えると行列式の符号が変わる.

$$\begin{vmatrix} a_{11} & \cdots & a_{1k} & \cdots & a_{1j} & \cdots & a_{1n} \\ a_{21} & \cdots & a_{2k} & \cdots & a_{2j} & \cdots & a_{2n} \\ \multicolumn{7}{c}{\cdots\cdots\cdots\cdots} \\ a_{n1} & \cdots & a_{nk} & \cdots & a_{nj} & \cdots & a_{nn} \end{vmatrix} = - \begin{vmatrix} a_{11} & \cdots & a_{1j} & \cdots & a_{1k} & \cdots & a_{1n} \\ a_{21} & \cdots & a_{2j} & \cdots & a_{2k} & \cdots & a_{2n} \\ \multicolumn{7}{c}{\cdots\cdots\cdots\cdots} \\ a_{n1} & \cdots & a_{nj} & \cdots & a_{nk} & \cdots & a_{nn} \end{vmatrix}$$

定理 8.6 ある2つの列が等しい行列式の値は 0 である.

定理 8.7 1つの列に他の列の定数倍を加えても行列式の値は変わらない.

$$\begin{vmatrix} a_{11} & \cdots & a_{1j}+c\,a_{1k} & \cdots & a_{1n} \\ a_{21} & \cdots & a_{2j}+c\,a_{2k} & \cdots & a_{2n} \\ \multicolumn{5}{c}{\cdots\cdots\cdots\cdots\cdots\cdots} \\ a_{n1} & \cdots & a_{nj}+c\,a_{nk} & \cdots & a_{nn} \end{vmatrix} = \begin{vmatrix} a_{11} & \cdots & a_{1j} & \cdots & a_{1n} \\ a_{21} & \cdots & a_{2j} & \cdots & a_{2n} \\ \multicolumn{5}{c}{\cdots\cdots\cdots\cdots} \\ a_{n1} & \cdots & a_{nj} & \cdots & a_{nn} \end{vmatrix}$$

定理 8.8

$$\begin{vmatrix} a_{11} & a_{12} & \cdots & a_{1n} \\ 0 & a_{22} & \cdots & a_{2n} \\ \vdots & \vdots & & \vdots \\ 0 & a_{n2} & \cdots & a_{nn} \end{vmatrix} = \begin{vmatrix} a_{11} & 0 & \cdots & 0 \\ a_{12} & a_{22} & \cdots & a_{2n} \\ \vdots & \vdots & & \vdots \\ a_{1n} & a_{n2} & \cdots & a_{nn} \end{vmatrix} = a_{11} \begin{vmatrix} a_{22} & \cdots & a_{2n} \\ \vdots & & \vdots \\ a_{n2} & \cdots & a_{nn} \end{vmatrix}$$

n 次行列式の計算例

例 2.
$$\begin{vmatrix}1&1&2&1\\1&1&1&2\\2&1&1&1\\1&2&1&1\end{vmatrix} \xlongequal{\substack{\text{②}-\text{①}\\ \text{③}-\text{①}\times 2\\ \text{④}-\text{①}}} \begin{vmatrix}1&1&2&1\\0&0&-1&1\\0&-1&-3&-1\\0&1&-1&0\end{vmatrix} = \begin{vmatrix}0&-1&1\\-1&-3&-1\\1&-1&0\end{vmatrix}$$
$$\xlongequal{\text{①}\longleftrightarrow\text{③}} -\begin{vmatrix}1&-1&0\\-1&-3&-1\\0&-1&1\end{vmatrix} \xlongequal{\text{②}+\text{①}} -\begin{vmatrix}1&-1&0\\0&-4&-1\\0&-1&1\end{vmatrix}$$
$$= -\begin{vmatrix}-4&-1\\-1&1\end{vmatrix} = -(-4-1) = 5$$

例 3.
$$\begin{vmatrix}1&1&1&1\\2&3&5&7\\2^2&3^2&5^2&7^2\\2^3&3^3&5^3&7^3\end{vmatrix} \xlongequal{\substack{\text{②}-\text{①}\times 2\\ \text{③}-\text{①}\times 4\\ \text{④}-\text{①}\times 8}} \begin{vmatrix}1&1&1&1\\0&1&3&5\\0&5&21&45\\0&19&117&335\end{vmatrix} = \begin{vmatrix}1&3&5\\5&21&45\\19&117&335\end{vmatrix}$$
$$\xlongequal{\substack{\text{②}-\text{①}\times 5\\ \text{③}-\text{①}\times 19}} \begin{vmatrix}1&3&5\\0&6&20\\0&60&240\end{vmatrix} = \begin{vmatrix}6&20\\60&240\end{vmatrix}$$
$$\xlongequal{\text{②}-\text{①}\times 10} \begin{vmatrix}6&20\\0&40\end{vmatrix} = 6\cdot 40 = 240$$

例 4.
$$\begin{vmatrix}1&1&1&\cdots&1\\1&2&2&\cdots&2\\1&2&3&\cdots&3\\\vdots&\vdots&\vdots&\ddots&\vdots\\1&2&3&\cdots&n\end{vmatrix} \xlongequal{\substack{\text{②}-\text{①}\\ \vdots\\ \text{ⓝ}-\text{①}}} \begin{vmatrix}1&1&1&\cdots&1\\0&1&1&\cdots&1\\0&1&2&\cdots&2\\\vdots&\vdots&\vdots&\ddots&\vdots\\0&1&2&\cdots&n-1\end{vmatrix}$$
$$= \begin{vmatrix}1&1&\cdots&1\\1&2&\cdots&2\\\vdots&\vdots&\ddots&\vdots\\1&2&\cdots&n-1\end{vmatrix} = \cdots = \begin{vmatrix}1&1\\1&2\end{vmatrix} = 1$$

例 5.
$$\begin{vmatrix}1&2&3&\cdots&n\\-1&0&3&\cdots&n\\-1&-2&0&\cdots&n\\\vdots&\vdots&\vdots&\ddots&\vdots\\-1&-2&-3&\cdots&0\end{vmatrix} \xlongequal{\substack{\text{②}+\text{①}\\ \vdots\\ \text{ⓝ}+\text{①}}} \begin{vmatrix}1&2&3&\cdots&n\\0&2&6&\cdots&2n\\0&0&3&\cdots&2n\\\vdots&\vdots&\vdots&\ddots&\vdots\\0&0&0&\cdots&n\end{vmatrix} = n!$$

演習問題

問題 8.1 次の 4 次行列式の値を求めよ.

(1) $\begin{vmatrix} 2 & 0 & 0 & 0 \\ 1 & 3 & 0 & 0 \\ 7 & 6 & 5 & 0 \\ 4 & 3 & 2 & 1 \end{vmatrix}$ (2) $\begin{vmatrix} 0 & 0 & 0 & 5 \\ 0 & 0 & 4 & 3 \\ 0 & 2 & -9 & -5 \\ 1 & 3 & -4 & 7 \end{vmatrix}$

(3) $\begin{vmatrix} 1 & 0 & 3 & 0 \\ 0 & 2 & 0 & 4 \\ 2 & 0 & -2 & 0 \\ 0 & 4 & 0 & 9 \end{vmatrix}$ (4) $\begin{vmatrix} 1 & 2 & 3 & 4 \\ 1 & 4 & 5 & 6 \\ -1 & 7 & 6 & 5 \\ -1 & 0 & 3 & 9 \end{vmatrix}$

(5) $\begin{vmatrix} 1 & 2 & -4 & 1 \\ -1 & 2 & -1 & 2 \\ 3 & 2 & 1 & 2 \\ 2 & 0 & 1 & 3 \end{vmatrix}$ (6) $\begin{vmatrix} 1 & -1 & -1 & -1 \\ -1 & 1 & -1 & -1 \\ -1 & -1 & 1 & -1 \\ -1 & -1 & -1 & 1 \end{vmatrix}$

(7) $\begin{vmatrix} 1 & 1 & 1 & 2 \\ 1 & 2 & 3 & 4 \\ 1 & 3 & 5 & 6 \\ 2 & 4 & 6 & 7 \end{vmatrix}$ (8) $\begin{vmatrix} \frac{1}{2} & \frac{1}{2} & 1 & \frac{1}{2} \\ -\frac{1}{2} & \frac{1}{2} & 0 & \frac{1}{2} \\ \frac{1}{3} & 0 & \frac{1}{3} & 1 \\ \frac{2}{3} & 0 & \frac{1}{3} & \frac{1}{3} \end{vmatrix}$

問題 8.2 次の 5 次行列式の値を求めよ.

(1) $\begin{vmatrix} 1 & 0 & 2 & 0 & 3 \\ 0 & 1 & 0 & 2 & 0 \\ 3 & 0 & 1 & 0 & 2 \\ 0 & 3 & 0 & 1 & 0 \\ 2 & 0 & 3 & 0 & 1 \end{vmatrix}$ (2) $\begin{vmatrix} 4 & 3 & 6 & 4 & 0 \\ 2 & 3 & 4 & 2 & 0 \\ 3 & 3 & 9 & 2 & 4 \\ 2 & 1 & 2 & 2 & 1 \\ 3 & 0 & 3 & 3 & 0 \end{vmatrix}$

(3) $\begin{vmatrix} 3 & 2 & 3 & 4 & 1 \\ 1 & 1 & 2 & 3 & 1 \\ 2 & 3 & 2 & 1 & 4 \\ 1 & 1 & 2 & 5 & 3 \\ 5 & 5 & 4 & 3 & 2 \end{vmatrix}$ (4) $\begin{vmatrix} 2 & 1 & 0 & -3 & 4 \\ 4 & 5 & 1 & -7 & 9 \\ 0 & 0 & 1 & 1 & 2 \\ 0 & 0 & 1 & -2 & 0 \\ 0 & 0 & 5 & 3 & 2 \end{vmatrix}$

問題 8.3 次の n 次行列式の値を求めよ.

(1) $F_n = \begin{vmatrix} 1 & 1 & 1 & \cdots & 1 \\ -1 & 0 & 1 & \cdots & 1 \\ -1 & -1 & 0 & \cdots & 1 \\ \vdots & \vdots & \vdots & \ddots & \vdots \\ -1 & -1 & -1 & \cdots & 0 \end{vmatrix}$ (2) $G_n = \begin{vmatrix} 0 & 1 & 1 & \cdots & 1 \\ -1 & 0 & 1 & \cdots & 1 \\ -1 & -1 & 0 & \cdots & 1 \\ \vdots & \vdots & \vdots & \ddots & \vdots \\ -1 & -1 & -1 & \cdots & 0 \end{vmatrix}$

§9 余因子展開

3 次行列式と 2 次行列式の関係 §7 では 3 次行列式を

$$\begin{vmatrix} a_{11} & a_{12} & a_{13} \\ a_{21} & a_{22} & a_{23} \\ a_{31} & a_{32} & a_{33} \end{vmatrix} = a_{11}\begin{vmatrix} a_{22} & a_{23} \\ a_{32} & a_{33} \end{vmatrix} - a_{12}\begin{vmatrix} a_{21} & a_{23} \\ a_{31} & a_{33} \end{vmatrix} + a_{13}\begin{vmatrix} a_{21} & a_{22} \\ a_{31} & a_{32} \end{vmatrix}$$

と定義したが, 行の入れ替えにより

$$\begin{aligned} \begin{vmatrix} a_{11} & a_{12} & a_{13} \\ a_{21} & a_{22} & a_{23} \\ a_{31} & a_{32} & a_{33} \end{vmatrix} &= -\begin{vmatrix} a_{21} & a_{22} & a_{23} \\ a_{11} & a_{12} & a_{13} \\ a_{31} & a_{32} & a_{33} \end{vmatrix} \quad (1\text{ 行} \leftrightarrow 2\text{ 行}) \\ &= -a_{21}\begin{vmatrix} a_{12} & a_{13} \\ a_{32} & a_{33} \end{vmatrix} + a_{22}\begin{vmatrix} a_{11} & a_{13} \\ a_{31} & a_{33} \end{vmatrix} - a_{23}\begin{vmatrix} a_{11} & a_{12} \\ a_{31} & a_{32} \end{vmatrix} \end{aligned}$$

などが成り立つ. また, 性質 $|{}^tA| = |A|$ を用いると

$$\begin{vmatrix} a_{11} & a_{12} & a_{13} \\ a_{21} & a_{22} & a_{23} \\ a_{31} & a_{32} & a_{33} \end{vmatrix} = a_{11}\begin{vmatrix} a_{22} & a_{23} \\ a_{32} & a_{33} \end{vmatrix} - a_{21}\begin{vmatrix} a_{12} & a_{13} \\ a_{32} & a_{33} \end{vmatrix} + a_{31}\begin{vmatrix} a_{12} & a_{13} \\ a_{22} & a_{23} \end{vmatrix}$$

が成り立つことがわかる. 実際,

$$\begin{aligned} \begin{vmatrix} a_{11} & a_{12} & a_{13} \\ a_{21} & a_{22} & a_{23} \\ a_{31} & a_{32} & a_{33} \end{vmatrix} &= \begin{vmatrix} a_{11} & a_{21} & a_{31} \\ a_{12} & a_{22} & a_{32} \\ a_{13} & a_{23} & a_{33} \end{vmatrix} \\ &= a_{11}\begin{vmatrix} a_{22} & a_{32} \\ a_{23} & a_{33} \end{vmatrix} - a_{21}\begin{vmatrix} a_{12} & a_{32} \\ a_{13} & a_{33} \end{vmatrix} + a_{31}\begin{vmatrix} a_{12} & a_{22} \\ a_{13} & a_{23} \end{vmatrix} \\ &= a_{11}\begin{vmatrix} a_{22} & a_{23} \\ a_{32} & a_{33} \end{vmatrix} - a_{21}\begin{vmatrix} a_{12} & a_{13} \\ a_{32} & a_{33} \end{vmatrix} + a_{31}\begin{vmatrix} a_{12} & a_{13} \\ a_{22} & a_{23} \end{vmatrix} \end{aligned}$$

である. さらに, 列の入れ替えにより

$$\begin{aligned} \begin{vmatrix} a_{11} & a_{12} & a_{13} \\ a_{21} & a_{22} & a_{23} \\ a_{31} & a_{32} & a_{33} \end{vmatrix} &= (-1)^2\begin{vmatrix} a_{13} & a_{11} & a_{12} \\ a_{23} & a_{21} & a_{22} \\ a_{33} & a_{31} & a_{32} \end{vmatrix} \quad (3\text{ 列} \leftrightarrow 2\text{ 列},\ 2\text{ 列} \leftrightarrow 1\text{ 列}) \\ &= a_{13}\begin{vmatrix} a_{21} & a_{22} \\ a_{31} & a_{32} \end{vmatrix} - a_{23}\begin{vmatrix} a_{11} & a_{12} \\ a_{31} & a_{32} \end{vmatrix} + a_{33}\begin{vmatrix} a_{11} & a_{12} \\ a_{21} & a_{22} \end{vmatrix} \end{aligned}$$

なども成り立つ. これらを**余因子展開**という.

余因子展開 n 次正方行列 $A = [a_{ij}]$ に対して

$$A_{ij} = (-1)^{i+j}\Big(|A| \text{ から第 } i \text{ 行と第 } j \text{ 列を取り除いて得られる } (n-1) \text{ 次行列式}\Big)$$

$$= (-1)^{i+j}\begin{vmatrix} a_{11} & \cdots & a_{1,j-1} & a_{1,j+1} & \cdots & a_{1n} \\ \vdots & & \vdots & \vdots & & \vdots \\ a_{i-1,1} & \cdots & a_{i-1,j-1} & a_{i-1,j+1} & \cdots & a_{i-1,n} \\ a_{i+1,1} & \cdots & a_{i+1,j-1} & a_{i+1,j+1} & \cdots & a_{i+1,n} \\ \vdots & & \vdots & \vdots & & \vdots \\ a_{n1} & \cdots & a_{n,j-1} & a_{n,j+1} & \cdots & a_{nn} \end{vmatrix}$$

とおき, 行列 A の **(i, j) 余因子**という. A_{ij} には符号 $(-1)^{i+j}$ が付いていることに注意しよう.

$$i+j = \text{偶数} \;\Rightarrow\; (-1)^{i+j} = +, \qquad i+j = \text{奇数} \;\Rightarrow\; (-1)^{i+j} = -.$$

例 1. $A = \begin{bmatrix} 1 & 2 & 3 \\ 8 & 9 & 4 \\ 7 & 6 & 5 \end{bmatrix}$ に対して,

$$A_{13} = (-1)^{1+3}\begin{vmatrix} 8 & 9 \\ 7 & 6 \end{vmatrix} = -15, \quad A_{32} = (-1)^{3+2}\begin{vmatrix} 1 & 3 \\ 8 & 4 \end{vmatrix} = -(-20) = 20.$$

余因子 A_{ij} を用いると, 前ページの 2 番目の式と最後の式はそれぞれ

$$|A| = a_{21}A_{21} + a_{22}A_{22} + a_{23}A_{23},$$
$$|A| = a_{13}A_{13} + a_{23}A_{23} + a_{33}A_{33}$$

と表すことができる (符号が余因子 A_{ij} に吸収されていることに注意).

このような展開は, n 次行列式に対しても任意の行および任意の列で行うことができ, 次が成り立つ.

定理 9.1 n 次正方行列 $A = [a_{ij}]$ に対して

(1) $|A| = a_{i1}A_{i1} + a_{i2}A_{i2} + \cdots + a_{in}A_{in} \quad (i = 1, 2, \cdots, n),$

(2) $|A| = a_{1j}A_{1j} + a_{2j}A_{2j} + \cdots + a_{nj}A_{nj} \quad (j = 1, 2, \cdots, n).$

(1) を $|A|$ の**第 i 行についての余因子展開**といい, (2) を**第 j 列についての余因子展開**という.

証明 (1) を示す．まず, 定理 8.8 の一般化として,

$$\begin{vmatrix} a_{11} & \cdots & & a_{1j} & & \cdots & a_{1n} \\ \vdots & & & \vdots & & & \vdots \\ 0 & \cdots & 0 & a_{ij} & 0 & \cdots & 0 \\ \vdots & & & \vdots & & & \vdots \\ a_{n1} & \cdots & & a_{nj} & & \cdots & a_{nn} \end{vmatrix} = a_{ij}A_{ij}$$

が成り立つことを示そう．行の性質 (iii), 列の性質 (iii)′, 定理 8.8 を順次用いて

$$左辺 = (-1)^{i-1} \begin{vmatrix} 0 & \cdots & 0 & a_{ij} & 0 & \cdots & 0 \\ a_{11} & & \cdots & a_{1j} & & \cdots & a_{1n} \\ \vdots & & & \vdots & & & \vdots \\ a_{i-1,1} & & \cdots & a_{i-1,j} & & \cdots & a_{i-1,n} \\ a_{i+1,1} & & \cdots & a_{i+1,j} & & \cdots & a_{i+1,n} \\ \vdots & & & \vdots & & & \vdots \\ a_{n1} & & \cdots & a_{nj} & & \cdots & a_{nn} \end{vmatrix}$$

$$= (-1)^{i-1}(-1)^{j-1} \begin{vmatrix} a_{ij} & 0 & \cdots & 0 & 0 & \cdots & 0 \\ a_{1j} & a_{11} & \cdots & a_{1,j-1} & a_{1,j+1} & \cdots & a_{1n} \\ \vdots & \vdots & & \vdots & \vdots & & \vdots \\ a_{i-1,j} & a_{i-1,1} & \cdots & a_{i-1,j-1} & a_{i-1,j+1} & \cdots & a_{i-1,n} \\ a_{i+1,j} & a_{i+1,1} & \cdots & a_{i+1,j-1} & a_{i+1,j+1} & \cdots & a_{i+1,n} \\ \vdots & \vdots & & \vdots & \vdots & & \vdots \\ a_{nj} & a_{n1} & \cdots & a_{n,j-1} & a_{n,j+1} & \cdots & a_{nn} \end{vmatrix} = 右辺$$

である．これと行の性質 (i) より

$$|A| = \sum_{j=1}^{n} \begin{vmatrix} a_{11} & \cdots & & a_{1j} & & \cdots & a_{1n} \\ \vdots & & & \vdots & & & \vdots \\ 0 & \cdots & 0 & a_{ij} & 0 & \cdots & 0 \\ \vdots & & & \vdots & & & \vdots \\ a_{n1} & \cdots & & a_{nj} & & \cdots & a_{nn} \end{vmatrix}$$

$$= \sum_{j=1}^{n} a_{ij}A_{ij} = a_{i1}A_{i1} + a_{i2}A_{i2} + \cdots + a_{in}A_{in}$$

が成り立つ．

(2) も同様に示される．(証明終)

例 2. $D(x)=\begin{vmatrix} x+2 & -1 & 0 & 0 \\ 3 & x & -1 & 0 \\ 5 & 0 & x & -1 \\ 7 & 0 & 0 & x \end{vmatrix}$ を第 1 列で余因子展開すると

$$\begin{aligned} D(x) &= (x+2)\cdot(-1)^{1+1}\begin{vmatrix} x & -1 & 0 \\ 0 & x & -1 \\ 0 & 0 & x \end{vmatrix} + 3\cdot(-1)^{2+1}\begin{vmatrix} -1 & 0 & 0 \\ 0 & x & -1 \\ 0 & 0 & x \end{vmatrix} \\ &\quad + 5\cdot(-1)^{3+1}\begin{vmatrix} -1 & 0 & 0 \\ x & -1 & 0 \\ 0 & 0 & x \end{vmatrix} + 7\cdot(-1)^{4+1}\begin{vmatrix} -1 & 0 & 0 \\ x & -1 & 0 \\ 0 & x & -1 \end{vmatrix} \\ &= x^4+2x^3+3x^2+5x+7 \end{aligned}$$

である.

次節で述べる余因子を用いた逆行列の表現のために, 次を示しておこう.

定理 9.2 (1) $a_{i1}A_{j1}+a_{i2}A_{j2}+\cdots+a_{in}A_{jn}=0 \quad (j\neq i)$,

(2) $a_{1j}A_{1i}+a_{2j}A_{2i}+\cdots+a_{nj}A_{ni}=0 \quad (i\neq j)$.

証明 (1) を示す. 簡単のため $n=3$ として

$$a_{11}A_{21}+a_{12}A_{22}+a_{13}A_{23}=0 \quad (i=1,\ j=2)$$

を示す. 行列式 $\begin{vmatrix} a_{11} & a_{12} & a_{13} \\ x & y & z \\ a_{31} & a_{32} & a_{33} \end{vmatrix}$ を第 2 行で展開すると

$$\begin{vmatrix} a_{11} & a_{12} & a_{13} \\ x & y & z \\ a_{31} & a_{32} & a_{33} \end{vmatrix} = xA_{21}+yA_{22}+zA_{23} \tag{9.1}$$

となる. ここで A_{21}, A_{22}, A_{23} は $|A|$ の第 2 行での展開におけるものと同じで

$$A_{21}=-\begin{vmatrix} a_{12} & a_{13} \\ a_{32} & a_{33} \end{vmatrix}, \quad A_{22}=\begin{vmatrix} a_{11} & a_{13} \\ a_{31} & a_{33} \end{vmatrix}, \quad A_{23}=-\begin{vmatrix} a_{11} & a_{12} \\ a_{31} & a_{32} \end{vmatrix}$$

である. さて, (9.1) に $x=a_{11}$, $y=a_{12}$, $z=a_{13}$ を代入すると

$$a_{11}A_{21}+a_{12}A_{22}+a_{13}A_{23}=\begin{vmatrix} a_{11} & a_{12} & a_{13} \\ a_{11} & a_{12} & a_{13} \\ a_{31} & a_{32} & a_{33} \end{vmatrix}=0$$

である.

(2) も同様に示される. (証明終)

演習問題

問題 9.1 次の行列式を指定された行, または列で展開して求めよ.

(1) $\begin{vmatrix} 3 & -2 & 5 \\ 1 & 0 & -3 \\ x & y & z \end{vmatrix}$ (第 3 行)　　(2) $\begin{vmatrix} 1 & x & -1 \\ 3 & y & 2 \\ 2 & z & 1 \end{vmatrix}$ (第 2 列)

問題 9.2 次の余因子を求めよ.

(1) $A = \begin{bmatrix} 1 & -3 & -1 \\ 5 & 1 & 2 \\ -2 & 4 & 3 \end{bmatrix}$ のときの A_{12}, A_{23}, A_{31}.

(2) $A = \begin{bmatrix} 1 & 1 & 1 & 1 \\ 1 & 2 & 3 & 4 \\ 1 & 3 & 6 & 10 \\ 1 & 4 & 10 & 20 \end{bmatrix}$ のときの A_{14}, A_{22}, A_{32}, A_{43}.

問題 9.3 次の行列式を指定された行, または列で展開して求めよ.

(1) $\begin{vmatrix} 1 & x & 1 & 1 \\ 1 & y & 3 & 4 \\ 1 & z & 6 & 10 \\ 1 & t & 10 & 20 \end{vmatrix}$ (第 2 列)　　(2) $\begin{vmatrix} 1 & 1 & 1 & 1 \\ 1 & 2 & 3 & 4 \\ 1 & 3 & 6 & 10 \\ s & t & u & v \end{vmatrix}$ (第 4 行)

問題 9.4 次の行列式 D を適当な行または列で展開して求めよ. さらに, $D = 0$ となる x の値を求めよ.

(1) $D = \begin{vmatrix} x & 0 & 0 & 3 \\ 0 & x & 1 & 0 \\ 0 & 1 & x & 0 \\ 3 & 0 & 0 & x \end{vmatrix}$　　(2) $D = \begin{vmatrix} x & -1 & 0 & 0 \\ 0 & x & -1 & 0 \\ 0 & 0 & x & -1 \\ 4 & 0 & -5 & x \end{vmatrix}$

(3) $D = \begin{vmatrix} x & 1 & 0 & x \\ 0 & x & x & 1 \\ 1 & x & x & 0 \\ x & 0 & 1 & x \end{vmatrix}$　　(4) $D = \begin{vmatrix} 1 & x & 0 & 0 \\ -x & -2 & x & 0 \\ 0 & -x & -6 & x \\ 0 & 0 & -x & 1 \end{vmatrix}$

§10　余因子を用いた逆行列の表現

積の行列式　積の行列式について, 次が成り立つ.

定理 10.1　n 次正方行列 A, B に対して

$$|AB| = |A|\,|B|.$$

証明　2 次行列式の場合に証明する．一般の n 次行列式に対しても同様にして証明できる.

$A = \begin{bmatrix} a_{11} & a_{12} \\ a_{21} & a_{22} \end{bmatrix}$ とすると $AB = \begin{bmatrix} [\,a_{11} \;\; a_{12}\,]B \\ [\,a_{21} \;\; a_{22}\,]B \end{bmatrix}$ であり,

$$[\,a_{11} \;\; a_{12}\,]B = [\,a_{11} \;\; 0\,]B + [\,0 \;\; a_{12}\,]B, \quad [\,a_{11} \;\; 0\,]B = a_{11}[\,1 \;\; 0\,]B$$

などが成り立つ．これらを用いて, p.59 の (8.2) と同様の変形を行うと

$$\begin{aligned}
|AB| &= \begin{vmatrix} [\,a_{11} \;\; a_{12}\,]B \\ [\,a_{21} \;\; a_{22}\,]B \end{vmatrix} \\
&= \begin{vmatrix} [\,a_{11} \;\; 0\,]B \\ [\,a_{21} \;\; 0\,]B \end{vmatrix} + \begin{vmatrix} [\,a_{11} \;\; 0\,]B \\ [\,0 \;\; a_{22}\,]B \end{vmatrix} + \begin{vmatrix} [\,0 \;\; a_{12}\,]B \\ [\,a_{21} \;\; 0\,]B \end{vmatrix} + \begin{vmatrix} [\,0 \;\; a_{12}\,]B \\ [\,0 \;\; a_{22}\,]B \end{vmatrix} \\
&= \begin{vmatrix} a_{11}[\,1 \;\; 0\,]B \\ a_{21}[\,1 \;\; 0\,]B \end{vmatrix} + \begin{vmatrix} a_{11}[\,1 \;\; 0\,]B \\ a_{22}[\,0 \;\; 1\,]B \end{vmatrix} + \begin{vmatrix} a_{12}[\,0 \;\; 1\,]B \\ a_{21}[\,1 \;\; 0\,]B \end{vmatrix} + \begin{vmatrix} a_{12}[\,0 \;\; 1\,]B \\ a_{22}[\,0 \;\; 1\,]B \end{vmatrix} \\
&= a_{11}a_{22} \begin{vmatrix} [\,1 \;\; 0\,]B \\ [\,0 \;\; 1\,]B \end{vmatrix} + a_{12}a_{21} \begin{vmatrix} [\,0 \;\; 1\,]B \\ [\,1 \;\; 0\,]B \end{vmatrix} \\
&= a_{11}a_{22} \begin{vmatrix} [\,1 \;\; 0\,]B \\ [\,0 \;\; 1\,]B \end{vmatrix} - a_{12}a_{21} \begin{vmatrix} [\,1 \;\; 0\,]B \\ [\,0 \;\; 1\,]B \end{vmatrix} \\
&= (a_{11}a_{22} - a_{12}a_{21}) \begin{vmatrix} [\,1 \;\; 0\,]B \\ [\,0 \;\; 1\,]B \end{vmatrix} = |A|\,|EB| = |A|\,|B|
\end{aligned}$$

である. (証明終)

例 1.
$$\begin{vmatrix} 1+ax & 1+ay & 1+az \\ 1+bx & 1+by & 1+bz \\ 1+cx & 1+cy & 1+cz \end{vmatrix} = \begin{vmatrix} 1 & a & 0 \\ 1 & b & 0 \\ 1 & c & 0 \end{vmatrix} \begin{vmatrix} 1 & 1 & 1 \\ x & y & z \\ 0 & 0 & 0 \end{vmatrix} = 0.$$

必要条件 まず, 逆行列が存在するための必要条件を述べよう.

定理 10.2 n 次正方行列 A の逆行列 A^{-1} が存在すれば

$$|A| \neq 0$$

である. したがって, $|A| = 0$ ならば A は逆行列をもたない.

証明 $AA^{-1} = E$ の両辺の行列式を考える. 定理 10.1 と性質 (iv) を用いて

$$|AA^{-1}| = |E| \quad \text{より} \quad |A|\,|A^{-1}| = 1$$

が得られる. これより, $|A| \neq 0$ である. (証明終)

注意 $|A|\,|A^{-1}| = 1$ より, 逆行列 A^{-1} の行列式は $|A^{-1}| = \dfrac{1}{|A|} = |A|^{-1}$ で与えられることがわかる.

十分条件 次に, $|A| \neq 0$ ならば逆行列が存在することを, 逆行列を具体的に構成することによって示そう. 行列 A の余因子 A_{ij} から次の行列をつくる.

$$\widetilde{A} = \begin{bmatrix} A_{11} & A_{21} & \cdots & A_{n1} \\ A_{12} & A_{22} & \cdots & A_{n2} \\ \vdots & \vdots & \ddots & \vdots \\ A_{1n} & A_{2n} & \cdots & A_{nn} \end{bmatrix} \quad \text{(成分の配置に注意).}$$

$\widetilde{A}$ の (i, j) 成分は A_{ji} であることに注意しよう. $\widetilde{A}$ を A の**余因子行列**という.

定理 10.3 正方行列 A とその余因子行列 $\widetilde{A}$ について

$$A\widetilde{A} = |A|E \quad \text{かつ} \quad \widetilde{A}A = |A|E$$

が成り立つ. したがって, $|A| \neq 0$ ならば A は逆行列をもち,

$$A^{-1} = \frac{1}{|A|}\widetilde{A}$$

である.

証明　$A\widetilde{A} = |A|E$ は定理 9.1 (1) と定理 9.2 (1) を行列を用いて表現したものにほかならない．たとえば, $n = 3$ ならば

$$A\widetilde{A} = \begin{bmatrix} a_{11} & a_{12} & a_{13} \\ a_{21} & a_{22} & a_{23} \\ a_{31} & a_{32} & a_{33} \end{bmatrix} \begin{bmatrix} A_{11} & A_{21} & A_{31} \\ A_{12} & A_{22} & A_{32} \\ A_{13} & A_{23} & A_{33} \end{bmatrix}$$

$$= \begin{bmatrix} a_{11}A_{11}+a_{12}A_{12}+a_{13}A_{13} & a_{11}A_{21}+a_{12}A_{22}+a_{13}A_{23} & a_{11}A_{31}+a_{12}A_{32}+a_{13}A_{33} \\ a_{21}A_{11}+a_{22}A_{12}+a_{23}A_{13} & a_{21}A_{21}+a_{22}A_{22}+a_{23}A_{23} & a_{21}A_{31}+a_{22}A_{32}+a_{23}A_{33} \\ a_{31}A_{11}+a_{32}A_{12}+a_{33}A_{13} & a_{31}A_{21}+a_{32}A_{22}+a_{33}A_{23} & a_{31}A_{31}+a_{32}A_{32}+a_{33}A_{33} \end{bmatrix}$$

$$= \begin{bmatrix} |A| & 0 & 0 \\ 0 & |A| & 0 \\ 0 & 0 & |A| \end{bmatrix} = |A|E$$

である．また, $\widetilde{A}A = |A|E$ は定理 9.1 (2) と定理 9.2 (2) を行列を用いて表現したものである．$|A| \neq 0$ ならば, これらの式を $|A|$ で割ることができ,

$$A\left(\frac{1}{|A|}\widetilde{A}\right) = E \quad \text{かつ} \quad \left(\frac{1}{|A|}\widetilde{A}\right)A = E$$

が成り立つ．これは, $\dfrac{1}{|A|}\widetilde{A}$ が A の逆行列であることを意味する．(証明終)

例 2.　$A = \begin{bmatrix} 1 & 2 & 1 \\ 3 & 7 & 1 \\ 2 & 5 & -1 \end{bmatrix}$ の逆行列を定理 10.3 で示した式で求めてみよう．

まず, $|A| = \begin{vmatrix} 1 & 2 & 1 \\ 3 & 7 & 1 \\ 2 & 5 & -1 \end{vmatrix} = \begin{vmatrix} 1 & 2 & 1 \\ 0 & 1 & -2 \\ 0 & 1 & -3 \end{vmatrix} = -1 \neq 0$ より A^{-1} は存在する．

$$A_{11} = \begin{vmatrix} 7 & 1 \\ 5 & -1 \end{vmatrix} = -12, \quad A_{12} = -\begin{vmatrix} 3 & 1 \\ 2 & -1 \end{vmatrix} = 5, \quad A_{13} = \begin{vmatrix} 3 & 7 \\ 2 & 5 \end{vmatrix} = 1,$$

$$A_{21} = -\begin{vmatrix} 2 & 1 \\ 5 & -1 \end{vmatrix} = 7, \quad A_{22} = \begin{vmatrix} 1 & 1 \\ 2 & -1 \end{vmatrix} = -3, \quad A_{23} = -\begin{vmatrix} 1 & 2 \\ 2 & 5 \end{vmatrix} = -1,$$

$$A_{31} = \begin{vmatrix} 2 & 1 \\ 7 & 1 \end{vmatrix} = -5, \quad A_{32} = -\begin{vmatrix} 1 & 1 \\ 3 & 1 \end{vmatrix} = 2, \quad A_{33} = \begin{vmatrix} 1 & 2 \\ 3 & 7 \end{vmatrix} = 1$$

であるから

$$A^{-1} = \frac{1}{-1}\begin{bmatrix} -12 & 7 & -5 \\ 5 & -3 & 2 \\ 1 & -1 & 1 \end{bmatrix} = \begin{bmatrix} 12 & -7 & 5 \\ -5 & 3 & -2 \\ -1 & 1 & -1 \end{bmatrix}.$$

クラーメルの公式 §6 で 2 個の未知数に関する 2 個の方程式からなる連立 1 次方程式に対する解の公式 (クラーメルの公式) を示したが, n 個の未知数に関する n 個の方程式からなる連立 1 次方程式でも同様の公式が成り立つ.

定理 10.4 A は n 次正方行列で $|A| \neq 0$ とする. このとき連立 1 次方程式

$$A\boldsymbol{x} = \boldsymbol{b}, \quad \boldsymbol{b} = \begin{bmatrix} b_1 \\ b_2 \\ \vdots \\ b_n \end{bmatrix}$$

の解は

$$\boldsymbol{x} = \begin{bmatrix} x_1 \\ x_2 \\ \vdots \\ x_n \end{bmatrix}, \quad x_i = \frac{|B_i|}{|A|} \quad (i = 1, 2, \cdots, n)$$

で与えられる. ここで, B_i は A の第 i 列を $\boldsymbol{b}$ で置き換えた行列を表す.

証明 $|A| \neq 0$ であるから A^{-1} が存在し,

$$\boldsymbol{x} = A^{-1}\boldsymbol{b} = \frac{1}{|A|}\widetilde{A}\boldsymbol{b}$$

である. したがって,

$$x_i = \frac{1}{|A|}(b_1 A_{1i} + b_2 A_{2i} + \cdots + b_n A_{ni})$$

であるが, 右辺のカッコ内は行列式 $|B_i|$ を第 i 列で展開したものにほかならない. (証明終)

例 3. $\begin{bmatrix} 2 & 1 & 4 \\ 1 & 0 & 3 \\ 3 & 4 & -1 \end{bmatrix}\begin{bmatrix} x_1 \\ x_2 \\ x_3 \end{bmatrix} = \begin{bmatrix} 1 \\ -1 \\ 3 \end{bmatrix}$ に対して

$$x_1 = \frac{\begin{vmatrix} 1 & 1 & 4 \\ -1 & 0 & 3 \\ 3 & 4 & -1 \end{vmatrix}}{\begin{vmatrix} 2 & 1 & 4 \\ 1 & 0 & 3 \\ 3 & 4 & -1 \end{vmatrix}} = \frac{\begin{vmatrix} 1 & 1 & 4 \\ -1 & 0 & 3 \\ -1 & 0 & -17 \end{vmatrix}}{\begin{vmatrix} 2 & 1 & 4 \\ 1 & 0 & 3 \\ -5 & 0 & -17 \end{vmatrix}} = \frac{-\begin{vmatrix} -1 & 3 \\ -1 & -17 \end{vmatrix}}{-\begin{vmatrix} 1 & 3 \\ -5 & -17 \end{vmatrix}} = \frac{-20}{2} = -10$$

である. 同様にして, $x_2 = 9$, $x_3 = 3$ が得られる.

演習問題

問題 10.1　次の行列の逆行列を定理 10.3 で示した式によって求めよ．

(1) $\begin{bmatrix} 1 & 3 & 3 \\ 2 & 7 & 3 \\ 1 & 1 & 8 \end{bmatrix}$　　(2) $\begin{bmatrix} 1 & 1 & -2 \\ 3 & 2 & -7 \\ 2 & 5 & 1 \end{bmatrix}$

(3) $\begin{bmatrix} 1 & 1 & 1 & 1 \\ 1 & 2 & 3 & 4 \\ 1 & 3 & 6 & 10 \\ 1 & 4 & 10 & 20 \end{bmatrix}$　　(4) $\begin{bmatrix} 1 & -1 & 0 & 0 \\ -1 & 2 & -1 & 0 \\ 0 & -1 & 2 & -1 \\ 0 & 0 & -1 & 2 \end{bmatrix}$

ヒント：(3) は問題 9.2 (2), 問題 9.3 (1), (2) の結果を用いてよい．

問題 10.2　次の連立 1 次方程式の解をクラーメルの公式を用いて求めよ．

(1) $\begin{bmatrix} 1 & 3 & -2 \\ 2 & 5 & -1 \\ 1 & 2 & 2 \end{bmatrix}\begin{bmatrix} x_1 \\ x_2 \\ x_3 \end{bmatrix} = \begin{bmatrix} 1 \\ -4 \\ 2 \end{bmatrix}$　　(2) $\begin{bmatrix} 1 & -1 & 2 & -1 \\ -3 & 1 & -2 & 2 \\ 1 & -3 & 2 & -1 \\ -4 & 1 & -1 & 2 \end{bmatrix}\begin{bmatrix} x_1 \\ x_2 \\ x_3 \\ x_4 \end{bmatrix} = \begin{bmatrix} 1 \\ -1 \\ 0 \\ -2 \end{bmatrix}$

問題 10.3　n 次正方行列 A の余因子行列 $\widetilde{A}$ について

$$|\widetilde{A}| = |A|^{n-1}$$

であることを示せ．

問題 10.4　n 次正方行列 A に対して, $AB = E$ を満たす n 次正方行列 B が存在するとき, A は正則であり, $B = A^{-1}$ であることを示せ．

第4章 ベクトルの1次独立

§11　1次独立と1次従属

1次結合　同じ型の m 個のベクトル $\boldsymbol{u}_1, \boldsymbol{u}_2, \cdots, \boldsymbol{u}_m$ の実数倍の和で表されるベクトル

$$c_1\boldsymbol{u}_1 + c_2\boldsymbol{u}_2 + \cdots + c_m\boldsymbol{u}_m \quad (c_1, c_2, \cdots, c_m \text{ は実数})$$

を $\boldsymbol{u}_1, \boldsymbol{u}_2, \cdots, \boldsymbol{u}_m$ の **1次結合**という．また,

$$\boldsymbol{a} = c_1\boldsymbol{u}_1 + c_2\boldsymbol{u}_2 + \cdots + c_m\boldsymbol{u}_m$$

であるとき, ベクトル $\boldsymbol{a}$ は $\boldsymbol{u}_1, \boldsymbol{u}_2, \cdots, \boldsymbol{u}_m$ の1次結合で表されるという.

例1.　右図の三角形 OAB において, 辺 AB 上の点 C が AC : CB = 1 : 2 を満たすとき

$$\overrightarrow{\mathrm{OC}} = \frac{2}{3}\,\overrightarrow{\mathrm{OA}} + \frac{1}{3}\,\overrightarrow{\mathrm{OB}}$$

が成り立つ．この式の右辺の形が1次結合である.

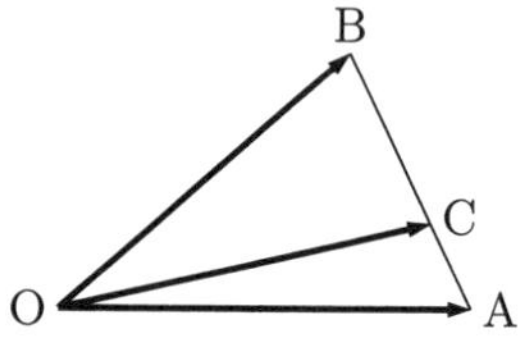

例2.　3次ベクトル $\boldsymbol{a} = \begin{bmatrix} a_1 \\ a_2 \\ a_3 \end{bmatrix}$ は $\boldsymbol{e}_1 = \begin{bmatrix} 1 \\ 0 \\ 0 \end{bmatrix}, \boldsymbol{e}_2 = \begin{bmatrix} 0 \\ 1 \\ 0 \end{bmatrix}, \boldsymbol{e}_3 = \begin{bmatrix} 0 \\ 0 \\ 1 \end{bmatrix}$ の1次結合で

$$\boldsymbol{a} = a_1\boldsymbol{e}_1 + a_2\boldsymbol{e}_2 + a_3\boldsymbol{e}_3$$

のように表される．ここで, $\boldsymbol{e}_1, \boldsymbol{e}_2, \boldsymbol{e}_3$ を3次**基本ベクトル**という.

例 3. $\boldsymbol{a} = \begin{bmatrix} 1 \\ 5 \\ -4 \end{bmatrix}$ を $\boldsymbol{u}_1 = \begin{bmatrix} 1 \\ 3 \\ 2 \end{bmatrix}, \boldsymbol{u}_2 = \begin{bmatrix} 1 \\ 2 \\ 5 \end{bmatrix}$ の1次結合で表してみよう.

$\boldsymbol{a} = c_1\boldsymbol{u}_1 + c_2\boldsymbol{u}_2$ とおき, 成分を比較すると

$$\begin{bmatrix} 1 \\ 5 \\ -4 \end{bmatrix} = c_1 \begin{bmatrix} 1 \\ 3 \\ 2 \end{bmatrix} + c_2 \begin{bmatrix} 1 \\ 2 \\ 5 \end{bmatrix}, \quad \text{すなわち} \quad \begin{cases} c_1 + c_2 = 1 \\ 3c_1 + 2c_2 = 5 \\ 2c_1 + 5c_2 = -4 \end{cases}$$

となる. つまり, $\boldsymbol{a} = c_1\boldsymbol{u}_1 + c_2\boldsymbol{u}_2$ は連立1次方程式 $[\,\boldsymbol{u}_1 \quad \boldsymbol{u}_2\,]\begin{bmatrix} c_1 \\ c_2 \end{bmatrix} = \boldsymbol{a}$ と同値であり, 1次結合の係数 c_1, c_2 はこの連立1次方程式の解として得られる.

$$\text{拡大係数行列} \left[\begin{array}{cc:c} 1 & 1 & 1 \\ 3 & 2 & 5 \\ 2 & 5 & -4 \end{array}\right] \longrightarrow \left[\begin{array}{cc:c} 1 & 1 & 1 \\ 0 & -1 & 2 \\ 0 & 3 & -6 \end{array}\right] \longrightarrow \left[\begin{array}{cc:c} 1 & 0 & 3 \\ 0 & 1 & -2 \\ 0 & 0 & 0 \end{array}\right]$$

であるから, $c_1 = 3, c_2 = -2$ であり, $\boldsymbol{a} = 3\boldsymbol{u}_1 - 2\boldsymbol{u}_2$ と表される.

例 4. $\boldsymbol{b} = \begin{bmatrix} 1 \\ 5 \\ -3 \end{bmatrix}$ を $\boldsymbol{u}_1 = \begin{bmatrix} 1 \\ 3 \\ 2 \end{bmatrix}, \boldsymbol{u}_2 = \begin{bmatrix} 1 \\ 2 \\ 5 \end{bmatrix}$ の1次結合で表してみよう.

$\boldsymbol{b} = c_1\boldsymbol{u}_1 + c_2\boldsymbol{u}_2$ は連立1次方程式 $[\,\boldsymbol{u}_1 \quad \boldsymbol{u}_2\,]\begin{bmatrix} c_1 \\ c_2 \end{bmatrix} = \boldsymbol{b} \ \cdots\ (*)$ と同値である.

$$\left[\begin{array}{cc:c} 1 & 1 & 1 \\ 3 & 2 & 5 \\ 2 & 5 & -3 \end{array}\right] \longrightarrow \left[\begin{array}{cc:c} 1 & 1 & 1 \\ 0 & -1 & 2 \\ 0 & 3 & -5 \end{array}\right] \longrightarrow \left[\begin{array}{cc:c} 1 & 0 & 3 \\ 0 & 1 & -2 \\ 0 & 0 & 1 \end{array}\right] \longrightarrow \left[\begin{array}{cc:c} 1 & 0 & 0 \\ 0 & 1 & 0 \\ 0 & 0 & 1 \end{array}\right]$$

であるから, $(*)$ は解をもたない. つまり, $\boldsymbol{b}$ は $\boldsymbol{u}_1, \boldsymbol{u}_2$ の1次結合では表せない.

例 5. 零ベクトル $\boldsymbol{0} = \begin{bmatrix} 0 \\ 0 \\ 0 \end{bmatrix}$ を $\boldsymbol{u}_1 = \begin{bmatrix} 1 \\ 3 \\ 2 \end{bmatrix}, \boldsymbol{u}_2 = \begin{bmatrix} 1 \\ 2 \\ 5 \end{bmatrix}, \boldsymbol{u}_3 = \begin{bmatrix} 1 \\ -1 \\ 14 \end{bmatrix}$ の1次結合で表そう. 連立1次方程式 $[\,\boldsymbol{u}_1 \quad \boldsymbol{u}_2 \quad \boldsymbol{u}_3\,]\begin{bmatrix} c_1 \\ c_2 \\ c_3 \end{bmatrix} = \boldsymbol{0}$ の拡大係数行列を変形すると

$$\left[\begin{array}{ccc:c} 1 & 1 & 1 & 0 \\ 3 & 2 & -1 & 0 \\ 2 & 5 & 14 & 0 \end{array}\right] \longrightarrow \left[\begin{array}{ccc:c} 1 & 1 & 1 & 0 \\ 0 & -1 & -4 & 0 \\ 0 & 3 & 12 & 0 \end{array}\right] \longrightarrow \left[\begin{array}{ccc:c} 1 & 0 & -3 & 0 \\ 0 & 1 & 4 & 0 \\ 0 & 0 & 0 & 0 \end{array}\right]$$

であるから, 解は $c_1 = 3d, c_2 = -4d, c_3 = d$ (d は任意の実数) である. つまり, $\boldsymbol{0} = 3d\boldsymbol{u}_1 - 4d\boldsymbol{u}_2 + d\boldsymbol{u}_3$ (d は任意の実数) と表される.

1次独立・1次従属 例5で $d=1$ とすると $3\boldsymbol{u}_1 - 4\boldsymbol{u}_2 + \boldsymbol{u}_3 = \boldsymbol{0}$ が成り立つことに注意しよう.

定義 (1次独立・1次従属) 同じ型の m 個のベクトル $\boldsymbol{u}_1, \boldsymbol{u}_2, \cdots, \boldsymbol{u}_m$ に対して,

$$c_1\boldsymbol{u}_1 + c_2\boldsymbol{u}_2 + \cdots + c_m\boldsymbol{u}_m = \boldsymbol{0}$$

を満たす実数 $c_1, c_2, \cdots, c_m$ が

$c_1 = c_2 = \cdots = c_m = 0$ のみであるとき, $\boldsymbol{u}_1, \boldsymbol{u}_2, \cdots, \boldsymbol{u}_m$ は**1次独立**,
$c_1 = c_2 = \cdots = c_m = 0$ 以外にもあるとき, $\boldsymbol{u}_1, \boldsymbol{u}_2, \cdots, \boldsymbol{u}_m$ は**1次従属**

であるという.

なお, $\boldsymbol{u}_1, \boldsymbol{u}_2, \cdots, \boldsymbol{u}_m$ が1次独立である, あるいは1次従属であるという関係をまとめて $\boldsymbol{u}_1, \boldsymbol{u}_2, \cdots, \boldsymbol{u}_m$ の**1次関係**ということもある.

例 6. 例5の $\boldsymbol{u}_1, \boldsymbol{u}_2, \boldsymbol{u}_3$ は1次従属である.

例 7. 基本ベクトル $\boldsymbol{e}_1, \boldsymbol{e}_2, \boldsymbol{e}_3$ は1次独立である. 実際, $c_1\boldsymbol{e}_1 + c_2\boldsymbol{e}_2 + c_3\boldsymbol{e}_3 = \boldsymbol{0}$ は

$$\begin{bmatrix} \boldsymbol{e}_1 & \boldsymbol{e}_2 & \boldsymbol{e}_3 \end{bmatrix} \begin{bmatrix} c_1 \\ c_2 \\ c_3 \end{bmatrix} = \boldsymbol{0}, \quad \text{つまり} \quad \begin{bmatrix} 1 & 0 & 0 \\ 0 & 1 & 0 \\ 0 & 0 & 1 \end{bmatrix} \begin{bmatrix} c_1 \\ c_2 \\ c_3 \end{bmatrix} = \begin{bmatrix} 0 \\ 0 \\ 0 \end{bmatrix}$$

であるから, $c_1 = c_2 = c_3 = 0$ である.

例 8. 3つのベクトル $\boldsymbol{v}_1 = \begin{bmatrix} 1 \\ 1 \\ 0 \end{bmatrix}, \boldsymbol{v}_2 = \begin{bmatrix} 1 \\ 0 \\ 1 \end{bmatrix}, \boldsymbol{v}_3 = \begin{bmatrix} 0 \\ 1 \\ 1 \end{bmatrix}$ は1次独立である.

実際, $c_1\boldsymbol{v}_1 + c_2\boldsymbol{v}_2 + c_3\boldsymbol{v}_3 = \boldsymbol{0}$ は

$$\begin{bmatrix} \boldsymbol{v}_1 & \boldsymbol{v}_2 & \boldsymbol{v}_3 \end{bmatrix} \begin{bmatrix} c_1 \\ c_2 \\ c_3 \end{bmatrix} = \boldsymbol{0}, \quad \text{つまり} \quad \begin{bmatrix} 1 & 1 & 0 \\ 1 & 0 & 1 \\ 0 & 1 & 1 \end{bmatrix} \begin{bmatrix} c_1 \\ c_2 \\ c_3 \end{bmatrix} = \begin{bmatrix} 0 \\ 0 \\ 0 \end{bmatrix}$$

であり, 係数行列を変形すると

$$\begin{bmatrix} 1 & 1 & 0 \\ 1 & 0 & 1 \\ 0 & 1 & 1 \end{bmatrix} \longrightarrow \begin{bmatrix} 1 & 1 & 0 \\ 0 & -1 & 1 \\ 0 & 1 & 1 \end{bmatrix} \longrightarrow \begin{bmatrix} 1 & 0 & 1 \\ 0 & 1 & -1 \\ 0 & 0 & 2 \end{bmatrix} \longrightarrow \begin{bmatrix} 1 & 0 & 0 \\ 0 & 1 & 0 \\ 0 & 0 & 1 \end{bmatrix}$$

であるから, $c_1 = c_2 = c_3 = 0$ である.

例 9. 3つのベクトル $\boldsymbol{w}_1 = \begin{bmatrix} 1 \\ -1 \\ 0 \end{bmatrix}$, $\boldsymbol{w}_2 = \begin{bmatrix} -1 \\ 0 \\ 1 \end{bmatrix}$, $\boldsymbol{w}_3 = \begin{bmatrix} 0 \\ 1 \\ -1 \end{bmatrix}$ は1次従属である．実際, $c_1\boldsymbol{w}_1 + c_2\boldsymbol{w}_2 + c_3\boldsymbol{w}_3 = \boldsymbol{0}$ は

$$[\boldsymbol{w}_1 \quad \boldsymbol{w}_2 \quad \boldsymbol{w}_3]\begin{bmatrix} c_1 \\ c_2 \\ c_3 \end{bmatrix} = \boldsymbol{0}, \quad \text{つまり} \quad \begin{bmatrix} 1 & -1 & 0 \\ -1 & 0 & 1 \\ 0 & 1 & -1 \end{bmatrix}\begin{bmatrix} c_1 \\ c_2 \\ c_3 \end{bmatrix} = \begin{bmatrix} 0 \\ 0 \\ 0 \end{bmatrix}$$

であり, 係数行列を変形すると

$$\begin{bmatrix} 1 & -1 & 0 \\ -1 & 0 & 1 \\ 0 & 1 & -1 \end{bmatrix} \longrightarrow \begin{bmatrix} 1 & -1 & 0 \\ 0 & -1 & 1 \\ 0 & 1 & -1 \end{bmatrix} \longrightarrow \begin{bmatrix} 1 & -1 & 0 \\ 0 & 1 & -1 \\ 0 & 1 & -1 \end{bmatrix} \longrightarrow \begin{bmatrix} 1 & 0 & -1 \\ 0 & 1 & -1 \\ 0 & 0 & 0 \end{bmatrix}$$

であるから, $c_1 = d$, $c_2 = d$, $c_3 = d$ (d は任意の実数) となり, $c_1 = c_2 = c_3 = 0$ 以外にも $c_1 = 1$, $c_2 = 1$, $c_3 = 1$ などがある．

一般の場合, m 個のベクトル $\boldsymbol{u}_1, \boldsymbol{u}_2, \cdots, \boldsymbol{u}_m$ に対して

$$A = [\boldsymbol{u}_1 \quad \boldsymbol{u}_2 \quad \cdots \quad \boldsymbol{u}_m], \quad \boldsymbol{c} = \begin{bmatrix} c_1 \\ c_2 \\ \vdots \\ c_m \end{bmatrix}$$

とおくと, $c_1\boldsymbol{u}_1 + c_2\boldsymbol{u}_2 + \cdots + c_m\boldsymbol{u}_m = \boldsymbol{0}$ は

$$A\boldsymbol{c} = \boldsymbol{0} \tag{11.1}$$

と表される．これを $c_1, c_2, \cdots, c_m$ に関する同次連立1次方程式とみなすと,

$\boldsymbol{u}_1, \boldsymbol{u}_2, \cdots, \boldsymbol{u}_m$ が1次独立である $\Leftrightarrow$ (11.1) は自明な解しかもたない,
$\boldsymbol{u}_1, \boldsymbol{u}_2, \cdots, \boldsymbol{u}_m$ が1次従属である $\Leftrightarrow$ (11.1) は自明でない解をもつ

という関係が成り立つ．したがって, 連立1次方程式の理論から, 次がわかる．

1次独立・1次従属の判定

m 個のベクトル $\boldsymbol{u}_1, \boldsymbol{u}_2, \cdots, \boldsymbol{u}_m$ が与えられたとき, これらを列ベクトルにもつ行列を $A = [\boldsymbol{u}_1 \quad \boldsymbol{u}_2 \quad \cdots \quad \boldsymbol{u}_m]$ とし, A から導かれる階段行列 B の主成分の個数を M とすると, 次の関係が成り立つ．

$\boldsymbol{u}_1, \boldsymbol{u}_2, \cdots, \boldsymbol{u}_m$ が1次独立である $\Leftrightarrow$ $M = m$,
$\boldsymbol{u}_1, \boldsymbol{u}_2, \cdots, \boldsymbol{u}_m$ が1次従属である $\Leftrightarrow$ $M < m$.

ベクトルの個数と次数が同じときには, 行列式を用いることもできる.

1次独立・1次従属の行列式による判定

m 個の m 次列ベクトル $\boldsymbol{u}_1, \boldsymbol{u}_2, \cdots, \boldsymbol{u}_m$ が与えられたとき, これらを列とする $m \times m$ 行列を $A = [\boldsymbol{u}_1 \ \ \boldsymbol{u}_2 \ \ \cdots \ \ \boldsymbol{u}_m]$ とすると, 次が成り立つ.

$$\boldsymbol{u}_1, \boldsymbol{u}_2, \cdots, \boldsymbol{u}_m \text{ が1次独立である} \quad \Leftrightarrow \quad |A| \neq 0,$$
$$\boldsymbol{u}_1, \boldsymbol{u}_2, \cdots, \boldsymbol{u}_m \text{ が1次従属である} \quad \Leftrightarrow \quad |A| = 0.$$

証明 $\boldsymbol{u}_1, \boldsymbol{u}_2, \cdots, \boldsymbol{u}_m$ が1次独立
$\Leftrightarrow$ A から導かれる階段行列の主成分が m 個
$\Leftrightarrow$ A から導かれる階段行列が単位行列 E
$\Leftrightarrow$ $[A \mid E]$ から導かれる階段行列が $[E \mid B]$ の形
$\Leftrightarrow$ A の逆行列 A^{-1} が存在
$\Leftrightarrow$ $|A| \neq 0$

である. (証明終)

例 10. 3つのベクトル $\boldsymbol{u}_1 = \begin{bmatrix} 1 \\ 1 \\ 1 \end{bmatrix}, \boldsymbol{u}_2 = \begin{bmatrix} 1 \\ 2 \\ a \end{bmatrix}, \boldsymbol{u}_3 = \begin{bmatrix} 1 \\ a \\ 2 \end{bmatrix}$ が1次従属となるような a の値を求めよう.

$$\begin{bmatrix} 1 & 1 & 1 \\ 1 & 2 & a \\ 1 & a & 2 \end{bmatrix} \xrightarrow[\text{③}-\text{①}]{\text{②}-\text{①}} \begin{bmatrix} 1 & 1 & 1 \\ 0 & 1 & a-1 \\ 0 & a-1 & 1 \end{bmatrix} \xrightarrow[\text{③}-\text{②}\times(a-1)]{\text{①}-\text{②}} \begin{bmatrix} 1 & 0 & 2-a \\ 0 & 1 & a-1 \\ 0 & 0 & 2a-a^2 \end{bmatrix}.$$

$\boldsymbol{u}_1, \boldsymbol{u}_2, \boldsymbol{u}_3$ が1次従属となるのは, 最後の行列において主成分の個数が3より小さいときであるから, 求める値は $2a - a^2 = 0$ より $a = 0, 2$ である.

別解 行列式 $|\boldsymbol{u}_1 \ \ \boldsymbol{u}_2 \ \ \boldsymbol{u}_3|$ を計算すると

$$\begin{vmatrix} 1 & 1 & 1 \\ 1 & 2 & a \\ 1 & a & 2 \end{vmatrix} = \begin{vmatrix} 1 & 1 & 1 \\ 0 & 1 & a-1 \\ 0 & a-1 & 1 \end{vmatrix} = \begin{vmatrix} 1 & a-1 \\ a-1 & 1 \end{vmatrix}$$
$$= 1 - (a-1)^2 = 2a - a^2$$

となる. $2a - a^2 = 0$ より求める値は $a = 0, 2$ である.

図形的意味　平面上のベクトル, 空間内のベクトルの1次従属・1次独立について述べる.

平面上の2つのベクトル $\boldsymbol{u}, \boldsymbol{v}$ について

$\boldsymbol{u}, \boldsymbol{v}$ は1次従属.

$\Leftrightarrow$ $c_1\boldsymbol{u} + c_2\boldsymbol{v} = \boldsymbol{0}$ を満たす $c_1 = c_2 = 0$ 以外の実数 c_1, c_2 がある.

$\Leftrightarrow$ $c_1 \neq 0$ または $c_2 \neq 0$ に応じて, $\boldsymbol{u} = -\dfrac{c_2}{c_1}\boldsymbol{v}$ または $\boldsymbol{v} = -\dfrac{c_1}{c_2}\boldsymbol{u}$.

$\Leftrightarrow$ $\boldsymbol{u}, \boldsymbol{v}$ は平行.

つまり

$\boldsymbol{u}, \boldsymbol{v}$ は1次従属 $\Leftrightarrow$ $\boldsymbol{u}, \boldsymbol{v}$ は平行である,

$\boldsymbol{u}, \boldsymbol{v}$ は1次独立 $\Leftrightarrow$ $\boldsymbol{u}, \boldsymbol{v}$ は平行でない

である.

空間内の3つのベクトル $\boldsymbol{u}, \boldsymbol{v}, \boldsymbol{w}$ について

$\boldsymbol{u}, \boldsymbol{v}, \boldsymbol{w}$ は1次従属.

$\Leftrightarrow$ $c_1\boldsymbol{u} + c_2\boldsymbol{v} + c_3\boldsymbol{w} = \boldsymbol{0}$ を満たす $c_1 = c_2 = c_3 = 0$ 以外の実数がある.

$\Leftrightarrow$ $c_1 \neq 0,\ c_2 \neq 0,$ または $c_3 \neq 0$ に応じて,

$\boldsymbol{u} = -\dfrac{c_2}{c_1}\boldsymbol{v} - \dfrac{c_3}{c_1}\boldsymbol{w},\ \boldsymbol{v} = -\dfrac{c_1}{c_2}\boldsymbol{u} - \dfrac{c_3}{c_2}\boldsymbol{w},$ または $\boldsymbol{w} = -\dfrac{c_1}{c_3}\boldsymbol{u} - \dfrac{c_2}{c_3}\boldsymbol{v}.$

$\Leftrightarrow$ $\boldsymbol{u}$ は $\boldsymbol{v}, \boldsymbol{w}$ が載っている平面上にある,

または, $\boldsymbol{v}$ は $\boldsymbol{u}, \boldsymbol{w}$ が載っている平面上にある,

または, $\boldsymbol{w}$ は $\boldsymbol{u}, \boldsymbol{v}$ が載っている平面上にある.

つまり

$\boldsymbol{u}, \boldsymbol{v}, \boldsymbol{w}$ は1次従属 $\Leftrightarrow$ $\boldsymbol{u}, \boldsymbol{v}, \boldsymbol{w}$ はある1つの平面上にある,

$\boldsymbol{u}, \boldsymbol{v}, \boldsymbol{w}$ は1次独立 $\Leftrightarrow$ $\boldsymbol{u}, \boldsymbol{v}, \boldsymbol{w}$ はどの1つの平面上にもない

である.

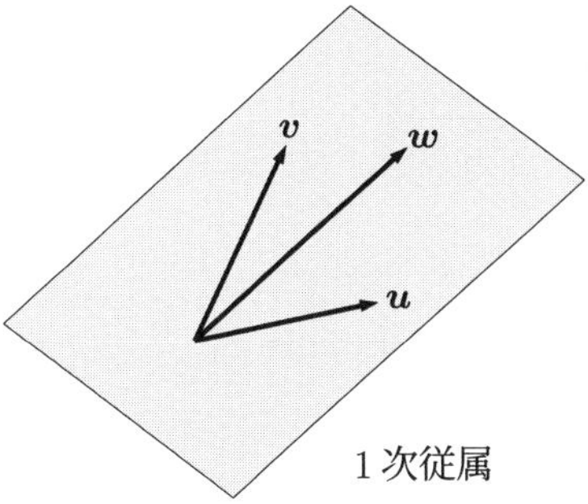

1次従属

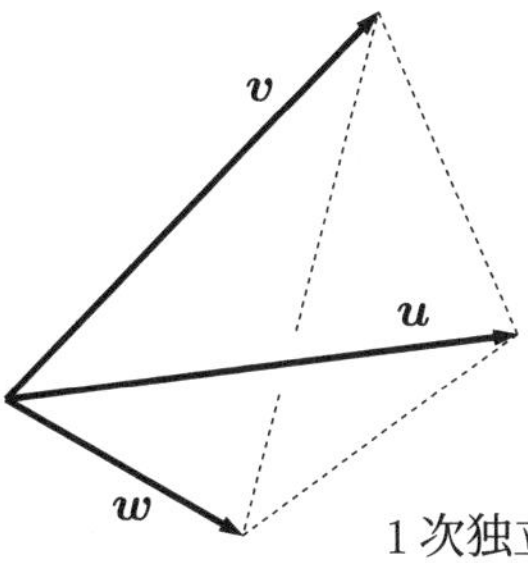

1次独立

1次独立・1次従属と同値な条件 3つのベクトル $\boldsymbol{u}, \boldsymbol{v}, \boldsymbol{w}$ が1次従属ならば

$$\boldsymbol{u} = -\frac{c_2}{c_1}\boldsymbol{v} - \frac{c_3}{c_1}\boldsymbol{w}, \quad \boldsymbol{v} = -\frac{c_1}{c_2}\boldsymbol{u} - \frac{c_3}{c_2}\boldsymbol{w}, \quad \text{または} \quad \boldsymbol{w} = -\frac{c_1}{c_3}\boldsymbol{u} - \frac{c_2}{c_3}\boldsymbol{v}$$

が成り立つことを述べた．このことの一般化として，次が成り立つ．

定理 11.1 (同値な条件) m 個のベクトル $\boldsymbol{u}_1, \boldsymbol{u}_2, \cdots, \boldsymbol{u}_m$ について，次が成り立つ．

(1) $\boldsymbol{u}_1, \boldsymbol{u}_2, \cdots, \boldsymbol{u}_m$ は1次従属である．
$\Leftrightarrow$ $\boldsymbol{u}_1, \boldsymbol{u}_2, \cdots, \boldsymbol{u}_m$ のうちの少なくとも1つは他の $(m-1)$ 個のベクトルの1次結合で表される．

(2) $\boldsymbol{u}_1, \boldsymbol{u}_2, \cdots, \boldsymbol{u}_m$ は1次独立である．
$\Leftrightarrow$ $\boldsymbol{u}_1, \boldsymbol{u}_2, \cdots, \boldsymbol{u}_m$ のいずれも他の $(m-1)$ 個のベクトルの1次結合では表されない．

証明 (1) と (2) は互いに対偶であるから，どちらか一方を示せばよい．ここでは，(1) を示す．

($\Rightarrow$) $\boldsymbol{u}_1, \boldsymbol{u}_2, \cdots, \boldsymbol{u}_m$ は1次従属とする．

$$c_1\boldsymbol{u}_1 + c_2\boldsymbol{u}_2 + \cdots + c_m\boldsymbol{u}_m = \boldsymbol{0}$$

を満たす定数 $c_1, c_2, \cdots, c_m$ のうち $c_k \neq 0$ ならば，$\boldsymbol{u}_k$ は

$$\boldsymbol{u}_k = -\frac{c_1}{c_k}\boldsymbol{u}_1 - \cdots - \frac{c_{k-1}}{c_k}\boldsymbol{u}_{k-1} - \frac{c_{k+1}}{c_k}\boldsymbol{u}_{k+1} - \cdots - \frac{c_m}{c_k}\boldsymbol{u}_m$$

と表される．

($\Leftarrow$) $\boldsymbol{u}_k$ が他の $(m-1)$ 個のベクトルの1次結合で

$$\boldsymbol{u}_k = \gamma_1\boldsymbol{u}_1 + \cdots + \gamma_{k-1}\boldsymbol{u}_{k-1} + \gamma_{k+1}\boldsymbol{u}_{k+1} + \cdots + \gamma_m\boldsymbol{u}_m$$

と表されるとする．このとき，

$$\gamma_1\boldsymbol{u}_1 + \cdots + \gamma_{k-1}\boldsymbol{u}_{k-1} + (-1)\boldsymbol{u}_k + \gamma_{k+1}\boldsymbol{u}_{k+1} + \cdots + \gamma_m\boldsymbol{u}_m = \boldsymbol{0}$$

が成り立ち，$\boldsymbol{u}_1, \boldsymbol{u}_2, \cdots, \boldsymbol{u}_m$ は1次従属である．(証明終)

演習問題

問題 11.1　次のベクトル $\boldsymbol{a}$ を $\boldsymbol{u}_1, \boldsymbol{u}_2, \cdots$ の1次結合で表せ.

(1) $\boldsymbol{a} = \begin{bmatrix} 4 \\ 5 \end{bmatrix}$ を $\boldsymbol{u}_1 = \begin{bmatrix} 1 \\ -1 \end{bmatrix}$, $\boldsymbol{u}_2 = \begin{bmatrix} 1 \\ 2 \end{bmatrix}$ の1次結合で.

(2) $\boldsymbol{a} = \begin{bmatrix} -1 \\ 8 \\ -4 \end{bmatrix}$ を $\boldsymbol{u}_1 = \begin{bmatrix} 1 \\ 2 \\ -2 \end{bmatrix}$, $\boldsymbol{u}_2 = \begin{bmatrix} 2 \\ -1 \\ -1 \end{bmatrix}$ の1次結合で.

(3) $\boldsymbol{a} = \begin{bmatrix} -1 \\ 3 \\ 3 \end{bmatrix}$ を $\boldsymbol{u}_1 = \begin{bmatrix} 1 \\ 2 \\ -2 \end{bmatrix}$, $\boldsymbol{u}_2 = \begin{bmatrix} 2 \\ -1 \\ -1 \end{bmatrix}$ の1次結合で.

(4) $\boldsymbol{a} = \begin{bmatrix} 1 \\ -3 \\ 6 \end{bmatrix}$ を $\boldsymbol{u}_1 = \begin{bmatrix} 1 \\ 1 \\ 4 \end{bmatrix}$, $\boldsymbol{u}_2 = \begin{bmatrix} 1 \\ 2 \\ 3 \end{bmatrix}$, $\boldsymbol{u}_3 = \begin{bmatrix} 1 \\ 3 \\ 4 \end{bmatrix}$ の1次結合で.

問題 11.2　次の問いに答えよ.

(1) 基本ベクトル $\boldsymbol{e}_1 = \begin{bmatrix} 1 \\ 0 \end{bmatrix}$, $\boldsymbol{e}_2 = \begin{bmatrix} 0 \\ 1 \end{bmatrix}$ をそれぞれ $\boldsymbol{u}_1 = \begin{bmatrix} 1 \\ -3 \end{bmatrix}$, $\boldsymbol{u}_2 = \begin{bmatrix} -2 \\ 7 \end{bmatrix}$ の1次結合で表せ.

(2) (1) の結果を利用して, $\boldsymbol{v} = \begin{bmatrix} p \\ q \end{bmatrix}$ を $\boldsymbol{u}_1$, $\boldsymbol{u}_2$ の1次結合で表せ.

問題 11.3　次のベクトル $\boldsymbol{u}_1, \boldsymbol{u}_2, \boldsymbol{u}_3, \cdots$ が1次独立か, 1次従属かを, 連立方程式の掃き出し法により調べよ.

(1) $\boldsymbol{u}_1 = \begin{bmatrix} 1 \\ -2 \\ -1 \end{bmatrix}$, $\boldsymbol{u}_2 = \begin{bmatrix} -1 \\ 1 \\ 3 \end{bmatrix}$, $\boldsymbol{u}_3 = \begin{bmatrix} -3 \\ 4 \\ 7 \end{bmatrix}$

(2) $\boldsymbol{u}_1 = \begin{bmatrix} 1 \\ -1 \\ 3 \end{bmatrix}$, $\boldsymbol{u}_2 = \begin{bmatrix} 3 \\ -2 \\ 5 \end{bmatrix}$, $\boldsymbol{u}_3 = \begin{bmatrix} 2 \\ 1 \\ 4 \end{bmatrix}$

(3) $\boldsymbol{u}_1 = \begin{bmatrix} 1 \\ -1 \\ 3 \end{bmatrix}$, $\boldsymbol{u}_2 = \begin{bmatrix} 3 \\ -2 \\ 5 \end{bmatrix}$, $\boldsymbol{u}_3 = \begin{bmatrix} 2 \\ 1 \\ 4 \end{bmatrix}$, $\boldsymbol{u}_4 = \begin{bmatrix} 2 \\ -4 \\ 4 \end{bmatrix}$

問題 11.4 次の3つのベクトル $\boldsymbol{u}_1, \boldsymbol{u}_2, \boldsymbol{u}_3$ が1次従属となるような a および b の値を, 連立方程式の掃き出し法により, それぞれ求めよ.

(1) $\boldsymbol{u}_1 = \begin{bmatrix} 1 \\ 2 \\ 2 \end{bmatrix}, \ \boldsymbol{u}_2 = \begin{bmatrix} -2 \\ -3 \\ -2 \end{bmatrix}, \ \boldsymbol{u}_3 = \begin{bmatrix} -1 \\ 2 \\ a \end{bmatrix}$

(2) $\boldsymbol{u}_1 = \begin{bmatrix} 1 \\ 2 \\ 4 \end{bmatrix}, \ \boldsymbol{u}_2 = \begin{bmatrix} -1 \\ 0 \\ a \end{bmatrix}, \ \boldsymbol{u}_3 = \begin{bmatrix} 2 \\ 2a \\ 3 \end{bmatrix}$

(3) $\boldsymbol{u}_1 = \begin{bmatrix} 1 \\ 2 \\ -1 \\ 2 \end{bmatrix}, \ \boldsymbol{u}_2 = \begin{bmatrix} 1 \\ 1 \\ 3 \\ -1 \end{bmatrix}, \ \boldsymbol{u}_3 = \begin{bmatrix} 1 \\ 4 \\ a \\ b \end{bmatrix}$

問題 11.5 次のベクトル $\boldsymbol{u}_1, \boldsymbol{u}_2, \cdots$ が1次独立か, 1次従属かを, 行列式を用いて調べよ.

(1) $\boldsymbol{u}_1 = \begin{bmatrix} 1 \\ 2 \end{bmatrix}, \ \boldsymbol{u}_2 = \begin{bmatrix} 2 \\ 5 \end{bmatrix}$ (2) $\boldsymbol{u}_1 = \begin{bmatrix} 1 \\ -1 \\ 3 \end{bmatrix}, \ \boldsymbol{u}_2 = \begin{bmatrix} 3 \\ -2 \\ 5 \end{bmatrix}, \ \boldsymbol{u}_3 = \begin{bmatrix} 2 \\ 1 \\ 4 \end{bmatrix}$

問題 11.6 次のベクトル $\boldsymbol{u}_1, \boldsymbol{u}_2, \cdots$ が1次従属となるような a の値を行列式を利用して求めよ.

(1) $\boldsymbol{u}_1 = \begin{bmatrix} a \\ 2 \end{bmatrix}, \ \boldsymbol{u}_2 = \begin{bmatrix} 2 \\ a \end{bmatrix}$ (2) $\boldsymbol{u}_1 = \begin{bmatrix} 1 \\ 2 \\ 2 \end{bmatrix}, \ \boldsymbol{u}_2 = \begin{bmatrix} -2 \\ -3 \\ -2 \end{bmatrix}, \ \boldsymbol{u}_3 = \begin{bmatrix} -1 \\ 2 \\ a \end{bmatrix}$

問題 11.7 $\boldsymbol{a} = \begin{bmatrix} 3 \\ 1 \\ -1 \end{bmatrix}, \boldsymbol{u}_1 = \begin{bmatrix} 1 \\ 2 \\ 3 \end{bmatrix}, \boldsymbol{u}_2 = \begin{bmatrix} 2 \\ 3 \\ 4 \end{bmatrix}, \boldsymbol{u}_3 = \begin{bmatrix} 2 \\ -1 \\ -4 \end{bmatrix}$ とするとき, 次の問いに答えよ.

(1) $\boldsymbol{u}_1, \ \boldsymbol{u}_2, \ \boldsymbol{u}_3$ が1次独立か, 1次従属かを調べよ.

(2) $\boldsymbol{a}$ が $\boldsymbol{u}_1, \boldsymbol{u}_2, \boldsymbol{u}_3$ の1次結合で表されるかどうかを, また, 表される場合, 表し方は一通りかそれとも何通りもあるかを調べよ.

問題 11.8 ベクトル $\boldsymbol{a}$ が1次独立なベクトル $\boldsymbol{u}_1, \boldsymbol{u}_2, \cdots, \boldsymbol{u}_m$ の1次結合で $\boldsymbol{a} = c_1\boldsymbol{u}_1 + c_2\boldsymbol{u}_2 + \cdots + c_m\boldsymbol{u}_m$ と表されるとき, 係数 $c_1, c_2, \cdots, c_m$ はただ一通りであることを示せ.

§12 最大個数の 1 次独立なベクトル

準備 この節では, いくつかのベクトルのなかから 1 次独立なベクトルを取り出す方法について述べる. 準備として, まず次が成り立つことを示す.

定理 12.1 $\boldsymbol{u}_1, \boldsymbol{u}_2, \cdots, \boldsymbol{u}_m$ は 1 次独立であるとする. これらにベクトル $\boldsymbol{u}$ を加えた $\boldsymbol{u}, \boldsymbol{u}_1, \boldsymbol{u}_2, \cdots, \boldsymbol{u}_m$ について, 次が成り立つ.

(1) $\boldsymbol{u}, \boldsymbol{u}_1, \boldsymbol{u}_2, \cdots, \boldsymbol{u}_m$ は 1 次従属である.
 $\Leftrightarrow$ $\boldsymbol{u}$ は $\boldsymbol{u}_1, \boldsymbol{u}_2, \cdots, \boldsymbol{u}_m$ の 1 次結合で表される.

(2) $\boldsymbol{u}, \boldsymbol{u}_1, \boldsymbol{u}_2, \cdots, \boldsymbol{u}_m$ は 1 次独立である.
 $\Leftrightarrow$ $\boldsymbol{u}$ は $\boldsymbol{u}_1, \boldsymbol{u}_2, \cdots, \boldsymbol{u}_m$ の 1 次結合で表されない.

証明 (1) と (2) は互いに対偶であるから, どちらか一方を示せばよい. ここでは, (1) を示す.

($\Rightarrow$) 簡単のため, $m = 2$ とする. $\boldsymbol{u}, \boldsymbol{u}_1, \boldsymbol{u}_2$ が 1 次従属であるとすると,

$$c\boldsymbol{u} + c_1\boldsymbol{u}_1 + c_2\boldsymbol{u}_2 = \boldsymbol{0}$$

を満たす $c = c_1 = c_2 = 0$ 以外の実数 c, c_1, c_2 が存在する. もしも $c = 0$ ならば, $c_1\boldsymbol{u}_1 + c_2\boldsymbol{u}_2 = \boldsymbol{0}$ となるが, $\boldsymbol{u}_1, \boldsymbol{u}_2$ が 1 次独立であることから, $c_1 = c_2 = 0$ である. これは $c = c_1 = c_2 = 0$ でないことと矛盾する. したがって, $c \neq 0$ でなければならず, $\boldsymbol{u}$ は

$$\boldsymbol{u} = -\frac{c_1}{c}\boldsymbol{u}_1 - \frac{c_2}{c}\boldsymbol{u}_2$$

と表される.

($\Leftarrow$) 逆に, $\boldsymbol{u}$ が $\boldsymbol{u}_1, \boldsymbol{u}_2$ の 1 次結合で表されるならば, 定理 11.1 の (1) より, $\boldsymbol{u}, \boldsymbol{u}_1, \boldsymbol{u}_2$ は 1 次従属である. (証明終)

例 1. $\boldsymbol{u}_1 = \begin{bmatrix} 1 \\ 0 \\ 0 \\ 0 \end{bmatrix}, \boldsymbol{u}_2 = \begin{bmatrix} 0 \\ 1 \\ 0 \\ 0 \end{bmatrix}, \boldsymbol{u}_3 = \begin{bmatrix} 3 \\ 4 \\ 0 \\ 0 \end{bmatrix}, \boldsymbol{u}_4 = \begin{bmatrix} 0 \\ 0 \\ 1 \\ 0 \end{bmatrix}, \boldsymbol{u}_5 = \begin{bmatrix} 5 \\ 6 \\ 7 \\ 0 \end{bmatrix}$ とする.

$\boldsymbol{u}_1$ は $\boldsymbol{u}_2$ の 1 次結合 (定数倍) で表せないので, $\boldsymbol{u}_1, \boldsymbol{u}_2$ は 1 次独立,
$\boldsymbol{u}_3 = 3\boldsymbol{u}_1 + 4\boldsymbol{u}_2$ であるから, $\boldsymbol{u}_1, \boldsymbol{u}_2, \boldsymbol{u}_3$ は 1 次従属,
$\boldsymbol{u}_4$ は $\boldsymbol{u}_1, \boldsymbol{u}_2$ の 1 次結合で表せないので, $\boldsymbol{u}_1, \boldsymbol{u}_2, \boldsymbol{u}_4$ は 1 次独立,
$\boldsymbol{u}_5 = 5\boldsymbol{u}_1 + 6\boldsymbol{u}_2 + 7\boldsymbol{u}_4$ であるから, $\boldsymbol{u}_1, \boldsymbol{u}_2, \boldsymbol{u}_4, \boldsymbol{u}_5$ は 1 次従属.

1次独立なベクトルの取り出し方 与えられたベクトル $\boldsymbol{u}_1, \boldsymbol{u}_2, \cdots, \boldsymbol{u}_m$ から1次独立なベクトルを取り出すときにも階段行列への変形が役に立つ.

例 2. $\boldsymbol{u}_1 = \begin{bmatrix} 1 \\ 1 \\ 2 \\ 2 \end{bmatrix}, \boldsymbol{u}_2 = \begin{bmatrix} 2 \\ 3 \\ 1 \\ 3 \end{bmatrix}, \boldsymbol{u}_3 = \begin{bmatrix} 1 \\ 3 \\ -4 \\ 0 \end{bmatrix}, \boldsymbol{u}_4 = \begin{bmatrix} 0 \\ -1 \\ 3 \\ 1 \end{bmatrix}$ において, 左から順に1次独立な組となるようにベクトルを取り出し, 残りのベクトルを取り出したベクトルの1次結合で表すことを考える.

まず, c_1, c_2, c_3, c_4 に関する同次連立1次方程式

$$c_1\boldsymbol{u}_1 + c_2\boldsymbol{u}_2 + c_3\boldsymbol{u}_3 + c_4\boldsymbol{u}_4 = \boldsymbol{0}, \tag{12.1}$$

すなわち,

$$\begin{bmatrix} 1 & 2 & 1 & 0 \\ 1 & 3 & 3 & -1 \\ 2 & 1 & -4 & 3 \\ 2 & 3 & 0 & 1 \end{bmatrix} \begin{bmatrix} c_1 \\ c_2 \\ c_3 \\ c_4 \end{bmatrix} = \begin{bmatrix} 0 \\ 0 \\ 0 \\ 0 \end{bmatrix} \tag{12.2}$$

を考える. 係数行列 $[\,\boldsymbol{u}_1 \quad \boldsymbol{u}_2 \quad \boldsymbol{u}_3 \quad \boldsymbol{u}_4\,]$ を階段行列に変形すると

$$\begin{bmatrix} 1 & 2 & 1 & 0 \\ 1 & 3 & 3 & -1 \\ 2 & 1 & -4 & 3 \\ 2 & 3 & 0 & 1 \end{bmatrix} \xrightarrow[\text{④}-\text{①}\times 2]{\substack{\text{②}-\text{①} \\ \text{③}-\text{①}\times 2}} \begin{bmatrix} 1 & 2 & 1 & 0 \\ 0 & 1 & 2 & -1 \\ 0 & -3 & -6 & 3 \\ 0 & -1 & -2 & 1 \end{bmatrix} \xrightarrow[\text{④}+\text{②}]{\substack{\text{①}-\text{②}\times 2 \\ \text{③}+\text{②}\times 3}} \begin{bmatrix} 1 & 0 & -3 & 2 \\ 0 & 1 & 2 & -1 \\ 0 & 0 & 0 & 0 \\ 0 & 0 & 0 & 0 \end{bmatrix}$$

であり, (12.2) は

$$\begin{bmatrix} 1 & 0 & -3 & 2 \\ 0 & 1 & 2 & -1 \\ 0 & 0 & 0 & 0 \\ 0 & 0 & 0 & 0 \end{bmatrix} \begin{bmatrix} c_1 \\ c_2 \\ c_3 \\ c_4 \end{bmatrix} = \begin{bmatrix} 0 \\ 0 \\ 0 \\ 0 \end{bmatrix}$$

と同値である. この連立1次方程式は, 係数行列の列を左から順に

$$\boldsymbol{v}_1 = \begin{bmatrix} 1 \\ 0 \\ 0 \\ 0 \end{bmatrix}, \quad \boldsymbol{v}_2 = \begin{bmatrix} 0 \\ 1 \\ 0 \\ 0 \end{bmatrix}, \quad \boldsymbol{v}_3 = \begin{bmatrix} -3 \\ 2 \\ 0 \\ 0 \end{bmatrix}, \quad \boldsymbol{v}_4 = \begin{bmatrix} 2 \\ -1 \\ 0 \\ 0 \end{bmatrix}$$

とおくと,

$$c_1\boldsymbol{v}_1 + c_2\boldsymbol{v}_2 + c_3\boldsymbol{v}_3 + c_4\boldsymbol{v}_4 = \boldsymbol{0} \tag{12.3}$$

と表される.

つまり, (12.1) を満たす c_1, c_2, c_3, c_4 と (12.3) を満たす c_1, c_2, c_3, c_4 は一致し,

$$\begin{aligned}&\boldsymbol{u}_1, \boldsymbol{u}_2, \boldsymbol{u}_3, \boldsymbol{u}_4 \text{ の間に成り立つ1次関係}\\ &\quad\Leftrightarrow\quad \boldsymbol{v}_1, \boldsymbol{v}_2, \boldsymbol{v}_3, \boldsymbol{v}_4 \text{ の間に成り立つ1次関係}\end{aligned}$$

であることがわかる.

$\boldsymbol{v}_1, \boldsymbol{v}_2, \boldsymbol{v}_3, \boldsymbol{v}_4$ の1次関係は, 例1と同様に, その形から容易にわかり,

$$\boldsymbol{v}_1, \boldsymbol{v}_2 \text{ は1次独立}, \quad \boldsymbol{v}_1, \boldsymbol{v}_2, \boldsymbol{v}_3 \text{ は1次従属}, \quad \boldsymbol{v}_1, \boldsymbol{v}_2, \boldsymbol{v}_4 \text{ は1次従属}$$

である. つまり, $\boldsymbol{v}_1, \boldsymbol{v}_2, \boldsymbol{v}_3, \boldsymbol{v}_4$ において, 左から順に1次独立なベクトルを取り出すとき,

$$\begin{aligned}&\boldsymbol{v}_1, \boldsymbol{v}_2 \text{ は1次独立であり, 他のベクトルは}\\ &\boldsymbol{v}_3 = -3\boldsymbol{v}_1 + 2\boldsymbol{v}_2, \quad \boldsymbol{v}_4 = 2\boldsymbol{v}_1 - \boldsymbol{v}_2 \quad \text{と表される}\end{aligned}$$

となる. これとまったく同じ関係が $\boldsymbol{u}_1, \boldsymbol{u}_2, \boldsymbol{u}_3, \boldsymbol{u}_4$ について成り立ち,

$$\begin{aligned}&\boldsymbol{u}_1, \boldsymbol{u}_2 \text{ は1次独立であり, 他のベクトルは}\\ &\boldsymbol{u}_3 = -3\boldsymbol{u}_1 + 2\boldsymbol{u}_2, \quad \boldsymbol{u}_4 = 2\boldsymbol{u}_1 - \boldsymbol{u}_2 \quad \text{と表される}\end{aligned}$$

である.

取り出す順を変えれば, 1次独立なベクトルとして別のものが取り出されることに注意しよう. たとえば, 例2において $\boldsymbol{u}_4, \boldsymbol{u}_3, \boldsymbol{u}_2, \boldsymbol{u}_1$ の順に1次関係を調べると

$$[\boldsymbol{u}_4 \quad \boldsymbol{u}_3 \quad \boldsymbol{u}_2 \quad \boldsymbol{u}_1] = \begin{bmatrix} 0 & 1 & 2 & 1 \\ -1 & 3 & 3 & 1 \\ 3 & -4 & 1 & 2 \\ 1 & 0 & 3 & 2 \end{bmatrix} \longrightarrow \begin{bmatrix} 1 & 0 & 3 & 2 \\ 0 & 1 & 2 & 1 \\ 0 & 0 & 0 & 0 \\ 0 & 0 & 0 & 0 \end{bmatrix}$$

より

$$\begin{aligned}&\boldsymbol{u}_4, \boldsymbol{u}_3 \text{ は1次独立であり, 他のベクトルは}\\ &\boldsymbol{u}_2 = 3\boldsymbol{u}_4 + 2\boldsymbol{u}_3, \quad \boldsymbol{u}_1 = 2\boldsymbol{u}_4 + \boldsymbol{u}_3 \quad \text{と表される}\end{aligned}$$

である. なお, 取り出される1次独立なベクトルの最大個数 (例2では2個) については, 取り出す順によらず一定である (定理 12.3 参照).

1次独立なベクトルの最大個数 次が成り立つ.

定理 12.2 s 個のベクトル $\boldsymbol{v}_1, \boldsymbol{v}_2, \cdots, \boldsymbol{v}_s$ のそれぞれが r 個のベクトル $\boldsymbol{u}_1, \boldsymbol{u}_2, \cdots, \boldsymbol{u}_r$ の1次結合で表されるとする. このとき,
(1) $s > r$ ならば, $\boldsymbol{v}_1, \boldsymbol{v}_2, \cdots, \boldsymbol{v}_s$ は1次従属である.
(2) $\boldsymbol{v}_1, \boldsymbol{v}_2, \cdots, \boldsymbol{v}_s$ が1次独立ならば, $s \leqq r$ である.

証明 (1) と (2) は互いに対偶であるから, 一方を示せばよい. ここでは, (1) を示す. 簡単のため, $s = 3, r = 2$ とする. $\boldsymbol{v}_1, \boldsymbol{v}_2, \boldsymbol{v}_3$ が $\boldsymbol{u}_1, \boldsymbol{u}_2$ の1次結合で

$$\boldsymbol{v}_k = a_{1k}\boldsymbol{u}_1 + a_{2k}\boldsymbol{u}_2 \quad (k = 1, 2, 3)$$

と表されるとする. このとき,

$$\begin{aligned} c_1\boldsymbol{v}_1 + c_2\boldsymbol{v}_2 + c_3\boldsymbol{v}_3 &= c_1(a_{11}\boldsymbol{u}_1 + a_{21}\boldsymbol{u}_2) + c_2(a_{12}\boldsymbol{u}_1 + a_{22}\boldsymbol{u}_2) + c_3(a_{13}\boldsymbol{u}_1 + a_{23}\boldsymbol{u}_2) \\ &= (a_{11}c_1 + a_{12}c_2 + a_{13}c_3)\boldsymbol{u}_1 + (a_{21}c_1 + a_{22}c_2 + a_{23}c_3)\boldsymbol{u}_2 \end{aligned}$$

である. ここで c_1, c_2, c_3 を未知数とする同次連立1次方程式

$$\begin{cases} a_{11}c_1 + a_{12}c_2 + a_{13}c_3 = 0 \\ a_{21}c_1 + a_{22}c_2 + a_{23}c_3 = 0 \end{cases}$$

を考えると, 未知数が3個, 式が2個であるから, $c_1 = c_2 = c_3 = 0$ 以外の解 $c_1 = \gamma_1, c_2 = \gamma_2, c_3 = \gamma_3$ が存在する. この解により $\gamma_1\boldsymbol{v}_1 + \gamma_2\boldsymbol{v}_2 + \gamma_3\boldsymbol{v}_3 = \boldsymbol{0}$ が成り立ち, $\boldsymbol{v}_1, \boldsymbol{v}_2, \boldsymbol{v}_3$ は1次従属である. (証明終)

定理 12.3 いくつかのベクトルから1次独立なベクトルを最大個数だけ取り出すとき, 取り出されるベクトルの個数は取り出す順によらず一定である.

証明 $\boldsymbol{u}_1, \boldsymbol{u}_2, \cdots, \boldsymbol{u}_m$ から2通りの順で

$\boldsymbol{u}_{k_1}, \boldsymbol{u}_{k_2}, \cdots, \boldsymbol{u}_{k_s}$ は1次独立, 他はこれらの1次結合で表される,
$\boldsymbol{u}_{\ell_1}, \boldsymbol{u}_{\ell_2}, \cdots, \boldsymbol{u}_{\ell_r}$ は1次独立, 他はこれらの1次結合で表される

と取り出したとする. このとき, s 個のベクトル $\boldsymbol{u}_{k_1}, \boldsymbol{u}_{k_2}, \cdots, \boldsymbol{u}_{k_s}$ は r 個のベクトル $\boldsymbol{u}_{\ell_1}, \boldsymbol{u}_{\ell_2}, \cdots, \boldsymbol{u}_{\ell_r}$ の1次結合で表され, 1次独立であるので, 定理 12.2 (2) より $s \leqq r$ である. 逆に, $\boldsymbol{u}_{\ell_1}, \boldsymbol{u}_{\ell_2}, \cdots, \boldsymbol{u}_{\ell_r}$ は $\boldsymbol{u}_{k_1}, \boldsymbol{u}_{k_2}, \cdots, \boldsymbol{u}_{k_s}$ の1次結合で表されるので, $r \leqq s$ でもある. したがって, $s = r$ である. (証明終)

階段行列の一意性　p.84 ～ p.85 で示したように, 行列

$$A = [\,\boldsymbol{a}_1 \ \ \boldsymbol{a}_2 \ \ \cdots \ \ \boldsymbol{a}_n\,] \quad (\boldsymbol{a}_j \text{ は } A \text{ の第 } j \text{ 列})$$

と, A から導かれる階段行列

$$B = [\,\boldsymbol{b}_1 \ \ \boldsymbol{b}_2 \ \ \cdots \ \ \boldsymbol{b}_n\,] \quad (\boldsymbol{b}_j \text{ は } B \text{ の第 } j \text{ 列})$$

において, $\boldsymbol{a}_1, \boldsymbol{a}_2, \cdots, \boldsymbol{a}_n$ の間に成り立つ1次関係と $\boldsymbol{b}_1, \boldsymbol{b}_2, \cdots, \boldsymbol{b}_n$ の間に成り立つ1次関係は一致していて,

$\boldsymbol{a}_{j_1},\ \boldsymbol{a}_{j_2},\ \cdots,\ \boldsymbol{a}_{j_r}\ (j_1 < j_2 < \cdots < j_r)$ が1次独立,

他の列はこれらの1次結合で表される

であるとき,

$$\boldsymbol{b}_{j_1} = \boldsymbol{e}_1, \ \ \boldsymbol{b}_{j_2} = \boldsymbol{e}_2, \ \ \cdots, \ \ \boldsymbol{b}_{j_r} = \boldsymbol{e}_r \quad (\boldsymbol{e}_j \text{ は基本ベクトル})$$

となっている. これは $\boldsymbol{b}_1, \boldsymbol{b}_2, \cdots, \boldsymbol{b}_n$ が $\boldsymbol{a}_1, \boldsymbol{a}_2, \cdots, \boldsymbol{a}_n$ の1次関係だけから決まることを意味している. 1次独立なベクトルによる1次結合の係数がただ一通りに決まること (問題 11.8) より, 次が成り立つ.

定理 12.4 (階段行列の一意性)　$m \times n$ 行列 A から導かれる階段行列 B はただ一通りに定まる.

例 3.　3×4 行列 $A = \begin{bmatrix} 1 & 3 & 2 & 6 \\ 2 & 6 & -1 & -8 \\ -1 & -3 & 1 & 6 \end{bmatrix}$ を考える. $A = [\,\boldsymbol{a}_1 \ \ \boldsymbol{a}_2 \ \ \boldsymbol{a}_3 \ \ \boldsymbol{a}_4\,]$ とすると, $\boldsymbol{a}_1, \boldsymbol{a}_3$ が1次独立であり, $\boldsymbol{a}_2 = 3\boldsymbol{a}_1$, $\boldsymbol{a}_4 = -2\boldsymbol{a}_1 + 4\boldsymbol{a}_3$ が成り立っている. これより, A から導かれる階段行列 B は次のようになる.

$$B = [\,\boldsymbol{e}_1 \ \ 3\boldsymbol{e}_1 \ \ \boldsymbol{e}_2 \ \ -2\boldsymbol{e}_1 + 4\boldsymbol{e}_2\,] = \begin{bmatrix} 1 & 3 & 0 & -2 \\ 0 & 0 & 1 & 4 \\ 0 & 0 & 0 & 0 \end{bmatrix}.$$

また, 次が成り立つ.

定理 12.5 (1次独立な列の個数)　行列 A の1次独立な列の最大個数は, A から導かれる階段行列 B に含まれる主成分の個数に等しい.

演習問題

問題 12.1 次のベクトル $\boldsymbol{a}_1, \boldsymbol{a}_2, \boldsymbol{a}_3, \cdots$ において, 左から順に1次独立な組となるようにベクトルを取り出し, 残りのベクトルを取り出したベクトルの1次結合で表せ.

(1) $\boldsymbol{a}_1 = \begin{bmatrix} 1 \\ 0 \\ 0 \end{bmatrix}, \boldsymbol{a}_2 = \begin{bmatrix} 3 \\ 0 \\ 0 \end{bmatrix}, \boldsymbol{a}_3 = \begin{bmatrix} 0 \\ 1 \\ 0 \end{bmatrix}, \boldsymbol{a}_4 = \begin{bmatrix} -5 \\ 7 \\ 0 \end{bmatrix}$

(2) $\boldsymbol{a}_1 = \begin{bmatrix} 1 \\ 0 \\ 0 \\ 0 \end{bmatrix}, \boldsymbol{a}_2 = \begin{bmatrix} 0 \\ 1 \\ 0 \\ 0 \end{bmatrix}, \boldsymbol{a}_3 = \begin{bmatrix} 2 \\ -4 \\ 0 \\ 0 \end{bmatrix}, \boldsymbol{a}_4 = \begin{bmatrix} 0 \\ 0 \\ 1 \\ 0 \end{bmatrix}, \boldsymbol{a}_5 = \begin{bmatrix} 6 \\ 8 \\ -9 \\ 0 \end{bmatrix}$

(3) $\boldsymbol{a}_1 = \begin{bmatrix} 1 \\ 0 \\ 0 \\ 0 \end{bmatrix}, \boldsymbol{a}_2 = \begin{bmatrix} 0 \\ 1 \\ 0 \\ 0 \end{bmatrix}, \boldsymbol{a}_3 = \begin{bmatrix} -5 \\ 4 \\ 0 \\ 0 \end{bmatrix}, \boldsymbol{a}_4 = \begin{bmatrix} 2 \\ -3 \\ 0 \\ 0 \end{bmatrix}, \boldsymbol{a}_5 = \begin{bmatrix} 0 \\ 0 \\ 1 \\ 0 \end{bmatrix}$

(4) $\boldsymbol{a}_1 = \begin{bmatrix} 1 \\ 2 \\ 2 \end{bmatrix}, \boldsymbol{a}_2 = \begin{bmatrix} 2 \\ 3 \\ 1 \end{bmatrix}, \boldsymbol{a}_3 = \begin{bmatrix} -1 \\ 1 \\ 7 \end{bmatrix}, \boldsymbol{a}_4 = \begin{bmatrix} 1 \\ 3 \\ 5 \end{bmatrix}$

(5) $\boldsymbol{a}_1 = \begin{bmatrix} 1 \\ 0 \\ 1 \end{bmatrix}, \boldsymbol{a}_2 = \begin{bmatrix} 2 \\ 1 \\ -1 \end{bmatrix}, \boldsymbol{a}_3 = \begin{bmatrix} 1 \\ 2 \\ -5 \end{bmatrix}, \boldsymbol{a}_4 = \begin{bmatrix} -1 \\ 1 \\ 5 \end{bmatrix}, \boldsymbol{a}_5 = \begin{bmatrix} -3 \\ -4 \\ 0 \end{bmatrix}$

(6) $\boldsymbol{a}_1 = \begin{bmatrix} -1 \\ 0 \\ 1 \\ 2 \end{bmatrix}, \boldsymbol{a}_2 = \begin{bmatrix} 2 \\ 0 \\ -2 \\ -4 \end{bmatrix}, \boldsymbol{a}_3 = \begin{bmatrix} 2 \\ 1 \\ -1 \\ 1 \end{bmatrix}, \boldsymbol{a}_4 = \begin{bmatrix} 1 \\ 1 \\ 0 \\ 3 \end{bmatrix}, \boldsymbol{a}_5 = \begin{bmatrix} -3 \\ -1 \\ 2 \\ 1 \end{bmatrix}$

(7) $\boldsymbol{a}_1 = \begin{bmatrix} 1 \\ 3 \\ -1 \\ 0 \end{bmatrix}, \boldsymbol{a}_2 = \begin{bmatrix} 2 \\ 0 \\ 1 \\ -1 \end{bmatrix}, \boldsymbol{a}_3 = \begin{bmatrix} 1 \\ 9 \\ -4 \\ 1 \end{bmatrix}, \boldsymbol{a}_4 = \begin{bmatrix} 3 \\ -1 \\ -4 \\ 2 \end{bmatrix}, \boldsymbol{a}_5 = \begin{bmatrix} -2 \\ 8 \\ 7 \\ -5 \end{bmatrix}$

問題 12.2 m 個のベクトル $\boldsymbol{u}_1, \boldsymbol{u}_2, \cdots, \boldsymbol{u}_m$ に含まれる1次独立なベクトルの最大個数が r であるとする. ℓ 個のベクトル $\boldsymbol{v}_1, \boldsymbol{v}_2, \cdots, \boldsymbol{v}_\ell$ のそれぞれが $\boldsymbol{u}_1, \boldsymbol{u}_2, \cdots, \boldsymbol{u}_m$ の1次結合で表されるとき, $\boldsymbol{v}_1, \boldsymbol{v}_2, \cdots, \boldsymbol{v}_\ell$ に含まれる1次独立なベクトルの最大個数は r 以下であることを示せ.

§13 行列の階数

基本行列 行基本変形と, 行列に含まれる1次独立な行ベクトルの個数との関係について調べるために, ここで行基本変形に対応する行列を導入する.

m 次単位行列 E において,

第 i 行を c 倍した行列を $P_i(c)$ (ただし $c \neq 0$),
第 i 行と第 j 行を入れ替えた行列を P_{ij},
第 i 行に第 j 行の c 倍を加えた行列を $P_{ij}(c)$

と表し, m 次**基本行列**という.

例1. 3次正方行列の場合, たとえば $P_1(4)$, P_{23}, $P_{13}(2)$ は次のようになる.

$$P_1(4) = \begin{bmatrix} 4 & 0 & 0 \\ 0 & 1 & 0 \\ 0 & 0 & 1 \end{bmatrix}, \quad P_{23} = \begin{bmatrix} 1 & 0 & 0 \\ 0 & 0 & 1 \\ 0 & 1 & 0 \end{bmatrix}, \quad P_{13}(2) = \begin{bmatrix} 1 & 0 & 2 \\ 0 & 1 & 0 \\ 0 & 0 & 1 \end{bmatrix}$$

$m \times n$ 行列 $A = [a_{ij}]$ に m 次基本行列 $P_i(c)$, P_{ij}, $P_{ij}(c)$ を左からかけると

$$\begin{aligned} P_i(c)A &= (A \text{ の第 } i \text{ 行を } c \text{ 倍した行列}), \\ P_{ij}A &= (A \text{ の第 } i \text{ 行と第 } j \text{ 行を入れ替えた行列}), \\ P_{ij}(c)A &= (A \text{ の第 } i \text{ 行に第 } j \text{ 行の } c \text{ 倍を加えた行列}) \end{aligned}$$

となる. これより, A に行基本変形 I, II, III を行うことは A に基本行列を左からかけることに等しいことがわかる.

例2. 例1で示した基本行列 $P_1(4)$, P_{23}, $P_{13}(2)$ を行列 $A = \begin{bmatrix} a_{11} & a_{12} \\ a_{21} & a_{22} \\ a_{31} & a_{32} \end{bmatrix}$ に左からかけると,

$$P_1(4)A = \begin{bmatrix} 4 & 0 & 0 \\ 0 & 1 & 0 \\ 0 & 0 & 1 \end{bmatrix}\begin{bmatrix} a_{11} & a_{12} \\ a_{21} & a_{22} \\ a_{31} & a_{32} \end{bmatrix} = \begin{bmatrix} 4a_{11} & 4a_{12} \\ a_{21} & a_{22} \\ a_{31} & a_{32} \end{bmatrix},$$

$$P_{23}A = \begin{bmatrix} 1 & 0 & 0 \\ 0 & 0 & 1 \\ 0 & 1 & 0 \end{bmatrix}\begin{bmatrix} a_{11} & a_{12} \\ a_{21} & a_{22} \\ a_{31} & a_{32} \end{bmatrix} = \begin{bmatrix} a_{11} & a_{12} \\ a_{31} & a_{32} \\ a_{21} & a_{22} \end{bmatrix},$$

$$P_{13}(2)A = \begin{bmatrix} 1 & 0 & 2 \\ 0 & 1 & 0 \\ 0 & 0 & 1 \end{bmatrix}\begin{bmatrix} a_{11} & a_{12} \\ a_{21} & a_{22} \\ a_{31} & a_{32} \end{bmatrix} = \begin{bmatrix} a_{11} + 2a_{31} & a_{12} + 2a_{32} \\ a_{21} & a_{22} \\ a_{31} & a_{32} \end{bmatrix}$$

となるので, 確かに $P_1(4)A$ は A の第1行を4倍した行列, $P_{23}A$ は A の第2行と第3行を入れ替えた行列, $P_{13}(2)A$ は A の第1行に第3行の2倍を加えた行列になっている.

これらの基本行列 $P_i(c)$, P_{ij}, $P_{ij}(c)$ は正則である．

例 3. 3次基本行列 $P_{13}(2)$ については

$$P_{13}(2)P_{13}(-2) = \begin{bmatrix}1 & 0 & 2\\0 & 1 & 0\\0 & 0 & 1\end{bmatrix}\begin{bmatrix}1 & 0 & -2\\0 & 1 & 0\\0 & 0 & 1\end{bmatrix} = \begin{bmatrix}1 & 0 & 0\\0 & 1 & 0\\0 & 0 & 1\end{bmatrix} = E$$

が成り立つから, $P_{13}(2)^{-1} = P_{13}(-2)$ である．また,

$$P_1(4)P_1\left(\frac{1}{4}\right) = E, \quad P_{23}P_{23} = E$$

が成り立つから, $P_1(4)^{-1} = P_1\left(\frac{1}{4}\right)$, ${P_{23}}^{-1} = P_{23}$ である．

一般に, m 次基本行列の逆行列はやはり基本行列であり, 次が成り立つ．

基本行列の逆行列

m 次基本行列 $P_i(c)$, P_{ij}, $P_{ij}(c)$ は正則であり, 次が成り立つ．

$$P_i(c)^{-1} = P_i\left(\frac{1}{c}\right), \quad {P_{ij}}^{-1} = P_{ij}, \quad P_{ij}(c)^{-1} = P_{ij}(-c).$$

行列 A が1回の行基本変形で行列 A' となるとき, $P_i(c)$, P_{ij}, $P_{ij}(c)$ のいずれかである基本行列 P を用いて, $A' = PA$ と表される．このとき, 逆に $A = P^{-1}A'$ が成り立ち, 基本行列の逆行列 P^{-1} も基本行列であるから, A' に P^{-1} で表される行基本変形を行うと A になることがわかる．

例 4. 例2において, $A' = P_{13}(2)A$ とおき, A' に $P_{13}(2)^{-1} = P_{13}(-2)$ を左からかけると, 確かに

$$P_{13}(-2)A' = \begin{bmatrix}1 & 0 & -2\\0 & 1 & 0\\0 & 0 & 1\end{bmatrix}\begin{bmatrix}a_{11}+2a_{31} & a_{12}+2a_{32}\\a_{21} & a_{22}\\a_{31} & a_{32}\end{bmatrix} = \begin{bmatrix}a_{11} & a_{12}\\a_{21} & a_{22}\\a_{31} & a_{32}\end{bmatrix} = A$$

が成り立つ．

行基本変形の可逆性

行列 A が行基本変形で行列 A' となるとき, 行列 A' にある行基本変形を施して行列 A に変形することができる．

行基本変形と 1 次独立なベクトルの個数　$m \times n$ 行列 A において,

$$r_{行}(A) = (1 \text{次独立な行ベクトルの最大個数}),$$
$$r_{列}(A) = (1 \text{次独立な列ベクトルの最大個数})$$

と定める．最初に, $r_{行}(A)$, $r_{列}(A)$ が行基本変形で変化しないことを示そう．

定理 13.1 (行基本変形における $r_{行}(A)$, $r_{列}(A)$ の不変性)　$m \times n$ 行列 A が行基本変形 I, II, III のいずれかによって行列 A' に変形されるとき,

$$r_{行}(A) = r_{行}(A'), \qquad r_{列}(A) = r_{列}(A')$$

が成り立つ．

証明　まず, 行について示す．$r_{行}(A) = r$, $r_{行}(A') = r'$ とおく．行基本変形が I, II, III のいずれであっても, A' の行ベクトルは A の行ベクトルうちの r 個の 1 次独立なベクトルの 1 次結合で表されることになるから, 定理 12.2 (2) より $r' \leqq r$ である．逆に, A' はある行基本変形によって A に変形されるから, 同様に $r \leqq r'$ である．したがって, $r = r'$, つまり, $r_{行}(A) = r_{行}(A')$ である．

列については, p.84 ~ p.85 で述べたように, A の列 $\boldsymbol{a}_1, \boldsymbol{a}_2, \cdots, \boldsymbol{a}_n$ の 1 次関係と A' の列 $\boldsymbol{a}'_1, \boldsymbol{a}'_2, \cdots, \boldsymbol{a}'_n$ の 1 次関係は同じであり, それぞれに含まれる 1 次独立な列ベクトルの最大個数は等しく, $r_{列}(A) = r_{列}(A')$ である．(証明終)

$m \times n$ 行列 A から行基本変形によって階段行列 B を導くとき, 1 つひとつの行基本変形によって A が順に $A_1, A_2, \cdots, A_j = B$ と変形されるとすると,

$$r_{行}(A) = r_{行}(A_1) = r_{行}(A_2) = \cdots = r_{行}(A_j) = r_{行}(B),$$
$$r_{列}(A) = r_{列}(A_1) = r_{列}(A_2) = \cdots = r_{列}(A_j) = r_{列}(B)$$

が成り立つ．この結果をまとめておこう．

定理 13.2　$m \times n$ 行列 A から行基本変形によって導かれる階段行列を B とするとき, 次の関係が成り立つ．

$$r_{行}(A) = r_{行}(B), \quad r_{列}(A) = r_{列}(B).$$

行列の階数 最初に, 階段行列 B においては $r_{行}(B)$ と $r_{列}(B)$ が一致することを確かめておこう.

例 5. 階段行列 $B=\begin{bmatrix}1&2&0&0&3\\0&0&1&0&-2\\0&0&0&1&4\\0&0&0&0&0\end{bmatrix}$ について調べる.

第1行, 第2行, 第3行ベクトルを順に

$$\vec{\boldsymbol{b}}_1=[1\quad 2\quad 0\quad 0\quad 3],\quad \vec{\boldsymbol{b}}_2=[0\quad 0\quad 1\quad 0\quad -2],\quad \vec{\boldsymbol{b}}_3=[0\quad 0\quad 0\quad 1\quad 4]$$

とおき, $c_1\vec{\boldsymbol{b}}_1+c_2\vec{\boldsymbol{b}}_2+c_3\vec{\boldsymbol{b}}_3=\vec{\boldsymbol{0}}$, すなわち,

$$[c_1\quad 2c_1\quad c_2\quad c_3\quad 3c_1-2c_2+4c_3]=[0\quad 0\quad 0\quad 0\quad 0]$$

を考える. $\vec{\boldsymbol{b}}_1, \vec{\boldsymbol{b}}_2, \vec{\boldsymbol{b}}_3$ それぞれの主成分の1が現れる第1成分, 第3成分, 第4成分に着目すると, $c_1=c_2=c_3=0$ となるので, $\vec{\boldsymbol{b}}_1, \vec{\boldsymbol{b}}_2, \vec{\boldsymbol{b}}_3$ は1次独立であり, 第4行ベクトルは零ベクトルであるから, $r_{行}(B)=3$ である.

また, 列ベクトルにおいては, 主成分の1が現れる第1列, 第3列, 第4列は異なる4次基本ベクトルであるから1次独立であり, 他の列ベクトルはこれらの1次結合で表される. これより, 定理 12.1 によると, $r_{列}(B)=3$ である.

したがって, $r_{行}(B)=r_{列}(B)=3$ が成り立つ.

一般の階段行列 B についても, 例5と同様にして $r_{行}(B)$, $r_{列}(B)$ はいずれも主成分として現れる1の個数と一致することがわかるので,

$$r_{行}(B)=r_{列}(B)=(B\text{ の主成分として現れる }1\text{ の個数})$$

が成り立つ.

階段行列 B に対して成り立つこの関係と定理 13.2 から次の定理が得られる.

定理 13.3 ($r_{行}(A)$ と $r_{列}(A)$ の一致) 行列 A において, 次が成り立つ.

$$r_{行}(A)=r_{列}(A).$$

定義 (階数) 行列 A において, $r_{行}(A)=r_{列}(A)$ の値を A の**階数** (または**ランク**) といい, 記号 $\mathrm{rank}(A)$ で表す.

今までに示したことをまとめると, 階数に関して次が成り立つ.

定理 13.4 (行基本変形における階数の不変性)　$m \times n$ 行列 A の階数は行基本変形では変化しない. また, A から行基本変形によって導かれる階段行列を B とするとき,

$$\mathrm{rank}(A) = \mathrm{rank}(B) = (B \text{ の主成分として現れる } 1 \text{ の個数})$$

が成り立つ.

例 6. 行列 $A = \begin{bmatrix} 1 & 2 & 1 & 2 \\ 2 & 5 & 1 & 4 \\ 3 & 8 & 2 & 5 \\ 3 & 9 & 2 & 4 \end{bmatrix}$ の階数 $\mathrm{rank}(A)$ を求めよう.

$$A \xrightarrow[\text{④}-\text{①}\times 3]{\substack{\text{②}-\text{①}\times 2\\ \text{③}-\text{①}\times 3}} \begin{bmatrix} 1 & 2 & 1 & 2 \\ 0 & 1 & -1 & 0 \\ 0 & 2 & -1 & -1 \\ 0 & 3 & -1 & -2 \end{bmatrix} \xrightarrow[\text{④}-\text{②}\times 3]{\substack{\text{①}-\text{②}\times 2\\ \text{③}-\text{②}\times 2}} \begin{bmatrix} 1 & 0 & 3 & 2 \\ 0 & 1 & -1 & 0 \\ 0 & 0 & 1 & -1 \\ 0 & 0 & 2 & -2 \end{bmatrix} \xrightarrow[\text{④}-\text{③}\times 2]{\substack{\text{①}-\text{③}\times 3\\ \text{②}+\text{③}}} \begin{bmatrix} 1 & 0 & 0 & 5 \\ 0 & 1 & 0 & -1 \\ 0 & 0 & 1 & -1 \\ 0 & 0 & 0 & 0 \end{bmatrix}$$

階段行列の主成分が 3 個であるから, $\mathrm{rank}(A) = 3$ である.

連立 1 次方程式と階数　p.35 で述べた連立 1 次方程式の解の存在条件は, 階数 (ランク) を用いると簡潔に述べることができる.

連立 1 次方程式の解と (拡大) 係数行列の階数

n 個の未知数に関する m 個の方程式からなる連立 1 次方程式

$$\text{(E)} \quad A\boldsymbol{x} = \boldsymbol{b},$$

ここで, A は $m \times n$ 行列, が解をもつための必要十分条件は

$$\mathrm{rank}([\, A \mid \boldsymbol{b} \,]) = \mathrm{rank}(A)$$

である. また, (E) が解をもつとき, 解に含まれる任意の実数の個数は

$$n - \mathrm{rank}(A)$$

である.

演習問題

問題 13.1 次の行列の階数を求めよ．

(1) $\begin{bmatrix} 1 & 1 & 1 \\ 3 & 4 & 2 \\ 2 & 5 & -1 \end{bmatrix}$　(2) $\begin{bmatrix} 1 & 2 & 1 & 0 \\ 2 & 3 & 4 & 1 \\ 5 & 8 & 7 & 2 \end{bmatrix}$

(3) $\begin{bmatrix} 1 & 1 & -1 & 2 \\ 2 & 3 & 1 & 0 \\ 3 & 4 & -1 & 3 \\ -2 & -1 & 1 & -4 \end{bmatrix}$　(4) $\begin{bmatrix} 1 & 2 & 0 & 3 & -1 \\ 2 & 3 & 1 & 5 & -1 \\ -1 & -3 & 1 & -4 & 2 \\ 1 & 1 & 1 & 2 & 0 \end{bmatrix}$

問題 13.2 定数 a を含む次の行列の階数を求めよ．

(1) $\begin{bmatrix} 1 & 2 & 1 \\ 2 & 1 & -1 \\ -1 & 4 & a \end{bmatrix}$　(2) $\begin{bmatrix} 1 & 2 & a \\ 1 & 3 & 2a \\ -1 & a & 6 \end{bmatrix}$

(3) $\begin{bmatrix} 1 & 1 & 1 \\ 1 & a & 3 \\ 2 & 3 & a^2 \end{bmatrix}$　(4) $\begin{bmatrix} 1 & 1 & a \\ 1 & a & 1 \\ a & 1 & 1 \end{bmatrix}$

問題 13.3 3次正方行列 A が基本行列の積により次のように表されているとき，逆行列 A^{-1} を基本行列の積として表せ．また，A, A^{-1} を求めよ．

(1) $A = P_{21}(5)P_{23}P_1(4)$

(2) $A = P_3\left(-\dfrac{1}{2}\right)P_{31}(2)P_{12}(1)P_{12}P_{13}(-3)$

問題 13.4 n 次正方行列 A, B に対して次が成り立つことを示せ．

(1) $\mathrm{rank}(A+B) \leqq \mathrm{rank}(A) + \mathrm{rank}(B)$

(2) $\mathrm{rank}(AB) \leqq \mathrm{rank}(A)$,　$\mathrm{rank}(AB) \leqq \mathrm{rank}(B)$

(3) B が正則のとき，$\mathrm{rank}(AB) = \mathrm{rank}(A)$.

(4) A が正則のとき，$\mathrm{rank}(AB) = \mathrm{rank}(B)$.

第5章 ベクトル空間

§14　ベクトル空間

ベクトル空間と部分空間　n 次列ベクトルの全体を $\boldsymbol{R}^n$ と表す．n 次列ベクトルの和および実数倍はやはり n 次列ベクトルであるが，このことを

$$1^\circ \quad 任意の\ \boldsymbol{u} \in \boldsymbol{R}^n,\ \boldsymbol{v} \in \boldsymbol{R}^n\ に対して, \qquad \boldsymbol{u}+\boldsymbol{v} \in \boldsymbol{R}^n,$$

$$2^\circ \quad 任意の\ \boldsymbol{u} \in \boldsymbol{R}^n\ と任意の実数\ c\ に対して,\ c\boldsymbol{u} \in \boldsymbol{R}^n$$

と表すことができる．

この性質は $\boldsymbol{R}^n$ の部分集合でも成り立つことがある．

定義 (ベクトル空間)　$\boldsymbol{R}^n$ の部分集合 V が

$$1^\circ \quad 任意の\ \boldsymbol{u} \in V,\ \boldsymbol{v} \in V\ に対して, \qquad \boldsymbol{u}+\boldsymbol{v} \in V,$$

$$2^\circ \quad 任意の\ \boldsymbol{u} \in V\ と任意の実数\ c\ に対して,\ c\boldsymbol{u} \in V$$

を満たすとき, V を**ベクトル空間** (または**線形空間**) という．

また, ベクトル空間 V の部分集合 W がやはりベクトル空間であるとき, W をベクトル空間 V の**部分空間**という．

例 1.　$\boldsymbol{R}^n$ はベクトル空間である．また, 定義におけるベクトル空間 V は $\boldsymbol{R}^n$ の部分空間である．

例 2.　零ベクトル $\boldsymbol{0}$ に対して, $\boldsymbol{0}+\boldsymbol{0}=\boldsymbol{0}$, $c\boldsymbol{0}=\boldsymbol{0}$ (c は任意の実数) が成り立つから, $\boldsymbol{0}$ だけを要素とする集合 $N=\{\boldsymbol{0}\}$ は $\boldsymbol{R}^n$ の部分空間である．

同次連立1次方程式の解空間 同次連立1次方程式の解全体がつくる集合を考えよう.

n 個の未知数 $x_1, x_2, \cdots, x_n$ に関する同次連立1次方程式は, 係数行列を $A = [a_{ij}]$ とし, $x_1, x_2, \cdots, x_n$ を成分とする n 次列ベクトルを $\boldsymbol{x}$ とすると,

$$A\boldsymbol{x} = \boldsymbol{0}$$

と表される. $\boldsymbol{x} = \boldsymbol{u}, \boldsymbol{x} = \boldsymbol{v}$ をこの方程式の解とし, c を実数とするとき,

$$A(\boldsymbol{u}+\boldsymbol{v}) = A\boldsymbol{u} + A\boldsymbol{v} = \boldsymbol{0}+\boldsymbol{0} = \boldsymbol{0},$$
$$A(c\boldsymbol{u}) = cA\boldsymbol{u} = c\,\boldsymbol{0} = \boldsymbol{0}$$

であるから, $\boldsymbol{x} = \boldsymbol{u}+\boldsymbol{v}, \boldsymbol{x} = c\boldsymbol{u}$ も解である. つまり, $A\boldsymbol{x} = \boldsymbol{0}$ の解全体の集合

$$W = \{\boldsymbol{x} \in \boldsymbol{R}^n \mid A\boldsymbol{x} = \boldsymbol{0}\}$$

はベクトル空間 ($\boldsymbol{R}^n$ の部分空間) である. これを $A\boldsymbol{x} = \boldsymbol{0}$ の**解空間**という.

例 3. $\boldsymbol{x} = \begin{bmatrix} x \\ y \\ z \end{bmatrix}$ として, $\boldsymbol{R}^3$ の部分集合

$$U = \{\boldsymbol{x} \mid x - 2y + 2z = 0\}, \qquad V = \{\boldsymbol{x} \mid x - 3y + 7z = 0\}$$

を考える. U は同次連立1次方程式 $\begin{bmatrix} 1 & -2 & 2 \end{bmatrix}\begin{bmatrix} x \\ y \\ z \end{bmatrix} = 0$ の解全体であり, V は $\begin{bmatrix} 1 & -3 & 7 \end{bmatrix}\begin{bmatrix} x \\ y \\ z \end{bmatrix} = 0$ の解全体であるから, いずれもベクトル空間 ($\boldsymbol{R}^3$ の部分空間) である.

また, U と V の共通部分

$$U \cap V = \{\boldsymbol{x} \mid x - 2y + 2z = 0 \text{ かつ } x - 3y + 7z = 0\}$$

は同次連立1次方程式 $\begin{bmatrix} 1 & -2 & 2 \\ 1 & -3 & 7 \end{bmatrix}\begin{bmatrix} x \\ y \\ z \end{bmatrix} = \begin{bmatrix} 0 \\ 0 \end{bmatrix}$ の解全体であるから, やはりベクトル空間 ($\boldsymbol{R}^3$ の部分空間) である.

例 4. 例 3 で扱ったベクトル空間 ($\boldsymbol{R}^3$ の部分空間) $U = \{\boldsymbol{x} \mid x-2y+2z=0\}$ を考える．方程式 $x-2y+2z=0$ の解は, $y=s$, $z=t$ (s, t は任意の実数) とおくと, $x=2s-2t$ であるから

$$\boldsymbol{x} = \begin{bmatrix} x \\ y \\ z \end{bmatrix} = \begin{bmatrix} 2s-2t \\ s \\ t \end{bmatrix} = s\begin{bmatrix} 2 \\ 1 \\ 0 \end{bmatrix} + t\begin{bmatrix} -2 \\ 0 \\ 1 \end{bmatrix}$$

と表される．つまり, U は 2 つのベクトル $\begin{bmatrix} 2 \\ 1 \\ 0 \end{bmatrix}$, $\begin{bmatrix} -2 \\ 0 \\ 1 \end{bmatrix}$ の 1 次結合全体の集合

$$U = \left\{ s\begin{bmatrix} 2 \\ 1 \\ 0 \end{bmatrix} + t\begin{bmatrix} -2 \\ 0 \\ 1 \end{bmatrix} \;\middle|\; s, t \text{ は実数} \right\}$$

と表すことができる．

同様に, ベクトル空間 $V = \{\boldsymbol{x} \mid x-3y+7z=0\}$ は

$$V = \left\{ s\begin{bmatrix} 3 \\ 1 \\ 0 \end{bmatrix} + t\begin{bmatrix} -7 \\ 0 \\ 1 \end{bmatrix} \;\middle|\; s, t \text{ は実数} \right\}$$

と表すことができる．

また, 同次連立 1 次方程式 $\begin{bmatrix} 1 & -2 & 2 \\ 1 & -3 & 7 \end{bmatrix}\begin{bmatrix} x \\ y \\ z \end{bmatrix} = \begin{bmatrix} 0 \\ 0 \end{bmatrix}$ の解は, 係数行列の変形

$$\begin{bmatrix} 1 & -2 & 2 \\ 1 & -3 & 7 \end{bmatrix} \longrightarrow \begin{bmatrix} 1 & -2 & 2 \\ 0 & -1 & 5 \end{bmatrix} \longrightarrow \begin{bmatrix} 1 & 0 & -8 \\ 0 & 1 & -5 \end{bmatrix}$$

より, $\boldsymbol{x} = s\begin{bmatrix} 8 \\ 5 \\ 1 \end{bmatrix}$ (s は任意の実数) であるから, U と V の共通部分 $U \cap V$ は

$$U \cap V = \left\{ s\begin{bmatrix} 8 \\ 5 \\ 1 \end{bmatrix} \;\middle|\; s \text{ は実数} \right\}$$

と表すことができる．

生成される空間 一般に, $\boldsymbol{R}^n$ のベクトル $\boldsymbol{u}_1, \boldsymbol{u}_2, \cdots, \boldsymbol{u}_m$ の1次結合の全体がつくる集合

$$U = \{c_1\boldsymbol{u}_1 + c_2\boldsymbol{u}_2 + \cdots + c_m\boldsymbol{u}_m \mid c_1,\ c_2,\ \cdots,\ c_m \text{ は実数}\}$$

を考える. 1次結合の和は1次結合であり, 1次結合の実数倍も1次結合である, つまり,

$$\begin{aligned}&(c_1\boldsymbol{u}_1 + c_2\boldsymbol{u}_2 + \cdots + c_m\boldsymbol{u}_m) + (c_1'\boldsymbol{u}_1 + c_2'\boldsymbol{u}_2 + \cdots + c_m'\boldsymbol{u}_m)\\ &\quad = (c_1 + c_1')\boldsymbol{u}_1 + (c_2 + c_2')\boldsymbol{u}_2 + \cdots + (c_m + c_m')\boldsymbol{u}_m,\end{aligned}$$

$$\begin{aligned}&k(c_1\boldsymbol{u}_1 + c_2\boldsymbol{u}_2 + \cdots + c_m\boldsymbol{u}_m)\\ &\quad = kc_1\boldsymbol{u}_1 + kc_2\boldsymbol{u}_2 + \cdots + kc_m\boldsymbol{u}_m \quad (k \text{ は実数})\end{aligned}$$

が成り立つから, U はベクトル空間 ($\boldsymbol{R}^n$ の部分空間) となる. これをベクトル $\boldsymbol{u}_1, \boldsymbol{u}_2, \cdots, \boldsymbol{u}_m$ によって**生成される空間** (または**張られる空間**) といい,

$$U = \langle \boldsymbol{u}_1, \boldsymbol{u}_2, \cdots, \boldsymbol{u}_m \rangle$$

と表す.

例 5. $\boldsymbol{R}^3$ において, ベクトルを1つ固定する. たとえば, $\boldsymbol{a} = \begin{bmatrix}1\\2\\3\end{bmatrix}$ とする. このとき,

$$\langle \boldsymbol{a} \rangle = \left\{ s\begin{bmatrix}1\\2\\3\end{bmatrix} \;\middle|\; s \text{ は実数} \right\}$$

はベクトル空間 ($\boldsymbol{R}^3$ の部分空間) である.

例 6. $\boldsymbol{R}^3$ において, ベクトルを2つ固定する. たとえば, $\boldsymbol{a} = \begin{bmatrix}1\\2\\3\end{bmatrix}$, $\boldsymbol{b} = \begin{bmatrix}2\\5\\10\end{bmatrix}$ とする. このとき,

$$\langle \boldsymbol{a}, \boldsymbol{b} \rangle = \left\{ s\begin{bmatrix}1\\2\\3\end{bmatrix} + t\begin{bmatrix}2\\5\\10\end{bmatrix} \;\middle|\; s, t \text{ は実数} \right\}$$

はベクトル空間 ($\boldsymbol{R}^3$ の部分空間) である.

ベクトル $\boldsymbol{x}$ がベクトル空間 $U = \langle \boldsymbol{u}_1, \boldsymbol{u}_2, \cdots, \boldsymbol{u}_m \rangle$ に属するための条件は, $\boldsymbol{x}$ が $\boldsymbol{u}_1, \boldsymbol{u}_2, \cdots, \boldsymbol{u}_m$ の 1 次結合で表されることである．つまり,

$$\boldsymbol{x} = c_1\boldsymbol{u}_1 + c_2\boldsymbol{u}_2 + \cdots + c_m\boldsymbol{u}_m$$

を満たす実数 $c_1, c_2, \cdots, c_m$ が存在すれば, $\boldsymbol{x}$ は U に属する．これは, 未知数 $c_1, c_2, \cdots, c_m$ に関する連立 1 次方程式

$$A\boldsymbol{c} = \boldsymbol{x}, \quad ここで\ A = [\,\boldsymbol{u}_1 \quad \boldsymbol{u}_2 \quad \cdots \quad \boldsymbol{u}_m\,],\ \boldsymbol{c} = \begin{bmatrix} c_1 \\ c_2 \\ \vdots \\ c_m \end{bmatrix}$$

が解をもつことといい換えることができる．

例 7. ベクトル $\boldsymbol{x} = \begin{bmatrix} x \\ y \\ z \end{bmatrix}$ が, 2 つのベクトル $\boldsymbol{a} = \begin{bmatrix} 1 \\ 2 \\ 3 \end{bmatrix}, \boldsymbol{b} = \begin{bmatrix} 2 \\ 5 \\ 10 \end{bmatrix}$ によって生成される空間 $\langle \boldsymbol{a}, \boldsymbol{b} \rangle$ に属するための x, y, z の条件を求めよう．

未知数 c_1, c_2 に関する連立 1 次方程式 $\begin{bmatrix} 1 & 2 \\ 2 & 5 \\ 3 & 10 \end{bmatrix}\begin{bmatrix} c_1 \\ c_2 \end{bmatrix} = \begin{bmatrix} x \\ y \\ z \end{bmatrix}$ の拡大係数行列は

$$\left[\begin{array}{cc|c} 1 & 2 & x \\ 2 & 5 & y \\ 3 & 10 & z \end{array}\right] \xrightarrow[③-①\times 3]{②-①\times 2} \left[\begin{array}{cc|c} 1 & 2 & x \\ 0 & 1 & -2x+y \\ 0 & 4 & -3x+z \end{array}\right] \xrightarrow[③-④\times 2]{①-②\times 2} \left[\begin{array}{cc|c} 1 & 0 & 5x-2y \\ 0 & 1 & -2x+y \\ 0 & 0 & 5x-4y+z \end{array}\right]$$

と変形される．したがって, 解 c_1, c_2 が存在するための必要十分条件は

$$5x - 4y + z = 0$$

である．これより,

$$\langle \boldsymbol{a}, \boldsymbol{b} \rangle = \{\boldsymbol{x} \mid [\,5 \quad -4 \quad 1\,]\begin{bmatrix} x \\ y \\ z \end{bmatrix} = 0\}$$

と表されることがわかる．

例 4 からわかるように, 解空間は生成される空間で表され, 例 7 からわかるように, 生成される空間は解空間で表される．

$\boldsymbol{R}^3$ の部分空間の図形的解釈 $\boldsymbol{R}^3$ の部分空間を, 座標空間内の原点 O を通る平面, 直線などと対応させることを考えてみよう.

ここでは, $\boldsymbol{R}^3$ のベクトル $\boldsymbol{x} = \begin{bmatrix} x \\ y \\ z \end{bmatrix}$ に対して, 座標空間内の点 $\mathrm{P}(x, y, z)$ を対応させることにする.

例 3, 例 4 で扱った $\boldsymbol{R}^3$ の部分空間 $U = \{\boldsymbol{x} \mid x - 2y + 2z = 0\}$ に属する $\boldsymbol{x}$ は

$$\boldsymbol{x} = \begin{bmatrix} x \\ y \\ z \end{bmatrix} = \begin{bmatrix} 2s - 2t \\ s \\ t \end{bmatrix} = s \begin{bmatrix} 2 \\ 1 \\ 0 \end{bmatrix} + t \begin{bmatrix} -2 \\ 0 \\ 1 \end{bmatrix}$$

と表された. この式は, $\mathrm{O}(0, 0, 0)$, $\mathrm{A}(2, 1, 0)$, $\mathrm{B}(-2, 0, 1)$ とすると

$$\overrightarrow{\mathrm{OP}} = s\,\overrightarrow{\mathrm{OA}} + t\,\overrightarrow{\mathrm{OB}}$$

と表されるから, s, t がすべての実数値をとって変化するとき, 点 P は 3 点 O, A, B を通る平面 α 全体を動くことがわかる. すなわち, 部分空間 U は平面 α で表される.

同様に, 部分空間 $V = \{\boldsymbol{x} \mid x - 3y + 7z = 0\}$ に属する $\boldsymbol{x}$ に対応する点 P は, $\mathrm{C}(3, 1, 0)$, $\mathrm{D}(-7, 0, 1)$ とすると,

$$\overrightarrow{\mathrm{OP}} = s\,\overrightarrow{\mathrm{OC}} + t\,\overrightarrow{\mathrm{OD}}$$

と表されるので, V は 3 点 O, C, D を通る平面 β で表される.

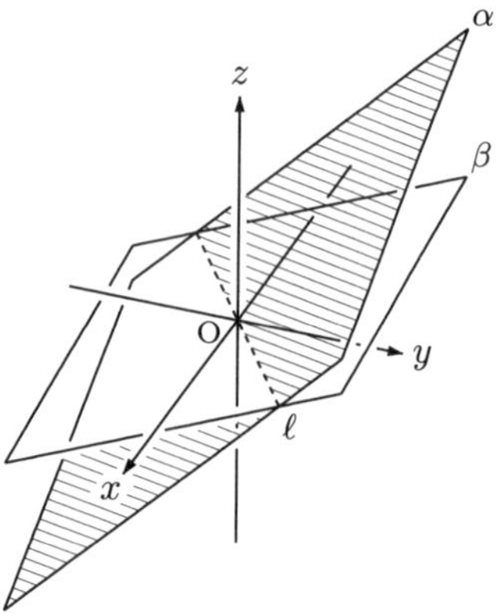

また, 部分空間 $U \cap V$ に属する $\boldsymbol{x}$ に対応する点 P は, $\mathrm{E}(8, 5, 1)$ とすると,

$$\overrightarrow{\mathrm{OP}} = t\,\overrightarrow{\mathrm{OE}}$$

と表される. したがって, $U \cap V$ は 2 点 O, E を通る直線 ℓ で表されることがわかるが, ℓ は 2 平面 α, β の交線でもある.

$\boldsymbol{R}^n$ の部分空間とならない例 $\boldsymbol{R}^n$ の部分集合がベクトル空間にならないことを示すには, ベクトル空間であるための条件 1°, 2° のいずれかが成り立たないような例 (**反例**) を1つあげるだけでよい.

例 8. $\boldsymbol{R}^2$ の部分集合 $K = \{\boldsymbol{x} = \begin{bmatrix} x \\ y \end{bmatrix} \mid xy \geqq 0\}$ は部分空間ではない. 実際, K において, 2° は成り立つが, 1° は成り立たない. たとえば, $\boldsymbol{u} = \begin{bmatrix} 1 \\ 3 \end{bmatrix} \in K$, $\boldsymbol{v} = \begin{bmatrix} -2 \\ -2 \end{bmatrix} \in K$ であるが, $\boldsymbol{u} + \boldsymbol{v} = \begin{bmatrix} -1 \\ 1 \end{bmatrix} \notin K$ である.

例 9. $\boldsymbol{R}^3$ の部分集合 $L = \{\boldsymbol{x} = \begin{bmatrix} x \\ y \\ z \end{bmatrix} \mid x \geqq 0,\ y \geqq 0,\ z \geqq 0\}$ は部分空間ではない. 実際, L において, 1° は成り立つが, 2° は成り立たない. たとえば, $\boldsymbol{u} = \begin{bmatrix} 1 \\ 1 \\ 1 \end{bmatrix} \in L$ であるが, $-2\boldsymbol{u} = \begin{bmatrix} -2 \\ -2 \\ -2 \end{bmatrix} \notin L$ である.

抽象的ベクトル空間 本書では扱わないが, 抽象的ベクトル空間について定義のみ述べておく.

$\boldsymbol{R}^n$ の部分集合とは限らない一般の集合 V において, 2つの演算

$$\text{和：}\ \boldsymbol{a} \in V, \boldsymbol{b} \in V \text{ に対して, } \boldsymbol{a} + \boldsymbol{b} \in V,$$
$$\text{実数倍：}\ \boldsymbol{a} \in V \text{ と実数 } k \text{ に対して, } k\boldsymbol{a} \in V$$

が定義されていて, 次の条件 1° ～ 8° を満たすとき, V を**実数上のベクトル空間**という. また, V の要素を**ベクトル**という.

1° $\boldsymbol{a} + \boldsymbol{b} = \boldsymbol{b} + \boldsymbol{a}$ 2° $(\boldsymbol{a} + \boldsymbol{b}) + \boldsymbol{c} = \boldsymbol{a} + (\boldsymbol{b} + \boldsymbol{c})$

3° 特別な要素 $\boldsymbol{0} \in V$ があり, 任意の $\boldsymbol{a} \in V$ に対して $\boldsymbol{a} + \boldsymbol{0} = \boldsymbol{a}$ を満たす.

4° 任意の要素 $\boldsymbol{a} \in V$ に対して, $\boldsymbol{a} + \boldsymbol{a}' = \boldsymbol{0}$ となる要素 $\boldsymbol{a}' \in V$ が存在する.

5° $(kh)\boldsymbol{a} = k(h\boldsymbol{a})$ 6° $(k + h)\boldsymbol{a} = k\boldsymbol{a} + h\boldsymbol{a}$

7° $k(\boldsymbol{a} + \boldsymbol{b}) = k\boldsymbol{a} + k\boldsymbol{b}$ 8° $1\boldsymbol{a} = \boldsymbol{a}$

例 10. 実数を係数とする2次以下の多項式全体の集合

$$V = \{ax^2 + bx + c \mid a, b, c \text{ は実数}\}$$

は実数上のベクトル空間である.

演習問題

問題 14.1 $\boldsymbol{x} = \begin{bmatrix} x \\ y \\ z \end{bmatrix}$ とする．次の $\boldsymbol{R}^3$ の部分空間 (解空間) を $\{c\boldsymbol{a} \mid c$ は実数$\}$ または $\{c\boldsymbol{a} + d\boldsymbol{b} \mid c, d$ は実数$\}$ の形で表せ．

(1) $W = \{\boldsymbol{x} \mid x + z = 0$ かつ $3x - y = 0\}$

(2) $W = \{\boldsymbol{x} \mid x - y - 2z = 0$ かつ $2x - 3y + z = 0\}$

(3) $W = \{\boldsymbol{x} \mid x - 4y + 3z = 0\}$

(4) $W = \{\boldsymbol{x} \mid 3x - 2y - 4z = 0\}$

問題 14.2 $\boldsymbol{a}_1 = \begin{bmatrix} 1 \\ 2 \\ 2 \end{bmatrix}, \boldsymbol{a}_2 = \begin{bmatrix} -2 \\ -3 \\ -2 \end{bmatrix}$ が生成する部分空間 $\langle \boldsymbol{a}_1, \boldsymbol{a}_2 \rangle$ に $\boldsymbol{u} = \begin{bmatrix} -1 \\ 2 \\ a \end{bmatrix}$ が属するとき, a の値を求めよ．

問題 14.3 $\boldsymbol{a} = \begin{bmatrix} 1 \\ 1 \\ -2 \end{bmatrix}, \boldsymbol{b} = \begin{bmatrix} 2 \\ 3 \\ 1 \end{bmatrix}, \boldsymbol{c} = \begin{bmatrix} 3 \\ 5 \\ 4 \end{bmatrix}, \boldsymbol{d} = \begin{bmatrix} 3 \\ 5 \\ 5 \end{bmatrix}$ とする．$\boldsymbol{x} = \begin{bmatrix} x \\ y \\ z \end{bmatrix}$ が次のベクトル空間に属するための x, y, z の条件を求めよ．

(1) $\langle \boldsymbol{a} \rangle$　(2) $\langle \boldsymbol{a}, \boldsymbol{b} \rangle$　(3) $\langle \boldsymbol{a}, \boldsymbol{b}, \boldsymbol{c} \rangle$　(4) $\langle \boldsymbol{a}, \boldsymbol{b}, \boldsymbol{d} \rangle$

問題 14.4 $\boldsymbol{x} = \begin{bmatrix} x \\ y \\ z \end{bmatrix}$ とする．次の $\boldsymbol{R}^3$ の部分集合が部分空間であるか調べよ．

(1) $\{\boldsymbol{x} \mid z = 0\}$　(2) $\{\boldsymbol{x} \mid z \geqq 0\}$

(3) $\{\boldsymbol{x} \mid x - 2y + 3z = 0\}$　(4) $\{\boldsymbol{x} \mid x - 2y + 3z = 1\}$

(5) $\{\boldsymbol{x} \mid x = y = z\}$　(6) $\{\boldsymbol{x} \mid |x| = |y| = |z|\}$

(7) $\{\boldsymbol{x} \mid y = 2x$ または $z = -3x\}$　(8) $\{\boldsymbol{x} \mid y = 2x$ かつ $z = -3x\}$

§15　基底と次元

基底　まず, 次の例を考えよう.

例 1.　$\boldsymbol{u}_1 = \begin{bmatrix} 1 \\ 3 \\ 2 \end{bmatrix}, \boldsymbol{u}_2 = \begin{bmatrix} 1 \\ 2 \\ 5 \end{bmatrix}, \boldsymbol{u}_3 = \begin{bmatrix} 1 \\ -1 \\ 14 \end{bmatrix}$ (§11 例 5 のベクトル) によって生成されるベクトル空間 ($\boldsymbol{R}^3$ の部分空間) $U = \langle \boldsymbol{u}_1, \boldsymbol{u}_2, \boldsymbol{u}_3 \rangle$ を考える.

$$\begin{bmatrix} 1 & 1 & 1 \\ 3 & 2 & -1 \\ 2 & 5 & 14 \end{bmatrix} \longrightarrow \begin{bmatrix} 1 & 1 & 1 \\ 0 & -1 & -4 \\ 0 & 3 & 12 \end{bmatrix} \longrightarrow \begin{bmatrix} 1 & 1 & 1 \\ 0 & 1 & 4 \\ 0 & 3 & 12 \end{bmatrix} \longrightarrow \begin{bmatrix} 1 & 0 & -3 \\ 0 & 1 & 4 \\ 0 & 0 & 0 \end{bmatrix}$$

より $\boldsymbol{u}_1$, $\boldsymbol{u}_2$ は 1 次独立, $\boldsymbol{u}_3 = -3\boldsymbol{u}_1 + 4\boldsymbol{u}_2$ であるから, U に属する任意のベクトル $\boldsymbol{u} = c_1\boldsymbol{u}_1 + c_2\boldsymbol{u}_2 + c_3\boldsymbol{u}_3$ は

$$\boldsymbol{u} = c_1\boldsymbol{u}_1 + c_2\boldsymbol{u}_2 + c_3(-3\boldsymbol{u}_1 + 4\boldsymbol{u}_2) = (c_1 - 3c_3)\boldsymbol{u}_1 + (c_2 + 4c_3)\boldsymbol{u}_2$$

と $\boldsymbol{u}_1$, $\boldsymbol{u}_2$ のみの 1 次結合で表され, $U = \langle \boldsymbol{u}_1, \boldsymbol{u}_2 \rangle$ である. つまり, U を生成するには, $\boldsymbol{u}_1$, $\boldsymbol{u}_2$ があれば $\boldsymbol{u}_3$ は不要である.

この例を踏まえて, 次のように基底を定義する.

> **定義 (基底)**　ベクトル空間 V のベクトルの組 $\{\boldsymbol{v}_1, \boldsymbol{v}_2, \cdots, \boldsymbol{v}_r\}$ が 2 条件
>
> 1°　$\boldsymbol{v}_1$, $\boldsymbol{v}_2$, $\cdots$, $\boldsymbol{v}_r$ は 1 次独立である.
>
> 2°　$\boldsymbol{v}_1$, $\boldsymbol{v}_2$, $\cdots$, $\boldsymbol{v}_r$ は V を生成する, すなわち, V に属する任意のベクトルは $\boldsymbol{v}_1$, $\boldsymbol{v}_2$, $\cdots$, $\boldsymbol{v}_r$ の 1 次結合で表される.
>
> を満たすとき, $\{\boldsymbol{v}_1, \boldsymbol{v}_2, \cdots, \boldsymbol{v}_r\}$ を V の**基底**という.

例 2.　$\boldsymbol{R}^3$ の基本ベクトル $\boldsymbol{e}_1 = \begin{bmatrix} 1 \\ 0 \\ 0 \end{bmatrix}, \boldsymbol{e}_2 = \begin{bmatrix} 0 \\ 1 \\ 0 \end{bmatrix}, \boldsymbol{e}_3 = \begin{bmatrix} 0 \\ 0 \\ 1 \end{bmatrix}$ は 1 次独立であり, $\boldsymbol{R}^3$ の任意のベクトル $\boldsymbol{u} = \begin{bmatrix} a \\ b \\ c \end{bmatrix}$ は $\boldsymbol{e}_1$, $\boldsymbol{e}_2$, $\boldsymbol{e}_3$ の 1 次結合で

$$\boldsymbol{u} = a\boldsymbol{e}_1 + b\boldsymbol{e}_2 + c\boldsymbol{e}_3$$

と表されるから, $\{\boldsymbol{e}_1, \boldsymbol{e}_2, \boldsymbol{e}_3\}$ は $\boldsymbol{R}^3$ の基底である. これを $\boldsymbol{R}^3$ の**標準基底**という.

同様に, $\boldsymbol{R}^n$ の基本ベクトルの組 $\{\boldsymbol{e}_1, \boldsymbol{e}_2, \cdots, \boldsymbol{e}_n\}$ を $\boldsymbol{R}^n$ の**標準基底**という.

例 3. $\boldsymbol{v}_1 = \begin{bmatrix} 1 \\ 1 \\ 0 \end{bmatrix}$, $\boldsymbol{v}_2 = \begin{bmatrix} 1 \\ 0 \\ 1 \end{bmatrix}$, $\boldsymbol{v}_3 = \begin{bmatrix} 0 \\ 1 \\ 1 \end{bmatrix}$ は 1 次独立である (§11 例 8). また, $\boldsymbol{R}^3$ の任意のベクトル $\boldsymbol{u} = \begin{bmatrix} a \\ b \\ c \end{bmatrix}$ に対して, $\boldsymbol{u} = c_1\boldsymbol{v}_1 + c_2\boldsymbol{v}_2 + c_3\boldsymbol{v}_3$ を満たす実数 c_1, c_2, c_3 を求めると, $c_1 = \dfrac{a+b-c}{2}$, $c_2 = \dfrac{a+c-b}{2}$, $c_3 = \dfrac{b+c-a}{2}$ が得られるので, $\boldsymbol{u}$ は $\boldsymbol{v}_1, \boldsymbol{v}_2, \boldsymbol{v}_3$ の 1 次結合で

$$\boldsymbol{u} = \frac{a+b-c}{2}\boldsymbol{v}_1 + \frac{a+c-b}{2}\boldsymbol{v}_2 + \frac{b+c-a}{2}\boldsymbol{v}_3$$

と表される. したがって, $\{\boldsymbol{v}_1, \boldsymbol{v}_2, \boldsymbol{v}_3\}$ は $\boldsymbol{R}^3$ の基底である.

次元　例 2, 例 3 からわかるように, 一般にベクトル空間の基底の取り方は一通りではない. しかし, 例 2, 例 3 の基底はどちらも 3 個のベクトルから構成されていることに注意しよう. 次の定理が成り立つ (証明は節末で述べる).

定理 15.1 (ベクトル空間の基底の存在)　$\boldsymbol{R}^n$ の部分空間であるベクトル空間 V (ただし, $V \neq \{\boldsymbol{0}\}$) は基底をもつ.

定理 15.2 (基底を構成するベクトルの個数)　ベクトル空間 V の基底を構成するベクトルの個数は基底の取り方によらず一定である.

これらにより, 次のように次元を定義することができる.

定義 (次元)　ベクトル空間 V において, 基底を構成するベクトルの個数を V の**次元**といい,

$$\dim(V)$$

で表す. ただし, 零ベクトル $\boldsymbol{0}$ だけからなるベクトル空間 $N = \{\boldsymbol{0}\}$ の次元は 0 と約束する.

例 4. $\boldsymbol{R}^3$ は標準基底 $\{\boldsymbol{e}_1, \boldsymbol{e}_2, \boldsymbol{e}_3\}$ をもつから, $\dim(\boldsymbol{R}^3) = 3$ である.
同様に, $\boldsymbol{R}^n$ は標準基底 $\{\boldsymbol{e}_1, \boldsymbol{e}_2, \cdots, \boldsymbol{e}_n\}$ をもつから, $\dim(\boldsymbol{R}^n) = n$ である.

生成される空間の基底と次元　いくつかのベクトルで生成される空間の基底と次元について考えてみよう.

例 5. $\boldsymbol{u}_1 = \begin{bmatrix} 1 \\ 2 \\ 3 \end{bmatrix}, \boldsymbol{u}_2 = \begin{bmatrix} 2 \\ 4 \\ 6 \end{bmatrix}, \boldsymbol{u}_3 = \begin{bmatrix} 1 \\ 3 \\ 1 \end{bmatrix}, \boldsymbol{u}_4 = \begin{bmatrix} 1 \\ 1 \\ 5 \end{bmatrix}, \boldsymbol{u}_5 = \begin{bmatrix} 1 \\ 0 \\ 7 \end{bmatrix}$ によって生成される空間 $U = \langle \boldsymbol{u}_1, \boldsymbol{u}_2, \boldsymbol{u}_3, \boldsymbol{u}_4, \boldsymbol{u}_5 \rangle$ について考える.

$$\begin{bmatrix} 1 & 2 & 1 & 1 & 1 \\ 2 & 4 & 3 & 1 & 0 \\ 3 & 6 & 1 & 5 & 7 \end{bmatrix} \longrightarrow \begin{bmatrix} 1 & 2 & 1 & 1 & 1 \\ 0 & 0 & 1 & -1 & -2 \\ 0 & 0 & -2 & 2 & 4 \end{bmatrix}$$
$$\longrightarrow \begin{bmatrix} 1 & 2 & 0 & 2 & 3 \\ 0 & 0 & 1 & -1 & -2 \\ 0 & 0 & 0 & 0 & 0 \end{bmatrix}$$

であるから, $\boldsymbol{u}_1$, $\boldsymbol{u}_3$ は 1 次独立であり, 他のベクトルは

$$\boldsymbol{u}_2 = 2\boldsymbol{u}_1, \quad \boldsymbol{u}_4 = 2\boldsymbol{u}_1 - \boldsymbol{u}_3, \quad \boldsymbol{u}_5 = 3\boldsymbol{u}_1 - 2\boldsymbol{u}_3$$

と表される. したがって, U は $\boldsymbol{u}_1$, $\boldsymbol{u}_3$ で生成される. つまり, $\{\boldsymbol{u}_1, \boldsymbol{u}_3\}$ が U の基底となり, $\dim(U) = 2$ である.

一般に, ベクトル $\boldsymbol{u}_1, \boldsymbol{u}_2, \cdots, \boldsymbol{u}_m$ で生成される空間 U において, $\boldsymbol{u}_1, \boldsymbol{u}_2, \cdots, \boldsymbol{u}_m$ から 1 次独立なベクトルの最大個数の組を取り出せば, それが U の基底となる. したがって, 次が成り立つ.

いくつかのベクトルで生成される空間の次元

ベクトル $\boldsymbol{u}_1, \boldsymbol{u}_2, \cdots, \boldsymbol{u}_m$ で生成される空間を U とし, $\boldsymbol{u}_1, \boldsymbol{u}_2, \cdots, \boldsymbol{u}_m$ に含まれる 1 次独立なベクトルの最大個数を N とするとき, 次が成り立つ.

$$\dim(U) = N.$$

行列 A から導かれる階段行列の主成分の個数を A の階数 (ランク) といい, $\mathrm{rank}(A)$ で表した (§13 参照). これを用いると

$$\dim(U) = \mathrm{rank}(A) \quad (\text{ただし, } A = [\,\boldsymbol{u}_1 \ \ \boldsymbol{u}_2 \ \ \cdots \ \ \boldsymbol{u}_m\,])$$

と表される.

解空間の基底と次元 同次連立1次方程式の解空間の基底と次元について考えてみよう.

例 6. $\begin{bmatrix} 1 & 2 & 1 & 1 & 1 \\ 2 & 4 & 3 & 1 & 0 \\ 3 & 6 & 1 & 5 & 7 \end{bmatrix} \begin{bmatrix} x_1 \\ x_2 \\ x_3 \\ x_4 \\ x_5 \end{bmatrix} = \begin{bmatrix} 0 \\ 0 \\ 0 \end{bmatrix}$ の解空間を W とする.

係数行列を階段行列に変形すると $\begin{bmatrix} 1 & 2 & 1 & 1 & 1 \\ 2 & 4 & 3 & 1 & 0 \\ 3 & 6 & 1 & 5 & 7 \end{bmatrix} \to \begin{bmatrix} 1 & 2 & 0 & 2 & 3 \\ 0 & 0 & 1 & -1 & -2 \\ 0 & 0 & 0 & 0 & 0 \end{bmatrix}$

である (前例参照). 未知数は $x_1, \cdots, x_5$ の5個であり, 階段行列の主成分は2個であるから, 主成分に対応していない3個の未知数 x_2, x_4, x_5 を先に $x_2 = c_1, x_4 = c_2, x_5 = c_3$ (c_1, c_2, c_3 は任意の実数) と決めると, 解は

$$\begin{bmatrix} x_1 \\ x_2 \\ x_3 \\ x_4 \\ x_5 \end{bmatrix} = \begin{bmatrix} -2c_1 - 2c_2 - 3c_3 \\ c_1 \\ c_2 + 2c_3 \\ c_2 \\ c_3 \end{bmatrix} = c_1 \begin{bmatrix} -2 \\ 1 \\ 0 \\ 0 \\ 0 \end{bmatrix} + c_2 \begin{bmatrix} -2 \\ 0 \\ 1 \\ 1 \\ 0 \end{bmatrix} + c_3 \begin{bmatrix} -3 \\ 0 \\ 2 \\ 0 \\ 1 \end{bmatrix}$$

と表される. これより, 右辺に現れるベクトルを順に $\boldsymbol{a}_1, \boldsymbol{a}_2, \boldsymbol{a}_3$ とすると, W は $\boldsymbol{a}_1, \boldsymbol{a}_2, \boldsymbol{a}_3$ で生成される. また, $c_1\boldsymbol{a}_1 + c_2\boldsymbol{a}_2 + c_3\boldsymbol{a}_3 = \boldsymbol{0}$ を満たす c_1, c_2, c_3 は, 第2, 第4, 第5成分に着目すると $c_1 = c_2 = c_3 = 0$ のみであることがわかり, $\boldsymbol{a}_1, \boldsymbol{a}_2, \boldsymbol{a}_3$ は1次独立である. したがって, $\{\boldsymbol{a}_1, \boldsymbol{a}_2, \boldsymbol{a}_3\}$ は W の基底であり, $\dim(W) = 3$ である.

一般に, 同次連立1次方程式 $A\boldsymbol{x} = \boldsymbol{0}$ の解空間の次元は A から導かれる階段行列の主成分に対応しない未知数の個数に等しく, 次が成り立つ.

同次連立1次方程式の解空間の次元

n 個の未知数に関する同次連立1次方程式 $A\boldsymbol{x} = \boldsymbol{0}$ の解空間を W とし, A から導かれる階段行列の主成分の個数を N とするとき, 次が成り立つ.

$$\dim(W) = n - N.$$

階数を用いると, 未知数 n 個の同次連立1次方程式の解空間 W の次元は

$$\dim(W) = n - \operatorname{rank}(A) \quad (\text{ただし, } A \text{ は係数行列})$$

と表される.

次元がわかっている場合の基底　次が成り立つ.

定理 15.3　ベクトル空間 V の次元が r であるとき, V の r 個の1次独立なベクトルの組はすべて V の基底となる.

この定理の証明も節末で述べる.

例 7.　3つのベクトル $\boldsymbol{u}_1 = \begin{bmatrix} 1 \\ 2 \\ -1 \end{bmatrix}$, $\boldsymbol{u}_2 = \begin{bmatrix} -2 \\ -3 \\ 4 \end{bmatrix}$, $\boldsymbol{u}_3 = \begin{bmatrix} a \\ b \\ c \end{bmatrix}$ が $\boldsymbol{R}^3$ の基底となるための a, b, c の条件を求めよう.

$\dim(\boldsymbol{R}^3) = 3$ であるから, 基底となるための条件は3つのベクトル $\boldsymbol{u}_1, \boldsymbol{u}_2, \boldsymbol{u}_3$ が1次独立であること, つまり,

$$c_1\boldsymbol{u}_1 + c_2\boldsymbol{u}_2 + c_3\boldsymbol{u}_3 = \boldsymbol{0}$$

を満たす実数 c_1, c_2, c_3 が $c_1 = c_2 = c_3 = 0$ に限ることである. この式を c_1, c_2, c_3 の同次連立1次方程式とみなして, 係数行列の行基本変形を行うと,

$$\begin{bmatrix} 1 & -2 & a \\ 2 & -3 & b \\ -1 & 4 & c \end{bmatrix} \xrightarrow[\text{③}+\text{①}]{\text{②}-\text{①}\times 2} \begin{bmatrix} 1 & -2 & a \\ 0 & 1 & -2a+b \\ 0 & 2 & a+c \end{bmatrix}$$

$$\xrightarrow[\text{③}-\text{②}\times 2]{\text{①}+\text{②}\times 2} \begin{bmatrix} 1 & 0 & -3a+2b \\ 0 & 1 & -2a+b \\ 0 & 0 & 5a-2b+c \end{bmatrix}$$

となる. 自明な解 $c_1 = c_2 = c_3 = 0$ しかもたないのは, 最後に得られた行列の主成分の個数が3のときであるから, 求める条件は

$$5a - 2b + c \neq 0$$

である.

定理の証明 ここで本節で示した定理の証明を述べておく.

定理 15.1 の証明 $\boldsymbol{R}^n$ のベクトルは n 個のベクトル $\boldsymbol{e}_1, \boldsymbol{e}_2, \cdots, \boldsymbol{e}_n$ の1次結合で表されるから, 定理 12.2 (2) により, $\boldsymbol{R}^n$ に含まれる1次独立なベクトルの最大個数は n 以下であり, V に含まれる1次独立なベクトルの最大個数も n 以下である.

そこで, V において, $\boldsymbol{0}$ ではないベクトルを1つ取り出して $\boldsymbol{u}_1$ とする. さらに, $k = 2, 3, \cdots$ に対して, $\boldsymbol{u}_1, \boldsymbol{u}_2, \cdots, \boldsymbol{u}_{k-1}$ の1次結合で表されないベクトルがあれば, その1つを取り出して $\boldsymbol{u}_k$ とすることを繰り返す. このとき, 定理 12.1 (2) より $\boldsymbol{u}_1, \boldsymbol{u}_2, \cdots, \boldsymbol{u}_k$ は1次独立であるから, 取り出す操作は n 回以下で終わることになる. この操作がちょうど r 回で終わるとすると, $\boldsymbol{u}_1, \boldsymbol{u}_2, \cdots, \boldsymbol{u}_r$ は1次独立であり, V のすべてのベクトルはこれらの1次結合で表されることになるので, V の基底の一つである. (証明終)

定理 15.2 の証明 ベクトル空間 V において,

$$r \text{ 個のベクトルの組 } \{\boldsymbol{v}_1, \boldsymbol{v}_2, \cdots, \boldsymbol{v}_r\},$$
$$s \text{ 個のベクトルの組 } \{\boldsymbol{u}_1, \boldsymbol{u}_2, \cdots, \boldsymbol{u}_s\}$$

がいずれも V の基底であるとする.

ベクトル $\boldsymbol{u}_1, \boldsymbol{u}_2, \cdots, \boldsymbol{u}_s$ は1次独立であり, それぞれは $\boldsymbol{v}_1, \boldsymbol{v}_2, \cdots, \boldsymbol{v}_r$ の1次結合で表されるから, 定理 12.2 (2) より $s \leqq r$ である.

逆に, 同様の理由で, $r \leqq s$ も成り立つ.

したがって, $r = s$ である. (証明終)

定理 15.3 の証明 $\boldsymbol{u}_1, \boldsymbol{u}_2, \cdots, \boldsymbol{u}_r$ を r 個の1次独立な V のベクトルとし, $\{\boldsymbol{v}_1, \boldsymbol{v}_2, \cdots, \boldsymbol{v}_r\}$ を V の基底とする.

$\boldsymbol{u}$ を V の任意のベクトルとするとき, $(r+1)$ 個のベクトル $\boldsymbol{u}, \boldsymbol{u}_1, \boldsymbol{u}_2, \cdots, \boldsymbol{u}_r$ はいずれも $\boldsymbol{v}_1, \boldsymbol{v}_2, \cdots, \boldsymbol{v}_r$ の1次結合で表されるから, 定理 12.2 (1) より, 1次従属である. したがって, 定理 12.1 (1) により, $\boldsymbol{u}$ は $\boldsymbol{u}_1, \boldsymbol{u}_2, \cdots, \boldsymbol{u}_r$ の1次結合で表される. これは $\{\boldsymbol{u}_1, \boldsymbol{u}_2, \cdots, \boldsymbol{u}_r\}$ が V の基底であることを意味する.

(証明終)

演習問題

問題 15.1 次のベクトルで生成される空間について, 基底を1組示し, 次元を求めよ.

(1) $\boldsymbol{u}_1 = \begin{bmatrix} 1 \\ 1 \\ 2 \end{bmatrix},\ \boldsymbol{u}_2 = \begin{bmatrix} 3 \\ 4 \\ 4 \end{bmatrix},\ \boldsymbol{u}_3 = \begin{bmatrix} 2 \\ 3 \\ 2 \end{bmatrix}$

(2) $\boldsymbol{u}_1 = \begin{bmatrix} 1 \\ -2 \\ 3 \end{bmatrix},\ \boldsymbol{u}_2 = \begin{bmatrix} 2 \\ -3 \\ 4 \end{bmatrix},\ \boldsymbol{u}_3 = \begin{bmatrix} 2 \\ -2 \\ 2 \end{bmatrix},\ \boldsymbol{u}_4 = \begin{bmatrix} 3 \\ -1 \\ -1 \end{bmatrix}$

(3) $\boldsymbol{u}_1 = \begin{bmatrix} 1 \\ 1 \\ 3 \\ 2 \end{bmatrix},\ \boldsymbol{u}_2 = \begin{bmatrix} 1 \\ 2 \\ 1 \\ 1 \end{bmatrix},\ \boldsymbol{u}_3 = \begin{bmatrix} 1 \\ 4 \\ -3 \\ -1 \end{bmatrix},\ \boldsymbol{u}_4 = \begin{bmatrix} 1 \\ 1 \\ 0 \\ 2 \end{bmatrix},\ \boldsymbol{u}_5 = \begin{bmatrix} 2 \\ 1 \\ 5 \\ 5 \end{bmatrix}$

問題 15.2 次の同次連立1次方程式の解空間について, 基底を1組示し, 次元を求めよ.

(1) $\begin{bmatrix} 1 & 3 & 2 \\ 1 & 4 & 3 \\ 2 & 4 & 2 \end{bmatrix} \begin{bmatrix} x_1 \\ x_2 \\ x_3 \end{bmatrix} = \begin{bmatrix} 0 \\ 0 \\ 0 \end{bmatrix}$　　(2) $\begin{bmatrix} 1 & 2 & 2 & 3 \\ -2 & -3 & -2 & -1 \\ 3 & 4 & 2 & -1 \end{bmatrix} \begin{bmatrix} x_1 \\ x_2 \\ x_3 \\ x_4 \end{bmatrix} = \begin{bmatrix} 0 \\ 0 \\ 0 \end{bmatrix}$

(3) $\begin{bmatrix} 1 & 1 & 1 & 1 & 2 \\ 1 & 2 & 4 & 1 & 1 \\ 3 & 1 & -3 & 0 & 5 \\ 2 & 1 & -1 & 2 & 5 \end{bmatrix} \begin{bmatrix} x_1 \\ x_2 \\ x_3 \\ x_4 \\ x_5 \end{bmatrix} = \begin{bmatrix} 0 \\ 0 \\ 0 \\ 0 \end{bmatrix}$

ヒント：係数行列はそれぞれ前問の $\boldsymbol{u}_1, \boldsymbol{u}_2, \cdots$ を並べてできる行列に等しい.

問題 15.3 ベクトルの組 $\left\{ \begin{bmatrix} 1 \\ 2 \\ 2 \end{bmatrix},\ \begin{bmatrix} -2 \\ -3 \\ -2 \end{bmatrix},\ \begin{bmatrix} -1 \\ 2 \\ a \end{bmatrix} \right\}$ が $\boldsymbol{R}^3$ の基底となるための定数 a の条件を求めよ.

問題 15.4 W は $\boldsymbol{R}^4$ の部分空間とする.

$$\left\{ \begin{bmatrix} 1 \\ 1 \\ 1 \\ 2 \end{bmatrix},\ \begin{bmatrix} 2 \\ 1 \\ 2 \\ 3 \end{bmatrix},\ \begin{bmatrix} a \\ 3 \\ -a \\ a \end{bmatrix} \right\}, \qquad \left\{ \begin{bmatrix} 3 \\ 1 \\ 1 \\ 1 \end{bmatrix},\ \begin{bmatrix} b \\ b \\ 0 \\ b-1 \end{bmatrix},\ \begin{bmatrix} 2c \\ 1 \\ c \\ c \end{bmatrix} \right\}$$

がいずれも W の基底であるとき, a, b, c の値を求めよ.

§16 線形写像

線形写像 集合 X から集合 Y への対応において，X の要素に対応する Y の要素がただ1つに決まるとき，その対応 f を X から Y への**写像**という．集合 X をその写像の**始集合**といい，集合 Y を**終集合**という．

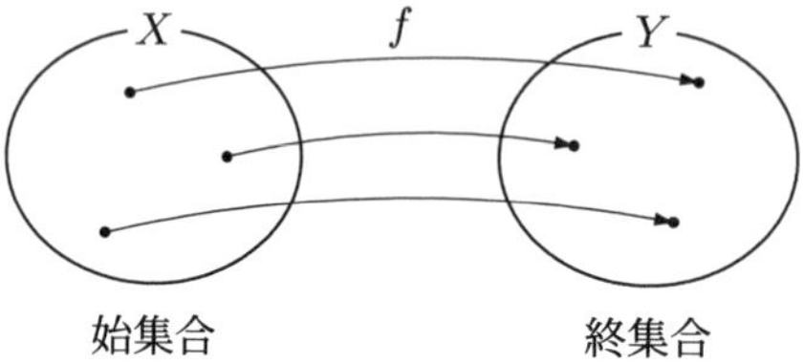

例 1. 3次ベクトル $\boldsymbol{x} = \begin{bmatrix} x_1 \\ x_2 \\ x_3 \end{bmatrix}$ に2次ベクトル $\boldsymbol{y} = \begin{bmatrix} x_1 + x_2 \\ x_2 + x_3 \end{bmatrix}$ を対応させる対応 f はベクトル空間 $\boldsymbol{R}^3$ からベクトル空間 $\boldsymbol{R}^2$ への写像である．これを

$$f\left(\begin{bmatrix} x_1 \\ x_2 \\ x_3 \end{bmatrix}\right) = \begin{bmatrix} x_1 + x_2 \\ x_2 + x_3 \end{bmatrix}$$

と表す．

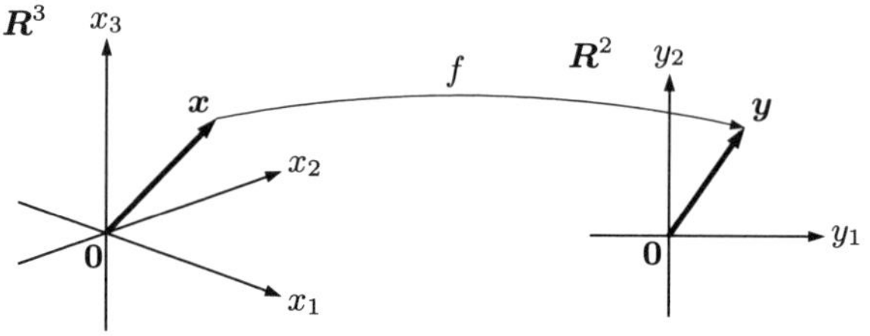

例1の写像 f は，以下に述べる線形写像になっている．

定義 (線形写像) ベクトル空間 V からベクトル空間 W への写像 f が

1° 任意の $\boldsymbol{u} \in V$, $\boldsymbol{v} \in V$ に対して， $f(\boldsymbol{u} + \boldsymbol{v}) = f(\boldsymbol{u}) + f(\boldsymbol{v})$,

2° 任意の $\boldsymbol{u} \in V$ と任意の実数 c に対して， $f(c\boldsymbol{u}) = c\,f(\boldsymbol{u})$

を満たすとき，f を**線形写像**という．

例 2. 例 1 の写像 f が線形写像であることを確かめよう．f は行列を用いて

$$f\left(\begin{bmatrix} x_1 \\ x_2 \\ x_3 \end{bmatrix}\right) = \begin{bmatrix} 1 & 1 & 0 \\ 0 & 1 & 1 \end{bmatrix}\begin{bmatrix} x_1 \\ x_2 \\ x_3 \end{bmatrix}$$

と表される． 行列算の計算規則より, 3 次ベクトル $\boldsymbol{u}$, $\boldsymbol{v}$ と実数 c に対して

$$\begin{aligned} f(\boldsymbol{u}+\boldsymbol{v}) &= \begin{bmatrix} 1 & 1 & 0 \\ 0 & 1 & 1 \end{bmatrix}(\boldsymbol{u}+\boldsymbol{v}) \\ &= \begin{bmatrix} 1 & 1 & 0 \\ 0 & 1 & 1 \end{bmatrix}\boldsymbol{u} + \begin{bmatrix} 1 & 1 & 0 \\ 0 & 1 & 1 \end{bmatrix}\boldsymbol{v} = f(\boldsymbol{u}) + f(\boldsymbol{v}), \\ f(c\boldsymbol{u}) &= \begin{bmatrix} 1 & 1 & 0 \\ 0 & 1 & 1 \end{bmatrix}(c\boldsymbol{u}) = c\begin{bmatrix} 1 & 1 & 0 \\ 0 & 1 & 1 \end{bmatrix}\boldsymbol{u} = cf(\boldsymbol{u}) \end{aligned}$$

である．

一般に, ある行列 A を用いて

$$f(\boldsymbol{x}) = A\boldsymbol{x}$$

と表される写像は線形写像である．一方, $\boldsymbol{b}$ が零ベクトルでないとき,

$$f(\boldsymbol{x}) = A\boldsymbol{x} + \boldsymbol{b}$$

は線形写像ではない．

例 3. $\boldsymbol{R}^3$ から $\boldsymbol{R}^2$ への写像

$$f\left(\begin{bmatrix} x_1 \\ x_2 \\ x_3 \end{bmatrix}\right) = \begin{bmatrix} 1 & 1 & 0 \\ 0 & 1 & 1 \end{bmatrix}\begin{bmatrix} x_1 \\ x_2 \\ x_3 \end{bmatrix} + \begin{bmatrix} 5 \\ 7 \end{bmatrix}$$

は線形写像ではない．実際, $c = 0$ に対して条件 2° を調べると

$$f\left(0 \cdot \begin{bmatrix} x_1 \\ x_2 \\ x_3 \end{bmatrix}\right) = f\left(\begin{bmatrix} 0 \\ 0 \\ 0 \end{bmatrix}\right) = \begin{bmatrix} 5 \\ 7 \end{bmatrix}, \qquad 0 \cdot f\left(\begin{bmatrix} x_1 \\ x_2 \\ x_3 \end{bmatrix}\right) = \begin{bmatrix} 0 \\ 0 \end{bmatrix}$$

となり, 条件 2° を満たさない．また, 条件 1° を満たさないことも容易にわかる．

一般に, 線形写像 f に対して, $c = 0$ に対する条件 2° より

$$f(\boldsymbol{0}) = \boldsymbol{0}$$

が成り立つ．逆にいえば, この条件を満たさない写像は線形写像ではない．

表現行列 前ページで $f(\boldsymbol{x}) = A\boldsymbol{x}$ の形の写像は線形写像であることを述べたが, 逆に線形写像は適当な行列 A により $f(\boldsymbol{x}) = A\boldsymbol{x}$ の形に表される.

例 4. $\boldsymbol{R}^2$ から $\boldsymbol{R}^2$ への線形写像 f で

$$f\left(\begin{bmatrix}1\\0\end{bmatrix}\right) = \begin{bmatrix}3\\-1\end{bmatrix}, \quad f\left(\begin{bmatrix}0\\1\end{bmatrix}\right) = \begin{bmatrix}1\\2\end{bmatrix}$$

を満たすものを求めよう. 任意のベクトル $\begin{bmatrix}x_1\\x_2\end{bmatrix}$ は

$$\begin{bmatrix}x_1\\x_2\end{bmatrix} = x_1\begin{bmatrix}1\\0\end{bmatrix} + x_2\begin{bmatrix}0\\1\end{bmatrix}$$

と表されるから, 条件 1°, 2° を順次用いて

$$\begin{aligned} f\left(\begin{bmatrix}x_1\\x_2\end{bmatrix}\right) &= f\left(x_1\begin{bmatrix}1\\0\end{bmatrix}\right) + f\left(x_2\begin{bmatrix}0\\1\end{bmatrix}\right) = x_1 f\left(\begin{bmatrix}1\\0\end{bmatrix}\right) + x_2 f\left(\begin{bmatrix}0\\1\end{bmatrix}\right) \\ &= x_1\begin{bmatrix}3\\-1\end{bmatrix} + x_2\begin{bmatrix}1\\2\end{bmatrix} = \begin{bmatrix}3 & 1\\-1 & 2\end{bmatrix}\begin{bmatrix}x_1\\x_2\end{bmatrix} \end{aligned}$$

となる.

一般には次のようになる. ベクトル空間 $\boldsymbol{R}^n$ からベクトル空間 $\boldsymbol{R}^m$ への線形写像 f において, $\boldsymbol{R}^n$ の基本ベクトル $\boldsymbol{e}_1, \boldsymbol{e}_2, \cdots, \boldsymbol{e}_n$ に対して

$$f(\boldsymbol{e}_1) = \boldsymbol{a}_1, \quad f(\boldsymbol{e}_2) = \boldsymbol{a}_2, \quad \cdots, \quad f(\boldsymbol{e}_n) = \boldsymbol{a}_n$$

であるとする. このとき, $\boldsymbol{R}^n$ の任意のベクトル $\boldsymbol{x} = \begin{bmatrix}x_1\\x_2\\\vdots\\x_n\end{bmatrix}$ は

$$\boldsymbol{x} = x_1\boldsymbol{e}_1 + x_2\boldsymbol{e}_2 + \cdots + x_n\boldsymbol{e}_n$$

と表され,

$$\begin{aligned} f(\boldsymbol{x}) &= x_1 f(\boldsymbol{e}_1) + x_2 f(\boldsymbol{e}_2) + \cdots + x_n f(\boldsymbol{e}_n) \\ &= x_1\boldsymbol{a}_1 + x_2\boldsymbol{a}_2 + \cdots + x_n\boldsymbol{a}_n = [\,\boldsymbol{a}_1 \quad \boldsymbol{a}_2 \quad \cdots \quad \boldsymbol{a}_n\,]\begin{bmatrix}x_1\\x_2\\\vdots\\x_n\end{bmatrix} = A\boldsymbol{x} \end{aligned}$$

となる. ここで, $m \times n$ 行列 $A = [\,\boldsymbol{a}_1 \quad \boldsymbol{a}_2 \quad \cdots \quad \boldsymbol{a}_n\,]$ を f の**表現行列**という.

例 5.　$\boldsymbol{R}^3$ から $\boldsymbol{R}^2$ への線形写像 f が

$$f\left(\begin{bmatrix}1\\0\\0\end{bmatrix}\right)=\begin{bmatrix}2\\3\end{bmatrix},\quad f\left(\begin{bmatrix}0\\1\\0\end{bmatrix}\right)=\begin{bmatrix}-3\\2\end{bmatrix},\quad f\left(\begin{bmatrix}0\\0\\1\end{bmatrix}\right)=\begin{bmatrix}1\\-1\end{bmatrix}$$

を満たすとき, f の表現行列は $\begin{bmatrix}2&-3&1\\3&2&-1\end{bmatrix}$ である.

例 4, 例 5 のように, $\boldsymbol{R}^n$ から $\boldsymbol{R}^m$ への線形写像は $\boldsymbol{R}^n$ の基本ベクトルに対応するベクトルによって決まるが, より一般に, $\boldsymbol{R}^n$ の n 個の 1 次独立なベクトル (つまり基底) に対応するベクトルによって決まる.

例 6.　$\boldsymbol{R}^2$ から $\boldsymbol{R}^2$ への線形写像 f が

$$f\left(\begin{bmatrix}1\\1\end{bmatrix}\right)=\begin{bmatrix}3\\-1\end{bmatrix},\quad f\left(\begin{bmatrix}1\\2\end{bmatrix}\right)=\begin{bmatrix}5\\4\end{bmatrix}$$

を満たすとき, f の表現行列を求めよう. $\left\{\begin{bmatrix}1\\1\end{bmatrix},\begin{bmatrix}1\\2\end{bmatrix}\right\}$ は $\boldsymbol{R}^2$ の基底であり, 基本ベクトル $\begin{bmatrix}1\\0\end{bmatrix},\begin{bmatrix}0\\1\end{bmatrix}$ は $\begin{bmatrix}1\\1\end{bmatrix},\begin{bmatrix}1\\2\end{bmatrix}$ の 1 次結合でそれぞれ

$$\begin{bmatrix}1\\0\end{bmatrix}=2\begin{bmatrix}1\\1\end{bmatrix}-\begin{bmatrix}1\\2\end{bmatrix},\qquad \begin{bmatrix}0\\1\end{bmatrix}=-\begin{bmatrix}1\\1\end{bmatrix}+\begin{bmatrix}1\\2\end{bmatrix}$$

と表される. これより,

$$f\left(\begin{bmatrix}1\\0\end{bmatrix}\right)=2f\left(\begin{bmatrix}1\\1\end{bmatrix}\right)-f\left(\begin{bmatrix}1\\2\end{bmatrix}\right)=2\begin{bmatrix}3\\-1\end{bmatrix}-\begin{bmatrix}5\\4\end{bmatrix}=\begin{bmatrix}1\\-6\end{bmatrix},$$

$$f\left(\begin{bmatrix}0\\1\end{bmatrix}\right)=-f\left(\begin{bmatrix}1\\1\end{bmatrix}\right)+f\left(\begin{bmatrix}1\\2\end{bmatrix}\right)=-\begin{bmatrix}3\\-1\end{bmatrix}+\begin{bmatrix}5\\4\end{bmatrix}=\begin{bmatrix}2\\5\end{bmatrix}$$

となり, f の表現行列は $\begin{bmatrix}1&2\\-6&5\end{bmatrix}$ である.

別解　$f(\boldsymbol{x})=A\boldsymbol{x}$ とすると

$$A\begin{bmatrix}1\\1\end{bmatrix}=\begin{bmatrix}3\\-1\end{bmatrix},\ A\begin{bmatrix}1\\2\end{bmatrix}=\begin{bmatrix}5\\4\end{bmatrix}\quad \text{より}\quad A\begin{bmatrix}1&1\\1&2\end{bmatrix}=\begin{bmatrix}3&5\\-1&4\end{bmatrix}$$

であるから,

$$A=\begin{bmatrix}3&5\\-1&4\end{bmatrix}\begin{bmatrix}1&1\\1&2\end{bmatrix}^{-1}=\begin{bmatrix}3&5\\-1&4\end{bmatrix}\begin{bmatrix}2&-1\\-1&1\end{bmatrix}=\begin{bmatrix}1&2\\-6&5\end{bmatrix}$$

である. ここで, 積の順序に注意する.

平面上の1次変換　$\boldsymbol{R}^n$ から $\boldsymbol{R}^n$ への線形写像を $\boldsymbol{R}^n$ 上の **1次変換**ともいう. ここでは $n=2$ の場合, つまり, $\boldsymbol{R}^2$ 上の1次変換の例をいくつか紹介する.

以下, 表現行列が $\begin{bmatrix} a_{11} & a_{12} \\ a_{21} & a_{22} \end{bmatrix}$ である1次変換を

$$\begin{bmatrix} x' \\ y' \end{bmatrix} = \begin{bmatrix} a_{11} & a_{12} \\ a_{21} & a_{22} \end{bmatrix} \begin{bmatrix} x \\ y \end{bmatrix}$$

で表す. また, 始集合の $\boldsymbol{R}^2$ (xy 平面) と終集合の $\boldsymbol{R}^2$ ($x'y'$ 平面) を同一視して

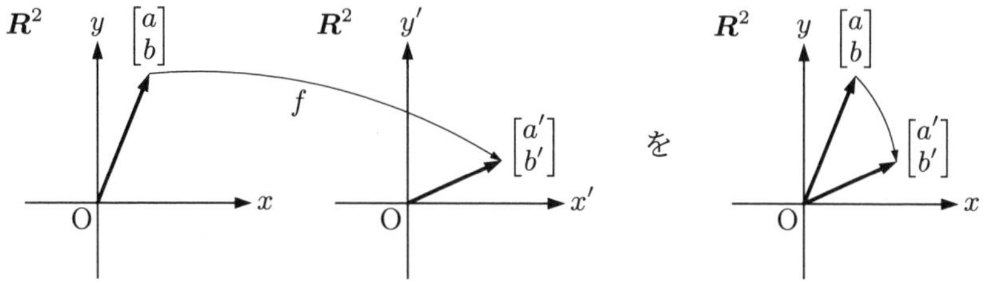

のように1つの平面で表す. こうすると, $\boldsymbol{R}^2$ 上の1次変換は平面上の移動と考えられる.

例 7.　x 軸に関する対称移動

$\Leftrightarrow$ y 座標の符号を逆にする.

$$\begin{bmatrix} x' \\ y' \end{bmatrix} = \begin{bmatrix} 1 & 0 \\ 0 & -1 \end{bmatrix} \begin{bmatrix} x \\ y \end{bmatrix}.$$

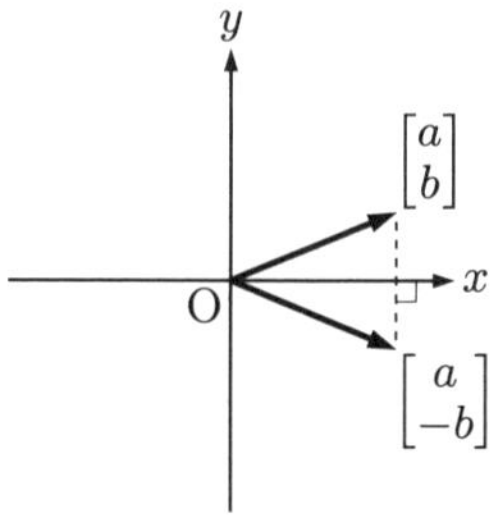

例 8.　直線 $y=x$ に関する対称移動

$\Leftrightarrow$ x 座標と y 座標を入れ替える.

$$\begin{bmatrix} x' \\ y' \end{bmatrix} = \begin{bmatrix} 0 & 1 \\ 1 & 0 \end{bmatrix} \begin{bmatrix} x \\ y \end{bmatrix}.$$

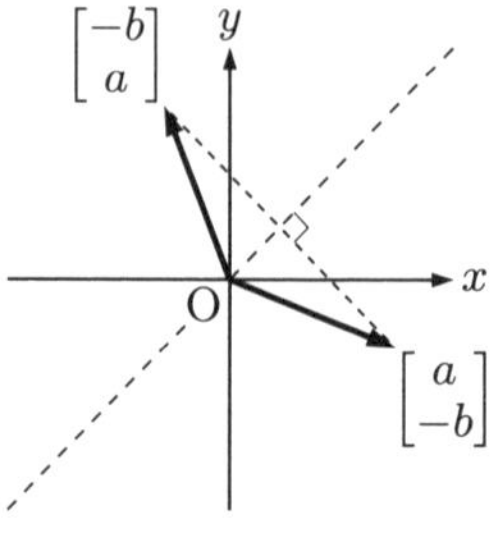

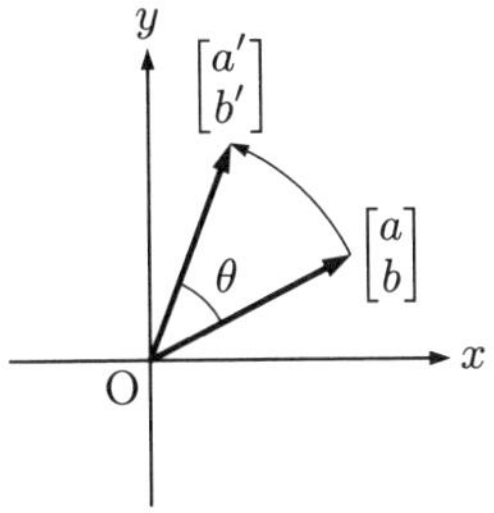

回転 原点を中心とする角 θ の回転も 1 次変換である.

$$\begin{bmatrix} x' \\ y' \end{bmatrix} = \begin{bmatrix} \cos\theta & -\sin\theta \\ \sin\theta & \cos\theta \end{bmatrix} \begin{bmatrix} x \\ y \end{bmatrix}.$$

説明 点 $\begin{bmatrix} 1 \\ 0 \end{bmatrix}$, $\begin{bmatrix} 0 \\ 1 \end{bmatrix}$ がどのような点に移されるか考える.

点 $\begin{bmatrix} 1 \\ 0 \end{bmatrix}$ を θ だけ回転: $\qquad \begin{bmatrix} 1 \\ 0 \end{bmatrix} \longrightarrow \begin{bmatrix} \cos\theta \\ \sin\theta \end{bmatrix}$,

点 $\begin{bmatrix} 0 \\ 1 \end{bmatrix}$ を θ だけ回転

$=$ 点 $\begin{bmatrix} 1 \\ 0 \end{bmatrix}$ を $90^\circ + \theta$ だけ回転: $\begin{bmatrix} 1 \\ 0 \end{bmatrix} \longrightarrow \begin{bmatrix} \cos(90^\circ + \theta) \\ \sin(90^\circ + \theta) \end{bmatrix} = \begin{bmatrix} -\sin\theta \\ \cos\theta \end{bmatrix}$.

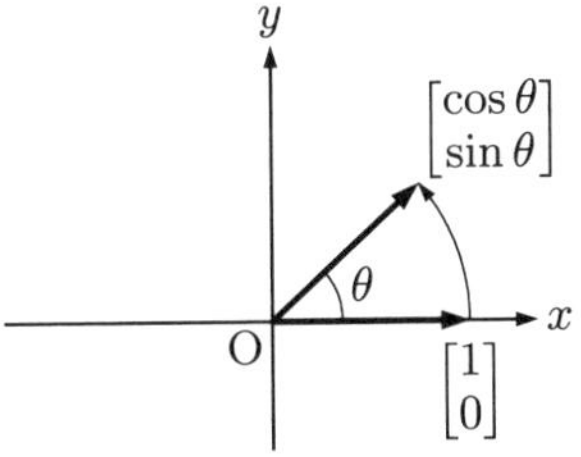

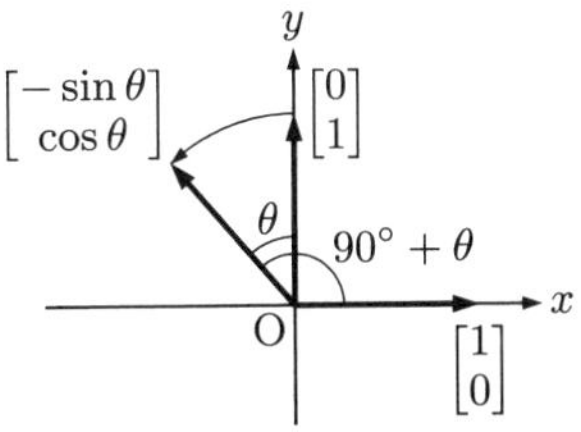

したがって, 原点を中心とする角 θ の回転を表す行列は $\begin{bmatrix} \cos\theta & -\sin\theta \\ \sin\theta & \cos\theta \end{bmatrix}$ である.

例 9. 原点を中心とする 60° の回転を表す行列は

$$\begin{bmatrix} \cos 60^\circ & -\sin 60^\circ \\ \sin 60^\circ & \cos 60^\circ \end{bmatrix} = \frac{1}{2} \begin{bmatrix} 1 & -\sqrt{3} \\ \sqrt{3} & 1 \end{bmatrix}$$

である. また, 点 $\begin{bmatrix} 1 \\ 2 \end{bmatrix}$ を原点を中心に 60° 回転させた点は

$$\frac{1}{2} \begin{bmatrix} 1 & -\sqrt{3} \\ \sqrt{3} & 1 \end{bmatrix} \begin{bmatrix} 1 \\ 2 \end{bmatrix} = \frac{1}{2} \begin{bmatrix} 1 - 2\sqrt{3} \\ 2 + \sqrt{3} \end{bmatrix}$$

である.

像と核 ベクトル空間 $\boldsymbol{R}^n$ からベクトル空間 $\boldsymbol{R}^m$ への線形写像 f に対して

$$\mathrm{Im}\, f = \{ f(\boldsymbol{x}) \in \boldsymbol{R}^m \mid \boldsymbol{x} \text{ は } \boldsymbol{R}^n \text{ のベクトル} \},$$
$$\mathrm{Ker}\, f = \{ \boldsymbol{x} \in \boldsymbol{R}^n \mid \boldsymbol{x} \text{ は } f(\boldsymbol{x}) = \boldsymbol{0} \text{ を満たす} \}$$

とおき, $\mathrm{Im}\, f$ を f の**像** (または**イメージ**) といい, $\mathrm{Ker}\, f$ を f の**核** (または**カーネル**) という. f の表現行列を $A = [\, \boldsymbol{a}_1 \quad \boldsymbol{a}_2 \quad \cdots \quad \boldsymbol{a}_n \,]$ とすると,

$$f(\boldsymbol{x}) = x_1\boldsymbol{a}_1 + x_2\boldsymbol{a}_2 + \cdots + x_n\boldsymbol{a}_n$$

であるから

$$\mathrm{Im}\, f = \{ x_1\boldsymbol{a}_1 + x_2\boldsymbol{a}_2 + \cdots + x_n\boldsymbol{a}_n \mid x_1,\, x_2,\, \cdots,\, x_n \text{ は実数} \}$$

であり, $\mathrm{Im}\, f$ はベクトル $\boldsymbol{a}_1, \boldsymbol{a}_2, \cdots, \boldsymbol{a}_n$ で生成される空間 ($\boldsymbol{R}^m$ の部分空間) である. また, $f(\boldsymbol{x}) = A\boldsymbol{x}$ であるから

$$\mathrm{Ker}\, f = \{ \boldsymbol{x} \mid A\boldsymbol{x} = \boldsymbol{0} \}$$

であり, $\mathrm{Ker}\, f$ は同次連立 1 次方程式 $A\boldsymbol{x} = \boldsymbol{0}$ の解空間 ($\boldsymbol{R}^n$ の部分空間) である.

ここで像と核の次元の関係を調べよう.

$$\begin{aligned} \dim(\mathrm{Im}\, f) &= (\boldsymbol{a}_1,\, \boldsymbol{a}_2,\, \cdots,\, \boldsymbol{a}_n \text{ の 1 次独立なベクトルの最大個数}) \\ &= \mathrm{rank}(A), \end{aligned}$$
$$\begin{aligned} \dim(\mathrm{Ker}\, f) &= n - (A \text{ から導かれる階段行列に含まれる主成分 1 の個数}) \\ &= n - \mathrm{rank}(A) \end{aligned}$$

であるから, 次が成り立つ.

定理 16.1 (次元定理) ベクトル空間 $\boldsymbol{R}^n$ からベクトル空間 $\boldsymbol{R}^m$ への線形写像 f に対して

$$\dim(\mathrm{Im}\, f) + \dim(\mathrm{Ker}\, f) = n$$

が成り立つ.

演習問題

問題 16.1　次の写像が線形写像であるか調べよ．

(1) $f\left(\begin{bmatrix} x_1 \\ x_2 \end{bmatrix}\right) = \begin{bmatrix} x_1 + x_2 - 1 \\ x_1 - x_2 + 1 \end{bmatrix}$　　(2) $f\left(\begin{bmatrix} x_1 \\ x_2 \end{bmatrix}\right) = \begin{bmatrix} x_2 \\ x_1 \end{bmatrix}$

(3) $f\left(\begin{bmatrix} x_1 \\ x_2 \end{bmatrix}\right) = \begin{bmatrix} {x_2}^2 \\ {x_1}^2 \end{bmatrix}$　　(4) $f\left(\begin{bmatrix} x_1 \\ x_2 \end{bmatrix}\right) = \begin{bmatrix} \cos x_1 \\ \sin x_2 \end{bmatrix}$

(5) $f\left(\begin{bmatrix} x_1 \\ x_2 \\ x_3 \end{bmatrix}\right) = \begin{bmatrix} x_2 \\ x_3 \end{bmatrix}$　　(6) $f\left(\begin{bmatrix} x_1 \\ x_2 \\ x_3 \end{bmatrix}\right) = [\, x_1 + x_2 + x_3 \,]$

問題 16.2　線形写像 $f\left(\begin{bmatrix} x_1 \\ x_2 \end{bmatrix}\right) = \begin{bmatrix} 4 & -6 \\ 1 & -1 \end{bmatrix}\begin{bmatrix} x_1 \\ x_2 \end{bmatrix}$ について，以下の各問に答えよ．

(1) 次を求めよ．

(i) $f\left(\begin{bmatrix} 1 \\ 0 \end{bmatrix}\right)$　(ii) $f\left(\begin{bmatrix} 0 \\ 1 \end{bmatrix}\right)$　(iii) $f\left(\begin{bmatrix} 1 \\ 2 \end{bmatrix}\right)$

(iv) $f\left(\begin{bmatrix} 2 \\ 1 \end{bmatrix}\right)$　(v) $f\left(\begin{bmatrix} 1 \\ 3 \end{bmatrix}\right)$　(vi) $f\left(\begin{bmatrix} 3 \\ 1 \end{bmatrix}\right)$

(2) (1) の (vi) を利用して，$f\left(f\left(\begin{bmatrix} 3 \\ 1 \end{bmatrix}\right)\right)$，$f\left(f\left(f\left(\begin{bmatrix} 3 \\ 1 \end{bmatrix}\right)\right)\right)$ を求めよ．

(3) $f\left(\begin{bmatrix} 5 \\ 2 \end{bmatrix}\right)$，$f\left(f\left(\begin{bmatrix} 5 \\ 2 \end{bmatrix}\right)\right)$，$f\left(f\left(f\left(\begin{bmatrix} 5 \\ 2 \end{bmatrix}\right)\right)\right)$ を求めよ．なお，

$\begin{bmatrix} 5 \\ 2 \end{bmatrix} = \begin{bmatrix} 2 \\ 1 \end{bmatrix} + \begin{bmatrix} 3 \\ 1 \end{bmatrix}$ である．

問題 16.3　次の各問に答えよ．

(1) 線形写像 f が $f\left(\begin{bmatrix} 1 \\ 1 \end{bmatrix}\right) = \begin{bmatrix} 2 \\ -3 \end{bmatrix}$, $f\left(\begin{bmatrix} 2 \\ 1 \end{bmatrix}\right) = \begin{bmatrix} -1 \\ 4 \end{bmatrix}$ を満たすとき，f の表現行列を求めよ．また，$f\left(\begin{bmatrix} 2 \\ -1 \end{bmatrix}\right)$ を求めよ．

(2) 線形写像 f が $f\left(\begin{bmatrix} 1 \\ 1 \end{bmatrix}\right) = \begin{bmatrix} 2 \\ -1 \end{bmatrix}$, $f\left(\begin{bmatrix} 3 \\ 1 \end{bmatrix}\right) = \begin{bmatrix} -4 \\ 5 \end{bmatrix}$ を満たすとき，f の表現行列を求めよ．また，$f\left(\begin{bmatrix} 1 \\ 2 \end{bmatrix}\right)$ を求めよ．

問題 16.4 次の各問に答えよ.

(1) y 軸に関する対称移動 (線対称) を表す 1 次変換を求めよ.

(2) 原点に関する対称移動 (点対称) を表す 1 次変換を求めよ.

(3) 直線 $y=-x$ に関する対称移動 (線対称) を表す 1 次変換を求めよ.

ヒント：点 $\begin{bmatrix}1\\0\end{bmatrix}$, $\begin{bmatrix}0\\1\end{bmatrix}$ がどのような点に移されるかを考える.

問題 16.5 次の各問に答えよ.

(1) 原点を中心とする 45° の回転を表す行列を求めよ. また, 点 $\begin{bmatrix}2\\1\end{bmatrix}$ を原点を中心に 45° だけ回転した点を求めよ.

(2) 原点を中心とする -30° の回転を表す行列を求めよ. また, 点 $\begin{bmatrix}1\\\sqrt{3}\end{bmatrix}$ を原点を中心に -30° だけ回転した点を求めよ.

問題 16.6 次の $\boldsymbol{R}^4$ から $\boldsymbol{R}^3$ への線形写像について, 像 $\mathrm{Im}\, f$ と核 $\mathrm{Ker}\, f$ のそれぞれの基底と次元を求めよ.

(1) $f\left(\begin{bmatrix}x_1\\x_2\\x_3\\x_4\end{bmatrix}\right)=\begin{bmatrix}1&-1&-3&2\\-2&1&4&-5\\2&3&4&8\end{bmatrix}\begin{bmatrix}x_1\\x_2\\x_3\\x_4\end{bmatrix}$

(2) $f\left(\begin{bmatrix}x_1\\x_2\\x_3\\x_4\end{bmatrix}\right)=\begin{bmatrix}1&-1&-4&1\\-2&1&5&-3\\2&3&7&7\end{bmatrix}\begin{bmatrix}x_1\\x_2\\x_3\\x_4\end{bmatrix}$

問題 16.7 $\boldsymbol{R}^3$ から $\boldsymbol{R}^3$ への線形写像 f が

$$f\left(\begin{bmatrix}1\\1\\0\end{bmatrix}\right)=\begin{bmatrix}2\\3\\1\end{bmatrix},\quad f\left(\begin{bmatrix}1\\0\\1\end{bmatrix}\right)=\begin{bmatrix}4\\11\\-1\end{bmatrix},\quad f\left(\begin{bmatrix}0\\1\\1\end{bmatrix}\right)=\begin{bmatrix}2\\-2\\4\end{bmatrix}$$

を満たすとき, 次の問いに答えよ.

(1) f の表現行列を求めよ.

(2) $\mathrm{Im}\, f$ と $\mathrm{Ker}\, f$ のそれぞれの基底と次元を求めよ.

第6章
内　積

§17　n 次ベクトルの内積

2次ベクトルの内積　高校数学で学んだように, ベクトル $\boldsymbol{a} = \begin{bmatrix} a_1 \\ a_2 \end{bmatrix}$ と $\boldsymbol{b} = \begin{bmatrix} b_1 \\ b_2 \end{bmatrix}$ の内積 $(\boldsymbol{a}, \boldsymbol{b})$ は

$$(\boldsymbol{a}, \boldsymbol{b}) = \left(\begin{bmatrix} a_1 \\ a_2 \end{bmatrix}, \begin{bmatrix} b_1 \\ b_2 \end{bmatrix} \right) = a_1 b_1 + a_2 b_2$$

で定義される.

例 1.　$\left(\begin{bmatrix} 1 \\ 2 \end{bmatrix}, \begin{bmatrix} 4 \\ -3 \end{bmatrix} \right) = 1 \cdot 4 + 2 \cdot (-3) = -2, \quad \left(\begin{bmatrix} 1 \\ 2 \end{bmatrix}, \begin{bmatrix} -2 \\ 1 \end{bmatrix} \right) = -2 + 2 = 0$

また, ベクトルの長さ $||\boldsymbol{a}|| = \sqrt{{a_1}^2 + {a_2}^2}$ や2つのベクトル $\boldsymbol{a}$, $\boldsymbol{b}$ のなす角 θ の余弦 $\cos\theta$ が, 内積を用いて

$$||\boldsymbol{a}|| = \sqrt{(\boldsymbol{a}, \boldsymbol{a})}, \quad \cos\theta = \frac{(\boldsymbol{a}, \boldsymbol{b})}{||\boldsymbol{a}||\,||\boldsymbol{b}||}$$

と表される. 本節ではこれらを n 次ベクトルに拡張する.

注意　高校数学では内積を $\boldsymbol{a} \cdot \boldsymbol{b}$ で表し, 長さを $|\boldsymbol{a}|$ で表したが, 本書ではそれぞれ記号

$$(\boldsymbol{a}, \boldsymbol{b}), \quad ||\boldsymbol{a}||$$

を用いる.

$\boldsymbol{n}$ 次ベクトルの内積　n 次ベクトルに対して内積を次のように定義する.

定義 (内積)　n 次ベクトル $\boldsymbol{a} = \begin{bmatrix} a_1 \\ a_2 \\ \vdots \\ a_n \end{bmatrix}$, $\boldsymbol{b} = \begin{bmatrix} b_1 \\ b_2 \\ \vdots \\ b_n \end{bmatrix}$ に対して, **内積** $(\boldsymbol{a}, \boldsymbol{b})$ を

$$(\boldsymbol{a}, \boldsymbol{b}) = a_1 b_1 + a_2 b_2 + \cdots + a_n b_n$$

で定義する.

行列の積を用いると $(\boldsymbol{a}, \boldsymbol{b}) = {}^t\boldsymbol{a}\boldsymbol{b}$ である.

例 2.　$\boldsymbol{a} = \begin{bmatrix} 1 \\ -2 \\ \sqrt{3} \\ 4 \end{bmatrix}$, $\boldsymbol{b} = \begin{bmatrix} 2 \\ 0 \\ \sqrt{3} \\ -1 \end{bmatrix}$ に対して, $(\boldsymbol{a}, \boldsymbol{b}) = 2 + 0 + 3 - 4 = 1$.

内積は次の性質をもつ.

定理 17.1　内積 $(\boldsymbol{a}, \boldsymbol{b})$ は次を満たす.

(i)　$(\boldsymbol{a} + \boldsymbol{a}', \boldsymbol{b}) = (\boldsymbol{a}, \boldsymbol{b}) + (\boldsymbol{a}', \boldsymbol{b})$.

(ii)　$(c\,\boldsymbol{a}, \boldsymbol{b}) = c(\boldsymbol{a}, \boldsymbol{b})$　(c は実数).

(iii)　$(\boldsymbol{b}, \boldsymbol{a}) = (\boldsymbol{a}, \boldsymbol{b})$.

(iv)　$(\boldsymbol{a}, \boldsymbol{a}) \geqq 0$,　特に $\boldsymbol{a} \neq \boldsymbol{0}$ ならば $(\boldsymbol{a}, \boldsymbol{a}) > 0$.

性質 (iii) と (i), (ii) を組み合わせると, 次も成り立つことがわかる.

(i)′　$(\boldsymbol{a}, \boldsymbol{b} + \boldsymbol{b}') = (\boldsymbol{a}, \boldsymbol{b}) + (\boldsymbol{a}, \boldsymbol{b}')$.

(ii)′　$(\boldsymbol{a}, c\,\boldsymbol{b}) = c(\boldsymbol{a}, \boldsymbol{b})$.

証明　(i)　行列の積の性質より

$$(\boldsymbol{a} + \boldsymbol{a}', \boldsymbol{b}) = {}^t(\boldsymbol{a} + \boldsymbol{a}')\boldsymbol{b} = ({}^t\boldsymbol{a} + {}^t\boldsymbol{a}')\boldsymbol{b} = {}^t\boldsymbol{a}\boldsymbol{b} + {}^t\boldsymbol{a}'\boldsymbol{b} = (\boldsymbol{a}, \boldsymbol{b}) + (\boldsymbol{a}', \boldsymbol{b})$$

である. (ii) も同様.

(iii)　定義から明らかである.

(iv)　$(\boldsymbol{a}, \boldsymbol{a}) = {a_1}^2 + {a_2}^2 + \cdots + {a_n}^2$ より明らかである. (証明終)

ベクトルの長さ　n 次ベクトルについて, 長さを次のように定義する.

定義 (長さ)　n 次ベクトル $\boldsymbol{a} = \begin{bmatrix} a_1 \\ a_2 \\ \vdots \\ a_n \end{bmatrix}$ に対して

$$||\boldsymbol{a}|| = \sqrt{(\boldsymbol{a}, \boldsymbol{a})} = \sqrt{{a_1}^2 + {a_2}^2 + \cdots + {a_n}^2}$$

とおき, $\boldsymbol{a}$ の**長さ** (または**ノルム**) という.

例 3.　$\boldsymbol{a} = \begin{bmatrix} 1 \\ -2 \\ \sqrt{3} \\ 4 \end{bmatrix}, \boldsymbol{b} = \begin{bmatrix} 2 \\ 0 \\ \sqrt{3} \\ -1 \end{bmatrix}$ に対して,

$$||\boldsymbol{a}|| = \sqrt{1+4+3+16} = 2\sqrt{6}, \quad ||\boldsymbol{b}|| = \sqrt{4+0+3+1} = 2\sqrt{2}.$$

ベクトルの長さは次の性質をもつ.

定理 17.2　ベクトルの長さ $||\cdot||$ は次を満たす.
(i)　$||c\boldsymbol{a}|| = |c|\,||\boldsymbol{a}||$　(c は実数).
(ii)　$|(\boldsymbol{a}, \boldsymbol{b})| \leqq ||\boldsymbol{a}||\,||\boldsymbol{b}||$　(**コーシー・シュワルツの不等式**).
(iii)　$||\boldsymbol{a}+\boldsymbol{b}|| \leqq ||\boldsymbol{a}|| + ||\boldsymbol{b}||$　(**三角不等式**).

証明　(i)　$||c\boldsymbol{a}|| = \sqrt{(ca_1)^2 + \cdots + (ca_n)^2} = \sqrt{c^2({a_1}^2 + \cdots + {a_n}^2)} = |c|\,||\boldsymbol{a}||$.

(ii)　t を実数とするとき, ベクトル $t\boldsymbol{a}+\boldsymbol{b}$ の長さの 2 乗

$$||t\boldsymbol{a}+\boldsymbol{b}||^2 = (t\boldsymbol{a}+\boldsymbol{b}, t\boldsymbol{a}+\boldsymbol{b}) = ||\boldsymbol{a}||^2 t^2 + 2(\boldsymbol{a}, \boldsymbol{b})t + ||\boldsymbol{b}||^2$$

はつねに正または零である. したがって, 判別式 $= 4\{(\boldsymbol{a}, \boldsymbol{b})^2 - ||\boldsymbol{a}||^2||\boldsymbol{b}||^2\} \leqq 0$ つまり $(\boldsymbol{a}, \boldsymbol{b})^2 \leqq ||\boldsymbol{a}||^2||\boldsymbol{b}||^2$ であり, この式の平方根をとると (ii) となる.

(iii)　(ii) を用いると

$$\begin{aligned} ||\boldsymbol{a}+\boldsymbol{b}||^2 &= ||\boldsymbol{a}||^2 + 2(\boldsymbol{a}, \boldsymbol{b}) + ||\boldsymbol{b}||^2 \\ &\leqq ||\boldsymbol{a}||^2 + 2||\boldsymbol{a}||\,||\boldsymbol{b}|| + ||\boldsymbol{b}||^2 = (||\boldsymbol{a}|| + ||\boldsymbol{b}||)^2 \end{aligned}$$

であり, (iii) が成り立つ. (証明終)

ベクトルのなす角　零ベクトルでない 2 次ベクトル $\boldsymbol{a}$, $\boldsymbol{b}$ のなす角 θ の余弦 $\cos\theta$ は内積を用いて

$$\cos\theta = \frac{(\boldsymbol{a}, \boldsymbol{b})}{||\boldsymbol{a}||\,||\boldsymbol{b}||}$$

と表される．この式の右辺の量 $(\boldsymbol{a}, \boldsymbol{b})$, $||\boldsymbol{a}||$, $||\boldsymbol{b}||$ は n 次ベクトルについても定義されているから, この式で n 次ベクトルのなす角を定義することができる．

定義 (なす角)　零ベクトルでない n 次ベクトル $\boldsymbol{a} = \begin{bmatrix} a_1 \\ a_2 \\ \vdots \\ a_n \end{bmatrix}, \boldsymbol{b} = \begin{bmatrix} b_1 \\ b_2 \\ \vdots \\ b_n \end{bmatrix}$ に対して,

$$\cos\theta = \frac{(\boldsymbol{a}, \boldsymbol{b})}{||\boldsymbol{a}||\,||\boldsymbol{b}||} \quad \text{かつ} \quad 0 \leqq \theta \leqq \pi$$

を満たす角 θ をベクトル $\boldsymbol{a}$, $\boldsymbol{b}$ の**なす角**という．

コーシー・シュワルツの不等式より

$$-||\boldsymbol{a}||\,||\boldsymbol{b}|| \leqq (\boldsymbol{a}, \boldsymbol{b}) \leqq ||\boldsymbol{a}||\,||\boldsymbol{b}||, \quad \text{したがって} \quad -1 \leqq \frac{(\boldsymbol{a}, \boldsymbol{b})}{||\boldsymbol{a}||\,||\boldsymbol{b}||} \leqq 1$$

が成り立つから, ベクトルのなす角は零ベクトルでないどのような $\boldsymbol{a}$, $\boldsymbol{b}$ に対しても一意的に定まる．

例 4.　$\boldsymbol{a} = \begin{bmatrix} 1 \\ 2 \\ 0 \\ 1 \end{bmatrix}, \boldsymbol{b} = \begin{bmatrix} -1 \\ -1 \\ 1 \\ 0 \end{bmatrix}$ に対して

$$(\boldsymbol{a}, \boldsymbol{b}) = -1 - 2 + 0 + 0 = -3,$$
$$||\boldsymbol{a}|| = \sqrt{1+4+0+1} = \sqrt{6}, \quad ||\boldsymbol{b}|| = \sqrt{1+1+1+0} = \sqrt{3}$$

であるから, $\boldsymbol{a}$, $\boldsymbol{b}$ のなす角 θ は

$$\cos\theta = \frac{-3}{\sqrt{6}\sqrt{3}} = -\frac{1}{\sqrt{2}} \quad \text{かつ} \quad 0 \leqq \theta \leqq \pi$$

を満たし, $\theta = \dfrac{3}{4}\pi$ である．

ベクトルの直交 ベクトルの直交を次のように定義する.

定義 (直交) ベクトル $\boldsymbol{a}, \boldsymbol{b}$ が

$$(\boldsymbol{a}, \boldsymbol{b}) = 0$$

を満たすとき, $\boldsymbol{a}$ と $\boldsymbol{b}$ は**直交する**という.

零ベクトルでないベクトル $\boldsymbol{a}, \boldsymbol{b}$ が直交するとき, $\boldsymbol{a}, \boldsymbol{b}$ のなす角は $\dfrac{\pi}{2}$ である.

例 5. ベクトル $\boldsymbol{a} = \begin{bmatrix} 1 \\ 4 \\ 5 \end{bmatrix}$ と直交するベクトル $\boldsymbol{x} = \begin{bmatrix} x_1 \\ x_2 \\ x_3 \end{bmatrix}$ をすべて求めよう.
$\boldsymbol{x}$ が $\boldsymbol{a}$ と直交するとき

$$(\boldsymbol{a}, \boldsymbol{x}) = x_1 + 4x_2 + 5x_3 = 0$$

である. $x_2 = c_1$, $x_3 = c_2$ (c_1, c_2 は任意の実数) とおくと $x_1 = -4c_1 - 5c_2$ であり,

$$\boldsymbol{x} = c_1 \begin{bmatrix} -4 \\ 1 \\ 0 \end{bmatrix} + c_2 \begin{bmatrix} -5 \\ 0 \\ 1 \end{bmatrix} \quad (c_1,\ c_2 \text{ は任意の実数})$$

である.

直交性と 1 次独立性について, 次が成り立つ.

定理 17.3 零ベクトルでないベクトル $\boldsymbol{a}_1, \boldsymbol{a}_2, \cdots, \boldsymbol{a}_m$ が互いに直交するとき, $\boldsymbol{a}_1, \boldsymbol{a}_2, \cdots, \boldsymbol{a}_m$ は 1 次独立である.

証明 $c_1\boldsymbol{a}_1 + c_2\boldsymbol{a}_2 + \cdots + c_m\boldsymbol{a}_m = \boldsymbol{0}$ とする. この両辺と $\boldsymbol{a}_1$ との内積をとると

$$c_1(\boldsymbol{a}_1, \boldsymbol{a}_1) + c_2(\boldsymbol{a}_2, \boldsymbol{a}_1) + \cdots + c_m(\boldsymbol{a}_m, \boldsymbol{a}_1) = (\boldsymbol{0}, \boldsymbol{a}_1) \quad \text{より} \quad c_1||\boldsymbol{a}_1||^2 = 0$$

であり, $||\boldsymbol{a}_1|| \neq 0$ より $c_1 = 0$ である. 同様に, $\boldsymbol{a}_2, \cdots, \boldsymbol{a}_m$ との内積をとることにより $c_2 = 0, \cdots, c_m = 0$ であることもわかり, 1 次独立である. (証明終)

演習問題

問題 17.1 次の2つのベクトルの内積を求めよ.

(1) $\boldsymbol{a} = \begin{bmatrix} 1 \\ -2 \\ 3 \end{bmatrix}, \ \boldsymbol{b} = \begin{bmatrix} 5 \\ 3 \\ -1 \end{bmatrix}$　　(2) $\boldsymbol{a} = \begin{bmatrix} 1 \\ \sqrt{2} \\ \sqrt{3} \\ \sqrt{6} \end{bmatrix}, \ \boldsymbol{b} = \begin{bmatrix} \sqrt{6} \\ 2\sqrt{3} \\ -3\sqrt{2} \\ 4 \end{bmatrix}$

問題 17.2 次のベクトルの長さを求めよ.

(1) $\boldsymbol{a} = \begin{bmatrix} 4 \\ -1 \\ 8 \end{bmatrix}$　　(2) $\boldsymbol{b} = \begin{bmatrix} 1 \\ 2 \\ -2 \\ 4 \end{bmatrix}$　　(3) $\boldsymbol{c} = \begin{bmatrix} 3 \\ 5 \\ \sqrt{6} \\ 9 \end{bmatrix}$

問題 17.3 次の2つのベクトルのなす角を求めよ.

(1) $\boldsymbol{a} = \begin{bmatrix} 2 \\ 1 \\ -1 \\ 0 \end{bmatrix}, \ \boldsymbol{b} = \begin{bmatrix} 1 \\ 1 \\ -3 \\ -1 \end{bmatrix}$　　(2) $\boldsymbol{a} = \begin{bmatrix} 1 \\ \sqrt{2} \\ -2 \\ 3 \end{bmatrix}, \ \boldsymbol{b} = \begin{bmatrix} -1 \\ 2 \\ \sqrt{2} \\ -5 \end{bmatrix}$

問題 17.4 ベクトル $\boldsymbol{a} = \begin{bmatrix} \alpha \\ -2 \\ 2 \end{bmatrix}, \boldsymbol{b} = \begin{bmatrix} 1 \\ \beta \\ 1 \end{bmatrix}, \boldsymbol{c} = \begin{bmatrix} 1 \\ -2 \\ \gamma \end{bmatrix}$ のどの2つも直交するように α, β, γ の値を定めよ.

問題 17.5 ベクトル $\boldsymbol{a} = \begin{bmatrix} 1 \\ -1 \\ -2 \end{bmatrix}, \boldsymbol{b} = \begin{bmatrix} 2 \\ -3 \\ 1 \end{bmatrix}$ の両方と直交するベクトルをすべて求めよ.

問題 17.6 次が成り立つことを示せ.

(1) $\boldsymbol{a}$ と $\boldsymbol{b}$ が直交 $\Leftrightarrow ||\boldsymbol{a}+\boldsymbol{b}||^2 = ||\boldsymbol{a}||^2 + ||\boldsymbol{b}||^2$

(2) $\boldsymbol{a}+\boldsymbol{b}$ と $\boldsymbol{a}-\boldsymbol{b}$ が直交 $\Leftrightarrow ||\boldsymbol{a}|| = ||\boldsymbol{b}||$

(3) $||\boldsymbol{a}+\boldsymbol{b}||^2 + ||\boldsymbol{a}-\boldsymbol{b}||^2 = 2(||\boldsymbol{a}||^2 + ||\boldsymbol{b}||^2)$

(4) $(\boldsymbol{a}, \boldsymbol{b}) = \dfrac{1}{4}(||\boldsymbol{a}+\boldsymbol{b}||^2 - ||\boldsymbol{a}-\boldsymbol{b}||^2)$

§18　正規直交基底

正規直交基底　$\boldsymbol{R}^n$ の基底で, 各ベクトルが互いに直交しているものを考えよう.

定義 (正規直交基底)　$\boldsymbol{R}^n$ の基底 $\{\boldsymbol{u}_1, \boldsymbol{u}_2, \cdots, \boldsymbol{u}_n\}$ が

$$(\boldsymbol{u}_i, \boldsymbol{u}_j) = \begin{cases} 1 & (i = j), \\ 0 & (i \neq j) \end{cases}$$

を満たすとき, $\{\boldsymbol{u}_1, \boldsymbol{u}_2, \cdots, \boldsymbol{u}_n\}$ を $\boldsymbol{R}^n$ の**正規直交基底**という.

定義の条件は, 次のことを意味する.

$(\boldsymbol{u}_i, \boldsymbol{u}_i) = 1$ より, $\boldsymbol{u}_i$ の長さ $\|\boldsymbol{u}_i\| = \sqrt{(\boldsymbol{u}_i, \boldsymbol{u}_i)} = 1$,
$(\boldsymbol{u}_i, \boldsymbol{u}_j) = 0$ より, $\boldsymbol{u}_i$ と $\boldsymbol{u}_j$ $(i \neq j)$ は直交する.

例 1. $\left\{\boldsymbol{e}_1 = \begin{bmatrix} 1 \\ 0 \end{bmatrix}, \boldsymbol{e}_2 = \begin{bmatrix} 0 \\ 1 \end{bmatrix}\right\}$ は $\boldsymbol{R}^2$ の正規直交基底である.

例 2. $\left\{\boldsymbol{u}_1 = \frac{1}{5}\begin{bmatrix} 3 \\ 4 \end{bmatrix}, \boldsymbol{u}_2 = \frac{1}{5}\begin{bmatrix} -4 \\ 3 \end{bmatrix}\right\}$ も $\boldsymbol{R}^2$ の正規直交基底である.

例 3. $\left\{\boldsymbol{e}_1 = \begin{bmatrix} 1 \\ 0 \\ 0 \end{bmatrix}, \boldsymbol{e}_2 = \begin{bmatrix} 0 \\ 1 \\ 0 \end{bmatrix}, \boldsymbol{e}_3 = \begin{bmatrix} 0 \\ 0 \\ 1 \end{bmatrix}\right\}$ は $\boldsymbol{R}^3$ の正規直交基底である.

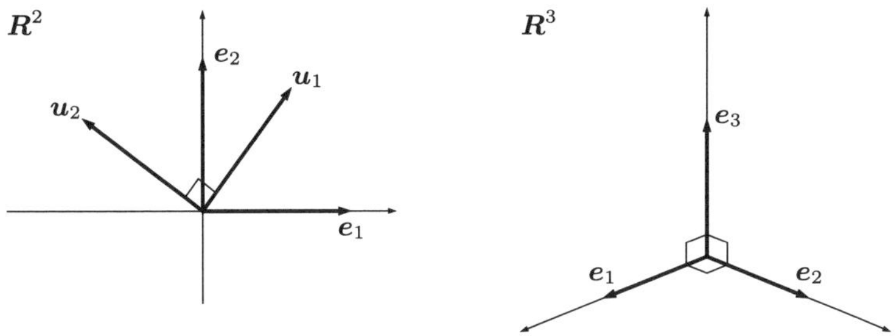

グラム・シュミットの正規直交化法 $\boldsymbol{R}^n$ の基底 $\{\boldsymbol{v}_1, \boldsymbol{v}_2, \cdots, \boldsymbol{v}_n\}$ が与えられたとき, それから次のようにして正規直交基底をつくることができる.

$\boldsymbol{R}^2$ の場合 基底 $\{\boldsymbol{v}_1, \boldsymbol{v}_2\}$ が与えられたとしよう.

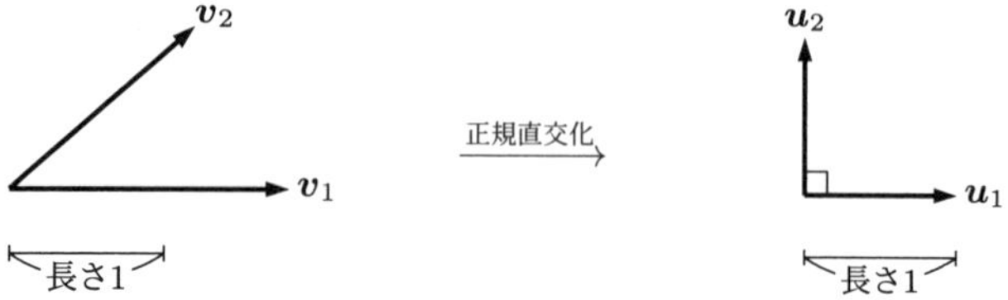

Step 1. まず $\boldsymbol{v}_1$ に適当な正の定数をかけて, 長さ 1 のベクトル $\boldsymbol{u}_1$ をつくる. 実際には長さで割って

$$\boldsymbol{u}_1 = \frac{1}{||\boldsymbol{v}_1||}\boldsymbol{v}_1$$

とすればよい.

Step 2a. 次に $\boldsymbol{v}_2$ から $\boldsymbol{u}_1$ と直交する成分を取り出そう. $\boldsymbol{v}_2$ から $\boldsymbol{u}_1$ の定数倍を引いた

$$\boldsymbol{v}_2{}' = \boldsymbol{v}_2 - c\boldsymbol{u}_1 \quad (c \text{ は定数})$$

が $\boldsymbol{u}_1$ と直交するためには

$$(\boldsymbol{v}_2{}', \boldsymbol{u}_1) = (\boldsymbol{v}_2, \boldsymbol{u}_1) - c(\boldsymbol{u}_1, \boldsymbol{u}_1) = (\boldsymbol{v}_2, \boldsymbol{u}_1) - c = 0$$

より $c = (\boldsymbol{v}_2, \boldsymbol{u}_1)$ であればよい. つまり, ベクトル

$$\boldsymbol{v}_2{}' = \boldsymbol{v}_2 - (\boldsymbol{v}_2, \boldsymbol{u}_1)\boldsymbol{u}_1$$

は $\boldsymbol{u}_1$ と直交する.

Step 2b. 最後に $\boldsymbol{v}_2{}'$ に適当な正の定数をかけて, 長さ 1 のベクトル $\boldsymbol{u}_2$ をつくる. $\boldsymbol{u}_1$ をつくったのと同様に

$$\boldsymbol{u}_2 = \frac{1}{||\boldsymbol{v}_2{}'||}\boldsymbol{v}_2{}'$$

とすればよい.

こうしてつくった $\{\boldsymbol{u}_1, \boldsymbol{u}_2\}$ は定理 17.3 より 1 次独立であり, したがって定理 15.3 より $\boldsymbol{R}^2$ の基底となる. すなわち, $\{\boldsymbol{u}_1, \boldsymbol{u}_2\}$ は $\boldsymbol{R}^2$ の正規直交基底である.

$\boldsymbol{R}^3$ の場合　基底 $\{\boldsymbol{v}_1, \boldsymbol{v}_2, \boldsymbol{v}_3\}$ が与えられたとしよう.

Step 1 – Step 2b. $\boldsymbol{R}^2$ の場合と同様にして, 2つのベクトル $\boldsymbol{v}_1$, $\boldsymbol{v}_2$ から互いに直交する長さ 1 のベクトル $\boldsymbol{u}_1$, $\boldsymbol{u}_2$ をつくる.

Step 3a. $\boldsymbol{v}_3$ から $\boldsymbol{u}_1$ および $\boldsymbol{u}_2$ と直交する成分を取り出そう. $\boldsymbol{v}_3$ から $\boldsymbol{u}_1$ の定数倍と $\boldsymbol{u}_2$ の定数倍を引いた

$$\boldsymbol{v}_3{}' = \boldsymbol{v}_3 - c_1\boldsymbol{u}_1 - c_2\boldsymbol{u}_2 \quad (c_1,\ c_2 \text{ は定数})$$

が $\boldsymbol{u}_1$, $\boldsymbol{u}_2$ と直交するためには

$$\begin{aligned}(\boldsymbol{v}_3{}', \boldsymbol{u}_1) &= (\boldsymbol{v}_3, \boldsymbol{u}_1) - c_1(\boldsymbol{u}_1, \boldsymbol{u}_1) - c_2(\boldsymbol{u}_2, \boldsymbol{u}_1) = (\boldsymbol{v}_3, \boldsymbol{u}_1) - c_1 = 0,\\ (\boldsymbol{v}_3{}', \boldsymbol{u}_2) &= (\boldsymbol{v}_3, \boldsymbol{u}_2) - c_1(\boldsymbol{u}_1, \boldsymbol{u}_2) - c_2(\boldsymbol{u}_2, \boldsymbol{u}_2) = (\boldsymbol{v}_3, \boldsymbol{u}_2) - c_2 = 0\end{aligned}$$

より $c_1 = (\boldsymbol{v}_3, \boldsymbol{u}_1)$, $c_2 = (\boldsymbol{v}_3, \boldsymbol{u}_2)$ であればよい. つまり, ベクトル

$$\boldsymbol{v}_3{}' = \boldsymbol{v}_3 - (\boldsymbol{v}_3, \boldsymbol{u}_1)\boldsymbol{u}_1 - (\boldsymbol{v}_3, \boldsymbol{u}_2)\boldsymbol{u}_2$$

は $\boldsymbol{u}_1$, $\boldsymbol{u}_2$ と直交する.

Step 3b. 最後に $\boldsymbol{v}_3{}'$ に適当な正の定数をかけて, 長さ 1 のベクトル $\boldsymbol{u}_3$ をつくる. $\boldsymbol{u}_1$, $\boldsymbol{u}_2$ をつくったのと同様に

$$\boldsymbol{u}_3 = \frac{1}{||\boldsymbol{v}_3{}'||}\boldsymbol{v}_3{}'$$

とすればよい.

こうしてつくった $\{\boldsymbol{u}_1, \boldsymbol{u}_2, \boldsymbol{u}_3\}$ は $\boldsymbol{R}^3$ の正規直交基底である.

$\boldsymbol{R}^n$ の場合　基底 $\{\boldsymbol{v}_1, \boldsymbol{v}_2, \cdots, \boldsymbol{v}_n\}$ から次のようにつくればよい.

$$\begin{aligned}
\boldsymbol{u}_1 &= \frac{1}{||\boldsymbol{v}_1||}\boldsymbol{v}_1,\\
\boldsymbol{u}_2 &= \frac{1}{||\boldsymbol{v}_2{}'||}\boldsymbol{v}_2{}', \quad \text{ここで } \boldsymbol{v}_2{}' = \boldsymbol{v}_2 - (\boldsymbol{v}_2, \boldsymbol{u}_1)\boldsymbol{u}_1,\\
\boldsymbol{u}_3 &= \frac{1}{||\boldsymbol{v}_3{}'||}\boldsymbol{v}_3{}', \quad \text{ここで } \boldsymbol{v}_3{}' = \boldsymbol{v}_3 - (\boldsymbol{v}_3, \boldsymbol{u}_1)\boldsymbol{u}_1 - (\boldsymbol{v}_3, \boldsymbol{u}_2)\boldsymbol{u}_2,\\
\boldsymbol{u}_4 &= \frac{1}{||\boldsymbol{v}_4{}'||}\boldsymbol{v}_4{}', \quad \text{ここで } \boldsymbol{v}_4{}' = \boldsymbol{v}_4 - (\boldsymbol{v}_4, \boldsymbol{u}_1)\boldsymbol{u}_1 - (\boldsymbol{v}_4, \boldsymbol{u}_2)\boldsymbol{u}_2 - (\boldsymbol{v}_4, \boldsymbol{u}_3)\boldsymbol{u}_3,\\
&\ \vdots\\
\boldsymbol{u}_n &= \frac{1}{||\boldsymbol{v}_n{}'||}\boldsymbol{v}_n{}', \quad \text{ここで } \boldsymbol{v}_n{}' = \boldsymbol{v}_n - (\boldsymbol{v}_n, \boldsymbol{u}_1)\boldsymbol{u}_1 - (\boldsymbol{v}_n, \boldsymbol{u}_2)\boldsymbol{u}_2\\
&\qquad\qquad\qquad\qquad\qquad - \cdots - (\boldsymbol{v}_n, \boldsymbol{u}_{n-1})\boldsymbol{u}_{n-1}.
\end{aligned}$$

例 4. $\boldsymbol{R}^3$ の基底 $\{\boldsymbol{v}_1 = \begin{bmatrix} 1 \\ 1 \\ 1 \end{bmatrix},\ \boldsymbol{v}_2 = \begin{bmatrix} 1 \\ 1 \\ 0 \end{bmatrix},\ \boldsymbol{v}_3 = \begin{bmatrix} 1 \\ 0 \\ 1 \end{bmatrix}\}$ から正規直交基底をつくろう.

まず, $||\boldsymbol{v}_1|| = \sqrt{3}$ より $\boldsymbol{u}_1 = \dfrac{1}{\sqrt{3}}\begin{bmatrix} 1 \\ 1 \\ 1 \end{bmatrix}$ である. 次に,

$$\boldsymbol{v}_2{}' = \begin{bmatrix} 1 \\ 1 \\ 0 \end{bmatrix} - \left(\begin{bmatrix} 1 \\ 1 \\ 0 \end{bmatrix},\ \frac{1}{\sqrt{3}}\begin{bmatrix} 1 \\ 1 \\ 1 \end{bmatrix}\right)\frac{1}{\sqrt{3}}\begin{bmatrix} 1 \\ 1 \\ 1 \end{bmatrix} = \begin{bmatrix} 1 \\ 1 \\ 0 \end{bmatrix} - \frac{2}{3}\begin{bmatrix} 1 \\ 1 \\ 1 \end{bmatrix} = \frac{1}{3}\begin{bmatrix} 1 \\ 1 \\ -2 \end{bmatrix}$$

であり, $||\boldsymbol{v}_2{}'|| = \dfrac{1}{3}\sqrt{1+1+4} = \dfrac{\sqrt{6}}{3}$ であるから

$$\boldsymbol{u}_2 = \frac{1}{\frac{\sqrt{6}}{3}} \cdot \frac{1}{3}\begin{bmatrix} 1 \\ 1 \\ -2 \end{bmatrix} = \frac{1}{\sqrt{6}}\begin{bmatrix} 1 \\ 1 \\ -2 \end{bmatrix}$$

である. さらに,

$$\boldsymbol{v}_3{}' = \begin{bmatrix} 1 \\ 0 \\ 1 \end{bmatrix} - \left(\begin{bmatrix} 1 \\ 0 \\ 1 \end{bmatrix},\ \frac{1}{\sqrt{3}}\begin{bmatrix} 1 \\ 1 \\ 1 \end{bmatrix}\right)\frac{1}{\sqrt{3}}\begin{bmatrix} 1 \\ 1 \\ 1 \end{bmatrix} - \left(\begin{bmatrix} 1 \\ 0 \\ 1 \end{bmatrix},\ \frac{1}{\sqrt{6}}\begin{bmatrix} 1 \\ 1 \\ -2 \end{bmatrix}\right)\frac{1}{\sqrt{6}}\begin{bmatrix} 1 \\ 1 \\ -2 \end{bmatrix}$$

$$= \begin{bmatrix} 1 \\ 0 \\ 1 \end{bmatrix} - \frac{2}{3}\begin{bmatrix} 1 \\ 1 \\ 1 \end{bmatrix} + \frac{1}{6}\begin{bmatrix} 1 \\ 1 \\ -2 \end{bmatrix} = \frac{1}{2}\begin{bmatrix} 1 \\ -1 \\ 0 \end{bmatrix}$$

であり, $||\boldsymbol{v}_3{}'|| = \dfrac{1}{2}\sqrt{1+1+0} = \dfrac{\sqrt{2}}{2}$ であるから

$$\boldsymbol{u}_3 = \frac{1}{\frac{\sqrt{2}}{2}} \cdot \frac{1}{2}\begin{bmatrix} 1 \\ -1 \\ 0 \end{bmatrix} = \frac{1}{\sqrt{2}}\begin{bmatrix} 1 \\ -1 \\ 0 \end{bmatrix}$$

である.

以上により, 正規直交基底

$$\{\boldsymbol{u}_1 = \frac{1}{\sqrt{3}}\begin{bmatrix} 1 \\ 1 \\ 1 \end{bmatrix},\ \boldsymbol{u}_2 = \frac{1}{\sqrt{6}}\begin{bmatrix} 1 \\ 1 \\ -2 \end{bmatrix},\ \boldsymbol{u}_3 = \frac{1}{\sqrt{2}}\begin{bmatrix} 1 \\ -1 \\ 0 \end{bmatrix}\}$$

が得られた.

正規直交基底による 1 次結合　あるベクトルを他のいくつかのベクトルの 1 次結合で表すとき, 一般には連立 1 次方程式を解かなければならない. しかし, 正規直交基底の 1 次結合で表す場合はその必要がなく, 1 次結合の係数は内積で与えられる.

簡単のため, 3 次の場合で説明しよう. 3 次ベクトル $\boldsymbol{x}$ が $\boldsymbol{R}^3$ の正規直交基底 $\{\boldsymbol{u}_1, \boldsymbol{u}_2, \boldsymbol{u}_3\}$ の 1 次結合により,

$$\boldsymbol{x} = c_1\boldsymbol{u}_1 + c_2\boldsymbol{u}_2 + c_3\boldsymbol{u}_3 \quad (c_1, c_2, c_3 \text{ は実数})$$

と表されたとしよう. この式と $\boldsymbol{u}_1$ との内積をとると

$$\begin{aligned}(\boldsymbol{u}_1, \boldsymbol{x}) &= (\boldsymbol{u}_1, c_1\boldsymbol{u}_1 + c_2\boldsymbol{u}_2 + c_3\boldsymbol{u}_3) \\ &= c_1(\boldsymbol{u}_1, \boldsymbol{u}_1) + c_2(\boldsymbol{u}_1, \boldsymbol{u}_2) + c_3(\boldsymbol{u}_1, \boldsymbol{u}_3)\end{aligned}$$

であり, $(\boldsymbol{u}_1, \boldsymbol{u}_1) = 1$, $(\boldsymbol{u}_1, \boldsymbol{u}_2) = (\boldsymbol{u}_1, \boldsymbol{u}_3) = 0$ であるから,

$$c_1 = (\boldsymbol{u}_1, \boldsymbol{x})$$

である. 同様に, $\boldsymbol{u}_2$, $\boldsymbol{u}_3$ との内積をとることにより,

$$c_2 = (\boldsymbol{u}_2, \boldsymbol{x}), \quad c_3 = (\boldsymbol{u}_3, \boldsymbol{x})$$

であり, 1 次結合の係数は内積で与えられることがわかる.

例 5.　$\boldsymbol{x} = \begin{bmatrix} 1 \\ 2 \\ 3 \end{bmatrix}$ を例 4 で求めた正規直交基底 $\{\boldsymbol{u}_1, \boldsymbol{u}_2, \boldsymbol{u}_3\}$ の 1 次結合で表そう.

$$(\boldsymbol{u}_1, \boldsymbol{x}) = \left(\frac{1}{\sqrt{3}} \begin{bmatrix} 1 \\ 1 \\ 1 \end{bmatrix}, \begin{bmatrix} 1 \\ 2 \\ 3 \end{bmatrix} \right) = \frac{6}{\sqrt{3}} = 2\sqrt{3},$$

$$(\boldsymbol{u}_2, \boldsymbol{x}) = \left(\frac{1}{\sqrt{6}} \begin{bmatrix} 1 \\ 1 \\ -2 \end{bmatrix}, \begin{bmatrix} 1 \\ 2 \\ 3 \end{bmatrix} \right) = \frac{-3}{\sqrt{6}} = -\frac{\sqrt{6}}{2},$$

$$(\boldsymbol{u}_3, \boldsymbol{x}) = \left(\frac{1}{\sqrt{2}} \begin{bmatrix} 1 \\ -1 \\ 0 \end{bmatrix}, \begin{bmatrix} 1 \\ 2 \\ 3 \end{bmatrix} \right) = \frac{-1}{\sqrt{2}} = -\frac{\sqrt{2}}{2}$$

より,

$$\boldsymbol{x} = 2\sqrt{3}\,\boldsymbol{u}_1 - \frac{\sqrt{6}}{2}\,\boldsymbol{u}_2 - \frac{\sqrt{2}}{2}\,\boldsymbol{u}_3$$

である.

外積 ここでは3次ベクトルのみを扱う．ベクトルは行ベクトルとし，内積を記号 “$\cdot$” で表す．ベクトル $\vec{\boldsymbol{a}} = [a_1 \quad a_2 \quad a_3]$, $\vec{\boldsymbol{b}} = [b_1 \quad b_2 \quad b_3]$ に対して，行列式

$$\begin{vmatrix} x & y & z \\ a_1 & a_2 & a_3 \\ b_1 & b_2 & b_3 \end{vmatrix} = x\begin{vmatrix} a_2 & a_3 \\ b_2 & b_3 \end{vmatrix} - y\begin{vmatrix} a_1 & a_3 \\ b_1 & b_3 \end{vmatrix} + z\begin{vmatrix} a_1 & a_2 \\ b_1 & b_2 \end{vmatrix} \tag{18.1}$$

を考えよう．右辺は内積を用いると

$$[x \quad y \quad z]\cdot\left[\begin{vmatrix} a_2 & a_3 \\ b_2 & b_3 \end{vmatrix} \quad -\begin{vmatrix} a_1 & a_3 \\ b_1 & b_3 \end{vmatrix} \quad \begin{vmatrix} a_1 & a_2 \\ b_1 & b_2 \end{vmatrix}\right]$$

と表される．

定義 (外積) 3次ベクトル $\vec{\boldsymbol{a}} = [a_1 \quad a_2 \quad a_3]$, $\vec{\boldsymbol{b}} = [b_1 \quad b_2 \quad b_3]$ に対して，

$$3\text{次ベクトル} \quad \left[\begin{vmatrix} a_2 & a_3 \\ b_2 & b_3 \end{vmatrix} \quad -\begin{vmatrix} a_1 & a_3 \\ b_1 & b_3 \end{vmatrix} \quad \begin{vmatrix} a_1 & a_2 \\ b_1 & b_2 \end{vmatrix}\right]$$

を $\vec{\boldsymbol{a}}$ と $\vec{\boldsymbol{b}}$ の**外積**といい，記号 $\vec{\boldsymbol{a}} \times \vec{\boldsymbol{b}}$ で表す．

例6. $\vec{\boldsymbol{a}} = [1 \quad 2 \quad 3]$, $\vec{\boldsymbol{b}} = [-2 \quad -1 \quad 4]$ のとき，

$$\vec{\boldsymbol{a}} \times \vec{\boldsymbol{b}} = \left[\begin{vmatrix} 2 & 3 \\ -1 & 4 \end{vmatrix} \quad -\begin{vmatrix} 1 & 3 \\ -2 & 4 \end{vmatrix} \quad \begin{vmatrix} 1 & 2 \\ -2 & -1 \end{vmatrix}\right] = [11 \quad -10 \quad 3].$$

等式 (18.1) において，$x = a_1$, $y = a_2$, $z = a_3$ とし，行列式の性質を用いると

$$[a_1 \quad a_2 \quad a_3]\cdot\left[\begin{vmatrix} a_2 & a_3 \\ b_2 & b_3 \end{vmatrix} \quad -\begin{vmatrix} a_1 & a_3 \\ b_1 & b_3 \end{vmatrix} \quad \begin{vmatrix} a_1 & a_2 \\ b_1 & b_2 \end{vmatrix}\right] = \begin{vmatrix} a_1 & a_2 & a_3 \\ a_1 & a_2 & a_3 \\ b_1 & b_2 & b_3 \end{vmatrix} = 0$$

が成り立つ．これはベクトル $\vec{\boldsymbol{a}}$ とベクトル $\vec{\boldsymbol{a}} \times \vec{\boldsymbol{b}}$ が直交していることを示している．同様に，$x = b_1$, $y = b_2$, $z = b_3$ とするとベクトル $\vec{\boldsymbol{a}} \times \vec{\boldsymbol{b}}$ はベクトル $\vec{\boldsymbol{b}}$ とも直交していることがわかる．

ベクトル $\vec{\boldsymbol{a}} \times \vec{\boldsymbol{b}}$ の向きは，$\vec{\boldsymbol{a}}$ をなす角 θ だけ回転して $\vec{\boldsymbol{b}}$ に重ねたとき右ネジの進む方向である．また，次ページで示すように，$\vec{\boldsymbol{a}} \times \vec{\boldsymbol{b}}$ の大きさは $\vec{\boldsymbol{a}}$ と $\vec{\boldsymbol{b}}$ を2辺とする平行四辺形の面積に等しい．

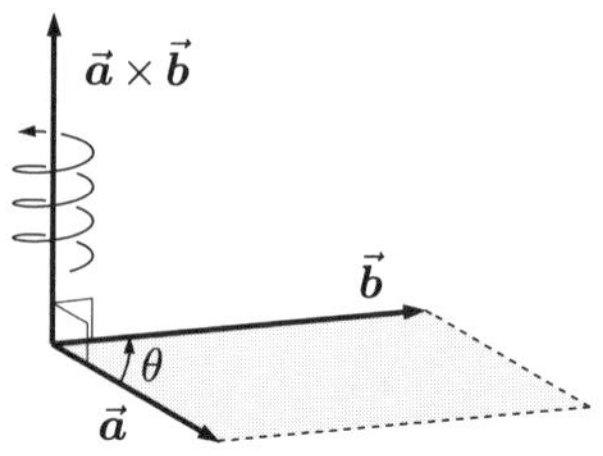

基本ベクトルを

$$\vec{\boldsymbol{i}} = [1 \quad 0 \quad 0], \quad \vec{\boldsymbol{j}} = [0 \quad 1 \quad 0], \quad \vec{\boldsymbol{k}} = [0 \quad 0 \quad 1]$$

と表すとき, 形式的に

$$\vec{\boldsymbol{a}} \times \vec{\boldsymbol{b}} = \begin{vmatrix} \vec{\boldsymbol{i}} & \vec{\boldsymbol{j}} & \vec{\boldsymbol{k}} \\ a_1 & a_2 & a_3 \\ b_1 & b_2 & b_3 \end{vmatrix} = \begin{vmatrix} a_2 & a_3 \\ b_2 & b_3 \end{vmatrix} \vec{\boldsymbol{i}} - \begin{vmatrix} a_1 & a_3 \\ b_1 & b_3 \end{vmatrix} \vec{\boldsymbol{j}} + \begin{vmatrix} a_1 & a_2 \\ b_1 & b_2 \end{vmatrix} \vec{\boldsymbol{k}}$$

と書くとおぼえやすい.

定理 18.1　外積 $\vec{\boldsymbol{a}} \times \vec{\boldsymbol{b}}$ は次の性質を満たす.

(i) $(\vec{\boldsymbol{a}} + \vec{\boldsymbol{b}}) \times \vec{\boldsymbol{c}} = \vec{\boldsymbol{a}} \times \vec{\boldsymbol{c}} + \vec{\boldsymbol{b}} \times \vec{\boldsymbol{c}}, \quad \vec{\boldsymbol{a}} \times (\vec{\boldsymbol{b}} + \vec{\boldsymbol{c}}) = \vec{\boldsymbol{a}} \times \vec{\boldsymbol{b}} + \vec{\boldsymbol{a}} \times \vec{\boldsymbol{c}}$.

(ii) $(c\,\vec{\boldsymbol{a}}) \times \vec{\boldsymbol{b}} = c\,(\vec{\boldsymbol{a}} \times \vec{\boldsymbol{b}}), \quad \vec{\boldsymbol{a}} \times (c\,\vec{\boldsymbol{b}}) = c\,(\vec{\boldsymbol{a}} \times \vec{\boldsymbol{b}})$　(c は実数).

(iii) $\vec{\boldsymbol{b}} \times \vec{\boldsymbol{a}} = -(\vec{\boldsymbol{a}} \times \vec{\boldsymbol{b}})$.

(iv) $\vec{\boldsymbol{a}} \times \vec{\boldsymbol{a}} = \vec{\boldsymbol{0}}$.

(v) $||\vec{\boldsymbol{a}} \times \vec{\boldsymbol{b}}|| = ||\vec{\boldsymbol{a}}||\,||\vec{\boldsymbol{b}}|| \sin\theta$　(θ は $\vec{\boldsymbol{a}}$ と $\vec{\boldsymbol{b}}$ のなす角).

証明　(i)–(iv)　いずれも外積の定義と行列式の性質から容易に証明できる.
$\vec{\boldsymbol{a}} \times \vec{\boldsymbol{b}} = \begin{vmatrix} \vec{\boldsymbol{i}} & \vec{\boldsymbol{j}} & \vec{\boldsymbol{k}} \\ a_1 & a_2 & a_3 \\ b_1 & b_2 & b_3 \end{vmatrix}$ を用いると考えやすい.

(v) $\vec{\boldsymbol{a}} \times \vec{\boldsymbol{b}}, \vec{\boldsymbol{a}}, \vec{\boldsymbol{b}}$ の成分から直接計算することにより

$$||\vec{\boldsymbol{a}} \times \vec{\boldsymbol{b}}||^2 = ||\vec{\boldsymbol{a}}||^2||\vec{\boldsymbol{b}}||^2 - (\vec{\boldsymbol{a}}, \vec{\boldsymbol{b}})^2$$

が成り立つことがわかる. $(\vec{\boldsymbol{a}}, \vec{\boldsymbol{b}}) = ||\vec{\boldsymbol{a}}||\,||\vec{\boldsymbol{b}}|| \cos\theta$ を用いると

$$\begin{aligned} ||\vec{\boldsymbol{a}} \times \vec{\boldsymbol{b}}||^2 &= ||\vec{\boldsymbol{a}}||^2||\vec{\boldsymbol{b}}||^2(1 - \cos^2\theta) \\ &= ||\vec{\boldsymbol{a}}||^2||\vec{\boldsymbol{b}}||^2 \sin^2\theta \end{aligned}$$

であり, $\sin\theta \geqq 0$ $(0 \leqq \theta \leqq \pi)$ であるから (v) が成り立つ. (証明終)

(v) の右辺 $||\vec{\boldsymbol{a}}||\,||\vec{\boldsymbol{b}}|| \sin\theta$ は $\vec{\boldsymbol{a}}$ と $\vec{\boldsymbol{b}}$ を 2 辺とする平行四辺形の面積 ($\vec{\boldsymbol{a}}$ と $\vec{\boldsymbol{b}}$ を 2 辺とする三角形の面積の 2 倍) を表す.

演習問題

問題 18.1 次の $\boldsymbol{R}^2$, $\boldsymbol{R}^3$, または $\boldsymbol{R}^4$ の基底から正規直交基底をつくれ.

(1) $\left\{\begin{bmatrix}1\\2\end{bmatrix},\ \begin{bmatrix}4\\3\end{bmatrix}\right\}$　　(2) $\left\{\begin{bmatrix}3\\4\end{bmatrix},\ \begin{bmatrix}-2\\4\end{bmatrix}\right\}$

(3) $\left\{\begin{bmatrix}1\\1\\1\end{bmatrix},\ \begin{bmatrix}2\\0\\1\end{bmatrix},\ \begin{bmatrix}4\\0\\-1\end{bmatrix}\right\}$　　(4) $\left\{\begin{bmatrix}1\\1\\0\end{bmatrix},\ \begin{bmatrix}2\\2\\1\end{bmatrix},\ \begin{bmatrix}1\\0\\1\end{bmatrix}\right\}$

(5) $\left\{\begin{bmatrix}1\\2\\-1\end{bmatrix},\ \begin{bmatrix}3\\1\\1\end{bmatrix},\ \begin{bmatrix}6\\7\\8\end{bmatrix}\right\}$　　(6) $\left\{\begin{bmatrix}1\\2\\2\end{bmatrix},\ \begin{bmatrix}1\\0\\1\end{bmatrix},\ \begin{bmatrix}1\\0\\0\end{bmatrix}\right\}$

(7) $\left\{\begin{bmatrix}1\\1\\1\\1\end{bmatrix},\ \begin{bmatrix}1\\1\\0\\0\end{bmatrix},\ \begin{bmatrix}2\\1\\0\\1\end{bmatrix},\ \begin{bmatrix}0\\0\\1\\3\end{bmatrix}\right\}$

問題 18.2 次のベクトル $\boldsymbol{a}$ を, 括弧内で指定された正規直交基底の 1 次結合で表せ.

(1) $\boldsymbol{a}=\begin{bmatrix}2\\1\\3\end{bmatrix},\ \left\{\boldsymbol{u}_1=\dfrac{1}{3}\begin{bmatrix}1\\2\\2\end{bmatrix},\ \boldsymbol{u}_2=\dfrac{1}{3}\begin{bmatrix}2\\-2\\1\end{bmatrix},\ \boldsymbol{u}_3=\dfrac{1}{3}\begin{bmatrix}2\\1\\-2\end{bmatrix}\right\}$

(2) $\boldsymbol{a}=\begin{bmatrix}1\\2\\3\\5\end{bmatrix},\ \left\{\boldsymbol{u}_1=\dfrac{1}{2}\begin{bmatrix}1\\1\\1\\1\end{bmatrix},\ \boldsymbol{u}_2=\dfrac{1}{2}\begin{bmatrix}1\\1\\-1\\-1\end{bmatrix},\ \boldsymbol{u}_3=\dfrac{1}{2}\begin{bmatrix}1\\-1\\-1\\1\end{bmatrix},\ \boldsymbol{u}_4=\dfrac{1}{2}\begin{bmatrix}-1\\1\\-1\\1\end{bmatrix}\right\}$

問題 18.3 O を原点とする座標空間内の次の 2 点 A, B について, 外積 $\overrightarrow{\mathrm{OA}}\times\overrightarrow{\mathrm{OB}}$ を求めよ. さらに, 三角形 OAB の面積 S を求めよ.

(1) A$(1,2,-3)$,　B$(3,-1,5)$　　(2) A$(3,0,1)$,　B$(6,-2,5)$

問題 18.4 $\vec{\boldsymbol{a}}=[1\ \ -2\ \ 2]$, $\vec{\boldsymbol{b}}=[3\ \ 3\ \ 6]$ とするとき, $\vec{\boldsymbol{a}}\times\vec{\boldsymbol{b}}$ を求めよ. さらに, $\{\vec{\boldsymbol{a}},\ \vec{\boldsymbol{b}},\ \vec{\boldsymbol{a}}\times\vec{\boldsymbol{b}}\}$ から $\boldsymbol{R}^3$ の正規直交基底をつくれ.

第7章 行列の対角化

§19　2次正方行列の固有値・固有ベクトル

導入　まず, 次の問題を考えよう.

問題　(1) $A = \begin{bmatrix} 7 & -6 \\ 1 & 2 \end{bmatrix}$, $P = \begin{bmatrix} 2 & 3 \\ 1 & 1 \end{bmatrix}$ とするとき, $B = P^{-1}AP$ を求めよ.

(2) (1) の結果を利用して, A^4 を求めよ.

解　(1) $P^{-1} = \dfrac{1}{2 \cdot 1 - 3 \cdot 1}\begin{bmatrix} 1 & -3 \\ -1 & 2 \end{bmatrix} = \begin{bmatrix} -1 & 3 \\ 1 & -2 \end{bmatrix}$ より

$$B = \begin{bmatrix} -1 & 3 \\ 1 & -2 \end{bmatrix}\begin{bmatrix} 7 & -6 \\ 1 & 2 \end{bmatrix}\begin{bmatrix} 2 & 3 \\ 1 & 1 \end{bmatrix} = \begin{bmatrix} -4 & 12 \\ 5 & -10 \end{bmatrix}\begin{bmatrix} 2 & 3 \\ 1 & 1 \end{bmatrix} = \begin{bmatrix} 4 & 0 \\ 0 & 5 \end{bmatrix}.$$

(2) $A = PBP^{-1}$ であり, $A^4 = PBP^{-1}PBP^{-1}PBP^{-1}PBP^{-1} = PB^4P^{-1}$ が成り立つ. $B^4 = \begin{bmatrix} 4 & 0 \\ 0 & 5 \end{bmatrix}^4 = \begin{bmatrix} 4^4 & 0 \\ 0 & 5^4 \end{bmatrix} = \begin{bmatrix} 256 & 0 \\ 0 & 625 \end{bmatrix}$ であるから,

$$A^4 = \begin{bmatrix} 2 & 3 \\ 1 & 1 \end{bmatrix}\begin{bmatrix} 256 & 0 \\ 0 & 625 \end{bmatrix}\begin{bmatrix} -1 & 3 \\ 1 & -2 \end{bmatrix} = \begin{bmatrix} 1363 & -2214 \\ 369 & -482 \end{bmatrix}$$

である. (解終)

この問題は A^4 を求めるのが目標であるが, そのために $B = P^{-1}AP$ を求め, 利用した. 正方行列 A から対角行列 $B = P^{-1}AP$ を求めることを A を**対角化する**という. 本節と次節では, 2次正方行列の対角化について調べる.

固有値と固有ベクトル 前ページの問題では行列 A のみでなく, 行列 P も与えられていたが, 与えられた行列が A のみであるとき, 行列 P はどのように求めればよいのだろうか.

$P^{-1}AP = B$ により対角化したが, この式に左から P をかけると

$$AP = PB, \quad \text{つまり} \quad \begin{bmatrix} 7 & -6 \\ 1 & 2 \end{bmatrix}\begin{bmatrix} 2 & 3 \\ 1 & 1 \end{bmatrix} = \begin{bmatrix} 2 & 3 \\ 1 & 1 \end{bmatrix}\begin{bmatrix} 4 & 0 \\ 0 & 5 \end{bmatrix} \tag{19.1}$$

が得られる. ここで右辺は

$$\begin{bmatrix} 2 & 3 \\ 1 & 1 \end{bmatrix}\begin{bmatrix} 4 & 0 \\ 0 & 5 \end{bmatrix} = \begin{bmatrix} 4\cdot 2 & 5\cdot 3 \\ 4\cdot 1 & 5\cdot 1 \end{bmatrix}$$

であるから, (19.1) を列ごとに書くと

$$\text{第 1 列} \quad \begin{bmatrix} 7 & -6 \\ 1 & 2 \end{bmatrix}\begin{bmatrix} 2 \\ 1 \end{bmatrix} = \begin{bmatrix} 4\cdot 2 \\ 4\cdot 1 \end{bmatrix} = 4\begin{bmatrix} 2 \\ 1 \end{bmatrix},$$

$$\text{第 2 列} \quad \begin{bmatrix} 7 & -6 \\ 1 & 2 \end{bmatrix}\begin{bmatrix} 3 \\ 1 \end{bmatrix} = \begin{bmatrix} 5\cdot 3 \\ 5\cdot 1 \end{bmatrix} = 5\begin{bmatrix} 3 \\ 1 \end{bmatrix}$$

である. このように書くと P を構成しているベクトル $\begin{bmatrix} 2 \\ 1 \end{bmatrix}, \begin{bmatrix} 3 \\ 1 \end{bmatrix}$ が特別なベクトルであることがわかる. つまり, これらのベクトルについては

$$\text{行列 } A \text{ をかける} \quad \Leftrightarrow \quad \text{ある定数をかける}$$

となっている. このようなベクトルは一般の 2 次正方行列に対しても考えることができる.

定義 (固有値・固有ベクトル) 2 次正方行列 A に対し

$$A\boldsymbol{x} = \lambda\boldsymbol{x}, \quad \boldsymbol{x} \neq \boldsymbol{0}$$

を満たす数 λ と 2 次ベクトル $\boldsymbol{x}$ が存在するとき, λ を行列 A の**固有値**といい, $\boldsymbol{x}$ を固有値 λ に関する A の**固有ベクトル**という.

固有値・固有ベクトル (および対角化) は n 次正方行列で考えられるが, まずは 2 次正方行列に限定して考察する. また, 固有値や固有ベクトルは複素数の範囲で考えることとする.

固有値の求め方　固有値を定義している式 $A\boldsymbol{x} = \lambda\boldsymbol{x}$ は

$$(A - \lambda E)\boldsymbol{x} = \boldsymbol{0} \tag{19.2}$$

と書き換えることができる．実際，

$$\begin{aligned} A\boldsymbol{x} = \lambda\boldsymbol{x} \ &\Leftrightarrow \ A\boldsymbol{x} - \lambda\boldsymbol{x} = \boldsymbol{0} \\ &\Leftrightarrow \ A\boldsymbol{x} - \lambda E\boldsymbol{x} = \boldsymbol{0} \\ &\Leftrightarrow \ (A - \lambda E)\boldsymbol{x} = \boldsymbol{0} \end{aligned}$$

と変形すればよい．

(19.2) は $\boldsymbol{x}$ に対する同次連立 1 次方程式とみなすことができる．λ が固有値で，$\boldsymbol{x}$ が固有ベクトルならば，連立方程式 (19.2) が $\boldsymbol{0}$ でない解をもつことになるので，λ が固有値であるための必要十分条件は

$$\begin{aligned} \lambda \text{ が } A \text{ の固有値} \ &\Leftrightarrow \ (A - \lambda E)\boldsymbol{x} = \boldsymbol{0} \text{ が } \boldsymbol{0} \text{ でない解 } \boldsymbol{x} \text{ をもつ} \\ &\Leftrightarrow \ |A - \lambda E| = 0 \end{aligned}$$

となる．ここで「$\boldsymbol{0}$ でない解 $\boldsymbol{x}$」が固有ベクトルである．

2 次正方行列 $A = \begin{bmatrix} a_{11} & a_{12} \\ a_{21} & a_{22} \end{bmatrix}$ に対して，t を変数として

$$\begin{aligned} g_A(t) &= |A - tE| \\ &= \begin{vmatrix} a_{11} - t & a_{12} \\ a_{21} & a_{22} - t \end{vmatrix} \end{aligned}$$

とおこう．この行列式は計算すると t の 2 次多項式になるが，これを行列 A の**固有多項式**といい，2 次方程式 $g_A(t) = 0$ を行列 A の**固有方程式**という．これを用いて，固有値は次のように求めることができる．

固有値の求め方

① 固有多項式 $g_A(t) = |A - tE|$ を計算する．

② 固有方程式 $g_A(t) = 0$ を解くと，その解が固有値である．

一般に，複素数の範囲では 2 次方程式は，重解を 2 個と数えると，2 個の解をもつことに注意しよう．

例 1. $A = \begin{bmatrix} 7 & -6 \\ 1 & 2 \end{bmatrix}$ の固有値を求めよう.

$$g_A(t) = \left| \begin{bmatrix} 7 & -6 \\ 1 & 2 \end{bmatrix} - t \begin{bmatrix} 1 & 0 \\ 0 & 1 \end{bmatrix} \right| = \begin{vmatrix} 7-t & -6 \\ 1 & 2-t \end{vmatrix}$$
$$= (7-t)(2-t) - (-6) \cdot 1 = t^2 - 9t + 20$$

であるから,

$$t^2 - 9t + 20 = 0, \quad \text{因数分解して} \quad (t-4)(t-5) = 0$$

を解いて, A の固有値は 4 と 5 である.

例 2. $A = \begin{bmatrix} 2 & -1 \\ 1 & 4 \end{bmatrix}$ の固有値を求めよう.

$$g_A(t) = \left| \begin{bmatrix} 2 & -1 \\ 1 & 4 \end{bmatrix} - t \begin{bmatrix} 1 & 0 \\ 0 & 1 \end{bmatrix} \right| = \begin{vmatrix} 2-t & -1 \\ 1 & 4-t \end{vmatrix}$$
$$= (2-t)(4-t) - 1 \cdot (-1) = t^2 - 6t + 9 = (t-3)^2$$

であるから,

$$(t-3)^2 = 0$$

を解いて, A の固有値は 3 である.

例 2 では固有方程式 $g_A(t) = 0$ が重解をもっている. 一般に, 固有値の重複度を次のように定義する.

定義 (重複度) 行列 A の固有値 λ が固有方程式 $g_A(t) = 0$ の重解であるとき, つまり, 固有多項式 $g_A(t)$ が

$$g_A(t) = (t - \lambda)^2$$

と因数分解されるとき, 固有値 λ の**重複度は 2** であるという.

固有値を求めるときは, 重複度も示しておくのがよい. 例 2 についても

$$A = \begin{bmatrix} 2 & -1 \\ 1 & 4 \end{bmatrix} \text{ の固有値は } 3 \text{ (重複度 } 2\text{)}$$

とするのがよい.

固有ベクトルの求め方　固有ベクトルは同次連立 1 次方程式 (19.2) を解くことにより, 求めることができる.

固有ベクトルの求め方

① まず固有値 λ を求める.

② 同次連立 1 次方程式 $(A-\lambda E)\boldsymbol{x}=\mathbf{0}$ を解く．$\mathbf{0}$ でない解が固有ベクトルである.

例 3.　例 1 の行列 $A=\begin{bmatrix}7 & -6\\ 1 & 2\end{bmatrix}$ の固有ベクトルを求めよう.

<u>固有値 4</u>　$\lambda=4$ のとき $A-\lambda E=\begin{bmatrix}7 & -6\\ 1 & 2\end{bmatrix}-4\begin{bmatrix}1 & 0\\ 0 & 1\end{bmatrix}=\begin{bmatrix}7-4 & -6\\ 1 & 2-4\end{bmatrix}=\begin{bmatrix}3 & -6\\ 1 & -2\end{bmatrix}$ であるから, 連立方程式

$$\begin{bmatrix}3 & -6\\ 1 & -2\end{bmatrix}\begin{bmatrix}x_1\\ x_2\end{bmatrix}=\begin{bmatrix}0\\ 0\end{bmatrix}$$

を解けばよい．拡大係数行列を変形すると

$$\left[\begin{array}{cc:c}3 & -6 & 0\\ 1 & -2 & 0\end{array}\right]\xrightarrow{①\div 3}\left[\begin{array}{cc:c}1 & -2 & 0\\ 1 & -2 & 0\end{array}\right]\xrightarrow{②-①}\left[\begin{array}{cc:c}1 & -2 & 0\\ 0 & 0 & 0\end{array}\right]$$

であるから, $x_2=c$ (c は 0 でない任意の実数) とおき

$$\boldsymbol{x}=\begin{bmatrix}2c\\ c\end{bmatrix}=c\begin{bmatrix}2\\ 1\end{bmatrix},\quad \text{特に } c=1 \text{ とすると } \boldsymbol{x}=\begin{bmatrix}2\\ 1\end{bmatrix}$$

が得られる.

<u>固有値 5</u>　$\lambda=5$ のとき $A-\lambda E=\begin{bmatrix}7 & -6\\ 1 & 2\end{bmatrix}-5\begin{bmatrix}1 & 0\\ 0 & 1\end{bmatrix}=\begin{bmatrix}2 & -6\\ 1 & -3\end{bmatrix}$ であり,

$$\left[\begin{array}{cc:c}2 & -6 & 0\\ 1 & -3 & 0\end{array}\right]\xrightarrow{①\div 2}\left[\begin{array}{cc:c}1 & -3 & 0\\ 1 & -3 & 0\end{array}\right]\xrightarrow{②-①}\left[\begin{array}{cc:c}1 & -3 & 0\\ 0 & 0 & 0\end{array}\right]$$

より, $x_2=d$ (d は 0 でない任意の実数) とおき

$$\boldsymbol{x}=\begin{bmatrix}3d\\ d\end{bmatrix}=d\begin{bmatrix}3\\ 1\end{bmatrix},\quad \text{特に } d=1 \text{ とすると } \boldsymbol{x}=\begin{bmatrix}3\\ 1\end{bmatrix}$$

が得られる.

例 4. 例 2 の行列 $A=\begin{bmatrix}2 & -1\\ 1 & 4\end{bmatrix}$ の固有値 3 (重複度 2) に関する固有ベクトルを求めよう.

<u>固有値 3</u> $\lambda=3$ のとき $A-\lambda E=\begin{bmatrix}2 & -1\\ 1 & 4\end{bmatrix}-3\begin{bmatrix}1 & 0\\ 0 & 1\end{bmatrix}=\begin{bmatrix}-1 & -1\\ 1 & 1\end{bmatrix}$ であるから, 連立方程式

$$\begin{bmatrix}-1 & -1\\ 1 & 1\end{bmatrix}\begin{bmatrix}x_1\\ x_2\end{bmatrix}=\begin{bmatrix}0\\ 0\end{bmatrix}$$

を解けばよい.

$$\left[\begin{array}{cc:c}-1 & -1 & 0\\ 1 & 1 & 0\end{array}\right]\xrightarrow{①\div(-1)}\left[\begin{array}{cc:c}1 & 1 & 0\\ 1 & 1 & 0\end{array}\right]\xrightarrow{②-①}\left[\begin{array}{cc:c}1 & 1 & 0\\ 0 & 0 & 0\end{array}\right]$$

であるから, $x_2=c$ (c は 0 でない任意の実数) とおき

$$\boldsymbol{x}=\begin{bmatrix}-c\\ c\end{bmatrix}=c\begin{bmatrix}-1\\ 1\end{bmatrix}, \quad \text{特に } c=1 \text{ とすると } \boldsymbol{x}=\begin{bmatrix}-1\\ 1\end{bmatrix}$$

が得られる.

演習問題

問題 19.1　次の行列の固有多項式と固有値を求めよ.

(1) $A = \begin{bmatrix} 1 & 3 \\ 3 & 1 \end{bmatrix}$　(2) $A = \begin{bmatrix} 10 & -18 \\ 3 & -5 \end{bmatrix}$　(3) $A = \begin{bmatrix} 6 & 3 \\ 1 & 4 \end{bmatrix}$

(4) $A = \begin{bmatrix} 1 & 0 \\ 2 & 3 \end{bmatrix}$　(5) $A = \begin{bmatrix} 5 & -4 \\ 1 & 1 \end{bmatrix}$

問題 19.2　問題 19.1 の各行列の固有ベクトルを求めよ.

問題 19.3　2 次正方行列 $A = \begin{bmatrix} a_{11} & a_{12} \\ a_{21} & a_{22} \end{bmatrix}$ の固有値を λ_1, λ_2 とする. このとき

$$\lambda_1 + \lambda_2 = a_{11} + a_{22}, \qquad \lambda_1\lambda_2 = \begin{vmatrix} a_{11} & a_{12} \\ a_{21} & a_{22} \end{vmatrix}$$

が成り立つことを示せ. ただし, 重複度 2 の場合は, $\lambda_1 = \lambda_2$ とする.

問題 19.4　λ が 2 次正方行列 A の固有値であるとき, 次を示せ.

(1) λ^2 は A^2 の固有値である.

(2) 多項式 $f(t) = \alpha t^2 + \beta t + \gamma$ ($\alpha,\ \beta,\ \gamma$ は定数) に対し, $f(\lambda)$ は 2 次正方行列 $\alpha A^2 + \beta A + \gamma E$ の固有値である.

§20　2 次正方行列の対角化

固有ベクトルの性質　まず, 固有ベクトルの性質を述べよう.

> **定理 20.1**　$\boldsymbol{v}, \boldsymbol{w}$ を行列 A の固有値 λ に関する固有ベクトルとすると
>
> $$\boldsymbol{v}+\boldsymbol{w}, \quad c\boldsymbol{v}\ (c \text{ は } 0 \text{ でない実数})$$
>
> も A の固有値 λ に関する固有ベクトルである.

証明　行列算の計算規則より

$$A(\boldsymbol{v}+\boldsymbol{w}) = A\boldsymbol{v}+A\boldsymbol{w} = \lambda\boldsymbol{v}+\lambda\boldsymbol{w} = \lambda(\boldsymbol{v}+\boldsymbol{w}),$$
$$A(c\boldsymbol{v}) = cA\boldsymbol{v} = c\lambda\boldsymbol{v} = \lambda(c\boldsymbol{v})$$

である. (証明終)

この定理より, 行列 A の固有値 λ に関する固有ベクトル全体に零ベクトルを加えた集合はベクトル空間になる. つまり, 同次連立 1 次方程式 $(A-\lambda E)\boldsymbol{x}=\boldsymbol{0}$ の解空間である. これを固有値 λ の**固有空間**という.

> **定理 20.2**　$\boldsymbol{v}$ を行列 A の固有値 λ に関する固有ベクトルとし, $\boldsymbol{w}$ を A の固有値 μ に関する固有ベクトルとする. $\lambda \neq \mu$ ならば, $\boldsymbol{v}$ と $\boldsymbol{w}$ は 1 次独立である.

証明　$c\boldsymbol{v}+d\boldsymbol{w}=\boldsymbol{0}$ (c, d は実数) としよう. 両辺に $A-\mu E$ をかけると

$$c(A-\mu E)\boldsymbol{v}+d(A-\mu E)\boldsymbol{w}=\boldsymbol{0} \quad \text{より,} \quad c(\lambda-\mu)\boldsymbol{v}=\boldsymbol{0}$$

である. ここで仮定 $\lambda \neq \mu$ および $\boldsymbol{v} \neq \boldsymbol{0}$ を用いると $c=0$ である.
同様に, 両辺に $A-\lambda E$ をかけて $d=0$ であることがわかる.
したがって, $\boldsymbol{v}$ と $\boldsymbol{w}$ は 1 次独立である. (証明終)

補足　p.78 で述べた「1 次独立・1 次従属の行列式による判定」より

$$\boldsymbol{v}, \boldsymbol{w} \text{ が 1 次独立} \quad \Leftrightarrow \quad |\boldsymbol{v} \quad \boldsymbol{w}| \neq 0$$

である. 次のページでこのことを使う.

対角化　2次正方行列 A に対して, 適当な2次正則行列 P をとり

$$P^{-1}AP = \text{対角行列}$$

とできるとき, A は**対角化可能**であるといい, P および $P^{-1}AP$ を求めることを A を**対角化する**という.

任意の2次正方行列が対角化可能というわけではない. 次の定理が成り立つ.

定理 20.3　2次正方行列 A は異なる2個の固有値 λ, μ をもつとする. $\boldsymbol{v}$ を A の固有値 λ に関する固有ベクトルとし, $\boldsymbol{w}$ を A の固有値 μ に関する固有ベクトルとする. $P = [\,\boldsymbol{v}\ \ \boldsymbol{w}\,]$ とおくとき,

$$P^{-1}AP = \begin{bmatrix} \lambda & 0 \\ 0 & \mu \end{bmatrix}$$

が成り立つ.

証明　まず,

$$\begin{aligned} A[\,\boldsymbol{v}\ \ \boldsymbol{w}\,] &= [\,A\boldsymbol{v}\ \ A\boldsymbol{w}\,] \\ &= [\,\lambda\boldsymbol{v}\ \ \mu\boldsymbol{w}\,] = [\,\boldsymbol{v}\ \ \boldsymbol{w}\,]\begin{bmatrix} \lambda & 0 \\ 0 & \mu \end{bmatrix}, \quad \text{つまり} \quad AP = P\begin{bmatrix} \lambda & 0 \\ 0 & \mu \end{bmatrix} \end{aligned}$$

である. $\lambda \neq \mu$ より, $\boldsymbol{v}$ と $\boldsymbol{w}$ は1次独立であり, $|P| \neq 0$ であるから, P は逆行列をもつ. P^{-1} を左からかけて, $P^{-1}AP = \begin{bmatrix} \lambda & 0 \\ 0 & \mu \end{bmatrix}$ である. (証明終)

定理の証明から, 2次正方行列 A が1次独立な2個の固有ベクトルをもてば対角化可能である (必要条件でもある). これより, 次の定理が成り立つ.

定理 20.4　2次正方行列 A が重複度2の固有値 λ をもつとき, $A \neq \lambda E$ ならば A は対角化可能でない.

証明　方程式 $(A - \lambda E)\boldsymbol{x} = \boldsymbol{0}$ が1次独立な2個のベクトルを解にもつのは, 任意の実数を2個含む解をもつ場合であり, $A - \lambda E = O$ つまり $A = \lambda E$ のときに限る. (証明終)

例 1. $A=\begin{bmatrix}5 & -12\\ 1 & -2\end{bmatrix}$ が対角化できるか調べよう.

まず, 固有値を求める.

$$g_A(t)=\left|\begin{bmatrix}5 & -12\\ 1 & -2\end{bmatrix}-t\begin{bmatrix}1 & 0\\ 0 & 1\end{bmatrix}\right|=\begin{vmatrix}5-t & -12\\ 1 & -2-t\end{vmatrix}$$
$$=(5-t)(-2-t)-(-12)\cdot 1=t^2-3t+2=(t-1)(t-2)$$

より, $(t-1)(t-2)=0$ を解いて, A の固有値は 1 と 2 である.

A は異なる 2 個の固有値をもつから対角化可能である.

次に, 固有ベクトルを求めよう.

<u>固有値 1</u> $\lambda=1$ のとき $A-\lambda E=\begin{bmatrix}5-1 & -12\\ 1 & -2-1\end{bmatrix}=\begin{bmatrix}4 & -12\\ 1 & -3\end{bmatrix}$ であるから,
連立方程式 $\begin{bmatrix}4 & -12\\ 1 & -3\end{bmatrix}\begin{bmatrix}x_1\\ x_2\end{bmatrix}=\begin{bmatrix}0\\ 0\end{bmatrix}$ を解けばよい. 拡大係数行列を変形すると

$$\left[\begin{array}{cc:c}4 & -12 & 0\\ 1 & -3 & 0\end{array}\right]\xrightarrow{①\div 4}\left[\begin{array}{cc:c}1 & -3 & 0\\ 1 & -3 & 0\end{array}\right]\xrightarrow{②-①}\left[\begin{array}{cc:c}1 & -3 & 0\\ 0 & 0 & 0\end{array}\right]$$

であるから, $x_2=c$ (c は 0 でない任意の実数) とおき

$$\boldsymbol{x}=\begin{bmatrix}3c\\ c\end{bmatrix},\quad \text{特に } c=1 \text{ として } \boldsymbol{x}=\begin{bmatrix}3\\ 1\end{bmatrix}$$

である.

<u>固有値 2</u> $\lambda=2$ のとき $A-\lambda E=\begin{bmatrix}5-2 & -12\\ 1 & -2-2\end{bmatrix}=\begin{bmatrix}3 & -12\\ 1 & -4\end{bmatrix}$ であるから,
連立方程式 $\begin{bmatrix}3 & -12\\ 1 & -4\end{bmatrix}\begin{bmatrix}x_1\\ x_2\end{bmatrix}=\begin{bmatrix}0\\ 0\end{bmatrix}$ を解けばよい. 拡大係数行列を変形すると

$$\left[\begin{array}{cc:c}3 & -12 & 0\\ 1 & -4 & 0\end{array}\right]\xrightarrow{①\div 3}\left[\begin{array}{cc:c}1 & -4 & 0\\ 1 & -4 & 0\end{array}\right]\xrightarrow{②-①}\left[\begin{array}{cc:c}1 & -4 & 0\\ 0 & 0 & 0\end{array}\right]$$

であるから, $x_2=d$ (d は 0 でない任意の実数) とおき

$$\boldsymbol{x}=\begin{bmatrix}4d\\ d\end{bmatrix},\quad \text{特に } d=1 \text{ として } \boldsymbol{x}=\begin{bmatrix}4\\ 1\end{bmatrix}$$

である.

以上より, $P=\begin{bmatrix}3 & 4\\ 1 & 1\end{bmatrix}$ とおくと, $P^{-1}AP=\begin{bmatrix}1 & 0\\ 0 & 2\end{bmatrix}$ である.

注意　P の構成において, 固有ベクトルの順序は逆でもよい.

$$P = \begin{bmatrix} 4 & 3 \\ 1 & 1 \end{bmatrix} \quad \text{とおくと,} \quad P^{-1}AP = \begin{bmatrix} 2 & 0 \\ 0 & 1 \end{bmatrix}$$

である. P における固有ベクトルの順序と, 結果の対角行列における対角成分 (固有値) の順序が対応していることに注意する.

例 2.　$A = \begin{bmatrix} 2 & -1 \\ 1 & 4 \end{bmatrix}$ が対角化できるか調べよう.

前節 (§19) 例 2 で求めたように固有値は 3 で, 重複度は 2 である. $A \neq 3E$ であるから, 定理 20.4 より, A は対角化可能でない.

対角化の応用について本格的なものは次章で示すが, ここでは 2 次正方行列のベキ乗について述べる.

例 3.　$A = \begin{bmatrix} 5 & -12 \\ 1 & -2 \end{bmatrix}$ の k 乗 A^k (k は自然数) を求めよう.

$P = \begin{bmatrix} 3 & 4 \\ 1 & 1 \end{bmatrix}$ とおくと, $P^{-1}AP = \begin{bmatrix} 1 & 0 \\ 0 & 2 \end{bmatrix}$ であった (例 1). この式の両辺に左から P をかけ, 右から P^{-1} をかけると

$$PP^{-1}APP^{-1} = P\begin{bmatrix} 1 & 0 \\ 0 & 2 \end{bmatrix}P^{-1}, \quad \text{つまり} \quad A = P\begin{bmatrix} 1 & 0 \\ 0 & 2 \end{bmatrix}P^{-1}$$

である. ここで, $PP^{-1} = E$ を用いた. これより

$$A^2 = P\begin{bmatrix} 1 & 0 \\ 0 & 2 \end{bmatrix}P^{-1}P\begin{bmatrix} 1 & 0 \\ 0 & 2 \end{bmatrix}P^{-1} = P\begin{bmatrix} 1 & 0 \\ 0 & 2 \end{bmatrix}^2 P^{-1}$$

となる. ここで, $P^{-1}P = E$ を用いた. 一般には

$$A^k = P\begin{bmatrix} 1 & 0 \\ 0 & 2 \end{bmatrix}^k P^{-1} = P\begin{bmatrix} 1^k & 0 \\ 0 & 2^k \end{bmatrix}P^{-1}$$

である. $P^{-1} = \dfrac{1}{3-4}\begin{bmatrix} 1 & -4 \\ -1 & 3 \end{bmatrix} = \begin{bmatrix} -1 & 4 \\ 1 & -3 \end{bmatrix}$ であるから

$$A^k = \begin{bmatrix} 3 & 4 \\ 1 & 1 \end{bmatrix}\begin{bmatrix} 1 & 0 \\ 0 & 2^k \end{bmatrix}\begin{bmatrix} -1 & 4 \\ 1 & -3 \end{bmatrix} = \begin{bmatrix} 2^{k+2} - 3 & 12 - 3 \cdot 2^{k+2} \\ 2^k - 1 & 4 - 3 \cdot 2^k \end{bmatrix}$$

である.

演習問題

問題 20.1 次の行列は問題 19.1 の行列である．問題 19.1 と問題 19.2 の結果を利用して, 対角化可能かどうか調べよ．可能ならば対角化する行列 P と結果の対角行列 $P^{-1}AP$ を答えよ．

(1) $A=\begin{bmatrix}1&3\\3&1\end{bmatrix}$ (2) $A=\begin{bmatrix}10&-18\\3&-5\end{bmatrix}$ (3) $A=\begin{bmatrix}6&3\\1&4\end{bmatrix}$

(4) $A=\begin{bmatrix}1&0\\2&3\end{bmatrix}$ (5) $A=\begin{bmatrix}5&-4\\1&1\end{bmatrix}$

問題 20.2 次の行列が対角化可能かどうか調べよ．可能ならば対角化する行列 P と結果の対角行列 $P^{-1}AP$ を求めよ．(p.142 の例 1 と同様に, まず固有値を求め, 次に固有ベクトルを求め, 対角化可能か判定し, 可能ならば P と $P^{-1}AP$ を求めるという一連の作業をせよ.)

(1) $A=\begin{bmatrix}5&-8\\1&-1\end{bmatrix}$ (2) $A=\begin{bmatrix}2&-1\\4&6\end{bmatrix}$

問題 20.3 次の行列の k 乗 A^k (k は自然数) を求めよ．

(1) $A=\begin{bmatrix}10&-18\\3&-5\end{bmatrix}$ (2) $A=\begin{bmatrix}6&3\\1&4\end{bmatrix}$

ヒント：問題 20.1 (2), (3) の行列であり, その結果を利用してよい．

問題 20.4 行列 $A=\begin{bmatrix}2&-1\\1&4\end{bmatrix}$ (p.143 の例 2 の行列) に対して,

$$P^{-1}AP=\begin{bmatrix}3&1\\0&3\end{bmatrix}$$

となる正則行列 P を求めよ．

§21　n 次正方行列の固有値・固有ベクトル・対角化

n 次正方行列に対しても, 固有値・固有ベクトル・対角化が考えられる. 固有値・固有ベクトルの定義, 求め方, 性質は 2 次の場合と同様である.

定義 (固有値・固有ベクトル)　n 次正方行列 A に対し

$$A\boldsymbol{x} = \lambda \boldsymbol{x}, \quad \boldsymbol{x} \neq \boldsymbol{0}$$

を満たす数 λ と n 次ベクトル $\boldsymbol{x}$ が存在するとき, λ を行列 A の**固有値**といい, $\boldsymbol{x}$ を固有値 λ に関する A の**固有ベクトル**という.

固有値の求め方

① 固有多項式 $g_A(t) = |A - tE|$ を計算する.

② 固有方程式 $g_A(t) = 0$ を解くと, その解が固有値である.

ここで, n 次正方行列 $A = [a_{ij}]$ に対する固有多項式 $g_A(t)$ は

$$g_A(t) = |A - tE| = \begin{vmatrix} a_{11} - t & a_{12} & \cdots & a_{1n} \\ a_{21} & a_{22} - t & \cdots & a_{2n} \\ \vdots & \vdots & \ddots & \vdots \\ a_{n1} & a_{n2} & \cdots & a_{nn} - t \end{vmatrix}$$

である.

固有ベクトルの求め方

① まず固有値 λ を求める.

② 連立方程式 $(A - \lambda E)\boldsymbol{x} = \boldsymbol{0}$ を解く. $\boldsymbol{0}$ でない解が固有ベクトルである.

定理 21.1　$\boldsymbol{v}, \boldsymbol{w}$ を正方行列 A の固有値 λ に関する固有ベクトルとすると

$$\boldsymbol{v} + \boldsymbol{w}, \quad c\boldsymbol{v} \ (c \text{ は } 0 \text{ でない実数})$$

も A の固有値 λ に関する固有ベクトルである.

2 次の場合と同様に, 行列 A の固有値 λ に関する固有ベクトル全体と零ベクトルから構成される部分空間を固有値 λ の**固有空間**という.

重複度の定義と定理 20.2 は次のように一般化される.

定義 (重複度) 正方行列 A の固有値 λ が固有方程式 $g_A(t)=0$ の m 重解であるとき, つまり, 固有多項式 $g_A(t)$ が

$$g_A(t)=(t-\lambda)^m h(t), \quad h(\lambda)\neq 0$$

と因数分解されるとき, 固有値 λ の**重複度は $\boldsymbol{m}$** であるという.

定理 21.2 $\lambda_1, \lambda_2, \cdots, \lambda_p$ を正方行列 A の異なる固有値とする. $\boldsymbol{v}_j$ $(j=1,2,\cdots,p)$ を固有値 λ_j に関する固有ベクトルとするとき, $\boldsymbol{v}_1, \boldsymbol{v}_2, \cdots, \boldsymbol{v}_p$ は 1 次独立である.

証明 $p=3$ とする. $c_1\boldsymbol{v}_1+c_2\boldsymbol{v}_2+c_3\boldsymbol{v}_3=\boldsymbol{0}$ に $(A-\lambda_2E)(A-\lambda_3E)$ をかけて

$$(A-\lambda_2E)(A-\lambda_3E)(c_1\boldsymbol{v}_1+c_2\boldsymbol{v}_2+c_3\boldsymbol{v}_3)=c_1(\lambda_1-\lambda_2)(\lambda_1-\lambda_3)\boldsymbol{v}_1=\boldsymbol{0}$$

より, $c_1=0$ でなければならない. 同様に $c_2=c_3=0$ である. (証明終)

対角化についても, 定義は 2 次の場合 (p.141) とまったく同じである. 定理 20.3 は次のように一般化される.

定理 21.3 n 次正方行列 A は異なる n 個の固有値 $\lambda_1, \lambda_2, \cdots, \lambda_n$ をもつとし, $\boldsymbol{v}_j$ $(j=1,2,\cdots,n)$ を固有値 λ_j に関する固有ベクトルとする. このとき, $P=[\boldsymbol{v}_1\ \ \boldsymbol{v}_2\ \ \cdots\ \ \boldsymbol{v}_n]$ とおくと,

$$P^{-1}AP=\begin{bmatrix}\lambda_1 & 0 & \cdots & 0\\ 0 & \lambda_2 & \cdots & 0\\ \vdots & \vdots & \ddots & \vdots\\ 0 & 0 & \cdots & \lambda_n\end{bmatrix}$$

が成り立つ.

証明 2 次正方行列の場合と同様に, $AP=P\begin{bmatrix}\lambda_1 & \cdots & 0\\ \vdots & \ddots & \vdots\\ 0 & \cdots & \lambda_n\end{bmatrix}$ が成り立つ.
定理 21.2 より $\boldsymbol{v}_1, \cdots, \boldsymbol{v}_n$ は 1 次独立であり, P は逆行列をもつ. P^{-1} を左からかけて, 定理の式が成り立つ. (証明終)

n 次正方行列 A が異なる n 個の固有値をもつとき, 各固有値の重複度は 1 であることに注意しよう. A が重複度 2 以上の固有値をもつときは, 次が成り立つ.

定理 21.4　正方行列 A の固有値 λ の重複度を m_λ とし, λ に関する 1 次独立な固有ベクトルの最大個数を r_λ とするとき, 次が成り立つ.

$$1 \leqq r_\lambda \leqq m_\lambda.$$

証明　$r_\lambda \geqq 1$ は定義より明らか. $r_\lambda \leqq m_\lambda$ は問題 21.10 参照. (証明終)

定理 21.5　正方行列 A の異なる固有値を $\lambda_1, \lambda_2, \cdots, \lambda_p$ とする. $\boldsymbol{v}_{11}, \boldsymbol{v}_{12}, \cdots, \boldsymbol{v}_{1r_1}$ を λ_1 に関する 1 次独立な固有ベクトルとし, $\boldsymbol{v}_{21}, \boldsymbol{v}_{22}, \cdots, \boldsymbol{v}_{2r_2}$ を λ_2 に関する 1 次独立な固有ベクトルとし, $\cdots$, $\boldsymbol{v}_{p1}, \boldsymbol{v}_{p2}, \cdots, \boldsymbol{v}_{pr_p}$ を λ_p に関する 1 次独立な固有ベクトルとするとき,

$$\boldsymbol{v}_{11}, \boldsymbol{v}_{12}, \cdots, \boldsymbol{v}_{1r_1}, \boldsymbol{v}_{21}, \boldsymbol{v}_{22}, \cdots, \boldsymbol{v}_{2r_2}, \cdots, \boldsymbol{v}_{p1}, \boldsymbol{v}_{p2}, \cdots, \boldsymbol{v}_{pr_p}$$

は (全体として) 1 次独立である.

証明　定理 21.2 の証明と同様に示すことができる. (証明終)

定理 21.6　正方行列 A が対角化可能であるための必要十分条件は, A の異なる固有値すべてについて, 1 次独立な固有ベクトルが重複度の数だけ存在することである.

証明の概略　A は n 次とし, A の異なる固有値を $\lambda_1, \lambda_2, \cdots, \lambda_p$ とする.

($\Leftarrow$)　すべての j $(j = 1, \cdots, p)$ について $r_{\lambda j} = m_{\lambda_j}$ ならば, 1 次独立な固有ベクトルが全体として n 個存在する. それらを並べて行列 P を構成すると, 定理 21.5 より P は n 次正則行列となる. A はこの P で対角化される.

($\Rightarrow$)　対偶を考える. ひとつでも $r_{\lambda_j} < m_{\lambda_j}$ ならば, 定理 21.4 より

$$r_{\lambda_1} + r_{\lambda_2} + \cdots + r_{\lambda_p} < m_{\lambda_1} + m_{\lambda_2} + \cdots + m_{\lambda_p} = n$$

であり, 1 次独立な固有ベクトルが全体として n 個に満たず, n 次正則行列 P を構成することができない. (概略終)

例 1. $A = \begin{bmatrix} 2 & -5 & 0 \\ 1 & 0 & 4 \\ -1 & 2 & -2 \end{bmatrix}$ の固有値を求めよう.

$$\begin{aligned} g_A(t) &= \left| \begin{bmatrix} 2 & -5 & 0 \\ 1 & 0 & 4 \\ -1 & 2 & -2 \end{bmatrix} - t \begin{bmatrix} 1 & 0 & 0 \\ 0 & 1 & 0 \\ 0 & 0 & 1 \end{bmatrix} \right| = \begin{vmatrix} 2-t & -5 & 0 \\ 1 & -t & 4 \\ -1 & 2 & -2-t \end{vmatrix} \\ &= (2-t) \begin{vmatrix} -t & 4 \\ 2 & -2-t \end{vmatrix} - (-5) \begin{vmatrix} 1 & 4 \\ -1 & -2-t \end{vmatrix} \\ &= (2-t)\{-t(-2-t)-8\} + 5(-2-t+4) \\ &= -(t-2)(t^2+2t-8) - 5(t-2) = -(t-2)(t^2+2t-3) \\ &= -(t-2)(t-1)(t+3) \end{aligned}$$

であるから,

$$(t-2)(t-1)(t+3) = 0$$

を解いて, A の固有値は 2 と 1 と -3 である.

例 2. $A = \begin{bmatrix} 2 & -1 & 1 \\ -1 & 2 & -1 \\ 1 & -1 & 2 \end{bmatrix}$ の固有値を求めよう.

$$\begin{aligned} g_A(t) &= \left| \begin{bmatrix} 2 & -1 & 1 \\ -1 & 2 & -1 \\ 1 & -1 & 2 \end{bmatrix} - t \begin{bmatrix} 1 & 0 & 0 \\ 0 & 1 & 0 \\ 0 & 0 & 1 \end{bmatrix} \right| = \begin{vmatrix} 2-t & -1 & 1 \\ -1 & 2-t & -1 \\ 1 & -1 & 2-t \end{vmatrix} \\ &\overset{\substack{①+② \\ ③+②}}{=\!=} \begin{vmatrix} 1-t & 1-t & 0 \\ -1 & 2-t & -1 \\ 0 & 1-t & 1-t \end{vmatrix} = (1-t)^2 \begin{vmatrix} 1 & 1 & 0 \\ -1 & 2-t & -1 \\ 0 & 1 & 1 \end{vmatrix} \\ &\overset{②+①}{=\!=} (t-1)^2 \begin{vmatrix} 1 & 1 & 0 \\ 0 & 3-t & -1 \\ 0 & 1 & 1 \end{vmatrix} = (t-1)^2 \begin{vmatrix} 3-t & -1 \\ 1 & 1 \end{vmatrix} \\ &= (t-1)^2(3-t+1) = -(t-1)^2(t-4) \end{aligned}$$

であるから,

$$(t-1)^2(t-4) = 0$$

を解いて, A の固有値は 1 (重複度 2) と 4 (重複度 1) である.

例 3. $A = \begin{bmatrix} 5 & -2 & 1 \\ 1 & 2 & 1 \\ 1 & -2 & 5 \end{bmatrix}$ の固有値を求めよう.

$$g_A(t) = \left| \begin{bmatrix} 5 & -2 & 1 \\ 1 & 2 & 1 \\ 1 & -2 & 5 \end{bmatrix} - t \begin{bmatrix} 1 & 0 & 0 \\ 0 & 1 & 0 \\ 0 & 0 & 1 \end{bmatrix} \right| = \begin{vmatrix} 5-t & -2 & 1 \\ 1 & 2-t & 1 \\ 1 & -2 & 5-t \end{vmatrix}$$

$$\underset{\textcircled{3}-\textcircled{2}}{\overset{\textcircled{1}-\textcircled{2}}{=\!=}} \begin{vmatrix} 4-t & t-4 & 0 \\ 1 & 2-t & 1 \\ 0 & t-4 & 4-t \end{vmatrix} = (4-t)^2 \begin{vmatrix} 1 & -1 & 0 \\ 1 & 2-t & 1 \\ 0 & -1 & 1 \end{vmatrix}$$

$$\overset{\textcircled{2}-\textcircled{1}}{=\!=} (t-4)^2 \begin{vmatrix} 1 & -1 & 0 \\ 0 & 3-t & 1 \\ 0 & -1 & 1 \end{vmatrix} = (t-4)^2 \begin{vmatrix} 3-t & 1 \\ -1 & 1 \end{vmatrix}$$

$$= (t-4)^2(3-t+1) = -(t-4)^3$$

であるから,

$$(t-4)^3 = 0$$

を解いて, A の固有値は 4 (重複度 3) である.

次に, 固有ベクトルの計算例をいくつか述べる.

例 4. 例 1 の行列 $A = \begin{bmatrix} 2 & -5 & 0 \\ 1 & 0 & 4 \\ -1 & 2 & -2 \end{bmatrix}$ の固有ベクトルを求めよう.

<u>固有値 -3</u> $\lambda = -3$ より

$$A - \lambda E = \begin{bmatrix} 2 & -5 & 0 \\ 1 & 0 & 4 \\ -1 & 2 & -2 \end{bmatrix} - (-3) \begin{bmatrix} 1 & 0 & 0 \\ 0 & 1 & 0 \\ 0 & 0 & 1 \end{bmatrix} = \begin{bmatrix} 5 & -5 & 0 \\ 1 & 3 & 4 \\ -1 & 2 & 1 \end{bmatrix}$$

であるから, 連立 1 次方程式

$$\begin{bmatrix} 5 & -5 & 0 \\ 1 & 3 & 4 \\ -1 & 2 & 1 \end{bmatrix} \begin{bmatrix} x_1 \\ x_2 \\ x_3 \end{bmatrix} = \begin{bmatrix} 0 \\ 0 \\ 0 \end{bmatrix}$$

を解けばよい.

以下, 行基本変形で変化しない右辺の零ベクトルは省略して, 係数行列の変形だけを示すことにしよう.

$$\begin{bmatrix} 5 & -5 & 0 \\ 1 & 3 & 4 \\ -1 & 2 & 1 \end{bmatrix} \xrightarrow{①\div 5} \begin{bmatrix} 1 & -1 & 0 \\ 1 & 3 & 4 \\ -1 & 2 & 1 \end{bmatrix} \xrightarrow[③+①]{②-①} \begin{bmatrix} 1 & -1 & 0 \\ 0 & 4 & 4 \\ 0 & 1 & 1 \end{bmatrix}$$

$$\xrightarrow{②\div 4} \begin{bmatrix} 1 & -1 & 0 \\ 0 & 1 & 1 \\ 0 & 1 & 1 \end{bmatrix} \xrightarrow[③-②]{①+②} \begin{bmatrix} 1 & 0 & 1 \\ 0 & 1 & 1 \\ 0 & 0 & 0 \end{bmatrix}$$

であるから, $x_3 = c$ (c は 0 でない任意の実数) とおき

$$\boldsymbol{x} = \begin{bmatrix} -c \\ -c \\ c \end{bmatrix} = c\begin{bmatrix} -1 \\ -1 \\ 1 \end{bmatrix}, \quad 特に\ c=1\ とすると\ \boldsymbol{x} = \begin{bmatrix} -1 \\ -1 \\ 1 \end{bmatrix}$$

が得られる.

固有値 1　$\lambda = 1$ より $(A - 1E)\boldsymbol{x} = \boldsymbol{0}$ を解く.

$$係数行列\ A - 1E = \begin{bmatrix} 1 & -5 & 0 \\ 1 & -1 & 4 \\ -1 & 2 & -3 \end{bmatrix} \longrightarrow \begin{bmatrix} 1 & 0 & 5 \\ 0 & 1 & 1 \\ 0 & 0 & 0 \end{bmatrix}$$

であるから, $x_3 = c$ (c は 0 でない任意の実数) とおき

$$\boldsymbol{x} = \begin{bmatrix} -5c \\ -c \\ c \end{bmatrix} = c\begin{bmatrix} -5 \\ -1 \\ 1 \end{bmatrix}, \quad 特に\ c=1\ とすると\ \boldsymbol{x} = \begin{bmatrix} -5 \\ -1 \\ 1 \end{bmatrix}.$$

固有値 2　$\lambda = 2$ より $(A - 2E)\boldsymbol{x} = \boldsymbol{0}$ を解く.

$$係数行列\ A - 2E = \begin{bmatrix} 0 & -5 & 0 \\ 1 & -2 & 4 \\ -1 & 2 & -4 \end{bmatrix} \longrightarrow \begin{bmatrix} 1 & 0 & 4 \\ 0 & 1 & 0 \\ 0 & 0 & 0 \end{bmatrix}$$

であるから, $x_3 = c$ (c は 0 でない任意の実数) とおき

$$\boldsymbol{x} = \begin{bmatrix} -4c \\ 0 \\ c \end{bmatrix} = c\begin{bmatrix} -4 \\ 0 \\ 1 \end{bmatrix}, \quad 特に\ c=1\ とすると\ \boldsymbol{x} = \begin{bmatrix} -4 \\ 0 \\ 1 \end{bmatrix}.$$

例 5.　例 2 の行列 $A = \begin{bmatrix} 2 & -1 & 1 \\ -1 & 2 & -1 \\ 1 & -1 & 2 \end{bmatrix}$ の固有ベクトルを求めよう.

固有値 1　$\lambda = 1$ より

$$A - \lambda E = \begin{bmatrix} 2 & -1 & 1 \\ -1 & 2 & -1 \\ 1 & -1 & 2 \end{bmatrix} - \begin{bmatrix} 1 & 0 & 0 \\ 0 & 1 & 0 \\ 0 & 0 & 1 \end{bmatrix} = \begin{bmatrix} 1 & -1 & 1 \\ -1 & 1 & -1 \\ 1 & -1 & 1 \end{bmatrix}$$

であるから, 連立方程式 $\begin{bmatrix} 1 & -1 & 1 \\ -1 & 1 & -1 \\ 1 & -1 & 1 \end{bmatrix} \begin{bmatrix} x_1 \\ x_2 \\ x_3 \end{bmatrix} = \begin{bmatrix} 0 \\ 0 \\ 0 \end{bmatrix}$ を解けばよい.

$$\begin{bmatrix} 1 & -1 & 1 \\ -1 & 1 & -1 \\ 1 & -1 & 1 \end{bmatrix} \xrightarrow[\text{③}-\text{①}]{\text{②}+\text{①}} \begin{bmatrix} 1 & -1 & 1 \\ 0 & 0 & 0 \\ 0 & 0 & 0 \end{bmatrix}$$

であるから, $x_2 = c$, $x_3 = d$ (c, d は同時に 0 でない任意の実数) とおき

$$\boldsymbol{x} = \begin{bmatrix} c - d \\ c \\ d \end{bmatrix} = c \begin{bmatrix} 1 \\ 1 \\ 0 \end{bmatrix} + d \begin{bmatrix} -1 \\ 0 \\ 1 \end{bmatrix}$$

である. 特に

$$c = 1,\ d = 0 \text{ とすると } \begin{bmatrix} 1 \\ 1 \\ 0 \end{bmatrix}, \quad c = 0,\ d = 1 \text{ とすると } \begin{bmatrix} -1 \\ 0 \\ 1 \end{bmatrix}$$

となり, 2 個の 1 次独立なベクトルが得られる.

固有値 4　$\lambda = 4$ より $(A - 4E)\boldsymbol{x} = \boldsymbol{0}$ を解く.

$$A - 4E = \begin{bmatrix} -2 & -1 & 1 \\ -1 & -2 & -1 \\ 1 & -1 & -2 \end{bmatrix} \longrightarrow \begin{bmatrix} 1 & 0 & -1 \\ 0 & 1 & 1 \\ 0 & 0 & 0 \end{bmatrix} \quad \text{より,} \quad \boldsymbol{x} = c \begin{bmatrix} 1 \\ -1 \\ 1 \end{bmatrix}$$

(c は 0 でない任意の実数) が得られる. 特に $c = 1$ とすると $\begin{bmatrix} 1 \\ -1 \\ 1 \end{bmatrix}$ である.

この例では, 重複度 2 の固有値に関する 1 次独立な固有ベクトルが 2 個あり, 全体として 1 次独立な 3 個の固有ベクトルが存在する.

例 6. 例 3 の行列 $A = \begin{bmatrix} 5 & -2 & 1 \\ 1 & 2 & 1 \\ 1 & -2 & 5 \end{bmatrix}$ の固有値 4 (重複度 3) に関する固有ベクトルを求めよう.

固有値 4　$\lambda = 4$ より

$$A - \lambda E = \begin{bmatrix} 5 & -2 & 1 \\ 1 & 2 & 1 \\ 1 & -2 & 5 \end{bmatrix} - 4 \begin{bmatrix} 1 & 0 & 0 \\ 0 & 1 & 0 \\ 0 & 0 & 1 \end{bmatrix} = \begin{bmatrix} 1 & -2 & 1 \\ 1 & -2 & 1 \\ 1 & -2 & 1 \end{bmatrix}$$

であるから, 連立方程式 $\begin{bmatrix} 1 & -2 & 1 \\ 1 & -2 & 1 \\ 1 & -2 & 1 \end{bmatrix} \begin{bmatrix} x_1 \\ x_2 \\ x_3 \end{bmatrix} = \begin{bmatrix} 0 \\ 0 \\ 0 \end{bmatrix}$ を解けばよい.

$$\begin{bmatrix} 1 & -2 & 1 \\ 1 & -2 & 1 \\ 1 & -2 & 1 \end{bmatrix} \xrightarrow[\text{③} - \text{①}]{\text{②} - \text{①}} \begin{bmatrix} 1 & -2 & 1 \\ 0 & 0 & 0 \\ 0 & 0 & 0 \end{bmatrix}$$

であるから, $x_2 = c,\ x_3 = d$ ($c,\ d$ は同時に 0 でない任意の実数) とおき

$$\boldsymbol{x} = \begin{bmatrix} 2c - d \\ c \\ d \end{bmatrix} = c \begin{bmatrix} 2 \\ 1 \\ 0 \end{bmatrix} + d \begin{bmatrix} -1 \\ 0 \\ 1 \end{bmatrix}$$

である. 特に

$$c = 1,\ d = 0 \text{ とすると } \boldsymbol{x} = \begin{bmatrix} 2 \\ 1 \\ 0 \end{bmatrix}, \quad c = 0,\ d = 1 \text{ とすると } \boldsymbol{x} = \begin{bmatrix} -1 \\ 0 \\ 1 \end{bmatrix}$$

となり, 2 個の 1 次独立なベクトルが得られる.

この例では, 重複度 3 の固有値に関する 1 次独立な固有ベクトルが 2 個であり, 全体としても 1 次独立な固有ベクトルは 2 個である.

一般に, n 次正方行列 A の固有値 λ に関する 1 次独立な固有ベクトルの最大個数 r_λ は同次連立 1 次方程式 $(A - \lambda E)\boldsymbol{x} = \mathbf{0}$ の解空間の次元に等しいから,

$$r_\lambda = n - \mathrm{rank}(A - \lambda E)$$

である. つまり, 1 次独立な固有ベクトルの最大個数は (固有ベクトルを求めなくても) $\mathrm{rank}(A - \lambda E)$ を求めればわかる.

次に, 対角化について考えよう.

例 7. 例 1, 例 4 で扱った $A = \begin{bmatrix} 2 & -5 & 0 \\ 1 & 0 & 4 \\ -1 & 2 & -2 \end{bmatrix}$ が対角化可能か調べよう.

A は 3 次正方行列で, 異なる 3 個の固有値 2, 1, -3 をもつから, 定理 21.3 より対角化可能である. 固有ベクトルは

$$\text{固有値 } -3: \begin{bmatrix} -1 \\ -1 \\ 1 \end{bmatrix}, \qquad \text{固有値 } 1: \begin{bmatrix} -5 \\ -1 \\ 1 \end{bmatrix}, \qquad \text{固有値 } 2: \begin{bmatrix} -4 \\ 0 \\ 1 \end{bmatrix}$$

であるから, これらを並べて

$$P = \begin{bmatrix} -1 & -5 & -4 \\ -1 & -1 & 0 \\ 1 & 1 & 1 \end{bmatrix} \quad \text{とおくと,} \quad P^{-1}AP = \begin{bmatrix} -3 & 0 & 0 \\ 0 & 1 & 0 \\ 0 & 0 & 2 \end{bmatrix}$$

である. なお, P をつくるときの固有ベクトルの順序は任意であり, たとえば

$$P = \begin{bmatrix} -5 & -4 & -1 \\ -1 & 0 & -1 \\ 1 & 1 & 1 \end{bmatrix} \quad \text{とすると,} \quad P^{-1}AP = \begin{bmatrix} 1 & 0 & 0 \\ 0 & 2 & 0 \\ 0 & 0 & -3 \end{bmatrix}$$

である. ここで, P における固有ベクトルの順序と $P^{-1}AP$ の対角成分における固有値の順序が対応していることに注意しよう.

例 8. 例 2, 例 5 で扱った $A = \begin{bmatrix} 2 & -1 & 1 \\ -1 & 2 & -1 \\ 1 & -1 & 2 \end{bmatrix}$ が対角化可能か調べよう.

固有値は 1 と 4 で, 重複度はそれぞれ 2, 1 である. 固有ベクトルは

$$\text{固有値 } 1: \begin{bmatrix} 1 \\ 1 \\ 0 \end{bmatrix}, \begin{bmatrix} -1 \\ 0 \\ 1 \end{bmatrix}, \qquad \text{固有値 } 4: \begin{bmatrix} 1 \\ -1 \\ 1 \end{bmatrix}$$

であり, いずれの固有値も重複度の数だけ 1 次独立な固有ベクトルが存在するから, 定理 21.6 より対角化可能である. 固有ベクトルを並べて

$$P = \begin{bmatrix} 1 & -1 & 1 \\ 1 & 0 & -1 \\ 0 & 1 & 1 \end{bmatrix} \quad \text{とおくと,} \quad P^{-1}AP = \begin{bmatrix} 1 & 0 & 0 \\ 0 & 1 & 0 \\ 0 & 0 & 4 \end{bmatrix}$$

である.

例 9. 例 3, 例 6 で扱った $A=\begin{bmatrix}5 & -2 & 1\\ 1 & 2 & 1\\ 1 & -2 & 5\end{bmatrix}$ が対角化可能か調べよう.

固有値は 4 で, 重複度は 3 である. 固有値 4 に関する固有ベクトルは 1 次独立なものが 2 個しかないから, P を構成することができず, 対角化できない.

対角化可能であるための必要十分条件 定理 21.6 で対角化可能であるための必要十分条件を述べたが, それとは別に次が成り立つ.

定理 21.7 n 次正方行列 A の固有値は $\lambda_1, \lambda_2, \cdots, \lambda_p$ (異なる p 個の値) とする. このとき, A が対角化可能であるための必要十分条件は

$$(A-\lambda_1 E)(A-\lambda_2 E)\cdots(A-\lambda_p E)=O \tag{21.1}$$

が成り立つことである.

証明 ここでは必要性のみ示す. 十分性は §24 問題 24.4 を参照.

簡単のため, A は 4 次正方行列とし,

$$B=P^{-1}AP=\begin{bmatrix}\lambda_1 & 0 & 0 & 0\\ 0 & \lambda_1 & 0 & 0\\ 0 & 0 & \lambda_2 & 0\\ 0 & 0 & 0 & \lambda_3\end{bmatrix}$$

とする ($n=4,\ p=3$). また,

$$\mu_{jk}=\lambda_j-\lambda_k \quad (j,k=1,2,3)$$

とおく. このとき, $A-\lambda_j E=P(B-\lambda_j E)P^{-1}$ $(j=1,2,3)$ であるから

$$\begin{aligned}
&(A-\lambda_1 E)(A-\lambda_2 E)(A-\lambda_3 E)\\
&=P(B-\lambda_1 E)(B-\lambda_2 E)(B-\lambda_3 E)P^{-1}\\
&=P\begin{bmatrix}0 & 0 & 0 & 0\\ 0 & 0 & 0 & 0\\ 0 & 0 & \mu_{21} & 0\\ 0 & 0 & 0 & \mu_{31}\end{bmatrix}\begin{bmatrix}\mu_{12} & 0 & 0 & 0\\ 0 & \mu_{12} & 0 & 0\\ 0 & 0 & 0 & 0\\ 0 & 0 & 0 & \mu_{32}\end{bmatrix}\begin{bmatrix}\mu_{13} & 0 & 0 & 0\\ 0 & \mu_{13} & 0 & 0\\ 0 & 0 & \mu_{23} & 0\\ 0 & 0 & 0 & 0\end{bmatrix}P^{-1}\\
&=POP^{-1}=O
\end{aligned}$$

である. (証明終)

演習問題

問題 21.1 次の行列の固有値と固有ベクトルを求めよ.

(1) $A = \begin{bmatrix} 3 & 0 & -5 \\ 1 & -1 & -2 \\ 1 & -4 & 1 \end{bmatrix}$ (2) $A = \begin{bmatrix} 2 & -3 & -2 \\ -1 & 4 & 2 \\ 1 & -3 & -1 \end{bmatrix}$

問題 21.2 前問の行列について, その結果を利用して対角化可能かどうか判定せよ. 可能ならば対角化する行列 P と結果の対角行列 $P^{-1}AP$ を答えよ.

問題 21.3 次の行列が対角化可能か調べ, 可能ならば対角化せよ. (固有値と固有ベクトルを求め, 対角化可能か判定し, 可能ならば P と $P^{-1}AP$ を求めよ.)

(1) $\begin{bmatrix} 3 & -1 & 1 \\ -4 & 3 & -4 \\ -4 & -2 & 1 \end{bmatrix}$ (2) $\begin{bmatrix} 2 & -2 & 3 \\ 1 & 1 & 1 \\ 1 & 3 & -1 \end{bmatrix}$ (3) $\begin{bmatrix} 1 & -2 & -3 \\ -1 & 0 & -3 \\ -1 & -2 & -1 \end{bmatrix}$

(4) $\begin{bmatrix} 5 & -3 & -5 \\ -1 & 7 & 5 \\ 1 & -3 & -1 \end{bmatrix}$ (5) $\begin{bmatrix} 2 & -1 & 1 \\ 3 & -2 & 3 \\ -1 & 1 & 0 \end{bmatrix}$ (6) $\begin{bmatrix} 3 & -1 & 1 \\ -1 & 3 & -1 \\ 1 & -1 & 3 \end{bmatrix}$

(7) $\begin{bmatrix} 3 & 0 & 1 \\ 2 & 4 & -2 \\ 7 & 4 & 1 \end{bmatrix}$ (8) $\begin{bmatrix} 2 & 2 & -1 \\ -1 & 5 & -1 \\ -1 & 2 & 2 \end{bmatrix}$

問題 21.4 次の行列の固有値と固有ベクトルを求めよ.

(1) $\begin{bmatrix} 0 & 0 & 0 & 1 \\ 0 & 0 & 2 & 0 \\ 0 & 8 & 0 & 0 \\ 9 & 0 & 0 & 0 \end{bmatrix}$ (2) $\begin{bmatrix} 1 & 0 & -1 & 0 \\ 0 & 0 & 0 & 2 \\ -1 & 0 & 1 & 0 \\ 0 & 2 & 0 & 0 \end{bmatrix}$

(3) $\begin{bmatrix} 3 & 0 & -1 & 0 \\ 0 & 3 & 0 & -1 \\ -1 & 0 & 3 & 0 \\ 0 & -1 & 0 & 3 \end{bmatrix}$ (4) $\begin{bmatrix} 1 & 0 & 2 & 2 \\ 0 & 1 & -1 & -1 \\ 2 & 4 & 0 & -1 \\ -1 & -2 & 1 & 2 \end{bmatrix}$

問題 21.5 次の行列の k 乗 A^k (k は自然数) を求めよ.

(1) $A = \begin{bmatrix} 5 & -3 & -5 \\ -1 & 7 & 5 \\ 1 & -3 & -1 \end{bmatrix}$ (2) $A = \begin{bmatrix} 2 & 2 & 3 \\ 1 & 3 & 3 \\ 1 & 2 & 4 \end{bmatrix}$

ヒント：(1) は問題 21.3 (4) の行列であり, その結果を利用してよい.

問題 21.6 n 次正方行列 $A=[a_{ij}]$ に対し, 対角成分の和 $a_{11}+a_{22}+\cdots+a_{nn}$ を A の**トレース**といい, 記号 $\mathrm{tr}\,A$ で表す：

$$\mathrm{tr}\,A=a_{11}+a_{22}+\cdots+a_{nn}.$$

次の行列のトレース $\mathrm{tr}\,A$ を求めよ.

(1) $\begin{bmatrix}1 & 2\\ 5 & -2\end{bmatrix}$ (2) $\begin{bmatrix}1 & -1 & -1\\ -1 & 2 & 1\\ 2 & -3 & -2\end{bmatrix}$ (3) $\begin{bmatrix}1 & 0 & 2 & 2\\ 0 & 1 & -1 & -1\\ 2 & 4 & 0 & -1\\ -1 & -2 & 1 & 2\end{bmatrix}$

問題 21.7 n 次正方行列 $A=[a_{ij}]$ の異なる固有値を $\lambda_1, \lambda_2, \cdots, \lambda_p$ とし, 重複度をそれぞれ $m_1, m_2, \cdots, m_p$ $(m_1+m_2+\cdots+m_p=n)$ とする. このとき

$$\underbrace{\lambda_1+\cdots+\lambda_1}_{m_1\text{個}}+\underbrace{\lambda_2+\cdots+\lambda_2}_{m_2\text{個}}+\cdots+\underbrace{\lambda_p+\cdots+\lambda_p}_{m_p\text{個}}=\mathrm{tr}\,A,$$

$$\underbrace{\lambda_1\times\cdots\times\lambda_1}_{m_1\text{個}}\times\underbrace{\lambda_2\times\cdots\times\lambda_2}_{m_2\text{個}}\times\cdots\times\underbrace{\lambda_p\times\cdots\times\lambda_p}_{m_p\text{個}}=|A|$$

が成り立つことを示せ.

問題 21.8 問題 21.1, 問題 21.3 の各行列について, 固有値の和とトレースが一致していることを確かめよ.

問題 21.9 A を n 次正方行列, P を n 次正則行列とするとき, $g_{P^{-1}AP}(t)=g_A(t)$ であることを示せ.

問題 21.10 r 個の n 次ベクトル $\boldsymbol{v}_1, \boldsymbol{v}_2, \cdots, \boldsymbol{v}_r$ は 1 次独立で, いずれも n 次正方行列 A の固有値 λ に関する固有ベクトルであるとする. このとき, $g_A(t)$ は $(t-\lambda)^r$ で割り切れることを示せ.

問題 21.11 次の等式を満たす正則行列 P を求めよ.

(1) $P^{-1}\begin{bmatrix}3 & 1 & 1\\ 1 & 4 & 2\\ 0 & -1 & 2\end{bmatrix}P=\begin{bmatrix}3 & 1 & 0\\ 0 & 3 & 1\\ 0 & 0 & 3\end{bmatrix}$

(2) $P^{-1}\begin{bmatrix}2 & 2 & -1\\ -1 & 5 & -1\\ -1 & 2 & 2\end{bmatrix}P=\begin{bmatrix}3 & 0 & 0\\ 0 & 3 & 1\\ 0 & 0 & 3\end{bmatrix}$

第8章 対角化の応用

§22　線形差分方程式の解

線形差分方程式　まず, 単独の 1 階線形差分方程式を考えよう．未知数列 $\{x_k\}$ $(k = 0, 1, 2, \cdots)$ についての関係式

$$x_{k+1} = a\, x_k$$

を **1 階線形差分方程式**という．ここで a は定数である．この方程式の解は

$$x_k = a\, x_{k-1} = a^2\, x_{k-2} = a^3\, x_{k-3} = \cdots \quad \text{より,} \quad x_k = a^k\, x_0$$

である.

次に, 連立線形差分方程式を考えよう．未知数列 $\{x_k\}$, $\{y_k\}$ $(k = 0, 1, 2, \cdots)$ についての関係式

$$\begin{cases} x_{k+1} = a\, x_k + b\, y_k \\ y_{k+1} = c\, x_k + d\, y_k \end{cases}$$

を 2 個の方程式からなる**連立 1 階線形差分方程式**という．ここで a, b, c, d は定数である．この方程式は行列 $A = \begin{bmatrix} a & b \\ c & d \end{bmatrix}$ を用いると

$$\begin{bmatrix} x_{k+1} \\ y_{k+1} \end{bmatrix} = A \begin{bmatrix} x_k \\ y_k \end{bmatrix} \tag{22.1}$$

と表すことができる.

この方程式の解は, 単独方程式と同様に

$$\begin{bmatrix} x_k \\ y_k \end{bmatrix} = A\begin{bmatrix} x_{k-1} \\ y_{k-1} \end{bmatrix} = A^2\begin{bmatrix} x_{k-2} \\ y_{k-2} \end{bmatrix} = \cdots \quad \text{より,} \quad \begin{bmatrix} x_k \\ y_k \end{bmatrix} = A^k\begin{bmatrix} x_0 \\ y_0 \end{bmatrix}$$

となるから, A^k を計算することにより求めることができる.

例 1. $\begin{bmatrix} x_{k+1} \\ y_{k+1} \end{bmatrix} = \begin{bmatrix} 5 & -12 \\ 1 & -2 \end{bmatrix}\begin{bmatrix} x_k \\ y_k \end{bmatrix}$ の解を求めよう.

§20 の例 3 で求めた $A = \begin{bmatrix} 5 & -12 \\ 1 & -2 \end{bmatrix}$ の k 乗を用いて

$$\begin{bmatrix} x_k \\ y_k \end{bmatrix} = \begin{bmatrix} 2^{k+2}-3 & 12-3\cdot 2^{k+2} \\ 2^k-1 & 4-3\cdot 2^k \end{bmatrix}\begin{bmatrix} x_0 \\ y_0 \end{bmatrix}$$

である.

別の解法として, 変数変換による方法がある. 方程式 (22.1) において

$$\begin{bmatrix} x_k \\ y_k \end{bmatrix} = P\begin{bmatrix} z_k \\ w_k \end{bmatrix}, \quad \text{ここで, } P \text{ は定数を成分とする 2 次正則行列}$$

として, 未知数列 $\{x_k\}$, $\{y_k\}$ を別の未知数列 $\{z_k\}$, $\{w_k\}$ に置き換える.

$$P\begin{bmatrix} z_{k+1} \\ w_{k+1} \end{bmatrix} = AP\begin{bmatrix} z_k \\ w_k \end{bmatrix} \quad \text{より,} \quad \begin{bmatrix} z_{k+1} \\ w_{k+1} \end{bmatrix} = P^{-1}AP\begin{bmatrix} z_k \\ w_k \end{bmatrix}$$

であるから, A が対角化可能ならば, P として A を対角化する行列をとると, z_k, w_k に対する方程式はそれぞれ別々の単独方程式となる.

例 2. 例 1 の方程式に対して $\begin{bmatrix} x_k \\ y_k \end{bmatrix} = \begin{bmatrix} 3 & 4 \\ 1 & 1 \end{bmatrix}\begin{bmatrix} z_k \\ w_k \end{bmatrix}$ とおく. §20 の例 1 より

$$\begin{bmatrix} 3 & 4 \\ 1 & 1 \end{bmatrix}^{-1}\begin{bmatrix} 5 & -12 \\ 1 & -2 \end{bmatrix}\begin{bmatrix} 3 & 4 \\ 1 & 1 \end{bmatrix} = \begin{bmatrix} 1 & 0 \\ 0 & 2 \end{bmatrix} \quad \text{であり,} \quad \begin{bmatrix} z_{k+1} \\ w_{k+1} \end{bmatrix} = \begin{bmatrix} 1 & 0 \\ 0 & 2 \end{bmatrix}\begin{bmatrix} z_k \\ w_k \end{bmatrix}$$

となる. つまり, $z_{k+1} = z_k$, $w_{k+1} = 2w_k$ である. これより, $z_k = z_0$, $w_k = 2^k w_0$ であるから

$$\begin{aligned} \begin{bmatrix} x_k \\ y_k \end{bmatrix} &= \begin{bmatrix} 3 & 4 \\ 1 & 1 \end{bmatrix}\begin{bmatrix} z_0 \\ 2^k w_0 \end{bmatrix} = \begin{bmatrix} 3 & 4 \\ 1 & 1 \end{bmatrix}\begin{bmatrix} 1 & 0 \\ 0 & 2^k \end{bmatrix}\begin{bmatrix} z_0 \\ w_0 \end{bmatrix} \\ &= \begin{bmatrix} 3 & 4 \\ 1 & 1 \end{bmatrix}\begin{bmatrix} 1 & 0 \\ 0 & 2^k \end{bmatrix}\begin{bmatrix} 3 & 4 \\ 1 & 1 \end{bmatrix}^{-1}\begin{bmatrix} x_0 \\ y_0 \end{bmatrix} = \begin{bmatrix} 2^{k+2}-3 & 12-3\cdot 2^{k+2} \\ 2^k-1 & 4-3\cdot 2^k \end{bmatrix}\begin{bmatrix} x_0 \\ y_0 \end{bmatrix} \end{aligned}$$

となる.

次に, 単独の 2 階線形差分方程式

$$x_{k+2} + a\,x_{k+1} + b\,x_k = 0$$

を考えよう．この方程式に対し, $y_k = x_{k+1}$ とおくと

$$\begin{cases} x_{k+1} = y_k, \\ y_{k+1} = x_{k+2} = -a\,x_{k+1} - b\,x_k = -b\,x_k - a\,y_k \end{cases}$$

となり, $\begin{bmatrix} x_k \\ y_k \end{bmatrix}$ は連立差分方程式

$$\begin{bmatrix} x_{k+1} \\ y_{k+1} \end{bmatrix} = \begin{bmatrix} 0 & 1 \\ -b & -a \end{bmatrix}\begin{bmatrix} x_k \\ y_k \end{bmatrix}$$

を満たす.

例 3. $x_{k+2} - 5x_{k+1} + 6x_k = 0,\ x_0 = 2,\ x_1 = -1$ の解を求めよう.

$y_k = x_{k+1}$ とおくと方程式は $\begin{bmatrix} x_{k+1} \\ y_{k+1} \end{bmatrix} = \begin{bmatrix} 0 & 1 \\ -6 & 5 \end{bmatrix}\begin{bmatrix} x_k \\ y_k \end{bmatrix}$ となる．$A = \begin{bmatrix} 0 & 1 \\ -6 & 5 \end{bmatrix}$ の固有値は

$$g_A(t) = \begin{vmatrix} -t & 1 \\ -6 & 5-t \end{vmatrix} = t^2 - 5t + 6 = (t-2)(t-3) = 0$$

より 2 と 3 (重複度はいずれも 1) であり, 固有ベクトルを計算するとそれぞれ $\begin{bmatrix} 1 \\ 2 \end{bmatrix}, \begin{bmatrix} 1 \\ 3 \end{bmatrix}$ となるから, $A = \begin{bmatrix} 0 & 1 \\ -6 & 5 \end{bmatrix}$ は

$$\begin{bmatrix} 1 & 1 \\ 2 & 3 \end{bmatrix}^{-1}\begin{bmatrix} 0 & 1 \\ -6 & 5 \end{bmatrix}\begin{bmatrix} 1 & 1 \\ 2 & 3 \end{bmatrix} = \begin{bmatrix} 2 & 0 \\ 0 & 3 \end{bmatrix}$$

と対角化される．$y_k = x_{k+1}$ より $y_0 = x_1 = -1$ であるから,

$$\begin{aligned} \begin{bmatrix} x_k \\ y_k \end{bmatrix} &= \begin{bmatrix} 0 & 1 \\ -6 & 5 \end{bmatrix}^k \begin{bmatrix} x_0 \\ y_0 \end{bmatrix} = \begin{bmatrix} 1 & 1 \\ 2 & 3 \end{bmatrix}\begin{bmatrix} 2^k & 0 \\ 0 & 3^k \end{bmatrix}\begin{bmatrix} 1 & 1 \\ 2 & 3 \end{bmatrix}^{-1}\begin{bmatrix} 2 \\ -1 \end{bmatrix} \\ &= \begin{bmatrix} 2^k & 3^k \\ 2^{k+1} & 3^{k+1} \end{bmatrix}\begin{bmatrix} 7 \\ -5 \end{bmatrix} \end{aligned}$$

より

$$x_k = 7 \cdot 2^k - 5 \cdot 3^k$$

である.

演習問題

問題 22.1 次の連立差分方程式の解を求めよ.

(1) $\begin{cases} x_{k+1} = 7x_k - 6y_k, & x_0 = 1 \\ y_{k+1} = 3x_k - 2y_k, & y_0 = -2 \end{cases}$

(2) $\begin{cases} x_{k+1} = 13x_k - 30y_k, & x_0 = 3 \\ y_{k+1} = 5x_k - 12y_k, & y_0 = 2 \end{cases}$

(3) $\begin{cases} x_{k+1} = 5x_k - 3y_k - 5z_k, & x_0 = 3 \\ y_{k+1} = -x_k + 7y_k + 5z_k, & y_0 = 2 \\ z_{k+1} = x_k - 3y_k - z_k, & z_0 = 1 \end{cases}$

問題 22.2 次の高階差分方程式の解を求めよ.

(1) $x_{k+2} - 3x_{k+1} - 4x_k = 0,\ x_0 = 5,\ x_1 = 5$

(2) $x_{k+2} - 9x_k = 0,\ x_0 = 1,\ x_1 = 0$

(3) $x_{k+3} - 6x_{k+2} + 11x_{k+1} - 6x_k = 0,\ x_0 = 6,\ x_1 = 11,\ x_2 = 29$

ヒント：(3) は $y_k = x_{k+1}$, $z_k = x_{x+2}$ とおき, $\begin{bmatrix} x_k \\ y_k \\ z_k \end{bmatrix}$ の満たす方程式を考える.

問題 22.3 連立差分方程式 $\begin{bmatrix} x_{k+1} \\ y_{k+1} \end{bmatrix} = \begin{bmatrix} 1 & 2 \\ 3 & 2 \end{bmatrix}\begin{bmatrix} x_k \\ y_k \end{bmatrix}$ について, 次の問いに答えよ.

(1) $P = \begin{bmatrix} 2 & -1 \\ 3 & 1 \end{bmatrix}$ とするとき, $P^{-1}\begin{bmatrix} 1 & 2 \\ 3 & 2 \end{bmatrix}P$ を計算せよ.

(2) $\begin{bmatrix} x_k \\ y_k \end{bmatrix} = \begin{bmatrix} 2 & -1 \\ 3 & 1 \end{bmatrix}\begin{bmatrix} u_k \\ v_k \end{bmatrix}$ とおくとき, u_k, v_k の満たす差分方程式を求めよ.

問題 22.4 連立差分方程式 $\begin{bmatrix} x_{k+1} \\ y_{k+1} \\ z_{k+1} \end{bmatrix} = \begin{bmatrix} 3 & 0 & -5 \\ 1 & -1 & -2 \\ 1 & -4 & 1 \end{bmatrix}\begin{bmatrix} x_k \\ y_k \\ z_k \end{bmatrix}$ に対して

$$\begin{bmatrix} x_k \\ y_k \\ z_k \end{bmatrix} = \begin{bmatrix} 1 & 5 & 4 \\ 1 & 1 & 1 \\ 1 & 1 & 0 \end{bmatrix}\begin{bmatrix} u_k \\ v_k \\ w_k \end{bmatrix}$$

とおくとき, u_k, v_k, w_k の満たす差分方程式をそれぞれ求めよ.

ヒント：係数行列は問題 21.2 (1) の行列であり, その結果を利用してよい.

§23　直交行列による対称行列の対角化

内積の不変性　ここでは2次ベクトルのみを扱う．ベクトル $\boldsymbol{a}=\begin{bmatrix}a_1\\a_2\end{bmatrix}$ を正規直交基底 $\{\boldsymbol{u}_1,\boldsymbol{u}_2\}$ の1次結合で表したとき

$$\boldsymbol{a}=c_1\boldsymbol{u}_1+c_2\boldsymbol{u}_2$$

となったとする．このとき，$\begin{bmatrix}c_1\\c_2\end{bmatrix}$ を $\boldsymbol{a}$ の $\{\boldsymbol{u}_1,\boldsymbol{u}_2\}$ に関する**座標**という．

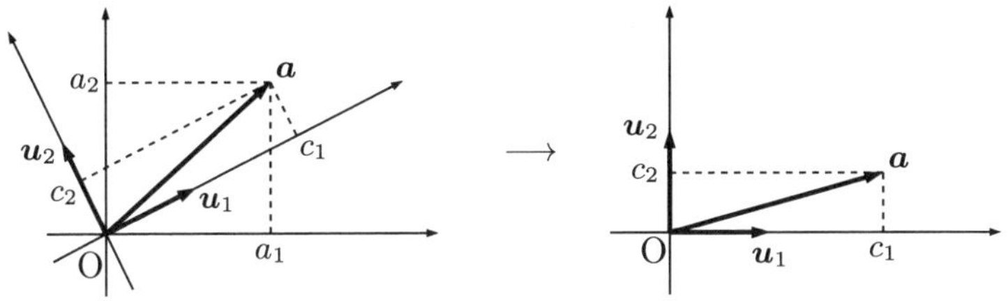

このいい方によると，もとの座標 $\begin{bmatrix}a_1\\a_2\end{bmatrix}$ は基底 $\{\boldsymbol{e}_1,\boldsymbol{e}_2\}$ に関する座標である．

> **定理 23.1**　2次ベクトル $\boldsymbol{a},\boldsymbol{b}$ の正規直交基底 $\{\boldsymbol{u}_1,\boldsymbol{u}_2\}$ に関する座標をそれぞれ $\begin{bmatrix}c_1\\c_2\end{bmatrix}$, $\begin{bmatrix}d_1\\d_2\end{bmatrix}$ とするとき，次が成り立つ．
>
> $$(\boldsymbol{a},\boldsymbol{b})=\left(\begin{bmatrix}c_1\\c_2\end{bmatrix},\begin{bmatrix}d_1\\d_2\end{bmatrix}\right).$$

証明　$\boldsymbol{a}=c_1\boldsymbol{u}_1+c_2\boldsymbol{u}_2$, $\boldsymbol{b}=d_1\boldsymbol{u}_1+d_2\boldsymbol{u}_2$ より，

$$\begin{aligned}(\boldsymbol{a},\boldsymbol{b})&=(c_1\boldsymbol{u}_1+c_2\boldsymbol{u}_2,d_1\boldsymbol{u}_1+d_2\boldsymbol{u}_2)\\&=c_1d_1(\boldsymbol{u}_1,\boldsymbol{u}_1)+c_1d_2(\boldsymbol{u}_1,\boldsymbol{u}_2)+c_2d_1(\boldsymbol{u}_2,\boldsymbol{u}_1)+c_2d_2(\boldsymbol{u}_2,\boldsymbol{u}_2)\\&=c_1d_1+c_2d_2=\left(\begin{bmatrix}c_1\\c_2\end{bmatrix},\begin{bmatrix}d_1\\d_2\end{bmatrix}\right)\end{aligned}$$

である．(証明終)

つまり，$\boldsymbol{a}$ と $\boldsymbol{b}$ の内積の値は，$\{\boldsymbol{e}_1,\boldsymbol{e}_2\}$ で定められる座標系においても，$\{\boldsymbol{u}_1,\boldsymbol{u}_2\}$ で定められる座標系においても同じ値となる．内積の値が同じならば，内積から定められるベクトルの長さやなす角も同じである．これは，ベクトルの集合が表す図形の「形」がどちらの座標系でも同じであることを意味する．

例 1. 曲線 $C : 5{x_1}^2 - 4x_1x_2 + 8{x_2}^2 = 36$ を考えよう．左辺は行列 $\begin{bmatrix} 5 & -2 \\ -2 & 8 \end{bmatrix}$ を用いると

$$5{x_1}^2 - 4x_1x_2 + 8{x_2}^2 = [\,x_1 \quad x_2\,]\begin{bmatrix} 5 & -2 \\ -2 & 8 \end{bmatrix}\begin{bmatrix} x_1 \\ x_2 \end{bmatrix}$$

と書ける．いま, 正規直交基底として

$$\left\{\boldsymbol{u}_1 = \frac{1}{\sqrt{5}}\begin{bmatrix} 2 \\ 1 \end{bmatrix},\ \boldsymbol{u}_2 = \frac{1}{\sqrt{5}}\begin{bmatrix} -1 \\ 2 \end{bmatrix}\right\} \tag{23.1}$$

をとる (この基底のとり方についてはあとで詳しく述べる). $\begin{bmatrix} x_1 \\ x_2 \end{bmatrix}$ の $\{\boldsymbol{u}_1, \boldsymbol{u}_2\}$ に関する座標を $\begin{bmatrix} y_1 \\ y_2 \end{bmatrix}$ とすると

$$\begin{bmatrix} x_1 \\ x_2 \end{bmatrix} = y_1\boldsymbol{u}_1 + y_2\boldsymbol{u}_2 = [\,\boldsymbol{u}_1 \quad \boldsymbol{u}_2\,]\begin{bmatrix} y_1 \\ y_2 \end{bmatrix}$$

であるから,

$$[\,x_1 \quad x_2\,]\begin{bmatrix} 5 & -2 \\ -2 & 8 \end{bmatrix}\begin{bmatrix} x_1 \\ x_2 \end{bmatrix} = [\,y_1 \quad y_2\,]\,{}^t[\,\boldsymbol{u}_1 \quad \boldsymbol{u}_2\,]\begin{bmatrix} 5 & -2 \\ -2 & 8 \end{bmatrix}[\,\boldsymbol{u}_1 \quad \boldsymbol{u}_2\,]\begin{bmatrix} y_1 \\ y_2 \end{bmatrix}$$

となる．ここで

$$ {}^t[\,\boldsymbol{u}_1 \quad \boldsymbol{u}_2\,]\begin{bmatrix} 5 & -2 \\ -2 & 8 \end{bmatrix}[\,\boldsymbol{u}_1 \quad \boldsymbol{u}_2\,] = \begin{bmatrix} \frac{2}{\sqrt{5}} & \frac{1}{\sqrt{5}} \\ \frac{-1}{\sqrt{5}} & \frac{2}{\sqrt{5}} \end{bmatrix}\begin{bmatrix} 5 & -2 \\ -2 & 8 \end{bmatrix}\begin{bmatrix} \frac{2}{\sqrt{5}} & \frac{-1}{\sqrt{5}} \\ \frac{1}{\sqrt{5}} & \frac{2}{\sqrt{5}} \end{bmatrix} = \begin{bmatrix} 4 & 0 \\ 0 & 9 \end{bmatrix} \tag{23.2}$$

であるから,

$$5{x_1}^2 - 4x_1x_2 + 8{x_2}^2 = [\,y_1 \quad y_2\,]\begin{bmatrix} 4 & 0 \\ 0 & 9 \end{bmatrix}\begin{bmatrix} y_1 \\ y_2 \end{bmatrix} = 4{y_1}^2 + 9{y_2}^2$$

となり, 曲線 C は $\{\boldsymbol{u}_1, \boldsymbol{u}_2\}$ で定められる座標系では

$$4{y_1}^2 + 9{y_2}^2 = 36, \quad \text{つまり} \quad \left(\frac{y_1}{3}\right)^2 + \left(\frac{y_2}{2}\right)^2 = 1$$

と表される．

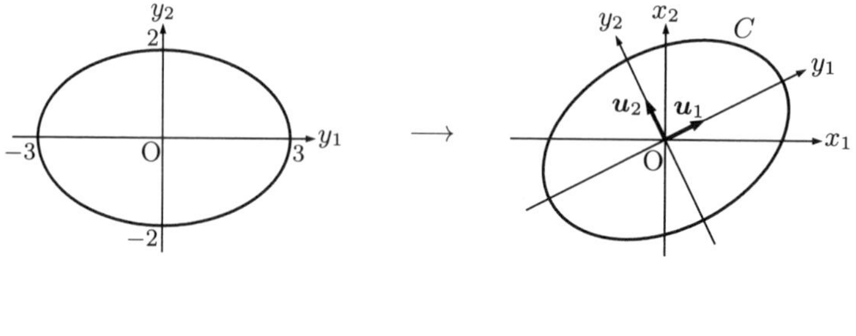

対称行列の対角化 例1において, 正規直交基底 (23.1) から行列 $U = [\,\boldsymbol{u}_1 \quad \boldsymbol{u}_2\,]$ をつくると

$$ {}^tUU = \begin{bmatrix} {}^t\boldsymbol{u}_1 \\ {}^t\boldsymbol{u}_2 \end{bmatrix} [\,\boldsymbol{u}_1 \quad \boldsymbol{u}_2\,] = \begin{bmatrix} (\boldsymbol{u}_1, \boldsymbol{u}_1) & (\boldsymbol{u}_1, \boldsymbol{u}_2) \\ (\boldsymbol{u}_2, \boldsymbol{u}_1) & (\boldsymbol{u}_2, \boldsymbol{u}_2) \end{bmatrix} = E $$

が成り立つ.

定義 (直交行列) n 次正方行列 $U = [\,\boldsymbol{u}_1 \quad \boldsymbol{u}_2 \quad \cdots \quad \boldsymbol{u}_n\,]$ が

$$ {}^tUU = E, \quad \text{つまり} \quad {}^t\boldsymbol{u}_i\boldsymbol{u}_j = (\boldsymbol{u}_i, \boldsymbol{u}_j) = \begin{cases} 1 & (i = j), \\ 0 & (i \neq j) \end{cases} $$

を満たすとき, U を**直交行列**という.

${}^tUU = E$ より

$$ {}^tU = U^{-1} $$

であるから, (23.2) は

$$ U^{-1} \begin{bmatrix} 5 & -2 \\ -2 & 8 \end{bmatrix} U = \begin{bmatrix} 4 & 0 \\ 0 & 9 \end{bmatrix} $$

と書くことができ, 対角化にほかならない. つまり, 正規直交基底 (23.1) は対称行列 $\begin{bmatrix} 5 & -2 \\ -2 & 8 \end{bmatrix}$ を対角化する直交行列の列から構成されていることがわかる.

一般に, 対称行列について次が成り立つ (証明は省略).

定理 23.2 実数を成分とする対称行列の固有値はすべて実数であり, 異なる固有値に関する固有ベクトルは互いに直交する.

例 2. §21 例 8 で扱った対称行列 $A = \begin{bmatrix} 2 & -1 & 1 \\ -1 & 2 & -1 \\ 1 & -1 & 2 \end{bmatrix}$ の固有値 4 に関する固有ベクトル $\begin{bmatrix} 1 \\ -1 \\ 1 \end{bmatrix}$ は固有値 1 (重複度 2) に関する固有ベクトル $\begin{bmatrix} 1 \\ 1 \\ 0 \end{bmatrix}$, $\begin{bmatrix} -1 \\ 0 \\ 1 \end{bmatrix}$ と直交している. 実際,

$$ \left(\begin{bmatrix} 1 \\ -1 \\ 1 \end{bmatrix}, \begin{bmatrix} 1 \\ 1 \\ 0 \end{bmatrix} \right) = 0, \quad \left(\begin{bmatrix} 1 \\ -1 \\ 1 \end{bmatrix}, \begin{bmatrix} -1 \\ 0 \\ 1 \end{bmatrix} \right) = 0 $$

である.

さらに, 次が成り立つ (証明は省略).

定理 23.3 実数を成分とする対称行列は直交行列によって対角化できる.

例 3. 例 2 の対称行列 $A = \begin{bmatrix} 2 & -1 & 1 \\ -1 & 2 & -1 \\ 1 & -1 & 2 \end{bmatrix}$ を対角化する直交行列を求めよう. 固有値 1 (重複度 2) に関する固有ベクトル $\boldsymbol{v}_1 = \begin{bmatrix} 1 \\ 1 \\ 0 \end{bmatrix}$, $\boldsymbol{v}_2 = \begin{bmatrix} -1 \\ 0 \\ 1 \end{bmatrix}$ にグラム・シュミットの正規直交化法を用いると,

$$\boldsymbol{u}_1 = \frac{1}{||\boldsymbol{v}_1||}\boldsymbol{v}_1 = \frac{1}{\sqrt{2}}\begin{bmatrix} 1 \\ 1 \\ 0 \end{bmatrix},$$

$$\boldsymbol{v}_2{}' = \boldsymbol{v}_2 - (\boldsymbol{v}_2, \boldsymbol{u}_1)\boldsymbol{u}_1 = \begin{bmatrix} -1 \\ 0 \\ 1 \end{bmatrix} - \left(\begin{bmatrix} -1 \\ 0 \\ 1 \end{bmatrix}, \frac{1}{\sqrt{2}}\begin{bmatrix} 1 \\ 1 \\ 0 \end{bmatrix}\right)\frac{1}{\sqrt{2}}\begin{bmatrix} 1 \\ 1 \\ 0 \end{bmatrix} = \frac{1}{2}\begin{bmatrix} -1 \\ 1 \\ 2 \end{bmatrix},$$

$$\boldsymbol{u}_2 = \frac{1}{||\boldsymbol{v}_2{}'||}\boldsymbol{v}_2{}' = \frac{2}{\sqrt{6}} \cdot \frac{1}{2}\begin{bmatrix} -1 \\ 1 \\ 2 \end{bmatrix} = \frac{1}{\sqrt{6}}\begin{bmatrix} -1 \\ 1 \\ 2 \end{bmatrix}$$

である. また, 固有値 4 に関する固有ベクトル $\boldsymbol{v}_3 = \begin{bmatrix} 1 \\ -1 \\ 1 \end{bmatrix}$ は $\boldsymbol{v}_1$, $\boldsymbol{v}_2$ と直交していることから, $\boldsymbol{u}_1$, $\boldsymbol{u}_2$ とも直交していて,

$$\boldsymbol{v}_3{}' = \boldsymbol{v}_3 - (\boldsymbol{v}_3, \boldsymbol{u}_1)\boldsymbol{u}_1 - (\boldsymbol{v}_3, \boldsymbol{u}_2)\boldsymbol{u}_2 = \boldsymbol{v}_3, \quad \boldsymbol{u}_3 = \frac{1}{||\boldsymbol{v}_3||}\boldsymbol{v}_3 = \frac{1}{\sqrt{3}}\begin{bmatrix} 1 \\ -1 \\ 1 \end{bmatrix}$$

である. こうしてつくられた $\{\boldsymbol{u}_1, \boldsymbol{u}_2, \boldsymbol{u}_3\}$ は $\boldsymbol{R}^3$ の正規直交基底であり,

$$U = [\,\boldsymbol{u}_1 \quad \boldsymbol{u}_2 \quad \boldsymbol{u}_3\,]$$

は直交行列である. また, $\boldsymbol{u}_1$, $\boldsymbol{u}_2$ は $\boldsymbol{v}_1$, $\boldsymbol{v}_2$ の 1 次結合でつくられていることから, いずれも固有値 1 に関する固有ベクトルであり, $\boldsymbol{u}_3$ は $\boldsymbol{v}_3$ の実数倍であるから, 固有値 4 に関する固有ベクトルである. したがって,

$${}^tUAU = U^{-1}AU = \begin{bmatrix} 1 & 0 & 0 \\ 0 & 1 & 0 \\ 0 & 0 & 4 \end{bmatrix}$$

である.

2次形式とその標準化 最後に, 例1で述べた2次式の変形を一般化しておこう. n 個の変数 $x_1, x_2, \cdots, x_n$ の同次2次式

$$\begin{aligned}&\sum_{i=1}^{n} a_{ii}{x_i}^2 + \sum_{i<j}^{n} 2a_{ij}x_ix_j \\ &= a_{11}{x_1}^2 + \cdots + a_{nn}{x_n}^2 + 2a_{12}x_1x_2 + \cdots + 2a_{n-1,n}x_{n-1}x_n\end{aligned}$$

を**2次形式**という. 2次形式は

$$\boldsymbol{x} = \begin{bmatrix} x_1 \\ x_2 \\ \vdots \\ x_n \end{bmatrix}, \quad A = \begin{bmatrix} a_{11} & a_{12} & \cdots & a_{1n} \\ a_{12} & a_{22} & \cdots & a_{2n} \\ \vdots & \vdots & \ddots & \vdots \\ a_{1n} & a_{2n} & \cdots & a_{nn} \end{bmatrix} \ (\text{対称行列})$$

とおくと

$${}^t\boldsymbol{x}A\boldsymbol{x}$$

と表すことができる. 対称行列 A が直交行列 $U = [\,\boldsymbol{u}_1 \ \ \boldsymbol{u}_2 \ \ \cdots \ \ \boldsymbol{u}_n\,]$ により

$${}^tUAU = U^{-1}AU = \begin{bmatrix} \lambda_1 & 0 & \cdots & 0 \\ 0 & \lambda_2 & \cdots & 0 \\ \vdots & \vdots & \ddots & \vdots \\ 0 & 0 & \cdots & \lambda_n \end{bmatrix} \quad (\lambda_i \text{ に重複を許す})$$

と対角化されるとし, 正規直交基底 $\{\boldsymbol{u}_1, \boldsymbol{u}_2, \cdots, \boldsymbol{u}_n\}$ に関する $\boldsymbol{x}$ の座標を

$$\boldsymbol{y} = \begin{bmatrix} y_1 \\ y_2 \\ \vdots \\ y_n \end{bmatrix}, \quad \text{すなわち} \quad \boldsymbol{x} = U\boldsymbol{y}$$

とすると

$$\begin{aligned}{}^t\boldsymbol{x}A\boldsymbol{x} = {}^t\boldsymbol{y}\,{}^tUAU\boldsymbol{y} &= [\,y_1 \ \ y_2 \ \ \cdots \ \ y_n\,]\begin{bmatrix} \lambda_1 & 0 & \cdots & 0 \\ 0 & \lambda_2 & \cdots & 0 \\ \vdots & \vdots & \ddots & \vdots \\ 0 & 0 & \cdots & \lambda_n \end{bmatrix}\begin{bmatrix} y_1 \\ y_2 \\ \vdots \\ y_n \end{bmatrix} \\ &= \lambda_1{y_1}^2 + \lambda_2{y_2}^2 + \cdots + \lambda_n{y_n}^2\end{aligned}$$

とできる. これを**2次形式の標準化**という.

> **定理 23.4** 2次形式 ${}^t\boldsymbol{x}A\boldsymbol{x}$ は適当な直交行列による変換 $\boldsymbol{x} = U\boldsymbol{y}$ により
>
> $${}^t\boldsymbol{x}A\boldsymbol{x} = \lambda_1{y_1}^2 + \lambda_2{y_2}^2 + \cdots + \lambda_n{y_n}^2$$
>
> とできる. ここで, $\lambda_1, \lambda_1, \cdots, \lambda_n$ は A の固有値であり, 重複を許す.

例 4. 2 次形式

$$ {}^t\boldsymbol{x}\begin{bmatrix} 2 & -1 & 1 \\ -1 & 2 & -1 \\ 1 & -1 & 2 \end{bmatrix}\boldsymbol{x} = 2{x_1}^2 + 2{x_2}^2 + 2{x_3}^2 - 2x_1x_2 + 2x_1x_3 - 2x_2x_3 $$

の標準化は, 例 3 より

$$ {}^t\boldsymbol{y}\begin{bmatrix} 1 & 0 & 0 \\ 0 & 1 & 0 \\ 0 & 0 & 4 \end{bmatrix}\boldsymbol{y} = {y_1}^2 + {y_2}^2 + 4{y_3}^2 $$

である. ここで

$$ \boldsymbol{x} = \begin{bmatrix} \frac{1}{\sqrt{2}} & -\frac{1}{\sqrt{6}} & \frac{1}{\sqrt{3}} \\ \frac{1}{\sqrt{2}} & \frac{1}{\sqrt{6}} & -\frac{1}{\sqrt{3}} \\ 0 & \frac{2}{\sqrt{6}} & \frac{1}{\sqrt{3}} \end{bmatrix}\boldsymbol{y} $$

である.

さて, 2 次形式 ${}^t\boldsymbol{x}A\boldsymbol{x}$ が

$$ \boldsymbol{x} \neq \boldsymbol{0} \quad \text{ならば} \quad {}^t\boldsymbol{x}A\boldsymbol{x} > 0 $$

を満たすとき, ${}^t\boldsymbol{x}A\boldsymbol{x}$ は**正値**であるという.

例 5. 例 4 の 2 次形式

$$ {}^t\boldsymbol{x}A\boldsymbol{x} = 2{x_1}^2 + 2{x_2}^2 + 2{x_3}^2 - 2x_1x_2 + 2x_1x_3 - 2x_2x_3 $$

は, $\boldsymbol{x} \neq \boldsymbol{0}$ ならば $\boldsymbol{y} \neq \boldsymbol{0}$ であり,

$$ {}^t\boldsymbol{x}A\boldsymbol{x} = {y_1}^2 + {y_2}^2 + 4{y_3}^2 > 0 $$

となるから, 正値である.

一般に, 2 次形式が正値であるかどうかは標準化すれば簡単に調べることができ, 次が成り立つ.

定理 23.5 2 次形式 ${}^t\boldsymbol{x}A\boldsymbol{x}$ が正値であるための必要十分条件は, A の固有値がすべて正であることである.

演習問題

問題 23.1　次の対称行列を直交行列で対角化せよ．

(1) $\begin{bmatrix} 2 & -1 \\ -1 & 2 \end{bmatrix}$　(2) $\begin{bmatrix} 1 & 2 \\ 2 & -2 \end{bmatrix}$

(3) $\begin{bmatrix} 0 & -2 & 0 \\ -2 & 1 & -2 \\ 0 & -2 & 2 \end{bmatrix}$　(4) $\begin{bmatrix} 2 & -2 & 1 \\ -2 & 5 & -2 \\ 1 & -2 & 2 \end{bmatrix}$

(5) $\begin{bmatrix} 3 & 2 & -2 \\ 2 & 0 & 4 \\ -2 & 4 & 0 \end{bmatrix}$　(6) $\begin{bmatrix} 16 & -12 & -48 \\ -12 & 9 & 36 \\ -48 & 36 & 144 \end{bmatrix}$

問題 23.2　次の 2 次形式を行列を用いて表せ．

(1) $3{x_1}^2 - 5{x_2}^2 + 6x_1x_2$

(2) ${x_1}^2 - 3{x_2}^2 + 2{x_3}^2 + 4x_1x_2 - 6x_1x_3 - 8x_2x_3$

(3) ${x_1}^2 - {x_2}^2 + {x_3}^2 - {x_4}^2 + 2x_1x_3 - 2x_1x_4 - 2x_2x_4$

問題 23.3　次の 2 次形式を標準化せよ．

(1) ${x_1}^2 + {x_2}^2 - 2x_1x_2$

(2) ${x_1}^2 + {x_2}^2 + 5{x_3}^2 - 6x_1x_2 + 2x_1x_3 - 2x_2x_3$

(3) ${x_1}^2 + {x_2}^2 + {x_3}^2 + 2x_1x_2 + 2x_1x_3 - 2x_2x_3$

問題 23.4　次の 2 次形式が正値かどうか調べよ．

(1) $2{x_1}^2 + 2{x_2}^2 - 2x_1x_2$

(2) ${x_1}^2 + {x_2}^2 + {x_3}^2 + 2x_1x_2 - 2x_1x_3 + 2x_2x_3$

§24 スペクトル分解

2次正方行列の場合 2次正方行列 A が異なる2つの固有値 λ_1, λ_2 をもつとする．このとき, A は対角化可能であり,

$$P^{-1}AP = \begin{bmatrix} \lambda_1 & 0 \\ 0 & \lambda_2 \end{bmatrix}$$

とできる．この式を

$$A = P \begin{bmatrix} \lambda_1 & 0 \\ 0 & \lambda_2 \end{bmatrix} P^{-1} \tag{24.1}$$

と変形すれば, これは行列 A を3つの行列 P, $\begin{bmatrix} \lambda_1 & 0 \\ 0 & \lambda_2 \end{bmatrix}$, P^{-1} の 積 に分解したことになる.

この節では, 行列 A を 和 に分解することを考える．(24.1) において

$$\begin{bmatrix} \lambda_1 & 0 \\ 0 & \lambda_2 \end{bmatrix} = \lambda_1 \begin{bmatrix} 1 & 0 \\ 0 & 0 \end{bmatrix} + \lambda_2 \begin{bmatrix} 0 & 0 \\ 0 & 1 \end{bmatrix}$$

であるから

$$A = P \left(\lambda_1 \begin{bmatrix} 1 & 0 \\ 0 & 0 \end{bmatrix} + \lambda_2 \begin{bmatrix} 0 & 0 \\ 0 & 1 \end{bmatrix} \right) P^{-1}$$

となる．ここで

$$A_1 = P \begin{bmatrix} 1 & 0 \\ 0 & 0 \end{bmatrix} P^{-1}, \quad A_2 = P \begin{bmatrix} 0 & 0 \\ 0 & 1 \end{bmatrix} P^{-1} \tag{24.2}$$

とおくと, A は

$$A = \lambda_1 A_1 + \lambda_2 A_2 \tag{24.3}$$

と和に分解される.

例 1. $A = \begin{bmatrix} 7 & -6 \\ 1 & 2 \end{bmatrix}$ とする．p.133 の問題 (§19 例 3 も参照) で述べたように

$$P = \begin{bmatrix} 2 & 3 \\ 1 & 1 \end{bmatrix} \quad \text{とすると} \quad P^{-1}AP = \begin{bmatrix} 4 & 0 \\ 0 & 5 \end{bmatrix}$$

であるから,

$$A_1 = \begin{bmatrix} 2 & 3 \\ 1 & 1 \end{bmatrix} \begin{bmatrix} 1 & 0 \\ 0 & 0 \end{bmatrix} \begin{bmatrix} -1 & 3 \\ 1 & -2 \end{bmatrix} = \begin{bmatrix} -2 & 6 \\ -1 & 3 \end{bmatrix},$$

$$A_2 = \begin{bmatrix} 2 & 3 \\ 1 & 1 \end{bmatrix} \begin{bmatrix} 0 & 0 \\ 0 & 1 \end{bmatrix} \begin{bmatrix} -1 & 3 \\ 1 & -2 \end{bmatrix} = \begin{bmatrix} 3 & -6 \\ 1 & -2 \end{bmatrix}$$

となり,

$$\begin{bmatrix} 7 & -6 \\ 1 & 2 \end{bmatrix} = 4 \begin{bmatrix} -2 & 6 \\ -1 & 3 \end{bmatrix} + 5 \begin{bmatrix} 3 & -6 \\ 1 & -2 \end{bmatrix}$$

が成り立つ.

(24.2) で定めた行列 A_1, A_2 は次の性質を満たす.

A_1, A_2 の性質

(i) $A_1+A_2=E$　　(ii) $A_1A_2=A_2A_1=O$　　(iii) ${A_1}^2=A_1,\ {A_2}^2=A_2$

証明 (i) $A_1+A_2=P\left(\begin{bmatrix}1&0\\0&0\end{bmatrix}+\begin{bmatrix}0&0\\0&1\end{bmatrix}\right)P^{-1}=PEP^{-1}=E.$

(ii) $A_1A_2=P\begin{bmatrix}1&0\\0&0\end{bmatrix}P^{-1}P\begin{bmatrix}0&0\\0&1\end{bmatrix}P^{-1}=P\begin{bmatrix}1&0\\0&0\end{bmatrix}\begin{bmatrix}0&0\\0&1\end{bmatrix}P^{-1}=O,$
$A_2A_1=O$ も同様.

(iii) (i), (ii) を順次用いて, ${A_1}^2=A_1(E-A_2)=A_1-A_1A_2=A_1$ である.
${A_2}^2=A_2$ も同様. (証明終)

性質 (i) を用いると, (24.3) を満たす行列 A_1, A_2 を, 行列 P を用いずに求めることができる. 実際, $\begin{cases}\lambda_1A_1+\lambda_2A_2=A\ \cdots\ ㋐\\ \quad A_1+\quad A_2=E\ \cdots\ ㋑\end{cases}$ として, ㋐ $-\lambda_2\times$ ㋑, ㋐ $-\lambda_1\times$ ㋑ よりそれぞれ

$$(\lambda_1-\lambda_2)A_1=A-\lambda_2E, \qquad (\lambda_2-\lambda_1)A_2=A-\lambda_1E$$

が得られ,

$$A_1=\frac{1}{\lambda_1-\lambda_2}(A-\lambda_2E), \qquad A_2=\frac{1}{\lambda_2-\lambda_1}(A-\lambda_1E)$$

である. この式を用いて性質 (ii) を示すこともできる.

例 2. 例 1 の行列 $A=\begin{bmatrix}7&-6\\1&2\end{bmatrix}$ に対して, $\lambda_1=4$, $\lambda_2=5$ とする.

$$A_1=\frac{1}{4-5}\left(\begin{bmatrix}7&-6\\1&2\end{bmatrix}-5\begin{bmatrix}1&0\\0&1\end{bmatrix}\right)=\begin{bmatrix}-2&6\\-1&3\end{bmatrix},$$
$$A_2=\frac{1}{5-4}\left(\begin{bmatrix}7&-6\\1&2\end{bmatrix}-4\begin{bmatrix}1&0\\0&1\end{bmatrix}\right)=\begin{bmatrix}3&-6\\1&-2\end{bmatrix}$$

であり, 例 1 で求めたものと一致する.

性質 (i), (ii), (iii) を満たす行列による A の分解 (24.3) を A の**スペクトル分解**という.

n 次正方行列の場合 n 次正方行列のスペクトル分解について, 次が成り立つ.

定理 24.1 n 次正方行列 A の固有値は $\lambda_1, \lambda_2, \cdots, \lambda_p$ (異なる p 個の値) とする. このとき,

$$A_j = \frac{(A-\lambda_1 E)\cdots(A-\lambda_{j-1}E)(A-\lambda_{j+1}E)\cdots(A-\lambda_p E)}{(\lambda_j-\lambda_1)\cdots(\lambda_j-\lambda_{j-1})(\lambda_j-\lambda_{j+1})\cdots(\lambda_j-\lambda_p)} \quad (j=1,2,\cdots,p) \tag{24.4}$$

とおくと,

$$A_1 + A_2 + \cdots + A_p = E, \tag{24.5}$$

$$\lambda_1 A_1 + \lambda_2 A_2 + \cdots + \lambda_p A_p = A \tag{24.6}$$

が成り立つ. さらに, A が対角化可能ならば

$$A_j A_k = A_k A_j = O \quad (j \neq k,\ j,k=1,2,\cdots,p), \tag{24.7}$$

$${A_j}^2 = A_j \quad (j=1,2,\cdots,p) \tag{24.8}$$

が成り立つ.

つまり, A が対角化可能ならばスペクトル分解

$$A = \lambda_1 A_1 + \lambda_2 A_2 + \cdots + \lambda_p A_p,$$

$$\text{ただし}, \ A_1 + A_2 + \cdots + A_p = E, \ \ A_j A_k = O \ (j \neq k)$$

が成り立つ.

証明 記号の簡単のため, $p=3$ の場合を示す. t の分数式

$$\frac{1}{(t-\lambda_1)(t-\lambda_2)(t-\lambda_3)}, \qquad \frac{t}{(t-\lambda_1)(t-\lambda_2)(t-\lambda_3)}$$

をそれぞれ部分分数展開して, $(t-\lambda_1)(t-\lambda_2)(t-\lambda_3)$ をかけることにより, t の恒等式

$$\frac{(t-\lambda_2)(t-\lambda_3)}{(\lambda_1-\lambda_2)(\lambda_1-\lambda_3)} + \frac{(t-\lambda_1)(t-\lambda_3)}{(\lambda_2-\lambda_1)(\lambda_2-\lambda_3)} + \frac{(t-\lambda_1)(t-\lambda_2)}{(\lambda_3-\lambda_1)(\lambda_3-\lambda_2)} = 1,$$

$$\frac{\lambda_1(t-\lambda_2)(t-\lambda_3)}{(\lambda_1-\lambda_2)(\lambda_1-\lambda_3)} + \frac{\lambda_2(t-\lambda_1)(t-\lambda_3)}{(\lambda_2-\lambda_1)(\lambda_2-\lambda_3)} + \frac{\lambda_3(t-\lambda_1)(t-\lambda_2)}{(\lambda_3-\lambda_1)(\lambda_3-\lambda_2)} = t$$

が得られる. これらの式の $t-\lambda_1$, $t-\lambda_2$, $t-\lambda_3$, 1, t をそれぞれ行列 $A-\lambda_1 E$, $A-\lambda_2 E$, $A-\lambda_3 E$, E, A に置き換えることにより, (24.5), (24.6) が得られる.

さらに A が対角化可能ならば, 定理 21.7 より

$$(A-\lambda_1 E)(A-\lambda_2 E)(A-\lambda_3 E)=O \tag{24.9}$$

が成り立ち, これを用いて (24.7) を示すことができる．たとえば

$$\begin{aligned} A_1A_2 &= \frac{(A-\lambda_2E)(A-\lambda_3E)}{(\lambda_1-\lambda_2)(\lambda_1-\lambda_3)}\cdot\frac{(A-\lambda_1E)(A-\lambda_3E)}{(\lambda_2-\lambda_1)(\lambda_2-\lambda_3)} \\ &= -\frac{(A-\lambda_1E)(A-\lambda_2E)(A-\lambda_3E)^2}{(\lambda_1-\lambda_2)^2(\lambda_1-\lambda_3)(\lambda_2-\lambda_3)}=O \end{aligned}$$

である．(24.8) は 2 次の場合と同様に (24.5) と (24.7) から得られる．たとえば

$$A_1{}^2 = A_1(E-A_2-A_3) = A_1E - A_1A_2 - A_1A_3 = A_1$$

である．(証明終)

補足 1. 逆に, (24.7) から (24.9) を示すことができる．実際, (24.6)$-\lambda_1\times$(24.5) より

$$A-\lambda_1E=(\lambda_2-\lambda_1)A_2+(\lambda_3-\lambda_1)A_3$$

であるから,

$$\begin{aligned} &(A-\lambda_1E)(A-\lambda_2E)(A-\lambda_3E) \\ &=\{(\lambda_2-\lambda_1)A_2+(\lambda_3-\lambda_1)A_3\}\cdot(\lambda_1-\lambda_2)(\lambda_1-\lambda_3)A_1 \\ &=(\lambda_1-\lambda_2)(\lambda_1-\lambda_3)\{(\lambda_2-\lambda_1)A_2A_1+(\lambda_3-\lambda_1)A_3A_1\} \end{aligned}$$

である．したがって, (24.7) ならば (24.9) (一般には (21.1)) が成り立つ．

補足 2. (24.9) (一般には (21.1)) より

$$(A-\lambda_jE)A_j=O, \quad \text{つまり} \quad AA_j=\lambda_jA_j$$

が成り立つ．この式は, A_j の $\mathbf{0}$ でない列が固有値 λ_j の固有ベクトルになっていることを意味する．つまり, スペクトル分解から A を対角化する行列 P を求めることができる．

例 3. $A=\begin{bmatrix} 2 & -5 & 0 \\ 1 & 0 & 4 \\ -1 & 2 & -2 \end{bmatrix}$ のスペクトル分解を求めよう.

p.148 の例 1 で求めたように固有値は $1, 2, -3$ である. $\lambda_1=1, \lambda_2=2, \lambda_3=-3$ として

$$A_1=\frac{1}{(-1)\cdot 4}\begin{bmatrix} 0 & -5 & 0 \\ 1 & -2 & 4 \\ -1 & 2 & -4 \end{bmatrix}\begin{bmatrix} 5 & -5 & 0 \\ 1 & 3 & 4 \\ -1 & 2 & 1 \end{bmatrix}=\begin{bmatrix} \frac{5}{4} & \frac{15}{4} & 5 \\ \frac{1}{4} & \frac{3}{4} & 1 \\ -\frac{1}{4} & -\frac{3}{4} & -1 \end{bmatrix},$$

$$A_2=\frac{1}{1\cdot 5}\begin{bmatrix} 1 & -5 & 0 \\ 1 & -1 & 4 \\ -1 & 2 & -3 \end{bmatrix}\begin{bmatrix} 5 & -5 & 0 \\ 1 & 3 & 4 \\ -1 & 2 & 1 \end{bmatrix}=\begin{bmatrix} 0 & -4 & -4 \\ 0 & 0 & 0 \\ 0 & 1 & 1 \end{bmatrix},$$

$$A_3=\frac{1}{(-5)\cdot(-4)}\begin{bmatrix} 0 & -5 & 0 \\ 1 & -2 & 4 \\ -1 & 2 & -4 \end{bmatrix}\begin{bmatrix} 1 & -5 & 0 \\ 1 & -1 & 4 \\ -1 & 2 & -3 \end{bmatrix}=\begin{bmatrix} -\frac{1}{4} & \frac{1}{4} & -1 \\ -\frac{1}{4} & \frac{1}{4} & -1 \\ \frac{1}{4} & -\frac{1}{4} & 1 \end{bmatrix}$$

であるから

$$A=1\cdot\begin{bmatrix} \frac{5}{4} & \frac{15}{4} & 5 \\ \frac{1}{4} & \frac{3}{4} & 1 \\ -\frac{1}{4} & -\frac{3}{4} & -1 \end{bmatrix}+2\cdot\begin{bmatrix} 0 & -4 & -4 \\ 0 & 0 & 0 \\ 0 & 1 & 1 \end{bmatrix}+(-3)\cdot\begin{bmatrix} -\frac{1}{4} & \frac{1}{4} & -1 \\ -\frac{1}{4} & \frac{1}{4} & -1 \\ \frac{1}{4} & -\frac{1}{4} & 1 \end{bmatrix}$$

である.

A を対角化する行列 P については, A_1, A_2, A_3 の第 3 列から

$$P=\begin{bmatrix} 5 & -4 & -1 \\ 1 & 0 & -1 \\ -1 & 1 & 1 \end{bmatrix}$$

と構成すると,

$$P^{-1}AP=\begin{bmatrix} 1 & 0 & 0 \\ 0 & 2 & 0 \\ 0 & 0 & -3 \end{bmatrix}$$

である (p.153 例 7 参照).

応用 スペクトル分解を利用しても正方行列のベキ乗を計算することができる．たとえば，A の異なる固有値が 2 個の場合，スペクトル分解

$$A = \lambda_1 A_1 + \lambda_2 A_2$$

に対して

$$\begin{aligned} A^2 &= (\lambda_1 A_1 + \lambda_2 A_2)^2 \\ &= {\lambda_1}^2 {A_1}^2 + \lambda_1\lambda_2 A_1 A_2 + \lambda_2\lambda_1 A_2 A_1 + {\lambda_2}^2 {A_2}^2 \\ &= {\lambda_1}^2 A_1 + {\lambda_2}^2 A_2 \end{aligned}$$

であり，さらに

$$\begin{aligned} A^3 = A^2 \cdot A &= ({\lambda_1}^2 A_1 + {\lambda_2}^2 A_2)(\lambda_1 A_1 + \lambda_2 A_2) \\ &= {\lambda_1}^3 {A_1}^2 + {\lambda_1}^2 \lambda_2 A_1 A_2 + {\lambda_2}^2 \lambda_1 A_2 A_1 + {\lambda_2}^3 {A_2}^2 \\ &= {\lambda_1}^3 A_1 + {\lambda_2}^3 A_2 \end{aligned}$$

である．同様に $k \geqq 3$ に対しても

$$A^k = {\lambda_1}^k A_1 + {\lambda_2}^k A_2$$

が成り立つ．

例 4. 行列 $A = \begin{bmatrix} 7 & -6 \\ 1 & 2 \end{bmatrix}$ と多項式 $f(t) = t^3 + 8t + 9$ に対して

$$f(A) = A^3 + 8A + 9E$$

を求めよう．例 2 で求めたスペクトル分解より

$$A^3 = 4^3 A_1 + 5^3 A_2, \quad 8A = 8(4A_1 + 5A_2), \quad 9E = 9(A_1 + A_2)$$

であるから

$$f(A) = f(4)A_1 + f(5)A_2$$

が成り立ち，

$$f(A) = 105 \begin{bmatrix} -2 & 6 \\ -1 & 3 \end{bmatrix} + 174 \begin{bmatrix} 3 & -6 \\ 1 & -2 \end{bmatrix} = \begin{bmatrix} 312 & -414 \\ 69 & -33 \end{bmatrix}$$

である．

演習問題

問題 24.1 次の行列のスペクトル分解を求めよ．

（1）$\begin{bmatrix} 5 & -6 \\ 3 & -4 \end{bmatrix}$ （2）$\begin{bmatrix} 2 & 2 \\ 5 & -1 \end{bmatrix}$

（3）$\begin{bmatrix} 2 & 3 & 3 \\ 1 & 2 & -1 \\ -5 & -9 & -2 \end{bmatrix}$ （4）$\begin{bmatrix} 6 & 1 & -7 \\ 6 & 2 & -6 \\ 2 & -1 & 3 \end{bmatrix}$

（5）$\begin{bmatrix} 5 & -3 & -5 \\ -1 & 7 & 5 \\ 1 & -3 & -1 \end{bmatrix}$ （6）$\begin{bmatrix} -2 & 3 & 3 \\ 1 & 0 & -1 \\ -1 & 1 & 2 \end{bmatrix}$

問題 24.2 前問の各行列について，対角化する行列 P を求めよ．

問題 24.3 スペクトル分解を利用して，次の行列 A の k 乗 A^k (k は自然数) を求めよ．さらに，$f(t) = t^5 - 4t^3 + 3$ とするとき，$f(A)$ を求めよ．

（1）$A = \begin{bmatrix} 4 & -1 \\ 2 & 1 \end{bmatrix}$ （2）$A = \begin{bmatrix} -2 & 2 & 3 \\ 1 & -1 & 3 \\ 1 & 2 & 0 \end{bmatrix}$

問題 24.4 n 次正方行列 A は異なる p 個の固有値 $\lambda_1, \lambda_2, \cdots, \lambda_p$ をもつとする．このとき，

$$(A - \lambda_1 E)(A - \lambda_2 E)\cdots(A - \lambda_p E) = O \tag{$*$}$$

であれば A は対角化可能であることを次の順で示せ．

（1）n 次基本ベクトル $\boldsymbol{e}_1, \boldsymbol{e}_2, \cdots, \boldsymbol{e}_n$ はいずれも A の固有ベクトルの 1 次結合で表されることを示せ．

（2）固有値 λ_j の固有空間の次元を r_j とするとき，$r_1 + r_2 + \cdots + r_p = n$ であることを示せ．

（3）A は対角化可能であることを示せ．

演習問題の解答

§1

問題 1.1 順に, 4×5, $\begin{bmatrix} 3 & -1 & -5 & 0 & 9 \end{bmatrix}$, $\begin{bmatrix} 4 \\ -5 \\ 2 \\ -2 \end{bmatrix}$, 7, $(3,4)$ 成分.

問題 1.2

(1) $A = \begin{bmatrix} 1 & 2 & 3 \\ \frac{1}{2} & 1 & \frac{3}{2} \\ \frac{1}{3} & \frac{2}{3} & 1 \end{bmatrix}$ (2) $A = \begin{bmatrix} 1 & 0 & 0 \\ 0 & 2 & 0 \\ 0 & 0 & 3 \end{bmatrix}$ (3) $A = \begin{bmatrix} 2 & 5 & 10 \\ 5 & 8 & 13 \end{bmatrix}$

(4) $A = \begin{bmatrix} 1 & 0 & 1 & 2 \\ 3 & 2 & 1 & 0 \\ 5 & 4 & 3 & 2 \end{bmatrix}$

問題 1.3 a_{ij} の式は他にもありえる.

(1) 4×3 行列, $a_{ij} = i + j$ (2) 3×4 行列, $a_{ij} = i^2 j$

問題 1.4

(1) $a = -3,\ b = 5,\ c = -2,\ d = 2$ (2) $a = -2,\ b = 1,\ c = -1,\ d = 3,\ e = -2$

問題 1.5

(1) $a = 2,\ b = -3,\ c = -4$ (2) $a = 1,\ b = 3,\ c = -2$

問題 1.6

(1) $a = 0,\ b = 2,\ c = -2,\ d = 1$ (2) $a = 4,\ b = -2,\ c = 3,\ d = -1$

§2

問題 2.1

(1) $\begin{bmatrix} 4 \\ 6 \\ -2 \end{bmatrix}$ (2) $\begin{bmatrix} 4 \\ -6 \\ 13 \end{bmatrix}$ (3) $\begin{bmatrix} 4 \\ 22 \\ -22 \end{bmatrix}$ (4) 1 (5) -18 (6) 23

問題 2.2

(1) $X = \begin{bmatrix} 1 & -1 \\ 1 & 3 \end{bmatrix}$, $Y = \begin{bmatrix} 0 & 3 \\ 2 & 1 \end{bmatrix}$

(2) $X = \begin{bmatrix} 3 & -4 & 3 \\ 1 & 2 & 0 \end{bmatrix}$, $Y = \begin{bmatrix} -2 & 1 & 4 \\ 3 & -1 & -2 \end{bmatrix}$

問題 2.3

(1) $\begin{bmatrix} 14 & -7 \end{bmatrix}$ (2) $\begin{bmatrix} 9 \\ 13 \\ -7 \end{bmatrix}$ (3) $\begin{bmatrix} -4 & 2 & 6 \\ -6 & 3 & 9 \\ -8 & 4 & 12 \end{bmatrix}$ (4) $\begin{bmatrix} 11 \end{bmatrix} = 11$

問題 2.4 $AB = \begin{bmatrix} -9 & 25 & 17 \\ 1 & 19 & 9 \end{bmatrix}$, $BC = \begin{bmatrix} 20 \\ 18 \end{bmatrix}$, $BD = \begin{bmatrix} 23 & 15 \\ 27 & 24 \end{bmatrix}$,

$$DA = \begin{bmatrix} 12 & 8 \\ 19 & 15 \\ 26 & 8 \end{bmatrix}, \quad DB = \begin{bmatrix} -2 & 18 & 10 \\ -2 & 32 & 17 \\ -9 & 25 & 17 \end{bmatrix}$$

問題 2.5

(1) $\begin{bmatrix} -5 & -5 \\ 5 & 10 \end{bmatrix}$ (2) $\begin{bmatrix} -3 & -9 \\ 27 & 20 \end{bmatrix}$ (3) $\begin{bmatrix} 35 & 20 \\ -44 & -13 \end{bmatrix}$

問題 2.6

$$ABC = \begin{bmatrix} -1 & -7 & -3 & -8 \\ 8 & -7 & 3 & 1 \\ 10 & -11 & 3 & -1 \\ -4 & 5 & -1 & 1 \end{bmatrix}, \; BCA = \begin{bmatrix} 3 & -10 & 2 \\ 9 & -8 & 1 \\ 4 & -6 & 1 \end{bmatrix}, \; CAB = \begin{bmatrix} -7 & -10 \\ 8 & 3 \end{bmatrix}$$

問題 2.7

(1) $A+B = \begin{bmatrix} 3 & 3 \\ -2 & -1 \end{bmatrix}$ より, ${}^t(A+B) = \begin{bmatrix} 3 & -2 \\ 3 & -1 \end{bmatrix}$ である.

一方, ${}^tA = \begin{bmatrix} 1 & 2 \\ -2 & -3 \end{bmatrix}$, ${}^tB = \begin{bmatrix} 2 & -4 \\ 5 & 2 \end{bmatrix}$ より, ${}^tA + {}^tB = \begin{bmatrix} 3 & -2 \\ 3 & -1 \end{bmatrix}$ である.

したがって, ${}^t(A+B) = {}^tA + {}^tB$ が成り立つ.

(2) $AB = \begin{bmatrix} 1 & -2 \\ 2 & -3 \end{bmatrix}\begin{bmatrix} 2 & 5 \\ -4 & 2 \end{bmatrix} = \begin{bmatrix} 10 & 1 \\ 16 & 4 \end{bmatrix}$ より ${}^t(AB) = \begin{bmatrix} 10 & 16 \\ 1 & 4 \end{bmatrix}$ である.

一方, ${}^tB\,{}^tA = \begin{bmatrix} 2 & -4 \\ 5 & 2 \end{bmatrix}\begin{bmatrix} 1 & 2 \\ -2 & -3 \end{bmatrix} = \begin{bmatrix} 10 & 16 \\ 1 & 4 \end{bmatrix}$ である.

したがって, ${}^t(AB) = {}^tB\,{}^tA$ が成り立つ.

問題 2.8 分配則を用いると, $(A+B)(A-B) = A^2 - AB + BA - B^2$ となるから, $(A+B)(A-B) = A^2 - B^2$ が成り立つのは,

$$AB = BA, \quad \text{すなわち} \quad \begin{bmatrix} 6a+15 & ab-9 \\ 22 & 2b-6 \end{bmatrix} = \begin{bmatrix} 9 & 5a-6 \\ 2b+18 & 6a+2b \end{bmatrix}$$

が成り立つときである. したがって, $a = -1$, $b = 2$ である.

問題 2.9 $A^2 = \begin{bmatrix} x & -9 \\ 1 & y \end{bmatrix}\begin{bmatrix} x & -9 \\ 1 & y \end{bmatrix} = \begin{bmatrix} x^2-9 & -9(x+y) \\ x+y & y^2-9 \end{bmatrix}$ であるから, $A^2 = O$ となるような x, y は, $x^2 - 9 = 0$, $y^2 - 9 = 0$, $x + y = 0$ より, $x = 3$, $y = -3$ または $x = -3$, $y = 3$ である.

問題 2.10

$$
\begin{aligned}
&A^2-(a+d)A+(ad-bc)E \\
&= A\{A-(a+d)E\}+(ad-bc)E = \begin{bmatrix} a & b \\ c & d \end{bmatrix}\begin{bmatrix} -d & b \\ c & -a \end{bmatrix} + (ad-bc)\begin{bmatrix} 1 & 0 \\ 0 & 1 \end{bmatrix} \\
&= \begin{bmatrix} bc-ad & 0 \\ 0 & bc-ad \end{bmatrix} + (ad-bc)\begin{bmatrix} 1 & 0 \\ 0 & 1 \end{bmatrix} = O
\end{aligned}
$$

問題 2.11 $X=\begin{bmatrix} x & y \\ z & w \end{bmatrix}$ とすると,

$$
AX=XA, \quad \text{すなわち} \quad \begin{bmatrix} x+2z & y+2w \\ -x+z & -y+w \end{bmatrix} = \begin{bmatrix} x-y & 2x+y \\ z-w & 2z+w \end{bmatrix}
$$

が成り立つのは, $x=w$, $y=-2z$ のときであるから,

$$
X=\begin{bmatrix} w & -2z \\ z & w \end{bmatrix} = (w+z)\begin{bmatrix} 1 & 0 \\ 0 & 1 \end{bmatrix} - z\begin{bmatrix} 1 & 2 \\ -1 & 1 \end{bmatrix}
$$

となる．したがって, $p=w+z$, $q=-z$ とおくと $X=pE+qA$ と表される．

問題 2.12

（1）$B=\begin{bmatrix} x & y \\ z & w \end{bmatrix}$ とおくと, $AB=\begin{bmatrix} -x+2z & -y+2w \\ 3x-6z & 3y-6w \end{bmatrix}$ であるから, $AB=O$ となる条件は $x=2z$, $y=2w$ である．したがって, $B=\begin{bmatrix} 2z & 2w \\ z & w \end{bmatrix}$ (z, w は任意の実数) である．

（2）$C=\begin{bmatrix} p & q \\ r & s \end{bmatrix}$ とおくと, $CA=\begin{bmatrix} -p+3q & 2p-6q \\ -r+3s & 2r-6s \end{bmatrix}$ であるから, $CA=O$ となる条件は $p=3q$, $r=3s$ である．したがって, $C=\begin{bmatrix} 3q & q \\ 3s & s \end{bmatrix}$ (q, s は任意の実数) である．

問題 2.13

（1）$A^k=\begin{bmatrix} 2^k & 0 \\ 0 & 3^k \end{bmatrix}$　（2）$A^k=\begin{bmatrix} 3^k & k\cdot 3^{k-1} \\ 0 & 3^k \end{bmatrix}$

（3）k が奇数のとき $A^k=A$,　k が偶数のとき $A^k=E$ (E は単位行列).

（4）$m=0,1,2,\cdots$ とする．

$k=4m+1$ のとき $A^k=A$,　　$k=4m+2$ のとき $A^k=-E$,

$k=4m+3$ のとき $A^k=-A$,　$k=4m+4$ のとき $A^k=E$.

（5）$A^2=\begin{bmatrix} 0 & 0 & 1 \\ 0 & 0 & 0 \\ 0 & 0 & 0 \end{bmatrix}$,　$k \geqq 3$ のとき $A^k=\begin{bmatrix} 0 & 0 & 0 \\ 0 & 0 & 0 \\ 0 & 0 & 0 \end{bmatrix}=O$.

（6） $A^k = \begin{bmatrix} 2^k & k2^{k-1} & k(k-1)2^{k-3} \\ 0 & 2^k & k2^{k-1} \\ 0 & 0 & 2^k \end{bmatrix}$

§3

問題 3.1

（1） $\begin{bmatrix} x \\ y \\ z \end{bmatrix} = \begin{bmatrix} 1 \\ 3 \\ -1 \end{bmatrix}$ （2） $\begin{bmatrix} x \\ y \\ z \end{bmatrix} = \begin{bmatrix} 1 \\ 2 \\ -1 \end{bmatrix}$ （3） $\begin{bmatrix} x \\ y \\ z \end{bmatrix} = \begin{bmatrix} 1 \\ 3 \\ -1 \end{bmatrix}$

（4） $\begin{bmatrix} x \\ y \\ z \end{bmatrix} = \begin{bmatrix} 3 \\ -2 \\ -4 \end{bmatrix}$ （5） $\begin{bmatrix} x \\ y \\ z \end{bmatrix} = \begin{bmatrix} 5 \\ 2 \\ 3 \end{bmatrix}$ （6） $\begin{bmatrix} x \\ y \\ z \end{bmatrix} = \begin{bmatrix} 1 \\ -2 \\ -1 \end{bmatrix}$

詳しい途中式

（1）
$$\left[\begin{array}{ccc:c} 1 & 1 & 1 & 3 \\ 2 & 3 & 4 & 7 \\ -1 & 2 & 7 & -2 \end{array}\right] \xrightarrow{\substack{\text{②}-\text{①}\times 2 \\ \text{③}-\text{①}\times(-1)}} \left[\begin{array}{ccc:c} 1 & 1 & 1 & 3 \\ 0 & 1 & 2 & 1 \\ 0 & 3 & 8 & 1 \end{array}\right] \xrightarrow{\substack{\text{①}-\text{②}\times 1 \\ \text{③}-\text{②}\times 3}} \left[\begin{array}{ccc:c} 1 & 0 & -1 & 2 \\ 0 & 1 & 2 & 1 \\ 0 & 0 & 2 & -2 \end{array}\right]$$

$$\xrightarrow{\text{③}\div 2} \left[\begin{array}{ccc:c} 1 & 0 & -1 & 2 \\ 0 & 1 & 2 & 1 \\ 0 & 0 & 1 & -1 \end{array}\right] \xrightarrow{\substack{\text{①}-\text{③}\times(-1) \\ \text{②}-\text{③}\times 2}} \left[\begin{array}{ccc:c} 1 & 0 & 0 & 1 \\ 0 & 1 & 0 & 3 \\ 0 & 0 & 1 & -1 \end{array}\right] \text{ より } \begin{bmatrix} x \\ y \\ z \end{bmatrix} = \begin{bmatrix} 1 \\ 3 \\ -1 \end{bmatrix}$$

（2）
$$\left[\begin{array}{ccc:c} 1 & 1 & 2 & 1 \\ 3 & 4 & 4 & 7 \\ 5 & 3 & 5 & 6 \end{array}\right] \xrightarrow{\substack{\text{②}-\text{①}\times 3 \\ \text{③}-\text{①}\times 5}} \left[\begin{array}{ccc:c} 1 & 1 & 2 & 1 \\ 0 & 1 & -2 & 4 \\ 0 & -2 & -5 & 1 \end{array}\right] \xrightarrow{\substack{\text{①}-\text{②}\times 1 \\ \text{③}-\text{②}\times(-2)}} \left[\begin{array}{ccc:c} 1 & 0 & 4 & -3 \\ 0 & 1 & -2 & 4 \\ 0 & 0 & -9 & 9 \end{array}\right]$$

$$\xrightarrow{\text{②}\div(-9)} \left[\begin{array}{ccc:c} 1 & 0 & 4 & -3 \\ 0 & 1 & -2 & 4 \\ 0 & 0 & 1 & -1 \end{array}\right] \xrightarrow{\substack{\text{①}-\text{③}\times 4 \\ \text{②}-\text{③}\times(-2)}} \left[\begin{array}{ccc:c} 1 & 0 & 0 & 1 \\ 0 & 1 & 0 & 2 \\ 0 & 0 & 1 & -1 \end{array}\right] \text{ より } \begin{bmatrix} x \\ y \\ z \end{bmatrix} = \begin{bmatrix} 1 \\ 2 \\ -1 \end{bmatrix}$$

（3）
$$\left[\begin{array}{ccc:c} 1 & 1 & 1 & 3 \\ 2 & 5 & 8 & 9 \\ -1 & 3 & 9 & -1 \end{array}\right] \xrightarrow{\substack{\text{②}-\text{①}\times 2 \\ \text{③}-\text{①}\times(-1)}} \left[\begin{array}{ccc:c} 1 & 1 & 1 & 3 \\ 0 & 3 & 6 & 3 \\ 0 & 4 & 10 & 2 \end{array}\right] \xrightarrow{\text{②}\div 3} \left[\begin{array}{ccc:c} 1 & 1 & 1 & 3 \\ 0 & 1 & 2 & 1 \\ 0 & 4 & 10 & 2 \end{array}\right]$$

$$\xrightarrow{\substack{\text{①}-\text{②}\times 1 \\ \text{③}-\text{②}\times 4}} \left[\begin{array}{ccc:c} 1 & 0 & -1 & 2 \\ 0 & 1 & 2 & 1 \\ 0 & 0 & 2 & -2 \end{array}\right] \xrightarrow{\text{③}\div 2} \left[\begin{array}{ccc:c} 1 & 0 & -1 & 2 \\ 0 & 1 & 2 & 1 \\ 0 & 0 & 1 & -1 \end{array}\right]$$

$$\xrightarrow{\substack{\text{①}-\text{③}\times(-1) \\ \text{②}-\text{③}\times 2}} \left[\begin{array}{ccc:c} 1 & 0 & 0 & 1 \\ 0 & 1 & 0 & 3 \\ 0 & 0 & 1 & -1 \end{array}\right] \text{ より } \begin{bmatrix} x \\ y \\ z \end{bmatrix} = \begin{bmatrix} 1 \\ 3 \\ -1 \end{bmatrix}$$

(4)
$$\left[\begin{array}{ccc|c} 1 & 3 & -2 & 5 \\ 2 & 5 & -2 & 4 \\ -2 & -4 & 1 & -2 \end{array}\right] \xrightarrow{\substack{\text{②}-\text{①}\times 2 \\ \text{③}-\text{①}\times(-2)}} \left[\begin{array}{ccc|c} 1 & 3 & -2 & 5 \\ 0 & -1 & 2 & -6 \\ 0 & 2 & -3 & 8 \end{array}\right]$$

$$\xrightarrow{\text{②}\div(-1)} \left[\begin{array}{ccc|c} 1 & 3 & -2 & 5 \\ 0 & 1 & -2 & 6 \\ 0 & 2 & -3 & 8 \end{array}\right] \xrightarrow{\substack{\text{①}-\text{②}\times 3 \\ \text{③}-\text{②}\times 2}} \left[\begin{array}{ccc|c} 1 & 0 & 4 & -13 \\ 0 & 1 & -2 & 6 \\ 0 & 0 & 1 & -4 \end{array}\right]$$

$$\xrightarrow{\substack{\text{①}-\text{③}\times 4 \\ \text{②}-\text{③}\times(-2)}} \left[\begin{array}{ccc|c} 1 & 0 & 0 & 3 \\ 0 & 1 & 0 & -2 \\ 0 & 0 & 1 & -4 \end{array}\right] \text{ より } \begin{bmatrix} x \\ y \\ z \end{bmatrix} = \begin{bmatrix} 3 \\ -2 \\ -4 \end{bmatrix}$$

注意 $\left[\begin{array}{ccc|c} 1 & 3 & -2 & 5 \\ 2 & 5 & -2 & 4 \\ -2 & -4 & 1 & -2 \end{array}\right] \xrightarrow{\substack{\text{③}+\text{②} \\ \text{②}+\text{③}}} \cdots$ としてはいけない.

③ + ② と ② + ③ は同時にできない.

③ + ② によって ③ が変わってしまうからである.

一方, ② − ①×2 と ③ − ①×(−2) は同時にできる.

② − ①×2 によって変わるのは ② のみで, ③ と ① は変わらないからである.

(5)
$$\left[\begin{array}{ccc|c} 1 & 3 & -3 & 2 \\ -1 & 2 & -2 & -7 \\ 3 & -4 & 2 & 13 \end{array}\right] \xrightarrow{\substack{\text{②}-\text{①}\times(-1) \\ \text{③}-\text{①}\times 3}} \left[\begin{array}{ccc|c} 1 & 3 & -3 & 2 \\ 0 & 5 & -5 & -5 \\ 0 & -13 & 11 & 7 \end{array}\right]$$

$$\xrightarrow{\text{②}\div 5} \left[\begin{array}{ccc|c} 1 & 3 & -3 & 2 \\ 0 & 1 & -1 & -1 \\ 0 & -13 & 11 & 7 \end{array}\right] \xrightarrow{\substack{\text{①}-\text{②}\times 3 \\ \text{③}-\text{②}\times(-13)}} \left[\begin{array}{ccc|c} 1 & 0 & 0 & 5 \\ 0 & 1 & -1 & -1 \\ 0 & 0 & -2 & -6 \end{array}\right]$$

$$\xrightarrow{\text{③}\div(-2)} \left[\begin{array}{ccc|c} 1 & 0 & 0 & 5 \\ 0 & 1 & -1 & -1 \\ 0 & 0 & 1 & 3 \end{array}\right] \xrightarrow{\text{②}-\text{③}\times(-1)} \left[\begin{array}{ccc|c} 1 & 0 & 0 & 5 \\ 0 & 1 & 0 & 2 \\ 0 & 0 & 1 & 3 \end{array}\right] \text{ より } \begin{bmatrix} x \\ y \\ z \end{bmatrix} = \begin{bmatrix} 5 \\ 2 \\ 3 \end{bmatrix}$$

(6)
$$\left[\begin{array}{ccc|c} 2 & -2 & 4 & 2 \\ 3 & -1 & -2 & 7 \\ 5 & -3 & 5 & 6 \end{array}\right] \xrightarrow{\text{①}\div 2} \left[\begin{array}{ccc|c} 1 & -1 & 2 & 1 \\ 3 & -1 & -2 & 7 \\ 5 & -3 & 5 & 6 \end{array}\right] \xrightarrow{\substack{\text{②}-\text{①}\times 3 \\ \text{③}-\text{①}\times 5}} \left[\begin{array}{ccc|c} 1 & -1 & 2 & 1 \\ 0 & 2 & -8 & 4 \\ 0 & 2 & -5 & 1 \end{array}\right]$$

$$\xrightarrow{\text{②}\div 2} \left[\begin{array}{ccc|c} 1 & -1 & 2 & 1 \\ 0 & 1 & -4 & 2 \\ 0 & 2 & -5 & 1 \end{array}\right] \xrightarrow{\substack{\text{①}-\text{②}\times(-1) \\ \text{③}-\text{②}\times 2}} \left[\begin{array}{ccc|c} 1 & 0 & -2 & 3 \\ 0 & 1 & -4 & 2 \\ 0 & 0 & 3 & -3 \end{array}\right]$$

$$\xrightarrow{\text{③}\div 3} \left[\begin{array}{ccc|c} 1 & 0 & -2 & 3 \\ 0 & 1 & -4 & 2 \\ 0 & 0 & 1 & -1 \end{array}\right] \xrightarrow{\substack{\text{①}-\text{③}\times(-2) \\ \text{②}-\text{③}\times(-4)}} \left[\begin{array}{ccc|c} 1 & 0 & 0 & 1 \\ 0 & 1 & 0 & -2 \\ 0 & 0 & 1 & -1 \end{array}\right] \text{ より } \begin{bmatrix} x \\ y \\ z \end{bmatrix} = \begin{bmatrix} 1 \\ -2 \\ -1 \end{bmatrix}$$

問題 3.2 階段行列は (3) と (4) である.

(1) ①↔③ $\begin{bmatrix}1&0&0\\0&1&0\\0&0&1\end{bmatrix}$ (2) ②↔③ $\begin{bmatrix}1&2&0\\0&0&1\\0&0&0\end{bmatrix}$

(5) ①÷2 $\begin{bmatrix}1&0&2&0\\0&1&3&0\\0&0&0&1\end{bmatrix}$ (6) ①−②×2 $\begin{bmatrix}1&0&-1&0\\0&1&2&0\\0&0&0&1\end{bmatrix}$

問題 3.3

(1) $\begin{bmatrix}1&0&3\\0&1&-1\\0&0&0\end{bmatrix}$ (2) $\begin{bmatrix}1&0&1\\0&1&2\\0&0&0\end{bmatrix}$ (3) $\begin{bmatrix}1&0&-1&1\\0&1&2&0\\0&0&0&0\end{bmatrix}$

(4) $\begin{bmatrix}1&2&0&0\\0&0&1&0\\0&0&0&1\end{bmatrix}$ (5) $\begin{bmatrix}1&0&1&0\\0&1&0&0\\0&0&0&1\\0&0&0&0\end{bmatrix}$ (6) $\begin{bmatrix}1&0&0&-6\\0&1&0&9\\0&0&1&-1\\0&0&0&0\end{bmatrix}$

(7) $\begin{bmatrix}1&0&2&-3&0&1\\0&1&-1&1&0&-2\\0&0&0&0&1&1\end{bmatrix}$ (8) $\begin{bmatrix}1&-2&0&3&0&2\\0&0&1&-2&0&-1\\0&0&0&0&1&1\end{bmatrix}$

詳しい途中式

(1) $\begin{bmatrix}1&0&3\\2&1&5\\1&1&2\end{bmatrix}\xrightarrow[\text{③}-\text{①}]{\text{②}-\text{①}\times 2}\begin{bmatrix}1&0&3\\0&1&-1\\0&1&-1\end{bmatrix}\xrightarrow{\text{③}-\text{②}}\begin{bmatrix}1&0&3\\0&1&-1\\0&0&0\end{bmatrix}$

(2) $\begin{bmatrix}-1&1&1\\0&2&4\\-2&3&4\end{bmatrix}\xrightarrow{\text{①}\div(-1)}\begin{bmatrix}1&-1&-1\\0&2&4\\-2&3&4\end{bmatrix}\xrightarrow{\text{③}-\text{①}\times(-2)}\begin{bmatrix}1&-1&-1\\0&2&4\\0&1&2\end{bmatrix}$

$\xrightarrow{\text{②}\div 2}\begin{bmatrix}1&-1&-1\\0&1&2\\0&1&2\end{bmatrix}\xrightarrow[\text{③}-\text{②}]{\text{①}-\text{②}\times(-1)}\begin{bmatrix}1&0&1\\0&1&2\\0&0&0\end{bmatrix}$

(3) $\begin{bmatrix}1&2&3&1\\2&5&8&2\\3&1&-1&3\end{bmatrix}\xrightarrow[\text{③}-\text{①}\times 3]{\text{②}-\text{①}\times 2}\begin{bmatrix}1&2&3&1\\0&1&2&0\\0&-5&-10&0\end{bmatrix}\xrightarrow[\text{③}-\text{②}\times(-5)]{\text{①}-\text{②}\times 2}\begin{bmatrix}1&0&-1&1\\0&1&2&0\\0&0&0&0\end{bmatrix}$

(4) $\begin{bmatrix}2&4&6&4\\-1&-2&-2&1\\3&6&5&4\end{bmatrix}\xrightarrow{\text{①}\div 2}\begin{bmatrix}1&2&3&2\\-1&-2&-2&1\\3&6&5&4\end{bmatrix}\xrightarrow[\text{③}-\text{①}\times 3]{\text{②}-\text{①}\times(-1)}\begin{bmatrix}1&2&3&2\\0&0&1&3\\0&0&-4&-2\end{bmatrix}$

$\xrightarrow[\text{③}-\text{②}\times(-4)]{\text{①}-\text{②}\times 3}\begin{bmatrix}1&2&0&-7\\0&0&1&3\\0&0&0&10\end{bmatrix}\xrightarrow{\text{③}\div 10}\begin{bmatrix}1&2&0&-7\\0&0&1&3\\0&0&0&1\end{bmatrix}\xrightarrow[\text{②}-\text{③}\times 3]{\text{①}-\text{③}\times(-7)}\begin{bmatrix}1&2&0&0\\0&0&1&0\\0&0&0&1\end{bmatrix}$

(5)
$$\begin{bmatrix}1&0&1&1\\-3&0&-3&4\\0&2&0&-4\\0&3&0&-2\end{bmatrix}\xrightarrow{\text{②}-\text{①}\times(-3)}\begin{bmatrix}1&0&1&1\\0&0&0&7\\0&2&0&-4\\0&3&0&-2\end{bmatrix}\xrightarrow{\text{②}\leftrightarrow\text{③}}\begin{bmatrix}1&0&1&1\\0&2&0&-4\\0&0&0&7\\0&3&0&-2\end{bmatrix}$$

$$\xrightarrow{\text{②}\div 2}\begin{bmatrix}1&0&1&1\\0&1&0&-2\\0&0&0&7\\0&3&0&-2\end{bmatrix}\xrightarrow{\text{④}-\text{②}\times 3}\begin{bmatrix}1&0&1&1\\0&1&0&-2\\0&0&0&7\\0&0&0&4\end{bmatrix}\xrightarrow{\text{③}\div 7}\begin{bmatrix}1&0&1&1\\0&1&0&-2\\0&0&0&1\\0&0&0&4\end{bmatrix}$$

$$\xrightarrow{\substack{\text{①}-\text{③}\\ \text{②}-\text{③}\times(-2)\\ \text{④}-\text{③}\times 4}}\begin{bmatrix}1&0&1&0\\0&1&0&0\\0&0&0&1\\0&0&0&0\end{bmatrix}$$

(6)
$$\begin{bmatrix}3&2&-1&1\\1&1&2&1\\0&1&8&1\\5&3&-4&1\end{bmatrix}\xrightarrow{\text{①}\leftrightarrow\text{②}}\begin{bmatrix}1&1&2&1\\3&2&-1&1\\0&1&8&1\\5&3&-4&1\end{bmatrix}\quad\text{(下記の注意参照)}$$

$$\xrightarrow{\substack{\text{②}-\text{①}\times 3\\ \text{④}-\text{①}\times 5}}\begin{bmatrix}1&1&2&1\\0&-1&-7&-2\\0&1&8&1\\0&-2&-14&-4\end{bmatrix}\xrightarrow{\text{②}\div(-1)}\begin{bmatrix}1&1&2&1\\0&1&7&2\\0&1&8&1\\0&-2&-14&-4\end{bmatrix}$$

$$\xrightarrow{\substack{\text{①}-\text{②}\\ \text{③}-\text{②}\\ \text{④}-\text{②}\times(-2)}}\begin{bmatrix}1&0&-5&-1\\0&1&7&2\\0&0&1&-1\\0&0&0&0\end{bmatrix}\xrightarrow{\substack{\text{①}-\text{③}\times(-5)\\ \text{②}-\text{③}\times 7}}\begin{bmatrix}1&0&0&-6\\0&1&0&9\\0&0&1&-1\\0&0&0&0\end{bmatrix}$$

注意 $(1,1)$ 成分を 1 にするのに, 第 1 行を 3 で割ると分数が出てきてしまうので, 第 2 行との交換をした.
分数になっても構わないのだが, 計算が面倒になるので回避した.

(7)
$$\begin{bmatrix}1&0&2&-3&2&3\\3&1&5&-8&1&2\\-1&3&-5&6&1&-6\end{bmatrix}\xrightarrow{\substack{\text{②}-\text{①}\times 3\\ \text{③}-\text{①}\times(-1)}}\begin{bmatrix}1&0&2&-3&2&3\\0&1&-1&1&-5&-7\\0&3&-3&3&3&-3\end{bmatrix}$$

$$\xrightarrow{\text{③}-\text{②}\times 3}\begin{bmatrix}1&0&2&-3&2&3\\0&1&-1&1&-5&-7\\0&0&0&0&18&18\end{bmatrix}\xrightarrow{\text{③}\div 18}\begin{bmatrix}1&0&2&-3&2&3\\0&1&-1&1&-5&-7\\0&0&0&0&1&1\end{bmatrix}$$

$$\xrightarrow{\substack{\text{①}-\text{③}\times 2\\ \text{②}-\text{③}\times(-5)}}\begin{bmatrix}1&0&2&-3&0&1\\0&1&-1&1&0&-2\\0&0&0&0&1&1\end{bmatrix}$$

(8) $\begin{bmatrix} 1 & -2 & 0 & 3 & 0 & 2 \\ 1 & -2 & 1 & 1 & 1 & 2 \\ 3 & -6 & 1 & 7 & 2 & 7 \end{bmatrix} \xrightarrow[③-①\times 3]{②-①} \begin{bmatrix} 1 & -2 & 0 & 3 & 0 & 2 \\ 0 & 0 & 1 & -2 & 1 & 0 \\ 0 & 0 & 1 & -2 & 2 & 1 \end{bmatrix}$

$\xrightarrow{③-②} \begin{bmatrix} 1 & -2 & 0 & 3 & 0 & 2 \\ 0 & 0 & 1 & -2 & 1 & 0 \\ 0 & 0 & 0 & 0 & 1 & 1 \end{bmatrix} \xrightarrow{②-③} \begin{bmatrix} 1 & -2 & 0 & 3 & 0 & 2 \\ 0 & 0 & 1 & -2 & 0 & -1 \\ 0 & 0 & 0 & 0 & 1 & 1 \end{bmatrix}$

§4

問題 4.1

(1) 係数行列 $\begin{bmatrix} 3 & -4 & 1 \\ 4 & 2 & 0 \\ 0 & 1 & -1 \\ 1 & 1 & 1 \end{bmatrix}$, 拡大係数行列 $\left[\begin{array}{ccc:c} 3 & -4 & 1 & -2 \\ 4 & 2 & 0 & 8 \\ 0 & 1 & -1 & -1 \\ 1 & 1 & 1 & 6 \end{array}\right]$

(2) 係数行列 $\begin{bmatrix} 1 & 4 & 0 & 1 \\ 3 & 3 & 2 & -1 \\ 2 & 0 & 0 & -1 \end{bmatrix}$, 拡大係数行列 $\left[\begin{array}{cccc:c} 1 & 4 & 0 & 1 & 1 \\ 3 & 3 & 2 & -1 & 0 \\ 2 & 0 & 0 & -1 & 5 \end{array}\right]$

問題 4.2

(1) $\left[\begin{array}{ccc:c} 1 & 0 & -1 & 3 \\ 0 & 1 & 2 & -1 \\ 0 & 0 & 0 & 0 \end{array}\right]$ より $\begin{bmatrix} x_1 \\ x_2 \\ x_3 \end{bmatrix} = \begin{bmatrix} 3+c \\ -1-2c \\ c \end{bmatrix} = \begin{bmatrix} 3 \\ -1 \\ 0 \end{bmatrix} + c\begin{bmatrix} 1 \\ -2 \\ 1 \end{bmatrix}$

(2) $\left[\begin{array}{ccc:c} 1 & 2 & 0 & 1 \\ 0 & 0 & 1 & 3 \\ 0 & 0 & 0 & 0 \end{array}\right]$ より $\begin{bmatrix} x_1 \\ x_2 \\ x_3 \end{bmatrix} = \begin{bmatrix} 1-2c \\ c \\ 3 \end{bmatrix} = \begin{bmatrix} 1 \\ 0 \\ 3 \end{bmatrix} + c\begin{bmatrix} -2 \\ 1 \\ 0 \end{bmatrix}$

(3) $\left[\begin{array}{ccc:c} 1 & 0 & 8 & 0 \\ 0 & 1 & 5 & 0 \\ 0 & 0 & 0 & 1 \end{array}\right]$ より 解はない.

(4) $\left[\begin{array}{cccc:c} 1 & -2 & 0 & 1 & 3 \\ 0 & 0 & 1 & -2 & -1 \\ 0 & 0 & 0 & 0 & 0 \end{array}\right]$ より $\begin{bmatrix} x_1 \\ x_2 \\ x_3 \\ x_4 \end{bmatrix} = \begin{bmatrix} 3+2c-d \\ c \\ -1+2d \\ d \end{bmatrix} = \begin{bmatrix} 3 \\ 0 \\ -1 \\ 0 \end{bmatrix} + c\begin{bmatrix} 2 \\ 1 \\ 0 \\ 0 \end{bmatrix} + d\begin{bmatrix} -1 \\ 0 \\ 2 \\ 1 \end{bmatrix}$

(5) $\left[\begin{array}{ccc:c} 1 & 0 & 0 & 1 \\ 0 & 1 & 0 & 2 \\ 0 & 0 & 1 & 3 \\ 0 & 0 & 0 & 0 \end{array}\right]$ より $\begin{bmatrix} x_1 \\ x_2 \\ x_3 \end{bmatrix} = \begin{bmatrix} 1 \\ 2 \\ 3 \end{bmatrix}$

(6) $\left[\begin{array}{cccc:c} 1 & 0 & 0 & -1 & -2 \\ 0 & 1 & 0 & 3 & 1 \\ 0 & 0 & 1 & -2 & 2 \end{array}\right]$ より $\begin{bmatrix} x_1 \\ x_2 \\ x_3 \\ x_4 \end{bmatrix} = \begin{bmatrix} -2+c \\ 1-3c \\ 2+2c \\ c \end{bmatrix} = \begin{bmatrix} -2 \\ 1 \\ 2 \\ 0 \end{bmatrix} + c\begin{bmatrix} 1 \\ -3 \\ 2 \\ 1 \end{bmatrix}$

詳しい途中式

(1) $$\begin{bmatrix} 1 & -1 & -3 & 4 \\ 2 & -1 & -4 & 7 \\ -1 & 3 & 7 & -6 \end{bmatrix} \xrightarrow[\text{③}+\text{①}]{\text{②}-\text{①}\times 2} \begin{bmatrix} 1 & -1 & -3 & 4 \\ 0 & 1 & 2 & -1 \\ 0 & 2 & 4 & -2 \end{bmatrix} \xrightarrow[\text{③}-\text{②}\times 2]{\text{①}+\text{②}} \begin{bmatrix} 1 & 0 & -1 & 3 \\ 0 & 1 & 2 & -1 \\ 0 & 0 & 0 & 0 \end{bmatrix}$$

注意 ③ − ①×(−1) を ③ + ① と書き, ① − ②×(−1) を ① + ② と書いた.
以下, 同じような書き換えがあるが, いちいち断らない.

(2) $$\begin{bmatrix} 1 & 2 & 1 & 4 \\ -1 & -2 & 2 & 5 \\ 2 & 4 & -1 & -1 \end{bmatrix} \xrightarrow[\text{③}-\text{①}\times 2]{\text{②}+\text{①}} \begin{bmatrix} 1 & 2 & 1 & 4 \\ 0 & 0 & 3 & 9 \\ 0 & 0 & -3 & -9 \end{bmatrix} \xrightarrow{\text{②}\div 3} \begin{bmatrix} 1 & 2 & 1 & 4 \\ 0 & 0 & 1 & 3 \\ 0 & 0 & -3 & -9 \end{bmatrix}$$

$$\xrightarrow[\text{③}+\text{②}\times 3]{\text{①}-\text{②}} \begin{bmatrix} 1 & 2 & 0 & 1 \\ 0 & 0 & 1 & 3 \\ 0 & 0 & 0 & 0 \end{bmatrix}$$

(3) $$\begin{bmatrix} 1 & -2 & -2 & 3 \\ 2 & -3 & 1 & 1 \\ 3 & -4 & 4 & 2 \end{bmatrix} \xrightarrow[\text{③}-\text{①}\times 3]{\text{②}-\text{①}\times 2} \begin{bmatrix} 1 & -2 & -2 & 3 \\ 0 & 1 & 5 & -5 \\ 0 & 2 & 10 & -7 \end{bmatrix} \xrightarrow[\text{③}-\text{②}\times 2]{\text{①}+\text{②}\times 2} \begin{bmatrix} 1 & 0 & 8 & -7 \\ 0 & 1 & 5 & -5 \\ 0 & 0 & 0 & 3 \end{bmatrix}$$

ここまでで「解なし」と判断してよい. 階段行列への最後までの変形は

$$\xrightarrow{\text{③}\div 3} \begin{bmatrix} 1 & 0 & 8 & -7 \\ 0 & 1 & 5 & -5 \\ 0 & 0 & 0 & 1 \end{bmatrix} \xrightarrow[\text{②}+\text{③}\times 5]{\text{①}+\text{③}\times 7} \begin{bmatrix} 1 & 0 & 8 & 0 \\ 0 & 1 & 5 & 0 \\ 0 & 0 & 0 & 1 \end{bmatrix}$$

(4) $$\begin{bmatrix} 1 & -2 & 1 & -1 & 2 \\ 1 & -2 & -2 & 5 & 5 \\ 3 & -6 & 1 & 1 & 8 \end{bmatrix} \xrightarrow[\text{③}-\text{①}\times 3]{\text{②}-\text{①}} \begin{bmatrix} 1 & -2 & 1 & -1 & 2 \\ 0 & 0 & -3 & 6 & 3 \\ 0 & 0 & -2 & 4 & 2 \end{bmatrix}$$

$$\xrightarrow{\text{②}\div(-3)} \begin{bmatrix} 1 & -2 & 1 & -1 & 2 \\ 0 & 0 & 1 & -2 & -1 \\ 0 & 0 & -2 & 4 & 2 \end{bmatrix} \xrightarrow[\text{③}+\text{②}\times 2]{\text{①}-\text{②}} \begin{bmatrix} 1 & -2 & 0 & 1 & 3 \\ 0 & 0 & 1 & -2 & -1 \\ 0 & 0 & 0 & 0 & 0 \end{bmatrix}$$

(5) $$\begin{bmatrix} 1 & 1 & 1 & 6 \\ 1 & 2 & 2 & 11 \\ 2 & 3 & 4 & 20 \\ 3 & 5 & 6 & 31 \end{bmatrix} \xrightarrow[\substack{\text{③}-\text{①}\times 2 \\ \text{④}-\text{①}\times 3}]{\text{②}-\text{①}} \begin{bmatrix} 1 & 1 & 1 & 6 \\ 0 & 1 & 1 & 5 \\ 0 & 1 & 2 & 8 \\ 0 & 2 & 3 & 13 \end{bmatrix} \xrightarrow[\substack{\text{③}-\text{②} \\ \text{④}-\text{②}\times 2}]{\text{①}-\text{②}} \begin{bmatrix} 1 & 0 & 0 & 1 \\ 0 & 1 & 1 & 5 \\ 0 & 0 & 1 & 3 \\ 0 & 0 & 1 & 3 \end{bmatrix}$$

$$\xrightarrow[\text{④}-\text{③}]{\text{②}-\text{③}} \begin{bmatrix} 1 & 0 & 0 & 1 \\ 0 & 1 & 0 & 2 \\ 0 & 0 & 1 & 3 \\ 0 & 0 & 0 & 0 \end{bmatrix}$$

(6) $$\begin{bmatrix} 1 & 1 & 1 & 0 & 1 \\ -2 & -1 & -1 & 1 & 1 \\ -1 & 2 & 3 & 1 & 10 \end{bmatrix} \xrightarrow[\text{③}+\text{①}]{\text{②}+\text{①}\times 2} \begin{bmatrix} 1 & 1 & 1 & 0 & 1 \\ 0 & 1 & 1 & 1 & 3 \\ 0 & 3 & 4 & 1 & 11 \end{bmatrix}$$

$$\xrightarrow[\text{③}-\text{②}\times 3]{\text{①}-\text{②}} \begin{bmatrix} 1 & 0 & 0 & -1 & -2 \\ 0 & 1 & 1 & 1 & 3 \\ 0 & 0 & 1 & -2 & 2 \end{bmatrix} \xrightarrow{\text{②}-\text{③}} \begin{bmatrix} 1 & 0 & 0 & -1 & -2 \\ 0 & 1 & 0 & 3 & 1 \\ 0 & 0 & 1 & -2 & 2 \end{bmatrix}$$

問題 4.3

(1) $\begin{bmatrix} 1 & 0 & -3 \\ 0 & 1 & 4 \\ 0 & 0 & 0 \end{bmatrix}$ より $\begin{bmatrix} x_1 \\ x_2 \\ x_3 \end{bmatrix} = \begin{bmatrix} 3c \\ -4c \\ c \end{bmatrix} = c\begin{bmatrix} 3 \\ -4 \\ 1 \end{bmatrix}$

(2) $\begin{bmatrix} 1 & -3 & 0 \\ 0 & 0 & 1 \\ 0 & 0 & 0 \end{bmatrix}$ より $\begin{bmatrix} x_1 \\ x_2 \\ x_3 \end{bmatrix} = \begin{bmatrix} 3c \\ c \\ 0 \end{bmatrix} = c\begin{bmatrix} 3 \\ 1 \\ 0 \end{bmatrix}$

(3) $\begin{bmatrix} 1 & 0 & -2 & 1 \\ 0 & 1 & 3 & 2 \\ 0 & 0 & 0 & 0 \end{bmatrix}$ より $\begin{bmatrix} x_1 \\ x_2 \\ x_3 \\ x_4 \end{bmatrix} = \begin{bmatrix} 2c-d \\ -3c-2d \\ c \\ d \end{bmatrix} = c\begin{bmatrix} 2 \\ -3 \\ 1 \\ 0 \end{bmatrix} + d\begin{bmatrix} -1 \\ -2 \\ 0 \\ 1 \end{bmatrix}$

(4) $\begin{bmatrix} 1 & 0 & 0 & -3 \\ 0 & 1 & 0 & 0 \\ 0 & 0 & 1 & 2 \\ 0 & 0 & 0 & 0 \end{bmatrix}$ より $\begin{bmatrix} x_1 \\ x_2 \\ x_3 \\ x_4 \end{bmatrix} = \begin{bmatrix} 3c \\ 0 \\ -2c \\ c \end{bmatrix} = c\begin{bmatrix} 3 \\ 0 \\ -2 \\ 1 \end{bmatrix}$

詳しい途中式：右辺の零ベクトルを省略して, 係数行列を変形.

(1) $$\begin{bmatrix} 1 & 2 & 5 \\ 3 & 2 & -1 \\ 2 & 1 & -2 \end{bmatrix} \xrightarrow[\text{③}-\text{①}\times 2]{\text{②}-\text{①}\times 3} \begin{bmatrix} 1 & 2 & 5 \\ 0 & -4 & -16 \\ 0 & -3 & -12 \end{bmatrix} \xrightarrow{\text{②}\div(-4)} \begin{bmatrix} 1 & 2 & 5 \\ 0 & 1 & 4 \\ 0 & -3 & -12 \end{bmatrix}$$

$$\xrightarrow[\text{③}+\text{②}\times 3]{\text{①}-\text{②}\times 2} \begin{bmatrix} 1 & 0 & -3 \\ 0 & 1 & 4 \\ 0 & 0 & 0 \end{bmatrix}$$

(2) $$\begin{bmatrix} 1 & -3 & 2 \\ 2 & -6 & 5 \\ -1 & 3 & 4 \end{bmatrix} \xrightarrow[\text{③}+\text{①}]{\text{②}-\text{①}\times 2} \begin{bmatrix} 1 & -3 & 2 \\ 0 & 0 & 1 \\ 0 & 0 & 6 \end{bmatrix} \xrightarrow[\text{③}-\text{②}\times 6]{\text{①}-\text{②}\times 2} \begin{bmatrix} 1 & -3 & 0 \\ 0 & 0 & 1 \\ 0 & 0 & 0 \end{bmatrix}$$

(3) $$\begin{bmatrix} 1 & 1 & 1 & 3 \\ -1 & 2 & 8 & 3 \\ 3 & 1 & -3 & 5 \end{bmatrix} \xrightarrow[\text{③}-\text{①}\times 3]{\text{②}+\text{①}} \begin{bmatrix} 1 & 1 & 1 & 3 \\ 0 & 3 & 9 & 6 \\ 0 & -2 & -6 & -4 \end{bmatrix} \xrightarrow{\text{②}\div 3} \begin{bmatrix} 1 & 1 & 1 & 3 \\ 0 & 1 & 3 & 2 \\ 0 & -2 & -6 & -4 \end{bmatrix}$$

$$\xrightarrow[\text{③}+\text{②}\times 2]{\text{①}-\text{②}} \begin{bmatrix} 1 & 0 & -2 & 1 \\ 0 & 1 & 3 & 2 \\ 0 & 0 & 0 & 0 \end{bmatrix}$$

(4) $$\begin{bmatrix} 1 & 1 & 1 & -1 \\ 1 & 2 & 2 & 1 \\ -2 & 3 & -4 & -2 \\ 3 & 1 & 2 & -5 \end{bmatrix} \xrightarrow{\substack{\text{②}-\text{①} \\ \text{③}+\text{①}\times 2 \\ \text{④}-\text{①}\times 3}} \begin{bmatrix} 1 & 1 & 1 & -1 \\ 0 & 1 & 1 & 2 \\ 0 & 5 & -2 & -4 \\ 0 & -2 & -1 & -2 \end{bmatrix} \xrightarrow{\substack{\text{①}-\text{②} \\ \text{③}-\text{②}\times 5 \\ \text{④}+\text{②}\times 2}} \begin{bmatrix} 1 & 0 & 0 & -3 \\ 0 & 1 & 1 & 2 \\ 0 & 0 & -7 & -14 \\ 0 & 0 & 1 & 2 \end{bmatrix}$$

$$\xrightarrow{\text{②}\div(-7)} \begin{bmatrix} 1 & 0 & 0 & -3 \\ 0 & 1 & 1 & 2 \\ 0 & 0 & 1 & 2 \\ 0 & 0 & 1 & 2 \end{bmatrix} \xrightarrow{\substack{\text{②}-\text{③} \\ \text{④}-\text{③}}} \begin{bmatrix} 1 & 0 & 0 & -3 \\ 0 & 1 & 0 & 0 \\ 0 & 0 & 1 & 2 \\ 0 & 0 & 0 & 0 \end{bmatrix}$$

問題 4.4

(1) (i) $$\left[\begin{array}{cccc|c} 1 & 1 & 1 & 1 & 1 \\ 1 & 2 & -1 & 3 & -3 \\ 4 & 3 & 6 & a & b \end{array}\right] \xrightarrow{\substack{\text{②}-\text{①} \\ \text{③}-\text{①}\times 4}} \left[\begin{array}{cccc|c} 1 & 1 & 1 & 1 & 1 \\ 0 & 1 & -2 & 2 & -4 \\ 0 & -1 & 2 & a-4 & b-4 \end{array}\right]$$

$$\xrightarrow{\substack{\text{①}-\text{②} \\ \text{③}+\text{②}}} \left[\begin{array}{cccc|c} 1 & 0 & 3 & -1 & 5 \\ 0 & 1 & -2 & 2 & -4 \\ 0 & 0 & 0 & a-2 & b-8 \end{array}\right]$$

(ii) 任意の実数 1 個 $\Leftrightarrow$ 区切り線の左側に主成分 3 個 より $a \neq 2$ ($a = 3$ は不十分).

(iii) 区切り線の右側に主成分が現れる より $a = 2$ かつ $b \neq 8$ ($b = 9$ は不十分).

(iv) 任意の実数 2 個 $\Leftrightarrow$ 区切り線の左側に主成分 2 個 より $a = 2$ かつ $b = 8$.

(v) $$\begin{bmatrix} x_1 \\ x_2 \\ x_3 \\ x_4 \end{bmatrix} = \begin{bmatrix} 5-3c+d \\ -4+2c-2d \\ c \\ d \end{bmatrix} = \begin{bmatrix} 5 \\ -4 \\ 0 \\ 0 \end{bmatrix} + c \begin{bmatrix} -3 \\ 2 \\ 1 \\ 0 \end{bmatrix} + d \begin{bmatrix} 1 \\ -2 \\ 0 \\ 1 \end{bmatrix} \quad \left(\begin{array}{l} c,\ d \text{ は} \\ \text{任意の実数} \end{array}\right)$$

(2) (i) $$\left[\begin{array}{cccc|c} 1 & 3 & 2 & 1 & 3 \\ 3 & 9 & 8 & 1 & 13 \\ 1 & 3 & -3 & a & b \end{array}\right] \xrightarrow{\substack{\text{②}-\text{①}\times 3 \\ \text{③}-\text{①}}} \left[\begin{array}{cccc|c} 1 & 3 & 2 & 1 & 3 \\ 0 & 0 & 2 & -2 & 4 \\ 0 & 0 & -5 & a-1 & b-3 \end{array}\right]$$

$$\xrightarrow{\text{②}\div 2} \left[\begin{array}{cccc|c} 1 & 3 & 2 & 1 & 3 \\ 0 & 0 & 1 & -1 & 2 \\ 0 & 0 & -5 & a-1 & b-3 \end{array}\right] \xrightarrow{\substack{\text{①}-\text{②}\times 2 \\ \text{③}+\text{②}\times 5}} \left[\begin{array}{cccc|c} 1 & 3 & 0 & 3 & -1 \\ 0 & 0 & 1 & -1 & 2 \\ 0 & 0 & 0 & a-6 & b+7 \end{array}\right]$$

(ii) 任意の実数 1 個 $\Leftrightarrow$ 区切り線の左側に主成分 3 個 より $a \neq 6$ ($a = 7$ は不十分).

(iii) 区切り線の右側に主成分が現れる より $a = 6$ かつ $b \neq -7$ ($b = -6$ は不十分).

(iv) 任意の実数 2 個 $\Leftrightarrow$ 区切り線の左側に主成分 2 個 より $a = 6$ かつ $b = -7$.

(v) $$\begin{bmatrix} x_1 \\ x_2 \\ x_3 \\ x_4 \end{bmatrix} = \begin{bmatrix} -1-3c-3d \\ c \\ 2+d \\ d \end{bmatrix} = \begin{bmatrix} -1 \\ 0 \\ 2 \\ 0 \end{bmatrix} + c \begin{bmatrix} -3 \\ 1 \\ 0 \\ 0 \end{bmatrix} + d \begin{bmatrix} -3 \\ 0 \\ 1 \\ 1 \end{bmatrix} \quad \left(\begin{array}{l} c,\ d \text{ は} \\ \text{任意の実数} \end{array}\right)$$

問題 4.5

(1) $a=-2$ のとき $\begin{bmatrix} x_1 \\ x_2 \\ x_3 \end{bmatrix} = c\begin{bmatrix} -16 \\ 9 \\ 1 \end{bmatrix}$, $a=3$ のとき $\begin{bmatrix} x_1 \\ x_2 \\ x_3 \end{bmatrix} = c\begin{bmatrix} -1 \\ -1 \\ 1 \end{bmatrix}$.

詳しい途中式：右辺の零ベクトルを省略して, 係数行列を変形.

$$\begin{bmatrix} 1 & 2 & a \\ 2 & 3 & 5 \\ -1 & a & 2 \end{bmatrix} \xrightarrow[\text{③}+\text{①}]{\text{②}-\text{①}\times 2} \begin{bmatrix} 1 & 2 & a \\ 0 & -1 & 5-2a \\ 0 & a+2 & a+2 \end{bmatrix} \xrightarrow{\text{②}\div(-1)} \begin{bmatrix} 1 & 2 & a \\ 0 & 1 & 2a-5 \\ 0 & a+2 & a+2 \end{bmatrix}$$

$$\xrightarrow[\text{③}-\text{②}\times(a+2)]{\text{①}-\text{②}\times 2} \begin{bmatrix} 1 & 0 & a-2(2a-5) \\ 0 & 1 & 2a-5 \\ 0 & 0 & a+2-(a+2)(2a-5) \end{bmatrix} = \begin{bmatrix} 1 & 0 & -3a+10 \\ 0 & 1 & 2a-5 \\ 0 & 0 & -2(a+2)(a-3) \end{bmatrix}$$

$(a+2)(a-3)=0$ ならば, 主成分の個数 $<$ 未知数の個数 となる. 最後の行列は

$a=-2$ のとき $\begin{bmatrix} 1 & 0 & 16 \\ 0 & 1 & -9 \\ 0 & 0 & 0 \end{bmatrix}$, $a=3$ のとき $\begin{bmatrix} 1 & 0 & 1 \\ 0 & 1 & 1 \\ 0 & 0 & 0 \end{bmatrix}$.

(2) $a=4$ のとき $\begin{bmatrix} x_1 \\ x_2 \\ x_3 \end{bmatrix} = c\begin{bmatrix} -2 \\ 1 \\ 0 \end{bmatrix} + d\begin{bmatrix} -3 \\ 0 \\ 1 \end{bmatrix}$, $a=1$ のとき $\begin{bmatrix} x_1 \\ x_2 \\ x_3 \end{bmatrix} = c\begin{bmatrix} -4 \\ -1 \\ 1 \end{bmatrix}$.

詳しい途中式：右辺の零ベクトルを省略して, 係数行列を変形.

$$\begin{bmatrix} 1 & 2 & 7-a \\ 1 & a-2 & 3 \\ a & 8 & 12 \end{bmatrix} \xrightarrow[\text{③}-\text{①}\times a]{\text{②}-\text{①}} \begin{bmatrix} 1 & 2 & 7-a \\ 0 & a-4 & a-4 \\ 0 & -2(a-4) & (a-3)(a-4) \end{bmatrix}$$

$a=4$ ならば $\begin{bmatrix} 1 & 2 & 3 \\ 0 & 0 & 0 \\ 0 & 0 & 0 \end{bmatrix}$ であり, 任意の実数を 2 個含む解をもつ.

$a \neq 4$ ならばさらに変形でき, $\xrightarrow[\text{③}\div(a-4)]{\text{②}\div(a-4)} \begin{bmatrix} 1 & 2 & 7-a \\ 0 & 1 & 1 \\ 0 & -2 & a-3 \end{bmatrix} \xrightarrow[\text{③}+\text{②}\times 2]{\text{①}-\text{②}\times 2} \begin{bmatrix} 1 & 0 & 5-a \\ 0 & 1 & 1 \\ 0 & 0 & a-1 \end{bmatrix}$

$a=1$ ならば $\begin{bmatrix} 1 & 0 & 4 \\ 0 & 1 & 1 \\ 0 & 0 & 0 \end{bmatrix}$ であり, 任意の実数を 1 個含む解をもつ.

§5

問題 5.1

(1) $\begin{bmatrix} 7 & -2 \\ -3 & 1 \end{bmatrix}$ (2) $\begin{bmatrix} -2 & 7 \\ 1 & -3 \end{bmatrix}$ (3) $\dfrac{1}{13}\begin{bmatrix} 7 & 2 \\ -3 & 1 \end{bmatrix}$ (4) $\begin{bmatrix} 7 & -2 \\ 3 & -1 \end{bmatrix}$

問題 5.2

(1) $\begin{bmatrix} 1 & 0 & 0 \\ -2 & 1 & 0 \\ 2 & -3 & 1 \end{bmatrix}$ (2) $\begin{bmatrix} 3 & -2 & -1 \\ -6 & 5 & 2 \\ -4 & 3 & 1 \end{bmatrix}$ (3) $\begin{bmatrix} 7 & -1 & -4 \\ -12 & 1 & 7 \\ 2 & 0 & -1 \end{bmatrix}$ (4) $\begin{bmatrix} \frac{1}{4} & 0 & \frac{1}{4} \\ 0 & \frac{1}{2} & 0 \\ \frac{3}{4} & 0 & -\frac{1}{4} \end{bmatrix}$

詳しい途中式

(1) $$\begin{bmatrix} 1 & 0 & 0 & 1 & 0 & 0 \\ 2 & 1 & 0 & 0 & 1 & 0 \\ 4 & 3 & 1 & 0 & 0 & 1 \end{bmatrix} \xrightarrow{\substack{\text{②} - \text{①}\times 2 \\ \text{③} - \text{①}\times 4}} \begin{bmatrix} 1 & 0 & 0 & 1 & 0 & 0 \\ 0 & 1 & 0 & -2 & 1 & 0 \\ 0 & 3 & 1 & -4 & 0 & 1 \end{bmatrix}$$

$$\xrightarrow{\text{③} - \text{②}\times 3} \begin{bmatrix} 1 & 0 & 0 & 1 & 0 & 0 \\ 0 & 1 & 0 & -2 & 1 & 0 \\ 0 & 0 & 1 & 2 & -3 & 1 \end{bmatrix}$$

(2) $$\begin{bmatrix} 1 & 1 & -1 & 1 & 0 & 0 \\ 2 & 1 & 0 & 0 & 1 & 0 \\ -2 & 1 & -3 & 0 & 0 & 1 \end{bmatrix} \xrightarrow{\substack{\text{②} - \text{①}\times 2 \\ \text{③} + \text{①}\times 2}} \begin{bmatrix} 1 & 1 & -1 & 1 & 0 & 0 \\ 0 & -1 & 2 & -2 & 1 & 0 \\ 0 & 3 & -5 & 2 & 0 & 1 \end{bmatrix}$$

$$\xrightarrow{\text{②} \div (-1)} \begin{bmatrix} 1 & 1 & -1 & 1 & 0 & 0 \\ 0 & 1 & -2 & 2 & -1 & 0 \\ 0 & 3 & -5 & 2 & 0 & 1 \end{bmatrix} \xrightarrow{\substack{\text{①} - \text{②} \\ \text{③} - \text{②}\times 3}} \begin{bmatrix} 1 & 0 & 1 & -1 & 1 & 0 \\ 0 & 1 & -2 & 2 & -1 & 0 \\ 0 & 0 & 1 & -4 & 3 & 1 \end{bmatrix}$$

$$\xrightarrow{\substack{\text{①} - \text{③} \\ \text{②} + \text{③}\times 2}} \begin{bmatrix} 1 & 0 & 0 & 3 & -2 & -1 \\ 0 & 1 & 0 & -6 & 5 & 2 \\ 0 & 0 & 1 & -4 & 3 & 1 \end{bmatrix}$$

(3) $$\begin{bmatrix} 1 & 1 & 3 & 1 & 0 & 0 \\ -2 & -1 & 1 & 0 & 1 & 0 \\ 2 & 2 & 5 & 0 & 0 & 1 \end{bmatrix} \xrightarrow{\substack{\text{②} + \text{①}\times 2 \\ \text{③} - \text{①}\times 2}} \begin{bmatrix} 1 & 1 & 3 & 1 & 0 & 0 \\ 0 & 1 & 7 & 2 & 1 & 0 \\ 0 & 0 & -1 & -2 & 0 & 1 \end{bmatrix}$$

$$\xrightarrow{\text{①} - \text{②}} \begin{bmatrix} 1 & 0 & -4 & -1 & -1 & 0 \\ 0 & 1 & 7 & 2 & 1 & 0 \\ 0 & 0 & -1 & -2 & 0 & 1 \end{bmatrix} \xrightarrow{\text{③} \div (-1)} \begin{bmatrix} 1 & 0 & -4 & -1 & -1 & 0 \\ 0 & 1 & 7 & 2 & 1 & 0 \\ 0 & 0 & 1 & 2 & 0 & -1 \end{bmatrix}$$

$$\xrightarrow{\substack{\text{①} + \text{③}\times 4 \\ \text{②} - \text{③}\times 7}} \begin{bmatrix} 1 & 0 & 0 & 7 & -1 & -4 \\ 0 & 1 & 0 & -12 & 1 & 7 \\ 0 & 0 & 1 & 2 & 0 & -1 \end{bmatrix}$$

(4) $$\begin{bmatrix} 1 & 0 & 1 & 1 & 0 & 0 \\ 0 & 2 & 0 & 0 & 1 & 0 \\ 3 & 0 & -1 & 0 & 0 & 1 \end{bmatrix} \xrightarrow{\text{③} - \text{①}\times 3} \begin{bmatrix} 1 & 0 & 1 & 1 & 0 & 0 \\ 0 & 2 & 0 & 0 & 1 & 0 \\ 0 & 0 & -4 & -3 & 0 & 1 \end{bmatrix}$$

$$\xrightarrow{\text{②} \div 2} \begin{bmatrix} 1 & 0 & 1 & 1 & 0 & 0 \\ 0 & 1 & 0 & 0 & \frac{1}{2} & 0 \\ 0 & 0 & -4 & -3 & 0 & 1 \end{bmatrix} \xrightarrow{\text{③} \div (-4)} \begin{bmatrix} 1 & 0 & 1 & 1 & 0 & 0 \\ 0 & 1 & 0 & 0 & \frac{1}{2} & 0 \\ 0 & 0 & 1 & \frac{3}{4} & 0 & -\frac{1}{4} \end{bmatrix}$$

$$\xrightarrow{\text{①} - \text{③}} \begin{bmatrix} 1 & 0 & 0 & \frac{1}{4} & 0 & \frac{1}{4} \\ 0 & 1 & 0 & 0 & \frac{1}{2} & 0 \\ 0 & 0 & 1 & \frac{3}{4} & 0 & -\frac{1}{4} \end{bmatrix}$$

問題 5.3

（1） $\begin{bmatrix} x_1 \\ x_2 \end{bmatrix} = \begin{bmatrix} 7 & -2 \\ 3 & -1 \end{bmatrix} \begin{bmatrix} 4 \\ 9 \end{bmatrix} = \begin{bmatrix} 10 \\ 3 \end{bmatrix}$

（2） $\begin{bmatrix} x_1 \\ x_2 \\ x_3 \end{bmatrix} = \begin{bmatrix} 3 & -2 & -1 \\ -6 & 5 & 2 \\ -4 & 3 & 1 \end{bmatrix} \begin{bmatrix} 6 \\ 5 \\ 4 \end{bmatrix} = \begin{bmatrix} 4 \\ -3 \\ -5 \end{bmatrix}$

（3） $\begin{bmatrix} x_1 \\ x_2 \\ x_3 \end{bmatrix} = \begin{bmatrix} 7 & -1 & -4 \\ -12 & 1 & 7 \\ 2 & 0 & -1 \end{bmatrix} \begin{bmatrix} \frac{2}{3} \\ -\frac{1}{2} \\ \frac{7}{6} \end{bmatrix} = \begin{bmatrix} \frac{1}{2} \\ -\frac{1}{3} \\ \frac{1}{6} \end{bmatrix}$

問題 5.4

（1） $X = A^{-1}C$ （2） $X = CB^{-1}$ （3） $X = A^{-1}CB^{-1}$ （4） $X = PCP^{-1}$

問題 5.5 $a_{11}a_{22} - a_{12}a_{21} = 6 \cdot (-1) - (-x) \cdot (x-1) = x^2 - x - 6 = 0$
より $x = -2, 3$.

問題 5.6 $\dfrac{1}{xy - x - 5y} \begin{bmatrix} y-1 & -y \\ -5 & x \end{bmatrix} = \begin{bmatrix} x & y \\ 5 & y-1 \end{bmatrix}$ より

$xy - x - 5y = -1$ かつ $y - 1 = -x$ であればよい.
x を消去すると $y^2 + 3y = 0$ であり, $(x, y) = (1, 0),\ (4, -3)$.

問題 5.7 $AB(B^{-1}A^{-1}) = A(BB^{-1})A^{-1} = AEA^{-1} = AA^{-1} = E$

問題 5.8 $-\dfrac{1}{3}(A^2 - 2A) = E$ より $(-\dfrac{1}{3}A + \dfrac{2}{3}E)A = E$ であるから,

A は正則であり, $A^{-1} = -\dfrac{1}{3}A + \dfrac{2}{3}E$ である.

§6

問題 6.1

（1） -2 （2） 13 （3） 0 （4） -10 （5） 17 （6） 402

(6) の解説：例 3 と同様に

$$\begin{vmatrix} 101 & 100 \\ 99 & 102 \end{vmatrix} \overset{\text{1 行} - \text{2 行}}{=\!=\!=} \begin{vmatrix} 2 & -2 \\ 99 & 102 \end{vmatrix} \overset{\text{1 行から括り出し}}{=\!=\!=\!=\!=} 2\begin{vmatrix} 1 & -1 \\ 99 & 102 \end{vmatrix} = 2(102 + 99) = 402.$$

問題 6.2

（1） $D = x^2 - 1,\ \ x = \pm 1$ （2） $D = x^2 - 2x - 3,\ \ x = -1,\ 3$

（3） $D = x^2 + x - 20,\ \ x = -5,\ 4$ （4） $D = x^2 - 4x + 4,\ \ x = 2$ (重解)

問題 6.3

(1) $x_1 = \dfrac{\begin{vmatrix} 1 & 3 \\ -1 & 7 \end{vmatrix}}{\begin{vmatrix} 2 & 3 \\ 3 & 7 \end{vmatrix}} = \dfrac{10}{5} = 2, \quad x_2 = \dfrac{\begin{vmatrix} 2 & 1 \\ 3 & -1 \end{vmatrix}}{\begin{vmatrix} 2 & 3 \\ 3 & 7 \end{vmatrix}} = \dfrac{-5}{5} = -1$

(2) $x_1 = \dfrac{\begin{vmatrix} 4 & -1 \\ 1 & 3 \end{vmatrix}}{\begin{vmatrix} 3 & -1 \\ -2 & 3 \end{vmatrix}} = \dfrac{13}{7}, \quad x_2 = \dfrac{\begin{vmatrix} 3 & 4 \\ -2 & 1 \end{vmatrix}}{\begin{vmatrix} 3 & -1 \\ -2 & 3 \end{vmatrix}} = \dfrac{11}{7}$

問題 6.4 まず, (iii) と (i), (ii) を組み合わせて

$$F\begin{pmatrix} x & y \\ z+z' & w+w' \end{pmatrix} = F\begin{pmatrix} x & y \\ z & w \end{pmatrix} + F\begin{pmatrix} x & y \\ z' & w' \end{pmatrix}, \quad F\begin{pmatrix} x & y \\ c\cdot z & c\cdot w \end{pmatrix} = c\cdot F\begin{pmatrix} x & y \\ z & w \end{pmatrix}$$

が成り立つ. $(x \ \ y) = (x \ \ 0) + (0 \ \ y)$, $(z \ \ w) = (z \ \ 0) + (0 \ \ w)$ と分解して, 性質 (i) を用いると

$$\begin{aligned} F\begin{pmatrix} x & y \\ z & w \end{pmatrix} &= F\begin{pmatrix} x & 0 \\ z & w \end{pmatrix} + F\begin{pmatrix} 0 & y \\ z & w \end{pmatrix} \\ &= F\begin{pmatrix} x & 0 \\ z & 0 \end{pmatrix} + F\begin{pmatrix} x & 0 \\ 0 & w \end{pmatrix} + F\begin{pmatrix} 0 & y \\ z & 0 \end{pmatrix} + F\begin{pmatrix} 0 & y \\ 0 & w \end{pmatrix} \end{aligned}$$

となる. ここで $(x \ \ 0) = x(1 \ \ 0)$, $(0 \ \ y) = y(0 \ \ 1)$ 等より, 性質 (ii) を用いて

$$= xz\cdot F\begin{pmatrix} 1 & 0 \\ 1 & 0 \end{pmatrix} + xw\cdot F\begin{pmatrix} 1 & 0 \\ 0 & 1 \end{pmatrix} + yz\cdot F\begin{pmatrix} 0 & 1 \\ 1 & 0 \end{pmatrix} + yw\cdot F\begin{pmatrix} 0 & 1 \\ 0 & 1 \end{pmatrix}$$

である. $F\begin{pmatrix} 1 & 0 \\ 1 & 0 \end{pmatrix} = -F\begin{pmatrix} 1 & 0 \\ 1 & 0 \end{pmatrix}$ より $F\begin{pmatrix} 1 & 0 \\ 1 & 0 \end{pmatrix} = 0$, 同様に $F\begin{pmatrix} 0 & 1 \\ 0 & 1 \end{pmatrix} = 0$ であり, $F\begin{pmatrix} 1 & 0 \\ 0 & 1 \end{pmatrix} = 1$, $F\begin{pmatrix} 0 & 1 \\ 1 & 0 \end{pmatrix} = -F\begin{pmatrix} 1 & 0 \\ 0 & 1 \end{pmatrix} = -1$ であるから, $F\begin{pmatrix} x & y \\ z & w \end{pmatrix} = xw - yz$ である.

§7

問題 7.1

(1) $\begin{vmatrix} 2 & 0 & 0 \\ 3 & 1 & 0 \\ -9 & 1 & -6 \end{vmatrix} = 2\begin{vmatrix} 1 & 0 \\ 1 & -6 \end{vmatrix} - 0\begin{vmatrix} 3 & 0 \\ -9 & -6 \end{vmatrix} + 0\begin{vmatrix} 3 & 1 \\ -9 & 1 \end{vmatrix} = -12 - 0 + 0 = -12$

(2) $\begin{vmatrix} 1 & 2 & 5 \\ 0 & -6 & 2 \\ 0 & 0 & 8 \end{vmatrix} = 1\begin{vmatrix} -6 & 2 \\ 0 & 8 \end{vmatrix} - 2\begin{vmatrix} 0 & 2 \\ 0 & 8 \end{vmatrix} + 5\begin{vmatrix} 0 & -6 \\ 0 & 0 \end{vmatrix} = -48 - 0 + 0 = -48$

(3) $\begin{vmatrix} 0 & 0 & 8 \\ 0 & -2 & 2 \\ 1 & 4 & 2 \end{vmatrix} = 0\begin{vmatrix} -2 & 2 \\ 4 & 2 \end{vmatrix} - 0\begin{vmatrix} 0 & 2 \\ 1 & 2 \end{vmatrix} + 8\begin{vmatrix} 0 & -2 \\ 1 & 4 \end{vmatrix} = 0 - 0 + 16 = 16$

(4) $\begin{vmatrix} 3 & 4 & 2 \\ -1 & 0 & 0 \\ 1 & 2 & -3 \end{vmatrix} = 3\begin{vmatrix} 0 & 0 \\ 2 & -3 \end{vmatrix} - 4\begin{vmatrix} -1 & 0 \\ 1 & -3 \end{vmatrix} + 2\begin{vmatrix} -1 & 0 \\ 1 & 2 \end{vmatrix} = 0 - 12 + (-4) = -16$

(5) $\begin{vmatrix} 1 & 2 & 3 \\ 1 & 4 & 5 \\ 1 & 4 & 6 \end{vmatrix} = 1\begin{vmatrix} 4 & 5 \\ 4 & 6 \end{vmatrix} - 2\begin{vmatrix} 1 & 5 \\ 1 & 6 \end{vmatrix} + 3\begin{vmatrix} 1 & 4 \\ 1 & 4 \end{vmatrix} = 4 - 2 + 0 = 2$

(6) $\begin{vmatrix} 1 & 2 & 3 \\ -1 & 0 & 3 \\ -1 & -2 & 0 \end{vmatrix} = 1\begin{vmatrix} 0 & 3 \\ -2 & 0 \end{vmatrix} - 2\begin{vmatrix} -1 & 3 \\ -1 & 0 \end{vmatrix} + 3\begin{vmatrix} -1 & 0 \\ -1 & -2 \end{vmatrix} = 6 - 6 + 6 = 6$

(7) $\begin{vmatrix} -2 & 3 & 1 \\ 5 & 2 & -2 \\ 3 & 1 & 3 \end{vmatrix} = (-2)\begin{vmatrix} 2 & -2 \\ 1 & 3 \end{vmatrix} - 3\begin{vmatrix} 5 & -2 \\ 3 & 3 \end{vmatrix} + 1\begin{vmatrix} 5 & 2 \\ 3 & 1 \end{vmatrix} = -16 - 63 - 1 = -80$

(8) $\begin{vmatrix} 3 & 1 & 2 \\ 2 & 0 & -4 \\ 5 & -3 & 2 \end{vmatrix} = 3\begin{vmatrix} 0 & -4 \\ -3 & 2 \end{vmatrix} - 1\begin{vmatrix} 2 & -4 \\ 5 & 2 \end{vmatrix} + 2\begin{vmatrix} 2 & 0 \\ 5 & -3 \end{vmatrix} = -36 - 24 - 12 = -72$

問題 7.2 一例を示す.

(1) $\begin{vmatrix} 2 & 0 & 0 \\ 3 & 1 & 0 \\ -9 & 1 & -6 \end{vmatrix} \overset{\text{定理 7.7右}}{=\!=\!=} 2\begin{vmatrix} 1 & 0 \\ 1 & -6 \end{vmatrix} = 2\cdot(-6) = -12$

(2) $\begin{vmatrix} 1 & 2 & 5 \\ 0 & -6 & 2 \\ 0 & 0 & 8 \end{vmatrix} \overset{\text{定理 7.7左}}{=\!=\!=} 1\begin{vmatrix} -6 & 2 \\ 0 & 8 \end{vmatrix} = 1\cdot(-48) = -48$

(3) $\begin{vmatrix} 0 & 0 & 8 \\ 0 & -2 & 2 \\ 1 & 4 & 2 \end{vmatrix} \overset{1\text{列}\leftrightarrow 3\text{列}}{=\!=\!=} -\begin{vmatrix} 8 & 0 & 0 \\ 2 & -2 & 0 \\ 2 & 4 & 1 \end{vmatrix} \overset{\text{定理 7.7右}}{=\!=\!=} -8\begin{vmatrix} -2 & 0 \\ 4 & 1 \end{vmatrix} = -8\cdot(-2) = 16$

(4) $\begin{vmatrix} 3 & 4 & 2 \\ -1 & 0 & 0 \\ 1 & 2 & -3 \end{vmatrix} \overset{1\text{行}\leftrightarrow 2\text{行}}{=\!=\!=} -\begin{vmatrix} -1 & 0 & 0 \\ 3 & 4 & 2 \\ 1 & 2 & -3 \end{vmatrix} \overset{\text{定理 7.7右}}{=\!=\!=} -(-1)\begin{vmatrix} 4 & 2 \\ 2 & -3 \end{vmatrix} = -16$

(5) $\begin{vmatrix} 1 & 2 & 3 \\ 1 & 4 & 5 \\ 1 & 4 & 6 \end{vmatrix} \overset{\substack{2\text{行}-1\text{行} \\ 3\text{行}-1\text{行}}}{=\!=\!=} \begin{vmatrix} 1 & 2 & 3 \\ 0 & 2 & 2 \\ 0 & 2 & 3 \end{vmatrix} \overset{\text{定理 7.7左}}{=\!=\!=} 1\begin{vmatrix} 2 & 2 \\ 2 & 3 \end{vmatrix} = 6 - 4 = 2$

(6) $\begin{vmatrix} 1 & 2 & 3 \\ -1 & 0 & 3 \\ -1 & -2 & 0 \end{vmatrix} \overset{\substack{2\text{行}+1\text{行} \\ 3\text{行}+1\text{行}}}{=\!=\!=} \begin{vmatrix} 1 & 2 & 3 \\ 0 & 2 & 6 \\ 0 & 0 & 3 \end{vmatrix} \overset{\text{定理 7.7左}}{=\!=\!=} 1\begin{vmatrix} 2 & 6 \\ 0 & 3 \end{vmatrix} = 6$

(7) $\begin{vmatrix} -2 & 3 & 1 \\ 5 & 2 & -2 \\ 3 & 1 & 3 \end{vmatrix} \overset{1\text{列}\leftrightarrow 3\text{列}}{=\!=\!=} -\begin{vmatrix} 1 & 3 & -2 \\ -2 & 2 & 5 \\ 3 & 1 & 3 \end{vmatrix} \overset{\substack{2\text{行}+1\text{行}\times 2 \\ 3\text{行}-1\text{行}\times 3}}{=\!=\!=} -\begin{vmatrix} 1 & 3 & -2 \\ 0 & 8 & 1 \\ 0 & -8 & 9 \end{vmatrix}$

$\overset{\text{定理 7.7左}}{=\!=\!=} -1\begin{vmatrix} 8 & 1 \\ -8 & 9 \end{vmatrix} \overset{1\text{列から }8\text{ を括り出し}}{=\!=\!=} -8\begin{vmatrix} 1 & 1 \\ -1 & 9 \end{vmatrix} = -8(9+1) = -80$

$$(8)\ \begin{vmatrix} 3 & 1 & 2 \\ 2 & 0 & -4 \\ 5 & -3 & 2 \end{vmatrix} \xlongequal{1\text{行} \leftrightarrow 2\text{行}} -\begin{vmatrix} 2 & 0 & -4 \\ 3 & 1 & 2 \\ 5 & -3 & 2 \end{vmatrix} \xlongequal{3\text{列}+1\text{列}\times 2} -\begin{vmatrix} 2 & 0 & 0 \\ 3 & 1 & 8 \\ 5 & -3 & 12 \end{vmatrix}$$

$$\xlongequal{\text{定理 7.7右}} -2\begin{vmatrix} 1 & 8 \\ -3 & 12 \end{vmatrix} \xlongequal{2\text{列から 4 を括り出し}} -2\cdot 4\begin{vmatrix} 1 & 2 \\ -3 & 3 \end{vmatrix}$$

$$\xlongequal{2\text{行から 3 を括り出し}} -2\cdot 4\cdot 3\begin{vmatrix} 1 & 2 \\ -1 & 1 \end{vmatrix} = -24(1+2) = -72$$

問題 7.3

(1) $D = -x^3 - x^2 + 12x = -x(x+4)(x-3), \quad x = 0,\ -4,\ 3$

(2) $D = -x^3 + 9x^2 - 20x = -x(x-4)(x-5), \quad x = 0,\ 4,\ 5$

詳しい途中式：以下の求め方は一例.

$$(1)\ \begin{vmatrix} 1-x & 0 & 2 \\ 0 & -x & 0 \\ 5 & 0 & -2-x \end{vmatrix} \xlongequal[1\text{列} \leftrightarrow 2\text{列}]{1\text{行} \leftrightarrow 2\text{行}} (-1)^2\begin{vmatrix} -x & 0 & 0 \\ 0 & 1-x & 2 \\ 0 & 5 & -2-x \end{vmatrix}$$

$$\xlongequal{\text{定理 7.7}} -x\begin{vmatrix} 1-x & 2 \\ 5 & -2-x \end{vmatrix} = -x\{(1-x)(-2-x)-10\} = -x^3 - x^2 + 12x$$

$$(2)\ \begin{vmatrix} 1-x & 3 & 0 \\ 0 & 2-x & -1 \\ 4 & 0 & 6-x \end{vmatrix} \xlongequal{\text{定義式}} (1-x)\begin{vmatrix} 2-x & -1 \\ 0 & 6-x \end{vmatrix} - 3\begin{vmatrix} 0 & -1 \\ 4 & 6-x \end{vmatrix}$$

$$= (1-x)(2-x)(6-x) - 3\cdot 4 = -x^3 + 9x^2 - 20x$$

問題 7.4

(1) -24　(2) -3　(3) 3　(4) -12　(5) 9

詳しい途中式

$$(1)\ \begin{vmatrix} 2\vec{\boldsymbol{a}}_1 \\ -\vec{\boldsymbol{a}}_2 \\ 4\vec{\boldsymbol{a}}_3 \end{vmatrix} = 2\cdot(-1)\cdot 4\cdot\begin{vmatrix} \vec{\boldsymbol{a}}_1 \\ \vec{\boldsymbol{a}}_2 \\ \vec{\boldsymbol{a}}_3 \end{vmatrix} = -24$$

$$(2)\ \begin{vmatrix} \vec{\boldsymbol{a}}_2 \\ \vec{\boldsymbol{a}}_1 \\ \vec{\boldsymbol{a}}_3 \end{vmatrix} = -\begin{vmatrix} \vec{\boldsymbol{a}}_1 \\ \vec{\boldsymbol{a}}_2 \\ \vec{\boldsymbol{a}}_3 \end{vmatrix} = -3$$

$$(3)\ \begin{vmatrix} \vec{\boldsymbol{a}}_1 \\ \vec{\boldsymbol{a}}_2 + 2\vec{\boldsymbol{a}}_1 \\ \vec{\boldsymbol{a}}_3 - 5\vec{\boldsymbol{a}}_1 \end{vmatrix} \xlongequal[③+①\times 5]{②-①\times 2} \begin{vmatrix} \vec{\boldsymbol{a}}_1 \\ \vec{\boldsymbol{a}}_2 \\ \vec{\boldsymbol{a}}_3 \end{vmatrix} = 3$$

(4)
$$\begin{vmatrix} \vec{a}_1+\vec{a}_2-\vec{a}_3 \\ \vec{a}_1-\vec{a}_2+\vec{a}_3 \\ -\vec{a}_1+\vec{a}_2+\vec{a}_3 \end{vmatrix} \overset{\substack{②-①\\③+①}}{=\!=\!=} \begin{vmatrix} \vec{a}_1+\vec{a}_2-\vec{a}_3 \\ -2\vec{a}_2+2\vec{a}_3 \\ 2\vec{a}_2 \end{vmatrix} = -4\begin{vmatrix} \vec{a}_1+\vec{a}_2-\vec{a}_3 \\ \vec{a}_2-\vec{a}_3 \\ \vec{a}_2 \end{vmatrix}$$

$$\overset{\substack{①-②\\③-②}}{=\!=\!=} -4\begin{vmatrix} \vec{a}_1 \\ \vec{a}_2-\vec{a}_3 \\ \vec{a}_3 \end{vmatrix} \overset{②+③}{=\!=\!=} -4\begin{vmatrix} \vec{a}_1 \\ \vec{a}_2 \\ \vec{a}_3 \end{vmatrix} = -12$$

(5)
$$\begin{vmatrix} \vec{a}_1+\ \vec{a}_2-2\vec{a}_3 \\ 2\vec{a}_1+5\vec{a}_2+2\vec{a}_3 \\ \vec{a}_1+4\vec{a}_2+5\vec{a}_3 \end{vmatrix} \overset{\substack{②-①\times2\\③-①}}{=\!=\!=} \begin{vmatrix} \vec{a}_1+\vec{a}_2-2\vec{a}_3 \\ 3\vec{a}_2+6\vec{a}_3 \\ 3\vec{a}_2+7\vec{a}_3 \end{vmatrix} = 3\begin{vmatrix} \vec{a}_1+\vec{a}_2-2\vec{a}_3 \\ \vec{a}_2+2\vec{a}_3 \\ 3\vec{a}_2+7\vec{a}_3 \end{vmatrix}$$

$$\overset{\substack{①-②\\③-②\times3}}{=\!=\!=} 3\begin{vmatrix} \vec{a}_1-4\vec{a}_3 \\ \vec{a}_2+2\vec{a}_3 \\ \vec{a}_3 \end{vmatrix} \overset{\substack{①+③\times4\\②-③\times2}}{=\!=\!=} 3\begin{vmatrix} \vec{a}_1 \\ \vec{a}_2 \\ \vec{a}_3 \end{vmatrix} = 9$$

問題 7.5

(1) 120 (2) 5 (3) −5

詳しい途中式

(1) $|3\boldsymbol{a}_1\ \ -2\boldsymbol{a}_2\ \ -4\boldsymbol{a}_3| \overset{\text{括り出し}}{=\!=\!=} 3\cdot(-2)\cdot(-4)|\boldsymbol{a}_1\ \ \boldsymbol{a}_2\ \ \boldsymbol{a}_3| = 24\cdot 5 = 120$

(2) $|\boldsymbol{a}_2\ \ \boldsymbol{a}_3\ \ \boldsymbol{a}_1| \overset{1\,列 \leftrightarrow 3\,列}{=\!=\!=} -|\boldsymbol{a}_1\ \ \boldsymbol{a}_3\ \ \boldsymbol{a}_2| \overset{2\,列 \leftrightarrow 3\,列}{=\!=\!=} |\boldsymbol{a}_1\ \ \boldsymbol{a}_2\ \ \boldsymbol{a}_3| = 5$

(3) $|\boldsymbol{a}_1\ \ \boldsymbol{a}_1+\boldsymbol{a}_3\ \ \boldsymbol{a}_2+\boldsymbol{a}_3| \overset{2\,列-1\,列}{=\!=\!=} |\boldsymbol{a}_1\ \ \boldsymbol{a}_3\ \ \boldsymbol{a}_2+\boldsymbol{a}_3|$

$\overset{3\,列-2\,列}{=\!=\!=} |\boldsymbol{a}_1\ \ \boldsymbol{a}_3\ \ \boldsymbol{a}_2| \overset{2\,列 \leftrightarrow 3\,列}{=\!=\!=} -|\boldsymbol{a}_1\ \ \boldsymbol{a}_2\ \ \boldsymbol{a}_3| = -5$

§8

問題 8.1

(1) 30 (2) 40 (3) −16 (4) 0 (5) 96 (6) −16 (7) 0 (8) $\dfrac{1}{6}$

詳しい途中式：以下は解き方の一例.

(1)
$$\begin{vmatrix} 2&0&0&0\\ 1&3&0&0\\ 7&6&5&0\\ 4&3&2&1 \end{vmatrix} \overset{\text{定理 8.8}}{=\!=\!=} 2\begin{vmatrix} 3&0&0\\ 6&5&0\\ 3&2&1 \end{vmatrix} \overset{\text{定理 8.8}}{=\!=\!=} 2\cdot 3\begin{vmatrix} 5&0\\ 2&1 \end{vmatrix} = 2\cdot3\cdot5\cdot1 = 30$$

(2)
$$\begin{vmatrix} 0&0&0&5\\ 0&0&4&3\\ 0&2&-9&-5\\ 1&3&-4&7 \end{vmatrix} \overset{\substack{1\,行 \leftrightarrow 4\,行\\ 2\,行 \leftrightarrow 3\,行}}{=\!=\!=} (-1)^2\begin{vmatrix} 1&3&-4&7\\ 0&2&-9&-5\\ 0&0&4&3\\ 0&0&0&5 \end{vmatrix} = 1\cdot2\cdot4\cdot5 = 40$$

(3) $$\begin{vmatrix}1&0&3&0\\0&2&0&4\\2&0&-2&0\\0&4&0&9\end{vmatrix} \overset{3行-1行\times 2}{=\!=\!=} \begin{vmatrix}1&0&3&0\\0&2&0&4\\0&0&-8&0\\0&4&0&9\end{vmatrix} \overset{定理\,8.8}{=\!=\!=} 1\begin{vmatrix}2&0&4\\0&-8&0\\4&0&9\end{vmatrix}$$

$$\overset{3行-1行\times 2}{=\!=\!=} \begin{vmatrix}2&0&4\\0&-8&0\\0&0&1\end{vmatrix} = 2\begin{vmatrix}-8&0\\0&1\end{vmatrix} = -16$$

(4) $$\begin{vmatrix}1&2&3&4\\1&4&5&6\\-1&7&6&5\\-1&0&3&9\end{vmatrix} \overset{\substack{2行-1行\\3行+1行}}{=\!=\!=} \begin{vmatrix}1&2&3&4\\0&2&2&2\\0&9&9&9\\-1&0&3&9\end{vmatrix} = 2\cdot 9\begin{vmatrix}1&2&3&4\\0&1&1&1\\0&1&1&1\\-1&0&3&0\end{vmatrix} = 0$$

(5) $$\begin{vmatrix}1&2&-4&1\\-1&2&-1&2\\3&2&1&2\\2&0&1&3\end{vmatrix} \overset{1列\leftrightarrow 2列}{=\!=\!=} -\begin{vmatrix}2&1&-4&1\\2&-1&-1&2\\2&3&1&2\\0&2&1&3\end{vmatrix} \overset{\substack{2行-1行\\3行-1行}}{=\!=\!=} -\begin{vmatrix}2&1&-4&1\\0&-2&3&1\\0&2&5&1\\0&2&1&3\end{vmatrix}$$

$$= -2\begin{vmatrix}-2&3&1\\2&5&1\\2&1&3\end{vmatrix} \overset{\substack{2行+1行\\3行+1行}}{=\!=\!=} -2\begin{vmatrix}-2&3&1\\0&8&2\\0&4&4\end{vmatrix} = (-2)(-2)\begin{vmatrix}8&2\\4&4\end{vmatrix} = 96$$

(6) $$\begin{vmatrix}1&-1&-1&-1\\-1&1&-1&-1\\-1&-1&1&-1\\-1&-1&-1&1\end{vmatrix} \overset{\substack{2行+1行\\3行+1行\\4行+1行}}{=\!=\!=} \begin{vmatrix}1&-1&-1&-1\\0&0&-2&-2\\0&-2&0&-2\\0&-2&-2&0\end{vmatrix} = \begin{vmatrix}0&-2&-2\\-2&0&-2\\-2&-2&0\end{vmatrix}$$

$$\overset{1列\leftrightarrow 3列}{=\!=\!=} -\begin{vmatrix}-2&-2&0\\-2&0&-2\\0&-2&-2\end{vmatrix} \overset{2行-1行}{=\!=\!=} -\begin{vmatrix}-2&-2&0\\0&2&-2\\0&-2&-2\end{vmatrix} = 2\begin{vmatrix}2&-2\\-2&-2\end{vmatrix} = -16$$

(7) $$\begin{vmatrix}1&1&1&2\\1&2&3&4\\1&3&5&6\\2&4&6&7\end{vmatrix} \overset{\substack{2行-1行\\3行-1行}}{=\!=\!=} \begin{vmatrix}1&1&1&2\\0&1&2&2\\0&2&4&4\\2&4&6&7\end{vmatrix} = 2\begin{vmatrix}1&1&1&2\\0&1&2&2\\0&1&2&2\\2&4&6&7\end{vmatrix} = 0$$

(8) $$\begin{vmatrix}\frac{1}{2}&\frac{1}{2}&1&\frac{1}{2}\\-\frac{1}{2}&\frac{1}{2}&0&\frac{1}{2}\\\frac{1}{3}&0&\frac{1}{3}&1\\\frac{2}{3}&0&\frac{1}{3}&\frac{1}{3}\end{vmatrix} \overset{性質\,(\mathrm{ii})}{=\!=\!=} \frac{1}{36}\begin{vmatrix}1&1&2&1\\-1&1&0&1\\1&0&1&3\\2&0&1&1\end{vmatrix} \overset{2行-1行}{=\!=\!=} \frac{1}{36}\begin{vmatrix}1&1&2&1\\-2&0&-2&0\\1&0&1&3\\2&0&1&1\end{vmatrix}$$

$$\overset{1列\leftrightarrow 2列}{=\!=\!=} -\frac{1}{36}\begin{vmatrix}1&1&2&1\\0&-2&-2&0\\0&1&1&3\\0&2&1&1\end{vmatrix} = -\frac{1}{36}\begin{vmatrix}-2&-2&0\\1&1&3\\2&1&1\end{vmatrix}$$

$$\overset{2列-1列}{=\!=\!=} -\frac{1}{36}\begin{vmatrix}-2&0&0\\1&0&3\\2&-1&1\end{vmatrix} = -\frac{1}{36}\cdot(-2)\begin{vmatrix}0&3\\-1&1\end{vmatrix} = \frac{1}{18}\cdot 3 = \frac{1}{6}$$

問題 8.2

（1）−90　（2）0　（3）30　（4）120

詳しい途中式：以下は解き方の一例.

（1）
$$\begin{vmatrix}1&0&2&0&3\\0&1&0&2&0\\3&0&1&0&2\\0&3&0&1&0\\2&0&3&0&1\end{vmatrix} \overset{\substack{3\text{行}-1\text{行}\times3\\5\text{行}-1\text{行}\times2\\4\text{行}-2\text{行}\times3}}{=\!=\!=\!=} \begin{vmatrix}1&0&2&0&3\\0&1&0&2&0\\0&0&-5&0&-7\\0&0&0&-5&0\\0&0&-1&0&-5\end{vmatrix} \overset{\text{定理 }8.8}{=\!=\!=} \begin{vmatrix}-5&0&-7\\0&-5&0\\-1&0&-5\end{vmatrix}$$

$$\overset{1\text{列}\leftrightarrow2\text{列}}{=\!=\!=\!=} -\begin{vmatrix}0&-5&-7\\-5&0&0\\0&-1&-5\end{vmatrix} \overset{1\text{行}\leftrightarrow2\text{行}}{=\!=\!=\!=} \begin{vmatrix}-5&0&0\\0&-5&-7\\0&-1&-5\end{vmatrix} = -5\begin{vmatrix}-5&-7\\-1&-5\end{vmatrix}$$

$$= -5(25-7) = -90$$

（2）
$$\begin{vmatrix}4&3&6&4&0\\2&3&4&2&0\\3&3&9&2&4\\2&1&2&2&1\\3&0&3&3&0\end{vmatrix} \overset{1\text{列}-4\text{列}}{=\!=\!=\!=} \begin{vmatrix}0&3&6&4&0\\0&3&4&2&0\\1&3&9&2&4\\0&1&2&2&1\\0&0&3&3&0\end{vmatrix} \overset{\substack{1\text{行}\leftrightarrow3\text{行}\\2\text{行}\leftrightarrow4\text{行}\\2\text{列}\leftrightarrow5\text{列}}}{=\!=\!=\!=} -\begin{vmatrix}1&4&9&2&3\\0&1&2&2&1\\0&0&6&4&3\\0&0&4&2&3\\0&0&3&3&0\end{vmatrix}$$

$$\overset{\text{定理 }8.8}{=\!=\!=} -\begin{vmatrix}6&4&3\\4&2&3\\3&3&0\end{vmatrix} \overset{2\text{行}-1\text{行}}{=\!=\!=\!=} -\begin{vmatrix}6&4&3\\-2&-2&0\\3&3&0\end{vmatrix} = -(-2)\cdot3\begin{vmatrix}6&4&3\\1&1&0\\1&1&0\end{vmatrix} = 0$$

（3）
$$\begin{vmatrix}3&2&3&4&1\\1&1&2&3&1\\2&3&2&1&4\\1&1&2&5&3\\5&5&4&3&2\end{vmatrix} \overset{1\text{列}-2\text{列}}{=\!=\!=\!=} \begin{vmatrix}1&2&3&4&1\\0&1&2&3&1\\-1&3&2&1&4\\0&1&2&5&3\\0&5&4&3&2\end{vmatrix} \overset{3\text{行}+1\text{行}}{=\!=\!=\!=} \begin{vmatrix}1&2&3&4&1\\0&1&2&3&1\\0&5&5&5&5\\0&1&2&5&3\\0&5&4&3&2\end{vmatrix}$$

$$= 5\begin{vmatrix}1&2&3&1\\1&1&1&1\\1&2&5&3\\5&4&3&2\end{vmatrix} \overset{\substack{2\text{行}-1\text{行}\\3\text{行}-1\text{行}\\4\text{行}-1\text{行}\times5}}{=\!=\!=\!=} 5\begin{vmatrix}1&2&3&1\\0&-1&-2&0\\0&0&2&2\\0&-6&-12&-3\end{vmatrix} = 5(-1)^2\begin{vmatrix}1&2&0\\0&2&2\\6&12&3\end{vmatrix}$$

$$\overset{3\text{行}-1\text{行}\times6}{=\!=\!=\!=} 5\begin{vmatrix}1&2&0\\0&2&2\\0&0&3\end{vmatrix} = 30$$

（4）
$$\begin{vmatrix}2&1&0&-3&4\\4&5&1&-7&9\\0&0&1&1&2\\0&0&1&-2&0\\0&0&5&3&2\end{vmatrix} \overset{2\text{行}-1\text{行}\times2}{=\!=\!=\!=} \begin{vmatrix}2&1&0&-3&4\\0&3&1&-1&1\\0&0&1&1&2\\0&0&1&-2&0\\0&0&5&3&2\end{vmatrix} \overset{\text{定理 }8.8}{=\!=\!=} 2\cdot3\begin{vmatrix}1&1&2\\1&-2&0\\5&3&2\end{vmatrix}$$

$$\overset{\substack{2\text{行}-1\text{行}\\3\text{行}-1\text{行}\times5}}{=\!=\!=\!=} 6\begin{vmatrix}1&1&2\\0&-3&-2\\0&-2&-8\end{vmatrix} = 6\begin{vmatrix}3&2\\2&8\end{vmatrix} = 6(24-4) = 120$$

問題 8.3

(1) $$F_n = \begin{vmatrix} 1 & 1 & 1 & \cdots & 1 \\ -1 & 0 & 1 & \cdots & 1 \\ -1 & -1 & 0 & \cdots & 1 \\ \vdots & \vdots & \vdots & \ddots & \vdots \\ -1 & -1 & -1 & \cdots & 0 \end{vmatrix} \xlongequal[n\text{行}+1\text{行}]{2\text{行}+1\text{行}\ \vdots} \begin{vmatrix} 1 & 1 & 1 & \cdots & 1 \\ 0 & 1 & 2 & \cdots & 2 \\ 0 & 0 & 1 & \cdots & 2 \\ \vdots & \vdots & \vdots & \ddots & \vdots \\ 0 & 0 & 0 & \cdots & 1 \end{vmatrix} = 1$$

(2) (1) の行列式 F_n の第 1 行を

$$[1\ \ 1\ \ 1\ \ \cdots\ \ 1] = [0\ \ 1\ \ 1\ \ \cdots\ \ 1] + [1\ \ 0\ \ 0\ \ \cdots\ \ 0]$$

と和で表すと

$$F_n = \begin{vmatrix} 0 & 1 & 1 & \cdots & 1 \\ -1 & 0 & 1 & \cdots & 1 \\ -1 & -1 & 0 & \cdots & 1 \\ \vdots & \vdots & \vdots & \ddots & \vdots \\ -1 & -1 & -1 & \cdots & 0 \end{vmatrix} + \begin{vmatrix} 1 & 0 & 0 & \cdots & 0 \\ -1 & 0 & 1 & \cdots & 1 \\ -1 & -1 & 0 & \cdots & 1 \\ \vdots & \vdots & \vdots & \ddots & \vdots \\ -1 & -1 & -1 & \cdots & 0 \end{vmatrix} = G_n + G_{n-1}$$

が成り立つ．これより，$G_n + G_{n-1} = 1$ であり，$G_2 = \begin{vmatrix} 0 & 1 \\ -1 & 0 \end{vmatrix} = 1$ であるから n が奇数のとき $G_n = 0$, n が偶数のとき $G_n = 1$ である．

§9

問題 9.1

(1) $x\begin{vmatrix} -2 & 5 \\ 0 & -3 \end{vmatrix} - y\begin{vmatrix} 3 & 5 \\ 1 & -3 \end{vmatrix} + z\begin{vmatrix} 3 & -2 \\ 1 & 0 \end{vmatrix} = 6x + 14y + 2z$

(2) $-x\begin{vmatrix} 3 & 2 \\ 2 & 1 \end{vmatrix} + y\begin{vmatrix} 1 & -1 \\ 2 & 1 \end{vmatrix} - z\begin{vmatrix} 1 & -1 \\ 3 & 2 \end{vmatrix} = x + 3y - 5z$

問題 9.2

(1) $A_{12} = -\begin{vmatrix} 5 & 2 \\ -2 & 3 \end{vmatrix} = -19,\ A_{23} = -\begin{vmatrix} 1 & -3 \\ -2 & 4 \end{vmatrix} = 2,\ A_{31} = +\begin{vmatrix} -3 & -1 \\ 1 & 2 \end{vmatrix} = -5$

(2) $$A_{14} = -\begin{vmatrix} 1 & 2 & 3 \\ 1 & 3 & 6 \\ 1 & 4 & 10 \end{vmatrix} = -\begin{vmatrix} 1 & 2 & 3 \\ 0 & 1 & 3 \\ 0 & 2 & 7 \end{vmatrix} = -(7-6) = -1,$$

$$A_{22} = +\begin{vmatrix} 1 & 1 & 1 \\ 1 & 6 & 10 \\ 1 & 10 & 20 \end{vmatrix} = \begin{vmatrix} 1 & 1 & 1 \\ 0 & 5 & 9 \\ 0 & 9 & 19 \end{vmatrix} = \begin{vmatrix} 1 & 1 & 1 \\ 0 & 5 & 9 \\ 0 & -1 & 1 \end{vmatrix} = 5 + 9 = 14,$$

$$A_{32} = -\begin{vmatrix} 1 & 1 & 1 \\ 1 & 3 & 4 \\ 1 & 10 & 20 \end{vmatrix} = -\begin{vmatrix} 1 & 1 & 1 \\ 0 & 2 & 3 \\ 0 & 9 & 19 \end{vmatrix} = -\begin{vmatrix} 1 & 1 & 1 \\ 0 & 2 & 3 \\ 0 & 1 & 7 \end{vmatrix} = -(14-3) = -11,$$

$$A_{43} = -\begin{vmatrix} 1 & 1 & 1 \\ 1 & 2 & 4 \\ 1 & 3 & 10 \end{vmatrix} = -\begin{vmatrix} 1 & 1 & 1 \\ 0 & 1 & 3 \\ 0 & 2 & 9 \end{vmatrix} = -(9-6) = -3$$

問題 9.3 $A_{22},\ A_{32},\ A_{43}$ は問題 9.2 (2) の結果を利用できる.

(1) $xA_{12} + yA_{22} + zA_{32} + tA_{42} = -6x + 14y - 11z + 3t$

(2) $sA_{41} + tA_{42} + uA_{43} + vA_{44} = -s + 3t - 3u + v$

問題 9.4

(1) $D = x^4 - 10x^2 + 9, \quad x = \pm 1,\ \pm 3$ (2) $D = x^4 - 5x^2 + 4, \quad x = \pm 1,\ \pm 2$

(3) $D = 4x^2 - 1, \quad x = \pm \dfrac{1}{2}$ (4) $D = x^4 - 7x^2 + 12, \quad x = \pm\sqrt{3},\ \pm 2$

詳しい途中式：以下は解き方の一例.

(1) まず第 1 行で展開し, 次に第 3 行で展開すると

$$D = x\begin{vmatrix} x & 1 & 0 \\ 1 & x & 0 \\ 0 & 0 & x \end{vmatrix} - 3\begin{vmatrix} 0 & x & 1 \\ 0 & 1 & x \\ 3 & 0 & 0 \end{vmatrix} = x \cdot x\begin{vmatrix} x & 1 \\ 1 & x \end{vmatrix} - 3 \cdot 3\begin{vmatrix} x & 1 \\ 1 & x \end{vmatrix}$$

$$= (x^2 - 9)\begin{vmatrix} x & 1 \\ 1 & x \end{vmatrix} = (x^2 - 9)(x^2 - 1) = x^4 - 10x^2 + 9.$$

(2) 第 1 列で展開すると

$$D = x\begin{vmatrix} x & -1 & 0 \\ 0 & x & -1 \\ 0 & -5 & x \end{vmatrix} - 4\begin{vmatrix} -1 & 0 & 0 \\ x & -1 & 0 \\ 0 & x & -1 \end{vmatrix}$$

$$= x \cdot x\begin{vmatrix} x & -1 \\ -5 & x \end{vmatrix} - 4 \cdot (-1)^3 = x^2(x^2 - 5) + 4 = x^4 - 5x^2 + 4.$$

(3) 第 1 行で展開すると

$$D = x\begin{vmatrix} x & x & 1 \\ x & x & 0 \\ 0 & 1 & x \end{vmatrix} - \begin{vmatrix} 0 & x & 1 \\ 1 & x & 0 \\ x & 1 & x \end{vmatrix} - x\begin{vmatrix} 0 & x & x \\ 1 & x & x \\ x & 0 & 1 \end{vmatrix}$$

$$= x\begin{vmatrix} x & x & 1 \\ 0 & 0 & -1 \\ 0 & 1 & x \end{vmatrix} - \begin{vmatrix} 0 & x & 1 \\ 1 & x & 0 \\ 0 & 1 - x^2 & x \end{vmatrix} - x\begin{vmatrix} 0 & x & x \\ 1 & 0 & 0 \\ x & 0 & 1 \end{vmatrix}$$

$$= x\{x(0 + 1)\} - \{-(x^2 - 1 + x^2)\} - x\{-(x - 0)\} = 4x^2 - 1.$$

(4) 第 1 行で展開すると

$$D = \begin{vmatrix} -2 & x & 0 \\ -x & -6 & x \\ 0 & -x & 1 \end{vmatrix} - x\begin{vmatrix} -x & x & 0 \\ 0 & -6 & x \\ 0 & -x & 1 \end{vmatrix}$$

$$= -2\begin{vmatrix} -6 & x \\ -x & 1 \end{vmatrix} - x\begin{vmatrix} -x & x \\ 0 & 1 \end{vmatrix} - x \cdot (-x)\begin{vmatrix} -6 & x \\ -x & 1 \end{vmatrix}$$

$$= -2(-6 + x^2) - x \cdot (-x) + x^2(-6 + x^2) = x^4 - 7x^2 + 12.$$

§10

問題 10.1

(1) $\begin{bmatrix} -53 & 21 & 12 \\ 13 & -5 & -3 \\ 5 & -2 & -1 \end{bmatrix}$ (2) $\dfrac{1}{2}\begin{bmatrix} -37 & 11 & 3 \\ 17 & -5 & -1 \\ -11 & 3 & 1 \end{bmatrix}$ (3) $\begin{bmatrix} 4 & -6 & 4 & -1 \\ -6 & 14 & -11 & 3 \\ 4 & -11 & 10 & -3 \\ -1 & 3 & -3 & 1 \end{bmatrix}$

(4) $\begin{bmatrix} 4 & 3 & 2 & 1 \\ 3 & 3 & 2 & 1 \\ 2 & 2 & 2 & 1 \\ 1 & 1 & 1 & 1 \end{bmatrix}$

行列式および余因子

(1) $|A| = \begin{vmatrix} 1 & 3 & 3 \\ 2 & 7 & 3 \\ 1 & 1 & 8 \end{vmatrix} = \begin{vmatrix} 1 & 3 & 3 \\ 0 & 1 & -3 \\ 0 & -2 & 5 \end{vmatrix} = \begin{vmatrix} 1 & -3 \\ -2 & 5 \end{vmatrix} = 5 - 6 = -1,$

$A_{11} = \begin{vmatrix} 7 & 3 \\ 1 & 8 \end{vmatrix} = 56 - 3 = 53, \quad A_{21} = -\begin{vmatrix} 3 & 3 \\ 1 & 8 \end{vmatrix} = -(24 - 3) = -21,$

$A_{31} = \begin{vmatrix} 3 & 3 \\ 7 & 3 \end{vmatrix} = 9 - 21 = -12, \quad A_{12} = -\begin{vmatrix} 2 & 3 \\ 1 & 8 \end{vmatrix} = -(16 - 3) = -13,$

$A_{22} = \begin{vmatrix} 1 & 3 \\ 1 & 8 \end{vmatrix} = 8 - 3 = 5, \quad A_{32} = -\begin{vmatrix} 1 & 3 \\ 2 & 3 \end{vmatrix} = -(3 - 6) = 3,$

$A_{13} = \begin{vmatrix} 2 & 7 \\ 1 & 1 \end{vmatrix} = 2 - 7 = -5, \quad A_{23} = -\begin{vmatrix} 1 & 3 \\ 1 & 1 \end{vmatrix} = -(1 - 3) = 2,$

$A_{33} = \begin{vmatrix} 1 & 3 \\ 2 & 7 \end{vmatrix} = 7 - 6 = 1$

(2) $|A| = \begin{vmatrix} 1 & 1 & -2 \\ 3 & 2 & -7 \\ 2 & 5 & 1 \end{vmatrix} = \begin{vmatrix} 1 & 0 & 0 \\ 3 & -1 & -1 \\ 2 & 3 & 5 \end{vmatrix} = \begin{vmatrix} -1 & -1 \\ 3 & 5 \end{vmatrix} = -5 + 3 = -2,$

$A_{11} = \begin{vmatrix} 2 & -7 \\ 5 & 1 \end{vmatrix} = 2 + 35 = 37, \quad A_{21} = -\begin{vmatrix} 1 & -2 \\ 5 & 1 \end{vmatrix} = -(1 + 10) = -11,$

$A_{31} = \begin{vmatrix} 1 & -2 \\ 2 & -7 \end{vmatrix} = -7 + 4 = -3, \quad A_{12} = -\begin{vmatrix} 3 & -7 \\ 2 & 1 \end{vmatrix} = -(3 + 14) = -17,$

$A_{22} = \begin{vmatrix} 1 & -2 \\ 2 & 1 \end{vmatrix} = 1 + 4 = 5, \quad A_{32} = -\begin{vmatrix} 1 & -2 \\ 3 & -7 \end{vmatrix} = -(-7 + 6) = 1,$

$A_{13} = \begin{vmatrix} 3 & 2 \\ 2 & 5 \end{vmatrix} = 15 - 4 = 11, \quad A_{23} = -\begin{vmatrix} 1 & 1 \\ 2 & 5 \end{vmatrix} = -(5 - 2) = -3,$

$A_{33} = \begin{vmatrix} 1 & 1 \\ 3 & 2 \end{vmatrix} = 2 - 3 = -1$

(3) 問題 9.3 (1) で $x = 1$, $y = 2$, $z = 3$, $t = 4$ として, $|A| = 1$. また, $A_{14} = -1$, $A_{22} = 14$, $A_{32} = -11$, $A_{43} = -3$, $A_{12} = -6$, $A_{42} = 3$, $A_{41} = -1$, $A_{44} = 1$ は計算済み.

$$A_{11} = \begin{vmatrix} 2 & 3 & 4 \\ 3 & 6 & 10 \\ 4 & 10 & 20 \end{vmatrix} = 4, \qquad A_{21} = -\begin{vmatrix} 1 & 1 & 1 \\ 3 & 6 & 10 \\ 4 & 10 & 20 \end{vmatrix} = -6,$$

$$A_{31} = \begin{vmatrix} 1 & 1 & 1 \\ 2 & 3 & 4 \\ 4 & 10 & 20 \end{vmatrix} = 4, \qquad A_{13} = \begin{vmatrix} 1 & 2 & 4 \\ 1 & 3 & 10 \\ 1 & 4 & 20 \end{vmatrix} = 4,$$

$$A_{23} = -\begin{vmatrix} 1 & 1 & 1 \\ 1 & 3 & 10 \\ 1 & 4 & 20 \end{vmatrix} = -11, \qquad A_{33} = \begin{vmatrix} 1 & 1 & 1 \\ 1 & 2 & 4 \\ 1 & 4 & 20 \end{vmatrix} = 10,$$

$$A_{24} = \begin{vmatrix} 1 & 1 & 1 \\ 1 & 3 & 6 \\ 1 & 4 & 10 \end{vmatrix} = 3, \qquad A_{34} = -\begin{vmatrix} 1 & 1 & 1 \\ 1 & 2 & 3 \\ 1 & 4 & 10 \end{vmatrix} = -3$$

(4) $$|A| = \begin{vmatrix} 1 & -1 & 0 & 0 \\ -1 & 2 & -1 & 0 \\ 0 & -1 & 2 & -1 \\ 0 & 0 & -1 & 2 \end{vmatrix} = \begin{vmatrix} 1 & -1 & 0 & 0 \\ 0 & 1 & -1 & 0 \\ 0 & -1 & 2 & -1 \\ 0 & 0 & -1 & 2 \end{vmatrix} = \begin{vmatrix} 1 & -1 & 0 \\ -1 & 2 & -1 \\ 0 & -1 & 2 \end{vmatrix}$$

$$= \begin{vmatrix} 1 & -1 & 0 \\ 0 & 1 & -1 \\ 0 & -1 & 2 \end{vmatrix} = \begin{vmatrix} 1 & -1 \\ -1 & 2 \end{vmatrix} = 2 - 1 = 1,$$

$$A_{11} = \begin{vmatrix} 2 & -1 & 0 \\ -1 & 2 & -1 \\ 0 & -1 & 2 \end{vmatrix} = 4, \qquad A_{21} = -\begin{vmatrix} -1 & 0 & 0 \\ -1 & 2 & -1 \\ 0 & -1 & 2 \end{vmatrix} = 3,$$

$$A_{31} = \begin{vmatrix} -1 & 0 & 0 \\ 2 & -1 & 0 \\ 0 & -1 & 2 \end{vmatrix} = 2, \qquad A_{41} = -\begin{vmatrix} -1 & 0 & 0 \\ 2 & -1 & 0 \\ -1 & 2 & -1 \end{vmatrix} = 1,$$

$$A_{12} = -\begin{vmatrix} -1 & -1 & 0 \\ 0 & 2 & -1 \\ 0 & -1 & 2 \end{vmatrix} = 3, \qquad A_{22} = \begin{vmatrix} 1 & 0 & 0 \\ 0 & 2 & -1 \\ 0 & -1 & 2 \end{vmatrix} = 3,$$

$$A_{32} = -\begin{vmatrix} 1 & 0 & 0 \\ -1 & -1 & 0 \\ 0 & -1 & 2 \end{vmatrix} = 2, \qquad A_{42} = \begin{vmatrix} 1 & 0 & 0 \\ -1 & -1 & 0 \\ 0 & 2 & -1 \end{vmatrix} = 1,$$

$$A_{13} = \begin{vmatrix} -1 & 2 & 0 \\ 0 & -1 & -1 \\ 0 & 0 & 2 \end{vmatrix} = 2, \qquad A_{23} = -\begin{vmatrix} 1 & -1 & 0 \\ 0 & -1 & -1 \\ 0 & 0 & 2 \end{vmatrix} = 2,$$

$$A_{33} = \begin{vmatrix} 1 & -1 & 0 \\ -1 & 2 & 0 \\ 0 & 0 & 2 \end{vmatrix} = 2, \qquad A_{43} = -\begin{vmatrix} 1 & -1 & 0 \\ -1 & 2 & 0 \\ 0 & -1 & -1 \end{vmatrix} = 1,$$

$$A_{14} = -\begin{vmatrix} -1 & 2 & -1 \\ 0 & -1 & 2 \\ 0 & 0 & -1 \end{vmatrix} = 1, \qquad A_{24} = \begin{vmatrix} 1 & -1 & 0 \\ 0 & -1 & 2 \\ 0 & 0 & -1 \end{vmatrix} = 1,$$

$$A_{34} = -\begin{vmatrix} 1 & -1 & 0 \\ -1 & 2 & -1 \\ 0 & 0 & -1 \end{vmatrix} = 1, \qquad A_{44} = \begin{vmatrix} 1 & -1 & 0 \\ -1 & 2 & -1 \\ 0 & -1 & 2 \end{vmatrix} = 1$$

問題 10.2

(1) $x_1=-66,\ x_2=27,\ x_3=7$ (2) $x_1=\dfrac{7}{2},\ x_2=\dfrac{1}{2},\ x_3=\dfrac{5}{2},\ x_4=7$

詳しい途中式

(1)

$$x_1=\frac{\begin{vmatrix}1&3&-2\\-4&5&-1\\2&2&2\end{vmatrix}}{\begin{vmatrix}1&3&-2\\2&5&-1\\1&2&2\end{vmatrix}}=\frac{\begin{vmatrix}1&3&-2\\0&17&-9\\0&-4&6\end{vmatrix}}{\begin{vmatrix}1&3&-2\\0&-1&3\\0&-1&4\end{vmatrix}}=\frac{2\cdot 3\begin{vmatrix}17&-3\\-2&1\end{vmatrix}}{-\begin{vmatrix}1&3\\1&4\end{vmatrix}}=\frac{66}{-1}=-66$$

$$x_2=\frac{\begin{vmatrix}1&1&-2\\2&-4&-1\\1&2&2\end{vmatrix}}{\begin{vmatrix}1&3&-2\\2&5&-1\\1&2&2\end{vmatrix}}=\frac{\begin{vmatrix}1&1&-2\\0&-6&3\\0&1&4\end{vmatrix}}{\begin{vmatrix}1&3&-2\\0&-1&3\\0&-1&4\end{vmatrix}}=\frac{-3\begin{vmatrix}2&-1\\1&4\end{vmatrix}}{-\begin{vmatrix}1&3\\1&4\end{vmatrix}}=\frac{-27}{-1}=27$$

$$x_3=\frac{\begin{vmatrix}1&3&1\\2&5&-4\\1&2&2\end{vmatrix}}{\begin{vmatrix}1&3&-2\\2&5&-1\\1&2&2\end{vmatrix}}=\frac{\begin{vmatrix}1&1&1\\0&-1&-6\\0&-1&1\end{vmatrix}}{\begin{vmatrix}1&3&-2\\0&-1&3\\0&-1&4\end{vmatrix}}=\frac{-\begin{vmatrix}1&-6\\1&1\end{vmatrix}}{-\begin{vmatrix}1&3\\1&4\end{vmatrix}}=\frac{-7}{-1}=7$$

(2)

$$x_1=\frac{\begin{vmatrix}1&-1&2&-1\\-1&1&-2&2\\0&-3&2&-1\\-2&1&-1&2\end{vmatrix}}{\begin{vmatrix}1&-1&2&-1\\-3&1&-2&2\\1&-3&2&-1\\-4&1&-1&2\end{vmatrix}}=\frac{\begin{vmatrix}1&-1&2&-1\\0&0&0&1\\0&-3&2&-1\\0&-1&3&0\end{vmatrix}}{\begin{vmatrix}1&-1&2&-1\\0&-2&4&-1\\0&-2&0&0\\0&-3&7&-2\end{vmatrix}}=\frac{\begin{vmatrix}0&0&1\\-3&2&-1\\-1&3&0\end{vmatrix}}{\begin{vmatrix}-2&4&-1\\-2&0&0\\-3&7&-2\end{vmatrix}}=\frac{\begin{vmatrix}-3&2\\-1&3\end{vmatrix}}{2\begin{vmatrix}4&-1\\7&-2\end{vmatrix}}$$

$$=\frac{-7}{-2}=\frac{7}{2}$$

$$x_2=\frac{\begin{vmatrix}1&1&2&-1\\-3&-1&-2&2\\1&0&2&-1\\-4&-2&-1&2\end{vmatrix}}{\begin{vmatrix}1&-1&2&-1\\-3&1&-2&2\\1&-3&2&-1\\-4&1&-1&2\end{vmatrix}}=\frac{\begin{vmatrix}1&1&2&-1\\0&2&4&-1\\0&-1&0&0\\0&2&7&-2\end{vmatrix}}{\begin{vmatrix}1&-1&2&-1\\0&-2&4&-1\\0&-2&0&0\\0&-3&7&-2\end{vmatrix}}=\frac{\begin{vmatrix}2&4&-1\\-1&0&0\\2&7&-2\end{vmatrix}}{\begin{vmatrix}-2&4&-1\\-2&0&0\\-3&7&-2\end{vmatrix}}=\frac{\begin{vmatrix}4&-1\\7&-2\end{vmatrix}}{2\begin{vmatrix}4&-1\\7&-2\end{vmatrix}}=\frac{1}{2}$$

$$x_3 = \frac{\begin{vmatrix} 1 & -1 & 1 & -1 \\ -3 & 1 & -1 & 2 \\ 1 & -3 & 0 & -1 \\ -4 & 1 & -2 & 2 \end{vmatrix}}{\begin{vmatrix} 1 & -1 & 2 & -1 \\ -3 & 1 & -2 & 2 \\ 1 & -3 & 2 & -1 \\ -4 & 1 & -1 & 2 \end{vmatrix}} = \frac{\begin{vmatrix} 1 & -1 & 1 & -1 \\ 0 & -2 & 2 & -1 \\ 0 & -2 & -1 & 0 \\ 0 & -3 & 2 & -2 \end{vmatrix}}{\begin{vmatrix} 1 & -1 & 2 & -1 \\ 0 & -2 & 4 & -1 \\ 0 & -2 & 0 & 0 \\ 0 & -3 & 7 & -2 \end{vmatrix}} = \frac{\begin{vmatrix} -2 & 2 & -1 \\ -2 & -1 & 0 \\ -3 & 2 & -2 \end{vmatrix}}{\begin{vmatrix} -2 & 4 & -1 \\ -2 & 0 & 0 \\ -3 & 7 & -2 \end{vmatrix}}$$

$$= \frac{\begin{vmatrix} -2 & 2 & -1 \\ -2 & -1 & 0 \\ 1 & -2 & 0 \end{vmatrix}}{2\begin{vmatrix} 4 & -1 \\ 7 & -2 \end{vmatrix}} = \frac{-\begin{vmatrix} -2 & -1 \\ 1 & -2 \end{vmatrix}}{-2} = \frac{-5}{-2} = \frac{5}{2}$$

$$x_4 = \frac{\begin{vmatrix} 1 & -1 & 2 & 1 \\ -3 & 1 & -2 & -1 \\ 1 & -3 & 2 & 0 \\ -4 & 1 & -1 & -2 \end{vmatrix}}{\begin{vmatrix} 1 & -1 & 2 & -1 \\ -3 & 1 & -2 & 2 \\ 1 & -3 & 2 & -1 \\ -4 & 1 & -1 & 2 \end{vmatrix}} = \frac{\begin{vmatrix} 1 & -1 & 2 & 1 \\ 0 & -2 & 4 & 2 \\ 0 & -2 & 0 & -1 \\ 0 & -3 & 7 & 2 \end{vmatrix}}{\begin{vmatrix} 1 & -1 & 2 & -1 \\ 0 & -2 & 4 & -1 \\ 0 & -2 & 0 & 0 \\ 0 & -3 & 7 & -2 \end{vmatrix}} = \frac{\begin{vmatrix} -2 & 4 & 2 \\ -2 & 0 & -1 \\ -3 & 7 & 2 \end{vmatrix}}{\begin{vmatrix} -2 & 4 & -1 \\ -2 & 0 & 0 \\ -3 & 7 & -2 \end{vmatrix}}$$

$$= \frac{\begin{vmatrix} -6 & 4 & 0 \\ -2 & 0 & -1 \\ -7 & 7 & 0 \end{vmatrix}}{2\begin{vmatrix} 4 & -1 \\ 7 & -2 \end{vmatrix}} = \frac{\begin{vmatrix} -6 & 4 \\ -7 & 7 \end{vmatrix}}{-2} = \frac{-7(6-4)}{-2} = 7$$

問題 10.3 $|A| \neq 0$ のとき，$A\widetilde{A} = dE$ $(d = |A|)$ の両辺の行列式をとると $|A||\widetilde{A}| = |dE| = d^n$ であるから，$|A|$ で割って $|\widetilde{A}| = \dfrac{d^n}{|A|} = |A|^{n-1}$ である．

$|A| = 0$ のときは，$|\widetilde{A}| = 0$ である．実際，$|\widetilde{A}| \neq 0$ ならば $\widetilde{A}^{-1}$ が存在し，これを $\widetilde{A}A = 0E = O$ の両辺に左からかけて $A = O$ であるが，$A = O$ ならば $\widetilde{A} = O$ であるから不合理である．したがって，$|\widetilde{A}| = 0 = |A|^{n-1}$ が成り立つ．

問題 10.4 $|A||B| = 1$ より $|A| \neq 0$ であるから，定理 10.3 より A は正則である．さらに，$B = EB = (A^{-1}A)B = A^{-1}(AB) = A^{-1}E = A^{-1}$ である．

§11

問題 11.1

(1) $c_1\begin{bmatrix} 1 \\ -1 \end{bmatrix} + c_2\begin{bmatrix} 1 \\ 2 \end{bmatrix} = \begin{bmatrix} 4 \\ 5 \end{bmatrix}$ を解いて $c_1 = 1$，$c_2 = 3$ より，$\boldsymbol{a} = \boldsymbol{u}_1 + 3\boldsymbol{u}_2$.

(2) $c_1\begin{bmatrix} 1 \\ 2 \\ -2 \end{bmatrix} + c_2\begin{bmatrix} 2 \\ -1 \\ -1 \end{bmatrix} = \begin{bmatrix} -1 \\ 8 \\ -4 \end{bmatrix}$ を解いて $c_1 = 3$，$c_2 = -2$ より，$\boldsymbol{a} = 3\boldsymbol{u}_1 - 2\boldsymbol{u}_2$.

(3) $c_1\begin{bmatrix}1\\2\\-2\end{bmatrix}+c_2\begin{bmatrix}2\\-1\\-1\end{bmatrix}=\begin{bmatrix}-1\\3\\3\end{bmatrix}$ は解なしなので，1 次結合で表せない．

(4) $c_1\begin{bmatrix}1\\1\\4\end{bmatrix}+c_2\begin{bmatrix}1\\2\\3\end{bmatrix}+c_3\begin{bmatrix}1\\3\\4\end{bmatrix}=\begin{bmatrix}1\\-3\\6\end{bmatrix}$ を解いて $c_1=4,\ c_2=-2,\ c_3=-1$ より，$\boldsymbol{a}=4\boldsymbol{u}_1-2\boldsymbol{u}_2-\boldsymbol{u}_3$.

変形の途中式

(1) $$\begin{bmatrix}1&1&4\\-1&2&5\end{bmatrix}\xrightarrow{②+①}\begin{bmatrix}1&1&4\\0&3&9\end{bmatrix}\xrightarrow{②\div3}\begin{bmatrix}1&1&4\\0&1&3\end{bmatrix}\xrightarrow{①-②}\begin{bmatrix}1&0&1\\0&1&3\end{bmatrix}$$

(2) $$\begin{bmatrix}1&2&-1\\2&-1&8\\-2&-1&-4\end{bmatrix}\xrightarrow[③+①\times2]{②-①\times2}\begin{bmatrix}1&2&-1\\0&-5&10\\0&3&-6\end{bmatrix}\xrightarrow{②\div(-5)}\begin{bmatrix}1&2&-1\\0&1&-2\\0&3&-6\end{bmatrix}$$
$$\xrightarrow[③-②\times3]{①-②\times2}\begin{bmatrix}1&0&3\\0&1&-2\\0&0&0\end{bmatrix}$$

(3) $$\begin{bmatrix}1&2&-1\\2&-1&3\\-2&-1&3\end{bmatrix}\xrightarrow[③+①\times2]{②-①\times2}\begin{bmatrix}1&2&-1\\0&-5&5\\0&3&1\end{bmatrix}\xrightarrow{②\div(-5)}\begin{bmatrix}1&2&-1\\0&1&-1\\0&3&1\end{bmatrix}$$
$$\xrightarrow[③-②\times3]{①-②\times2}\begin{bmatrix}1&0&1\\0&1&-1\\0&0&4\end{bmatrix}$$ ここまでで「解なし」と判断してよい．
$$\xrightarrow{③\div4}\begin{bmatrix}1&0&1\\0&1&-1\\0&0&1\end{bmatrix}\xrightarrow[②+③]{①-③}\begin{bmatrix}1&0&0\\0&1&0\\0&0&1\end{bmatrix}$$

(4) $$\begin{bmatrix}1&1&1&1\\1&2&3&-3\\4&3&4&6\end{bmatrix}\xrightarrow[③-①\times4]{②-①}\begin{bmatrix}1&1&1&1\\0&1&2&-4\\0&-1&0&2\end{bmatrix}\xrightarrow[③+②]{①-②}\begin{bmatrix}1&0&-1&5\\0&1&2&-4\\0&0&2&-2\end{bmatrix}$$
$$\xrightarrow{③\div2}\begin{bmatrix}1&0&-1&5\\0&1&2&-4\\0&0&1&-1\end{bmatrix}\xrightarrow[②-③\times2]{①+③}\begin{bmatrix}1&0&0&4\\0&1&0&-2\\0&0&1&-1\end{bmatrix}$$

問題 11.2

(1) $\boldsymbol{e}_1=7\boldsymbol{u}_1+3\boldsymbol{u}_2, \boldsymbol{e}_2=2\boldsymbol{u}_1+\boldsymbol{u}_2$

(2) $\boldsymbol{v}=p\boldsymbol{e}_1+q\boldsymbol{e}_2=p(7\boldsymbol{u}_1+3\boldsymbol{u}_2)+q(2\boldsymbol{u}_1+\boldsymbol{u}_2)=(7p+2q)\boldsymbol{u}_1+(3p+q)\boldsymbol{u}_2$

問題 11.3 (1), (2) は $c_1\boldsymbol{u}_1 + c_2\boldsymbol{u}_2 + c_3\boldsymbol{u}_3 = \boldsymbol{0}$, つまり $\begin{bmatrix} \boldsymbol{u}_1 & \boldsymbol{u}_2 & \boldsymbol{u}_3 \end{bmatrix}\begin{bmatrix} c_1 \\ c_2 \\ c_3 \end{bmatrix} = \boldsymbol{0}$ を考える.

（1）$\left[\boldsymbol{u}_1 \quad \boldsymbol{u}_2 \quad \boldsymbol{u}_3 \,\vdots\, \boldsymbol{0}\right] \longrightarrow \left[\begin{array}{ccc:c} 1 & 0 & -1 & 0 \\ 0 & 1 & 2 & 0 \\ 0 & 0 & 0 & 0 \end{array}\right]$ より任意の実数を含む解があり, 1 次従属である.

（2）$\left[\boldsymbol{u}_1 \quad \boldsymbol{u}_2 \quad \boldsymbol{u}_3 \,\vdots\, \boldsymbol{0}\right] \longrightarrow \left[\begin{array}{ccc:c} 1 & 0 & 0 & 0 \\ 0 & 1 & 0 & 0 \\ 0 & 0 & 1 & 0 \end{array}\right]$ より解は $c_1 = c_2 = c_3 = 0$ のみで, 1 次独立である.

（3）$c_1\boldsymbol{u}_1 + c_2\boldsymbol{u}_2 + c_3\boldsymbol{u}_3 + c_4\boldsymbol{u}_4 = \boldsymbol{0}$, つまり $\begin{bmatrix} \boldsymbol{u}_1 & \boldsymbol{u}_2 & \boldsymbol{u}_3 & \boldsymbol{u}_4 \end{bmatrix}\begin{bmatrix} c_1 \\ c_2 \\ c_3 \\ c_4 \end{bmatrix} = \boldsymbol{0}$

を考える. 未知数の個数 4, 式の個数 3 であるから, 解は任意の実数を含む. したがって, 1 次従属である (4 個以上の 3 次ベクトルはつねに 1 次従属).

(1), (2) の変形の途中式

（1）
$$\begin{bmatrix} 1 & -1 & -3 & 0 \\ -2 & 1 & 4 & 0 \\ -1 & 3 & 7 & 0 \end{bmatrix} \xrightarrow[\text{③}+\text{①}]{\text{②}+\text{①}\times 2} \begin{bmatrix} 1 & -1 & -3 & 0 \\ 0 & -1 & -2 & 0 \\ 0 & 2 & 4 & 0 \end{bmatrix} \xrightarrow{\text{②}\div(-1)} \begin{bmatrix} 1 & -1 & -3 & 0 \\ 0 & 1 & 2 & 0 \\ 0 & 2 & 4 & 0 \end{bmatrix}$$
$$\xrightarrow[\text{③}-\text{②}\times 2]{\text{①}+\text{②}} \begin{bmatrix} 1 & 0 & -1 & 0 \\ 0 & 1 & 2 & 0 \\ 0 & 0 & 0 & 0 \end{bmatrix}$$
より $c_1 = d,\ c_2 = -2d,\ c_3 = d$ (d は任意)

（2）
$$\begin{bmatrix} 1 & 3 & 2 & 0 \\ -1 & -2 & 1 & 0 \\ 3 & 5 & 4 & 0 \end{bmatrix} \xrightarrow[\text{③}-\text{①}\times 3]{\text{②}+\text{①}} \begin{bmatrix} 1 & 3 & 2 & 0 \\ 0 & 1 & 3 & 0 \\ 0 & -4 & -2 & 0 \end{bmatrix} \xrightarrow[\text{③}+\text{②}\times 4]{\text{①}-\text{②}\times 3} \begin{bmatrix} 1 & 0 & -7 & 0 \\ 0 & 1 & 3 & 0 \\ 0 & 0 & 10 & 0 \end{bmatrix}$$
$$\xrightarrow{\text{③}\div 10} \begin{bmatrix} 1 & 0 & -7 & 0 \\ 0 & 1 & 3 & 0 \\ 0 & 0 & 1 & 0 \end{bmatrix} \xrightarrow[\text{②}-\text{③}\times 3]{\text{①}+\text{③}\times 7} \begin{bmatrix} 1 & 0 & 0 & 0 \\ 0 & 1 & 0 & 0 \\ 0 & 0 & 1 & 0 \end{bmatrix}$$

問題 11.4

（1）$a = 6$　（2）$a = 1,\ -3$　（3）$a = -9,\ b = 8$

変形の途中式

（1）
$$\begin{bmatrix} 1 & -2 & -1 \\ 2 & -3 & 2 \\ 2 & -2 & a \end{bmatrix} \xrightarrow[\text{③}-\text{①}\times 2]{\text{②}-\text{①}\times 2} \begin{bmatrix} 1 & -2 & -1 \\ 0 & 1 & 4 \\ 0 & 2 & a+2 \end{bmatrix} \xrightarrow[\text{③}-\text{②}\times 2]{\text{①}+\text{②}\times 2} \begin{bmatrix} 1 & 0 & 7 \\ 0 & 1 & 4 \\ 0 & 0 & a-6 \end{bmatrix}$$

より, $a = 6$ ならば $c_1\boldsymbol{u}_1 + c_2\boldsymbol{u}_2 + c_3\boldsymbol{u}_3 = \boldsymbol{0}$ が自明でない解をもち 1 次従属.

（2） $\begin{bmatrix} 1 & -1 & 2 \\ 2 & 0 & 2a \\ 4 & a & 3 \end{bmatrix} \xrightarrow[③-①\times 4]{②-①\times 2} \begin{bmatrix} 1 & -1 & 2 \\ 0 & 2 & 2a-4 \\ 0 & a+4 & -5 \end{bmatrix} \xrightarrow{②\div 2} \begin{bmatrix} 1 & -1 & 2 \\ 0 & 1 & a-2 \\ 0 & a+4 & -5 \end{bmatrix}$

$\xrightarrow[③-②\times(a+4)]{①+②} \begin{bmatrix} 1 & 0 & a \\ 0 & 1 & a-2 \\ 0 & 0 & -5-(a-2)(a+4) \end{bmatrix}$

より, $-5-(a-2)(a+4)=0$ つまり $a^2+2a-3=0$ を解いて,
$a=1,-3$ であれば $c_1\boldsymbol{u}_1+c_2\boldsymbol{u}_2+c_3\boldsymbol{u}_3=\boldsymbol{0}$ が自明でない解をもち 1 次従属.

（3） $\begin{bmatrix} 1 & 1 & 1 \\ 2 & 1 & 4 \\ -1 & 3 & a \\ 2 & -1 & b \end{bmatrix} \xrightarrow[\substack{③+① \\ ④-①\times 2}]{②-①\times 2} \begin{bmatrix} 1 & 1 & 1 \\ 0 & -1 & 2 \\ 0 & 4 & a+1 \\ 0 & -3 & b-2 \end{bmatrix} \xrightarrow{②\div(-1)} \begin{bmatrix} 1 & 1 & 1 \\ 0 & 1 & -2 \\ 0 & 4 & a+1 \\ 0 & -3 & b-2 \end{bmatrix}$

$\xrightarrow[\substack{③-②\times 4 \\ ④+②\times 3}]{①-②} \begin{bmatrix} 1 & 0 & 3 \\ 0 & 1 & -2 \\ 0 & 0 & a+9 \\ 0 & 0 & b-8 \end{bmatrix}$ より, $a=-9$, $b=8$ であれば

$c_1\boldsymbol{u}_1+c_2\boldsymbol{u}_2+c_3\boldsymbol{u}_3=\boldsymbol{0}$ が自明でない解をもち 1 次従属.

問題 11.5

（1） $\begin{vmatrix} 1 & 2 \\ 2 & 5 \end{vmatrix} = 5-4=1\neq 0$ より 1 次独立.

（2） $\begin{vmatrix} 1 & 3 & 2 \\ -1 & -2 & 1 \\ 3 & 5 & 4 \end{vmatrix} = \begin{vmatrix} 1 & 3 & 2 \\ 0 & 1 & 3 \\ 0 & -4 & -2 \end{vmatrix} = \begin{vmatrix} 1 & 3 \\ -4 & -2 \end{vmatrix} = 10\neq 0$ より 1 次独立.

問題 11.6

（1） $\begin{vmatrix} a & 2 \\ 2 & a \end{vmatrix} = a^2-4=0$ より $a=\pm 2$.

（2） $\begin{vmatrix} 1 & -2 & -1 \\ 2 & -3 & 2 \\ 2 & -2 & a \end{vmatrix} = \begin{vmatrix} 1 & -2 & -1 \\ 0 & 1 & 4 \\ 0 & 2 & a+2 \end{vmatrix} = 1\cdot\begin{vmatrix} 1 & 4 \\ 2 & a+2 \end{vmatrix} = a-6=0$ より $a=6$.

問題 11.7 $c_1\boldsymbol{u}_1+c_2\boldsymbol{u}_2+c_3\boldsymbol{u}_3=\boldsymbol{0}$ (または $\boldsymbol{a}$) を考える.

（1） $[\boldsymbol{u}_1\ \ \boldsymbol{u}_2\ \ \boldsymbol{u}_3 \mid \boldsymbol{0}] \longrightarrow \left[\begin{array}{ccc|c} 1 & 0 & -8 & 0 \\ 0 & 1 & 5 & 0 \\ 0 & 0 & 0 & 0 \end{array}\right]$ より $c_1=c_2=c_3=0$ 以外の解をもち,

1 次従属である.

（2） $[\boldsymbol{u}_1\ \ \boldsymbol{u}_2\ \ \boldsymbol{u}_3 \mid \boldsymbol{a}] \longrightarrow \left[\begin{array}{ccc|c} 1 & 0 & -8 & -7 \\ 0 & 1 & 5 & 5 \\ 0 & 0 & 0 & 0 \end{array}\right]$ より 解は存在し, 1 次結合で表せる.

解は任意の実数を含むから, 表し方は無数にある.

変形の途中式

(2) $\begin{bmatrix}1&2&2&3\\2&3&-1&1\\3&4&-4&-1\end{bmatrix} \xrightarrow[③-①\times 3]{②-①\times 2} \begin{bmatrix}1&2&2&3\\0&-1&-5&-5\\0&-2&-10&-10\end{bmatrix}$

$\xrightarrow{②\div(-1)} \begin{bmatrix}1&2&2&3\\0&1&5&5\\0&-2&-10&-10\end{bmatrix} \xrightarrow[③+②\times 2]{①-②\times 2} \begin{bmatrix}1&0&-8&-7\\0&1&5&5\\0&0&0&0\end{bmatrix}$

より $c_1 = -7 + 8d,\ c_2 = 5 - 5d,\ c_3 = d$ (d は任意の実数).

(1) (2) で最後の列を $\mathbf{0}$ とする. $c_1 = 8d,\ c_2 = -5d,\ c_3 = d$ (d は任意の実数).

問題 11.8 $\boldsymbol{a}$ が $\boldsymbol{a} = c_1\boldsymbol{u}_1 + c_2\boldsymbol{u}_2 + \cdots + c_m\boldsymbol{u}_m$, $\boldsymbol{a} = d_1\boldsymbol{u}_1 + d_2\boldsymbol{u}_2 + \cdots + d_m\boldsymbol{u}_m$ と表されたとして, これら 2 式の差をとると

$$(c_1 - d_1)\boldsymbol{u}_1 + (c_2 - d_2)\boldsymbol{u}_2 + \cdots + (c_m - d_m)\boldsymbol{u}_m = \mathbf{0}$$

となる. $\boldsymbol{u}_1, \boldsymbol{u}_2, \cdots, \boldsymbol{u}_m$ が 1 次独立であることから, $c_1 - d_1 = 0,\ c_2 - d_2 = 0, \cdots,$ $c_m - d_m = 0$, すなわち $c_1 = d_1,\ c_2 = d_2, \cdots, c_m = d_m$ である.

§12

問題 12.1

(1) $\boldsymbol{a}_1, \boldsymbol{a}_3$ が 1 次独立であり, $\boldsymbol{a}_2 = 3\boldsymbol{a}_1,\ \boldsymbol{a}_4 = -5\boldsymbol{a}_1 + 7\boldsymbol{a}_3$.

(2) $\boldsymbol{a}_1, \boldsymbol{a}_2, \boldsymbol{a}_4$ が 1 次独立であり, $\boldsymbol{a}_3 = 2\boldsymbol{a}_1 - 4\boldsymbol{a}_2,\ \boldsymbol{a}_5 = 6\boldsymbol{a}_1 + 8\boldsymbol{a}_2 - 9\boldsymbol{a}_4$.

(3) $\boldsymbol{a}_1, \boldsymbol{a}_2, \boldsymbol{a}_5$ が 1 次独立であり, $\boldsymbol{a}_3 = -5\boldsymbol{a}_1 + 4\boldsymbol{a}_2,\ \boldsymbol{a}_4 = 2\boldsymbol{a}_1 - 3\boldsymbol{a}_2$.

(4) 以降は, $[\boldsymbol{a}_1\ \ \boldsymbol{a}_2\ \ \boldsymbol{a}_3\ \ \boldsymbol{a}_4]$ または $[\boldsymbol{a}_1\ \ \boldsymbol{a}_2\ \ \boldsymbol{a}_3\ \ \boldsymbol{a}_4\ \ \boldsymbol{a}_5]$ を変形して

(4) $\begin{bmatrix}1&0&5&3\\0&1&-3&-1\\0&0&0&0\end{bmatrix}$ より $\boldsymbol{a}_1, \boldsymbol{a}_2$ が 1 次独立であり,
$\boldsymbol{a}_3 = 5\boldsymbol{a}_1 - 3\boldsymbol{a}_2,\ \boldsymbol{a}_4 = 3\boldsymbol{a}_1 - \boldsymbol{a}_2$.

(5) $\begin{bmatrix}1&0&-3&0&2\\0&1&2&0&-3\\0&0&0&1&-1\end{bmatrix}$ より $\boldsymbol{a}_1, \boldsymbol{a}_2, \boldsymbol{a}_4$ が 1 次独立であり,
$\boldsymbol{a}_3 = -3\boldsymbol{a}_1 + 2\boldsymbol{a}_2,\ \boldsymbol{a}_5 = 2\boldsymbol{a}_1 - 3\boldsymbol{a}_2 - \boldsymbol{a}_4$.

(6) $\begin{bmatrix}1&-2&0&1&1\\0&0&1&1&-1\\0&0&0&0&0\\0&0&0&0&0\end{bmatrix}$ より $\boldsymbol{a}_1, \boldsymbol{a}_3$が 1 次独立であり,
$\boldsymbol{a}_2 = -2\boldsymbol{a}_1,\ \boldsymbol{a}_4 = \boldsymbol{a}_1 + \boldsymbol{a}_3,\ \boldsymbol{a}_5 = \boldsymbol{a}_1 - \boldsymbol{a}_3$.

(7) $\begin{bmatrix}1&0&3&0&2\\0&1&-1&0&1\\0&0&0&1&-2\\0&0&0&0&0\end{bmatrix}$ より $\boldsymbol{a}_1, \boldsymbol{a}_2, \boldsymbol{a}_4$ が 1 次独立であり,
$\boldsymbol{a}_3 = 3\boldsymbol{a}_1 - \boldsymbol{a}_2,\ \boldsymbol{a}_5 = 2\boldsymbol{a}_1 + \boldsymbol{a}_2 - 2\boldsymbol{a}_4$.

変形の途中式

(4) $\begin{bmatrix}1&2&-1&1\\2&3&1&3\\2&1&7&5\end{bmatrix} \xrightarrow[③-①\times 2]{②-①\times 2} \begin{bmatrix}1&2&-1&1\\0&-1&3&1\\0&-3&9&3\end{bmatrix} \xrightarrow{②\div(-1)} \begin{bmatrix}1&2&-1&1\\0&1&-3&-1\\0&-3&9&3\end{bmatrix}$

(4) (つづき) $\xrightarrow{\substack{\text{①}-\text{②}\times 2\\ \text{③}+\text{②}\times 3}} \begin{bmatrix} 1 & 0 & 5 & 3 \\ 0 & 1 & -3 & -1 \\ 0 & 0 & 0 & 0 \end{bmatrix}$

(5) $\begin{bmatrix} 1 & 2 & 1 & -1 & -3 \\ 0 & 1 & 2 & 1 & -4 \\ 1 & -1 & -5 & 5 & 0 \end{bmatrix} \xrightarrow{\text{③}-\text{①}} \begin{bmatrix} 1 & 2 & 1 & -1 & -3 \\ 0 & 1 & 2 & 1 & -4 \\ 0 & -3 & -6 & 6 & 3 \end{bmatrix}$

$\xrightarrow{\substack{\text{①}-\text{②}\times 2\\ \text{③}+\text{②}\times 3}} \begin{bmatrix} 1 & 0 & -3 & -3 & 5 \\ 0 & 1 & 2 & 1 & -4 \\ 0 & 0 & 0 & 9 & -9 \end{bmatrix} \xrightarrow{\text{③}\div 9} \begin{bmatrix} 1 & 0 & -3 & -3 & 5 \\ 0 & 1 & 2 & 1 & -4 \\ 0 & 0 & 0 & 1 & -1 \end{bmatrix}$

$\xrightarrow{\substack{\text{①}+\text{③}\times 3\\ \text{②}-\text{③}}} \begin{bmatrix} 1 & 0 & -3 & 0 & 2 \\ 0 & 1 & 2 & 0 & -3 \\ 0 & 0 & 0 & 1 & -1 \end{bmatrix}$

(6) $\begin{bmatrix} -1 & 2 & 2 & 1 & -3 \\ 0 & 0 & 1 & 1 & -1 \\ 1 & -2 & -1 & 0 & 2 \\ 2 & -4 & 1 & 3 & 1 \end{bmatrix} \xrightarrow{\text{①}\div(-1)} \begin{bmatrix} 1 & -2 & -2 & -1 & 3 \\ 0 & 0 & 1 & 1 & -1 \\ 1 & -2 & -1 & 0 & 2 \\ 2 & -4 & 1 & 3 & 1 \end{bmatrix}$

$\xrightarrow{\substack{\text{③}-\text{①}\\ \text{④}-\text{①}\times 2}} \begin{bmatrix} 1 & -2 & -2 & -1 & 3 \\ 0 & 0 & 1 & 1 & -1 \\ 0 & 0 & 1 & 1 & -1 \\ 0 & 0 & 5 & 5 & -5 \end{bmatrix} \xrightarrow{\substack{\text{①}+\text{②}\times 2\\ \text{③}-\text{②}\\ \text{④}-\text{②}\times 5}} \begin{bmatrix} 1 & -2 & 0 & 1 & 1 \\ 0 & 0 & 1 & 1 & -1 \\ 0 & 0 & 0 & 0 & 0 \\ 0 & 0 & 0 & 0 & 0 \end{bmatrix}$

(7) $\begin{bmatrix} 1 & 2 & 1 & 3 & -2 \\ 3 & 0 & 9 & -1 & 8 \\ -1 & 1 & -4 & -4 & 7 \\ 0 & -1 & 1 & 2 & -5 \end{bmatrix} \xrightarrow{\substack{\text{②}-\text{①}\times 3\\ \text{③}+\text{①}}} \begin{bmatrix} 1 & 2 & 1 & 3 & -2 \\ 0 & -6 & 6 & -10 & 14 \\ 0 & 3 & -3 & -1 & 5 \\ 0 & -1 & 1 & 2 & -5 \end{bmatrix}$

$\xrightarrow{\text{②}\leftrightarrow\text{④}} \begin{bmatrix} 1 & 2 & 1 & 3 & -2 \\ 0 & -1 & 1 & 2 & -5 \\ 0 & 3 & -3 & -1 & 5 \\ 0 & -6 & 6 & -10 & 14 \end{bmatrix}$ 第 2 行を -6 で割ると分数が出てくる. それを回避するため, 行の交換をした.

$\xrightarrow{\text{②}\div(-1)} \begin{bmatrix} 1 & 2 & 1 & 3 & -2 \\ 0 & 1 & -1 & -2 & 5 \\ 0 & 3 & -3 & -1 & 5 \\ 0 & -6 & 6 & -10 & 14 \end{bmatrix} \xrightarrow{\substack{\text{①}-\text{②}\times 2\\ \text{③}-\text{②}\times 3\\ \text{④}+\text{②}\times 6}} \begin{bmatrix} 1 & 0 & 3 & 7 & -12 \\ 0 & 1 & -1 & -2 & 5 \\ 0 & 0 & 0 & 5 & -10 \\ 0 & 0 & 0 & -22 & 44 \end{bmatrix}$

$\xrightarrow{\text{③}\div 5} \begin{bmatrix} 1 & 0 & 3 & 7 & -12 \\ 0 & 1 & -1 & -2 & 5 \\ 0 & 0 & 0 & 1 & -2 \\ 0 & 0 & 0 & -22 & 44 \end{bmatrix} \xrightarrow{\substack{\text{①}-\text{③}\times 7\\ \text{②}+\text{③}\times 2\\ \text{④}+\text{③}\times 22}} \begin{bmatrix} 1 & 0 & 3 & 0 & 2 \\ 0 & 1 & -1 & 0 & 1 \\ 0 & 0 & 0 & 1 & -2 \\ 0 & 0 & 0 & 0 & 0 \end{bmatrix}$

問題 12.2 記号の簡単のため, $\boldsymbol{u}_1, \cdots, \boldsymbol{u}_r$ と $\boldsymbol{v}_1, \cdots, \boldsymbol{v}_s$ がそれぞれ 1 次独立とする. このとき, $\boldsymbol{u}_{r+1}, \cdots, \boldsymbol{u}_m$ は $\boldsymbol{u}_1, \cdots, \boldsymbol{u}_r$ の 1 次結合で表されるから, $\boldsymbol{v}_1, \cdots, \boldsymbol{v}_s$ も $\boldsymbol{u}_1, \cdots, \boldsymbol{u}_r$ の 1 次結合で表される. したがって, 定理 12.2 (2) より $s \leqq r$ である.

§13

問題 13.1

(1) 2 (2) 3 (3) 3 (4) 2

問題 13.2

(1) $a=5$ のとき $\mathrm{rank}(A)=2$, $a\neq 5$ のとき $\mathrm{rank}(A)=3$.

(2) $a=-3,2$ のとき $\mathrm{rank}(A)=2$, $a\neq -3,2$ のとき $\mathrm{rank}(A)=3$.

(3) $a=-1,0,2$ のとき $\mathrm{rank}(A)=2$, $a\neq -1,0,2$ のとき $\mathrm{rank}(A)=3$.

(4) $a=1$ のとき $\mathrm{rank}(A)=1$, $a=-2$ のとき $\mathrm{rank}(A)=2$,
$a\neq 1,-2$ のとき $\mathrm{rank}(A)=3$.

問題 13.3

(1) $A^{-1}=P_1(4)^{-1}{P_{23}}^{-1}P_{21}(5)^{-1}$
$=P_1(\frac{1}{4})P_{23}P_{21}(-5)$ (他にもある．正解は 1 つではない.)

$$A=\begin{bmatrix}4&0&0\\20&0&1\\0&1&0\end{bmatrix},\quad A^{-1}=\begin{bmatrix}\frac{1}{4}&0&0\\0&0&1\\-5&1&0\end{bmatrix}$$

(2) $A^{-1}=P_{13}(-3)^{-1}{P_{12}}^{-1}P_{12}(1)^{-1}P_{31}(2)^{-1}P_3(-\frac{1}{2})^{-1}$
$=P_{13}(3)P_{12}P_{12}(-1)P_{31}(-2)P_3(-2)$ (他にもある.)

$$A=\begin{bmatrix}1&1&-3\\1&0&-3\\-1&-1&\frac{5}{2}\end{bmatrix},\quad A^{-1}=\begin{bmatrix}-6&1&-6\\1&-1&0\\-2&0&-2\end{bmatrix}$$

問題 13.4 $\mathrm{rank}(A)=k$, $\mathrm{rank}(B)=\ell$ とし, A, B を列ベクトルを用いて,

$$A=[\,\boldsymbol{a}_1\quad \boldsymbol{a}_2\quad \cdots\quad \boldsymbol{a}_n\,],\quad B=[\,\boldsymbol{b}_1\quad \boldsymbol{b}_2\quad \cdots\quad \boldsymbol{b}_n\,]$$

と表すとき, 記号の簡単のため, A においては $\boldsymbol{a}_1, \boldsymbol{a}_2, \cdots, \boldsymbol{a}_k$ が 1 次独立で, B においては $\boldsymbol{b}_1, \boldsymbol{b}_2, \cdots, \boldsymbol{b}_\ell$ が 1 次独立であるとする.

(1) $A+B$ の列ベクトル $\boldsymbol{a}_j+\boldsymbol{b}_j$ において, $\boldsymbol{a}_j$ は $\boldsymbol{a}_1, \boldsymbol{a}_2, \cdots, \boldsymbol{a}_k$ の 1 次結合で, $\boldsymbol{b}_j$ は $\boldsymbol{b}_1, \boldsymbol{b}_2, \cdots, \boldsymbol{b}_\ell$ の 1 次結合で表されるから, $\boldsymbol{a}_j+\boldsymbol{b}_j$ は $(k+\ell)$ 個のベクトル $\boldsymbol{a}_1, \boldsymbol{a}_2, \cdots, \boldsymbol{a}_k, \boldsymbol{b}_1, \boldsymbol{b}_2, \cdots, \boldsymbol{b}_\ell$ の 1 次結合で表される．したがって, 定理 12.2 (2) により $A+B$ の列ベクトルで 1 次独立なものの個数は $(k+\ell)$ 以下である．つまり,

$$\mathrm{rank}(A+B)\leqq k+\ell=\mathrm{rank}(A)+\mathrm{rank}(B)$$

が成り立つ.

(2) $B=[b_{ij}]$ とすると, AB の第 j 列は $A\boldsymbol{b}_j=b_{1j}\boldsymbol{a}_1+b_{2j}\boldsymbol{a}_2+\cdots+b_{nj}\boldsymbol{a}_n$ であり, AB の各列は $\boldsymbol{a}_1, \boldsymbol{a}_2, \cdots, \boldsymbol{a}_k$ の 1 次結合で表される．したがって, 定理 12.2 (2) により AB の列ベクトルの中で 1 次独立なものの個数は k 以下である．すなわち,

$$\mathrm{rank}(AB)\leqq k=\mathrm{rank}(A)$$

が成り立つ.

また, B の列ベクトル $\boldsymbol{b}_1,\ \boldsymbol{b}_2,\ \cdots,\ \boldsymbol{b}_n$ はいずれも $\boldsymbol{b}_1,\ \boldsymbol{b}_2,\ \cdots,\ \boldsymbol{b}_\ell$ の 1 次結合で表され, AB の列ベクトル $A\boldsymbol{b}_1,\ A\boldsymbol{b}_2,\ \cdots,\ A\boldsymbol{b}_n$ は $A\boldsymbol{b}_1,\ A\boldsymbol{b}_2,\ \cdots,\ A\boldsymbol{b}_\ell$ の 1 次結合で表される. したがって, 定理 12.2 (2) により AB の列ベクトルの中で 1 次独立なものの個数は ℓ 以下である. すなわち,

$$\mathrm{rank}(AB) \leqq \ell = \mathrm{rank}(B)$$

が成り立つ.

(3) $A = ABB^{-1}$ であるから, (2) より $\mathrm{rank}(A) = \mathrm{rank}(ABB^{-1}) \leqq \mathrm{rank}(AB)$ である. $\mathrm{rank}(AB) \leqq \mathrm{rank}(A)$ と合わせて, $\mathrm{rank}(AB) = \mathrm{rank}(A)$ である.

(4) $B = A^{-1}AB$ であるから, (2) より $\mathrm{rank}(B) = \mathrm{rank}(A^{-1}AB) \leqq \mathrm{rank}(AB)$ である. $\mathrm{rank}(AB) \leqq \mathrm{rank}(B)$ と合わせて, $\mathrm{rank}(AB) = \mathrm{rank}(B)$ である.

§14

問題 14.1 それぞれ同次連立 1 次方程式を解く.

(1) $x = -c,\ y = -3c,\ z = c$ (c は任意の実数) より $W = \left\{c\begin{bmatrix} -1 \\ -3 \\ 1 \end{bmatrix} \middle|\ c \text{ は実数}\right\}$.

(2) $x = 7c,\ y = 5c,\ z = c$ (c は任意の実数) より $W = \left\{c\begin{bmatrix} 7 \\ 5 \\ 1 \end{bmatrix} \middle|\ c \text{ は実数}\right\}$.

(3) $x = 4c - 3d,\ y = c,\ z = d$ ($c,\ d$ は任意の実数) より

$$W = \left\{c\begin{bmatrix} 4 \\ 1 \\ 1 \end{bmatrix} + d\begin{bmatrix} -3 \\ 0 \\ 1 \end{bmatrix} \middle|\ c,\ d \text{ は実数}\right\}.$$

(4) $x = \frac{2}{3}c + \frac{4}{3}d,\ y = c,\ z = d$ ($c,\ d$ は任意の実数) より

$$W = \left\{c\begin{bmatrix} \frac{2}{3} \\ 1 \\ 0 \end{bmatrix} + d\begin{bmatrix} \frac{4}{3} \\ 0 \\ 1 \end{bmatrix} \middle|\ c,\ d \text{ は実数}\right\}.$$

または, $x = 2c' + 4d',\ y = 3c',\ z = 3d'$ ($c',\ d'$ は任意の実数) より

$$W = \left\{c'\begin{bmatrix} 2 \\ 3 \\ 0 \end{bmatrix} + d'\begin{bmatrix} 4 \\ 0 \\ 3 \end{bmatrix} \middle|\ c',\ d' \text{ は実数}\right\}.$$

(1), (2) の係数行列の変形の途中式

(1) $\begin{bmatrix} 1 & 0 & 1 \\ 3 & -1 & 0 \end{bmatrix} \xrightarrow{②-①\times 3} \begin{bmatrix} 1 & 0 & 1 \\ 0 & -1 & -3 \end{bmatrix} \xrightarrow{②\div(-1)} \begin{bmatrix} 1 & 0 & 1 \\ 0 & 1 & 3 \end{bmatrix}$

より $x = -c,\ y = -3c,\ z = c$ (c は任意の実数).

(2) $\begin{bmatrix} 1 & -1 & -2 \\ 2 & -3 & 1 \end{bmatrix} \xrightarrow{②-①\times 2} \begin{bmatrix} 1 & -1 & -2 \\ 0 & -1 & 5 \end{bmatrix} \xrightarrow{②\div(-1)} \begin{bmatrix} 1 & -1 & -2 \\ 0 & 1 & -5 \end{bmatrix}$

$\xrightarrow{②+②} \begin{bmatrix} 1 & 0 & -7 \\ 0 & 1 & -5 \end{bmatrix}$ より $x = 7c,\ y = 5c,\ z = c$ (c は任意の実数).

問題 14.2 $\left[\begin{array}{cc|c} 1 & -2 & -1 \\ 2 & -3 & 2 \\ 2 & -2 & a \end{array}\right] \longrightarrow \left[\begin{array}{cc|c} 1 & 0 & 7 \\ 0 & 1 & 4 \\ 0 & 0 & a-6 \end{array}\right]$ より $a=6$ (問題 11.4 (1) 参照).

問題 14.3

(1) $\left[\begin{array}{c|c} 1 & x \\ 1 & y \\ -2 & z \end{array}\right] \longrightarrow \left[\begin{array}{c|c} 1 & x \\ 0 & y-x \\ 0 & z+2x \end{array}\right]$ より $x-y=0$ かつ $2x+z=0$.

(2) $\left[\begin{array}{cc|c} 1 & 2 & x \\ 1 & 3 & y \\ -2 & 1 & z \end{array}\right] \longrightarrow \left[\begin{array}{cc|c} 1 & 2 & x \\ 0 & 1 & y-x \\ 0 & 5 & z+2x \end{array}\right] \longrightarrow \left[\begin{array}{cc|c} 1 & 0 & 3x-2y \\ 0 & 1 & y-x \\ 0 & 0 & z+7x-5y \end{array}\right]$

より $7x-5y+z=0$.

(3) $\left[\begin{array}{ccc|c} 1 & 2 & 3 & x \\ 1 & 3 & 5 & y \\ -2 & 1 & 4 & z \end{array}\right] \longrightarrow \left[\begin{array}{ccc|c} 1 & 2 & 3 & x \\ 0 & 1 & 2 & y-x \\ 0 & 5 & 10 & z+2x \end{array}\right] \longrightarrow \left[\begin{array}{ccc|c} 1 & 0 & -1 & 3x-2y \\ 0 & 1 & 2 & y-x \\ 0 & 0 & 0 & z+7x-5y \end{array}\right]$

より $7x-5y+z=0$.

(4) $\left[\begin{array}{ccc|c} 1 & 2 & 3 & x \\ 1 & 3 & 5 & y \\ -2 & 1 & 5 & z \end{array}\right] \longrightarrow \left[\begin{array}{ccc|c} 1 & 2 & 3 & x \\ 0 & 1 & 2 & y-x \\ 0 & 5 & 11 & z+2x \end{array}\right] \longrightarrow \left[\begin{array}{ccc|c} 1 & 0 & -1 & 3x-2y \\ 0 & 1 & 2 & y-x \\ 0 & 0 & 1 & z+7x-5y \end{array}\right]$

$\longrightarrow \left[\begin{array}{ccc|c} 1 & 0 & 0 & 10x-7y+z \\ 0 & 1 & 0 & 11y-15x-2z \\ 0 & 0 & 1 & z+7x-5y \end{array}\right]$ より 無条件.

問題 14.4 (1), (3), (5), (8) が部分空間である.

§15

問題 15.1

(1) $\begin{bmatrix} 1 & 3 & 2 \\ 1 & 4 & 3 \\ 2 & 4 & 2 \end{bmatrix} \longrightarrow \begin{bmatrix} 1 & 3 & 2 \\ 0 & 1 & 1 \\ 0 & -2 & -2 \end{bmatrix} \longrightarrow \begin{bmatrix} 1 & 0 & -1 \\ 0 & 1 & 1 \\ 0 & 0 & 0 \end{bmatrix}$

より, $\boldsymbol{u}_1$, $\boldsymbol{u}_2$ が 1 次独立で基底となり, 次元は 2.

(2) $\begin{bmatrix} 1 & 2 & 2 & 3 \\ -2 & -3 & -2 & -1 \\ 3 & 4 & 2 & -1 \end{bmatrix} \longrightarrow \begin{bmatrix} 1 & 2 & 2 & 3 \\ 0 & 1 & 2 & 5 \\ 0 & -2 & -4 & -10 \end{bmatrix} \longrightarrow \begin{bmatrix} 1 & 0 & -2 & -7 \\ 0 & 1 & 2 & 5 \\ 0 & 0 & 0 & 0 \end{bmatrix}$

より, $\boldsymbol{u}_1$, $\boldsymbol{u}_2$ が 1 次独立で基底となり, 次元は 2.

(3) $\begin{bmatrix} 1 & 1 & 1 & 1 & 2 \\ 1 & 2 & 4 & 1 & 1 \\ 3 & 1 & -3 & 0 & 5 \\ 2 & 1 & -1 & 2 & 5 \end{bmatrix} \longrightarrow \begin{bmatrix} 1 & 1 & 1 & 1 & 2 \\ 0 & 1 & 3 & 0 & -1 \\ 0 & -2 & -6 & -3 & -1 \\ 0 & -1 & -3 & 0 & 1 \end{bmatrix} \longrightarrow \begin{bmatrix} 1 & 0 & -2 & 1 & 3 \\ 0 & 1 & 3 & 0 & -1 \\ 0 & 0 & 0 & -3 & -3 \\ 0 & 0 & 0 & 0 & 0 \end{bmatrix}$

(3) (つづき) $\longrightarrow \begin{bmatrix} 1 & 0 & -2 & 1 & 3 \\ 0 & 1 & 3 & 0 & -1 \\ 0 & 0 & 0 & 1 & 1 \\ 0 & 0 & 0 & 0 & 0 \end{bmatrix} \longrightarrow \begin{bmatrix} 1 & 0 & -2 & 0 & 2 \\ 0 & 1 & 3 & 0 & -1 \\ 0 & 0 & 0 & 1 & 1 \\ 0 & 0 & 0 & 0 & 0 \end{bmatrix}$

より, $\boldsymbol{u}_1$, $\boldsymbol{u}_2$, $\boldsymbol{u}_4$ が 1 次独立で基底となり, 次元は 3.

問題 15.2 前問で得られた階段行列より,

(1) $\begin{bmatrix} x_1 \\ x_2 \\ x_3 \end{bmatrix} = c \begin{bmatrix} 1 \\ -1 \\ 1 \end{bmatrix}$ (c は任意の実数) であるから, $\begin{bmatrix} 1 \\ -1 \\ 1 \end{bmatrix}$ が基底となり, 次元は 1.

(2) $\begin{bmatrix} x_1 \\ x_2 \\ x_3 \\ x_4 \end{bmatrix} = c \begin{bmatrix} 2 \\ -2 \\ 1 \\ 0 \end{bmatrix} + d \begin{bmatrix} 7 \\ -5 \\ 0 \\ 1 \end{bmatrix}$ (c, d は任意の実数) であるから, $\begin{bmatrix} 2 \\ -2 \\ 1 \\ 0 \end{bmatrix}$, $\begin{bmatrix} 7 \\ -5 \\ 0 \\ 1 \end{bmatrix}$

が基底となり, 次元は 2.

(3) $\begin{bmatrix} x_1 \\ x_2 \\ x_3 \\ x_4 \\ x_5 \end{bmatrix} = c \begin{bmatrix} 2 \\ -3 \\ 1 \\ 0 \\ 0 \end{bmatrix} + d \begin{bmatrix} -2 \\ 1 \\ 0 \\ -1 \\ 1 \end{bmatrix}$ (c, d は任意の実数) であるから, $\begin{bmatrix} 2 \\ -3 \\ 1 \\ 0 \\ 0 \end{bmatrix}$, $\begin{bmatrix} -2 \\ 1 \\ 0 \\ -1 \\ 1 \end{bmatrix}$

が基底となり, 次元は 2.

問題 15.3 1 次独立となる a を求めればよい.

$\begin{bmatrix} 1 & -2 & -1 \\ 2 & -3 & 2 \\ 2 & -2 & a \end{bmatrix} \longrightarrow \begin{bmatrix} 1 & -2 & -1 \\ 0 & 1 & 4 \\ 0 & 2 & a+2 \end{bmatrix} \longrightarrow \begin{bmatrix} 1 & 0 & 7 \\ 0 & 1 & 4 \\ 0 & 0 & a-6 \end{bmatrix}$ より, $a \neq 6$.

別解 $\begin{vmatrix} 1 & -2 & -1 \\ 2 & -3 & 2 \\ 2 & -2 & a \end{vmatrix} = \begin{vmatrix} 1 & -2 & -1 \\ 0 & 1 & 4 \\ 0 & 2 & a+2 \end{vmatrix} = \begin{vmatrix} 1 & 4 \\ 2 & a+2 \end{vmatrix} = a+2-8 = a-6$ より, $a \neq 6$.

問題 15.4 $a = 1$, $b = 2$, $c = 2$

$$\begin{bmatrix} 1 & 2 & 3 & a & b & 2c \\ 1 & 1 & 1 & 3 & b & 1 \\ 1 & 2 & 1 & -a & 0 & c \\ 2 & 3 & 1 & a & b-1 & c \end{bmatrix} \longrightarrow \begin{bmatrix} 1 & 0 & 0 & 6 & \frac{3}{2}b & -\frac{11}{2}c+4 \\ 0 & 1 & 0 & -a-3 & -b & c-1 \\ 0 & 0 & 1 & a & \frac{1}{2}b & \frac{1}{2}c \\ 0 & 0 & 0 & 3a-3 & \frac{1}{2}b-1 & \frac{1}{2}c-1 \end{bmatrix}$$ より,

$\begin{bmatrix} 1 \\ 1 \\ 1 \\ 2 \end{bmatrix}$, $\begin{bmatrix} 2 \\ 1 \\ 2 \\ 3 \end{bmatrix}$, $\begin{bmatrix} 3 \\ 1 \\ 1 \\ 1 \end{bmatrix}$ は 1 次独立であり, W の基底をなす. 残りのベクトルがこれらの 1 次結合で表されるためには, $3a-3=0$, $\frac{1}{2}b-1=0$, $\frac{1}{2}c-1=0$, つまり $a=1$, $b=2$, $c=2$ でなければならない.

§16

問題 16.1 (2), (5), (6) だけが線形写像である.

問題 16.2

(1) (i) $\begin{bmatrix} 4 \\ 1 \end{bmatrix}$ (ii) $\begin{bmatrix} -6 \\ -1 \end{bmatrix}$ (iii) $\begin{bmatrix} -8 \\ -1 \end{bmatrix}$ (iv) $\begin{bmatrix} 2 \\ 1 \end{bmatrix}$ (v) $\begin{bmatrix} -14 \\ -2 \end{bmatrix}$ (vi) $\begin{bmatrix} 6 \\ 2 \end{bmatrix} = 2\begin{bmatrix} 3 \\ 1 \end{bmatrix}$

(2) $$f\left(f\left(\begin{bmatrix} 3 \\ 1 \end{bmatrix}\right)\right) = f\left(2\begin{bmatrix} 3 \\ 1 \end{bmatrix}\right) = 2 \cdot f\left(\begin{bmatrix} 3 \\ 1 \end{bmatrix}\right) = 2 \cdot 2\begin{bmatrix} 3 \\ 1 \end{bmatrix} = 4\begin{bmatrix} 3 \\ 1 \end{bmatrix} = \begin{bmatrix} 12 \\ 4 \end{bmatrix},$$

$$f\left(f\left(f\left(\begin{bmatrix} 3 \\ 1 \end{bmatrix}\right)\right)\right) = f\left(2 \cdot 2\begin{bmatrix} 3 \\ 1 \end{bmatrix}\right) = 2 \cdot 2 \cdot 2\begin{bmatrix} 3 \\ 1 \end{bmatrix} = 8\begin{bmatrix} 3 \\ 1 \end{bmatrix} = \begin{bmatrix} 24 \\ 8 \end{bmatrix}$$

(3) $$f\left(\begin{bmatrix} 5 \\ 2 \end{bmatrix}\right) = f\left(\begin{bmatrix} 2 \\ 1 \end{bmatrix} + \begin{bmatrix} 3 \\ 1 \end{bmatrix}\right) = f\left(\begin{bmatrix} 2 \\ 1 \end{bmatrix}\right) + f\left(\begin{bmatrix} 3 \\ 1 \end{bmatrix}\right) = \begin{bmatrix} 2 \\ 1 \end{bmatrix} + 2\begin{bmatrix} 3 \\ 1 \end{bmatrix} = \begin{bmatrix} 8 \\ 3 \end{bmatrix},$$

$$\begin{aligned} f\left(f\left(\begin{bmatrix} 5 \\ 2 \end{bmatrix}\right)\right) &= f\left(\begin{bmatrix} 2 \\ 1 \end{bmatrix} + 2\begin{bmatrix} 3 \\ 1 \end{bmatrix}\right) = f\left(\begin{bmatrix} 2 \\ 1 \end{bmatrix}\right) + 2 \cdot f\left(\begin{bmatrix} 3 \\ 1 \end{bmatrix}\right) \\ &= \begin{bmatrix} 2 \\ 1 \end{bmatrix} + 2^2\begin{bmatrix} 3 \\ 1 \end{bmatrix} = \begin{bmatrix} 14 \\ 5 \end{bmatrix}, \end{aligned}$$

$$f\left(f\left(f\left(\begin{bmatrix} 5 \\ 2 \end{bmatrix}\right)\right)\right) = f\left(\begin{bmatrix} 2 \\ 1 \end{bmatrix} + 2^2\begin{bmatrix} 3 \\ 1 \end{bmatrix}\right) = \begin{bmatrix} 2 \\ 1 \end{bmatrix} + 2^3\begin{bmatrix} 3 \\ 1 \end{bmatrix} = \begin{bmatrix} 26 \\ 9 \end{bmatrix}$$

問題 16.3

(1) $A = \begin{bmatrix} -3 & 5 \\ 7 & -10 \end{bmatrix}$, $f\left(\begin{bmatrix} 2 \\ -1 \end{bmatrix}\right) = \begin{bmatrix} -11 \\ 24 \end{bmatrix}$

(2) $A = \begin{bmatrix} -3 & 5 \\ 3 & -4 \end{bmatrix}$, $f\left(\begin{bmatrix} 1 \\ 2 \end{bmatrix}\right) = \begin{bmatrix} 7 \\ -5 \end{bmatrix}$

問題 16.4

(1) $\begin{bmatrix} x' \\ y' \end{bmatrix} = \begin{bmatrix} -1 & 0 \\ 0 & 1 \end{bmatrix}\begin{bmatrix} x \\ y \end{bmatrix}$ (2) $\begin{bmatrix} x' \\ y' \end{bmatrix} = \begin{bmatrix} -1 & 0 \\ 0 & -1 \end{bmatrix}\begin{bmatrix} x \\ y \end{bmatrix}$

(3) $\begin{bmatrix} x' \\ y' \end{bmatrix} = \begin{bmatrix} 0 & -1 \\ -1 & 0 \end{bmatrix}\begin{bmatrix} x \\ y \end{bmatrix}$

問題 16.5

(1) $\dfrac{1}{\sqrt{2}}\begin{bmatrix} 1 & -1 \\ 1 & 1 \end{bmatrix}$, $\dfrac{1}{\sqrt{2}}\begin{bmatrix} 1 \\ 3 \end{bmatrix}$ (2) $\dfrac{1}{2}\begin{bmatrix} \sqrt{3} & 1 \\ -1 & \sqrt{3} \end{bmatrix}$, $\begin{bmatrix} \sqrt{3} \\ 1 \end{bmatrix}$

問題 16.6

(1) $\mathrm{Im}\, f$ の基底 $\left\{\begin{bmatrix} 1 \\ -2 \\ 2 \end{bmatrix}, \begin{bmatrix} -1 \\ 1 \\ 3 \end{bmatrix}, \begin{bmatrix} 2 \\ -5 \\ 8 \end{bmatrix}\right\}$, 次元 3, $\mathrm{Ker}\, f$ の基底 $\left\{\begin{bmatrix} 1 \\ -2 \\ 1 \\ 0 \end{bmatrix}\right\}$, 次元 1

(2) $\mathrm{Im}\, f$ の基底 $\left\{\begin{bmatrix} 1 \\ -2 \\ 2 \end{bmatrix}, \begin{bmatrix} -1 \\ 1 \\ 3 \end{bmatrix}\right\}$, 次元 2, $\mathrm{Ker}\, f$ の基底 $\left\{\begin{bmatrix} 1 \\ -3 \\ 1 \\ 0 \end{bmatrix}, \begin{bmatrix} -2 \\ -1 \\ 0 \\ 1 \end{bmatrix}\right\}$, 次元 2

問題 16.7

(1) 表現行列 $\begin{bmatrix} 2 & 0 & 2 \\ 8 & -5 & 3 \\ -2 & 3 & 1 \end{bmatrix}$

(2) $\mathrm{Im}\, f$ の基底 $\left\{ \begin{bmatrix} 2 \\ 8 \\ -2 \end{bmatrix}, \begin{bmatrix} 0 \\ -5 \\ 3 \end{bmatrix} \right\}$, 次元 2, $\mathrm{Ker}\, f$ の基底 $\left\{ \begin{bmatrix} -1 \\ -1 \\ 1 \end{bmatrix} \right\}$, 次元 1

§17

問題 17.1

(1) -4 (2) $4\sqrt{6}$

問題 17.2

(1) 9 (2) 5 (3) 11

問題 17.3

(1) $\cos\theta = \dfrac{6}{\sqrt{6}\sqrt{12}} = \dfrac{1}{\sqrt{2}}$ より $\theta = \dfrac{\pi}{4}$.

(2) $\cos\theta = \dfrac{-16}{\sqrt{16}\sqrt{32}} = -\dfrac{1}{\sqrt{2}}$ より $\theta = \dfrac{3}{4}\pi$.

問題 17.4

$\begin{cases} (\boldsymbol{a}, \boldsymbol{b}) = \alpha - 2\beta + 2 = 0 \\ (\boldsymbol{a}, \boldsymbol{c}) = \alpha + 4 + 2\gamma = 0 \\ (\boldsymbol{b}, \boldsymbol{c}) = 1 - 2\beta + \gamma = 0 \end{cases}$, つまり $\begin{bmatrix} 1 & -2 & 0 \\ 1 & 0 & 2 \\ 0 & -2 & 1 \end{bmatrix} \begin{bmatrix} \alpha \\ \beta \\ \gamma \end{bmatrix} = \begin{bmatrix} -2 \\ -4 \\ -1 \end{bmatrix}$ を解く.

$$\begin{bmatrix} 1 & -2 & 0 & -2 \\ 1 & 0 & 2 & -4 \\ 0 & -2 & 1 & -1 \end{bmatrix} \longrightarrow \begin{bmatrix} 1 & -2 & 0 & -2 \\ 0 & 2 & 2 & -2 \\ 0 & -2 & 1 & -1 \end{bmatrix} \longrightarrow \begin{bmatrix} 1 & -2 & 0 & -2 \\ 0 & 1 & 1 & -1 \\ 0 & -2 & 1 & -1 \end{bmatrix}$$

$$\longrightarrow \begin{bmatrix} 1 & 0 & 2 & -4 \\ 0 & 1 & 1 & -1 \\ 0 & 0 & 3 & -3 \end{bmatrix} \longrightarrow \begin{bmatrix} 1 & 0 & 2 & -4 \\ 0 & 1 & 1 & -1 \\ 0 & 0 & 1 & -1 \end{bmatrix} \longrightarrow \begin{bmatrix} 1 & 0 & 0 & -2 \\ 0 & 1 & 0 & 0 \\ 0 & 0 & 1 & -1 \end{bmatrix}$$

より $\alpha = -2,\ \beta = 0,\ \gamma = -1$.

問題 17.5

$\begin{cases} (\boldsymbol{a}, \boldsymbol{x}) = x_1 - x_2 - 2x_3 = 0 \\ (\boldsymbol{b}, \boldsymbol{x}) = 2x_1 - 3x_2 + x_3 = 0 \end{cases}$, つまり $\begin{bmatrix} 1 & -1 & -2 \\ 2 & -3 & 1 \end{bmatrix} \begin{bmatrix} x_1 \\ x_2 \\ x_3 \end{bmatrix} = \begin{bmatrix} 0 \\ 0 \end{bmatrix}$ を解く.

$$\begin{bmatrix} 1 & -1 & -2 & 0 \\ 2 & -3 & 1 & 0 \end{bmatrix} \longrightarrow \begin{bmatrix} 1 & -1 & -2 & 0 \\ 0 & -1 & 5 & 0 \end{bmatrix} \longrightarrow \begin{bmatrix} 1 & -1 & -2 & 0 \\ 0 & 1 & -5 & 0 \end{bmatrix} \longrightarrow \begin{bmatrix} 1 & 0 & -7 & 0 \\ 0 & 1 & -5 & 0 \end{bmatrix}$$

より $x_3 = c$ (任意の実数) とおくと, $\boldsymbol{x} = c \begin{bmatrix} 7 \\ 5 \\ 1 \end{bmatrix}$ である.

別解 外積 $\boldsymbol{a}\times\boldsymbol{b}=\left[\ \begin{vmatrix}-1 & -2\\ -3 & 1\end{vmatrix}\ \ -\begin{vmatrix}1 & -2\\ 2 & 1\end{vmatrix}\ \ \begin{vmatrix}1 & -1\\ 2 & -3\end{vmatrix}\ \right]=[-7\quad -5\quad -1]$ より，

$\boldsymbol{x}=d\begin{bmatrix}-7\\ -5\\ -1\end{bmatrix}=-d\begin{bmatrix}7\\ 5\\ 1\end{bmatrix}$ (d は任意の実数) である．

問題 17.6

（1） $||\boldsymbol{a}+\boldsymbol{b}||^2=||\boldsymbol{a}||^2+||\boldsymbol{b}||^2+2(\boldsymbol{a},\boldsymbol{b})$ より明らかである．

（2） $\boldsymbol{a}+\boldsymbol{b}$ と $\boldsymbol{a}-\boldsymbol{b}$ が直交 $\Leftrightarrow(\boldsymbol{a}+\boldsymbol{b},\boldsymbol{a}-\boldsymbol{b})=||\boldsymbol{a}||^2-||\boldsymbol{b}||^2=0$

$\Leftrightarrow||\boldsymbol{a}||=||\boldsymbol{b}||$

（3） 左辺 $=||\boldsymbol{a}||^2+||\boldsymbol{b}||^2+2(\boldsymbol{a},\boldsymbol{b})+||\boldsymbol{a}||^2+||\boldsymbol{b}||^2-2(\boldsymbol{a},\boldsymbol{b})=2||\boldsymbol{a}||^2+2||\boldsymbol{b}||^2=$ 右辺

（4） 右辺 $=\frac{1}{4}\{||\boldsymbol{a}||^2+||\boldsymbol{b}||^2+2(\boldsymbol{a},\boldsymbol{b})-(||\boldsymbol{a}||^2+||\boldsymbol{b}||^2-2(\boldsymbol{a},\boldsymbol{b}))\}=\frac{1}{4}\cdot 4(\boldsymbol{a},\boldsymbol{b})=$ 左辺

§18

問題 18.1

（1） $\frac{1}{\sqrt{5}}\begin{bmatrix}1\\ 2\end{bmatrix},\ \frac{1}{\sqrt{5}}\begin{bmatrix}2\\ -1\end{bmatrix}$

（2） $\frac{1}{5}\begin{bmatrix}3\\ 4\end{bmatrix},\ \frac{1}{5}\begin{bmatrix}-4\\ 3\end{bmatrix}$

（3） $\frac{1}{\sqrt{3}}\begin{bmatrix}1\\ 1\\ 1\end{bmatrix},\ \frac{1}{\sqrt{2}}\begin{bmatrix}1\\ -1\\ 0\end{bmatrix},\ \frac{1}{\sqrt{6}}\begin{bmatrix}1\\ 1\\ -2\end{bmatrix}$

（4） $\frac{1}{\sqrt{2}}\begin{bmatrix}1\\ 1\\ 0\end{bmatrix},\ \begin{bmatrix}0\\ 0\\ 1\end{bmatrix},\ \frac{1}{\sqrt{2}}\begin{bmatrix}1\\ -1\\ 0\end{bmatrix}$

（5） $\frac{1}{\sqrt{6}}\begin{bmatrix}1\\ 2\\ -1\end{bmatrix},\ \frac{1}{5\sqrt{3}}\begin{bmatrix}7\\ -1\\ 5\end{bmatrix},\ \frac{1}{5\sqrt{2}}\begin{bmatrix}-3\\ 4\\ 5\end{bmatrix}$

（6） $\frac{1}{3}\begin{bmatrix}1\\ 2\\ 2\end{bmatrix},\ \frac{1}{3}\begin{bmatrix}2\\ -2\\ 1\end{bmatrix},\ \frac{1}{3}\begin{bmatrix}2\\ 1\\ -2\end{bmatrix}$

（7） $\frac{1}{2}\begin{bmatrix}1\\ 1\\ 1\\ 1\end{bmatrix},\ \frac{1}{2}\begin{bmatrix}1\\ 1\\ -1\\ -1\end{bmatrix},\ \frac{1}{2}\begin{bmatrix}1\\ -1\\ -1\\ 1\end{bmatrix},\ \frac{1}{2}\begin{bmatrix}-1\\ 1\\ -1\\ 1\end{bmatrix}$

詳しい解

（1）

$||\boldsymbol{v}_1||=\sqrt{1+4}=\sqrt{5}$ より $\boldsymbol{u}_1=\frac{1}{\sqrt{5}}\begin{bmatrix}1\\ 2\end{bmatrix}$.

$$\boldsymbol{v}_2{}'=\begin{bmatrix}4\\ 3\end{bmatrix}-\left(\begin{bmatrix}4\\ 3\end{bmatrix},\ \frac{1}{\sqrt{5}}\begin{bmatrix}1\\ 2\end{bmatrix}\right)\frac{1}{\sqrt{5}}\begin{bmatrix}1\\ 2\end{bmatrix}=\begin{bmatrix}4\\ 3\end{bmatrix}-2\begin{bmatrix}1\\ 2\end{bmatrix}=\begin{bmatrix}2\\ -1\end{bmatrix},$$

$||\boldsymbol{v}_2{}'||=\frac{4}{5}\sqrt{4+1}=\sqrt{5}$ より $\boldsymbol{u}_2=\frac{1}{\sqrt{5}}\begin{bmatrix}2\\ -1\end{bmatrix}$.

(2)

$||\boldsymbol{v}_1|| = \sqrt{9+16} = 5$ より $\boldsymbol{u}_1 = \frac{1}{5}\begin{bmatrix} 3 \\ 4 \end{bmatrix}$.

$$\boldsymbol{v}_2{}' = \begin{bmatrix} -2 \\ 4 \end{bmatrix} - \left(\begin{bmatrix} -2 \\ 4 \end{bmatrix}, \frac{1}{5}\begin{bmatrix} 3 \\ 4 \end{bmatrix} \right) \frac{1}{5}\begin{bmatrix} 3 \\ 4 \end{bmatrix} = \begin{bmatrix} -2 \\ 4 \end{bmatrix} - \frac{2}{5}\begin{bmatrix} 3 \\ 4 \end{bmatrix} = \frac{4}{5}\begin{bmatrix} -4 \\ 3 \end{bmatrix},$$

$||\boldsymbol{v}_2{}'|| = \frac{4}{5}\sqrt{16+9} = 4$ より $\boldsymbol{u}_2 = \frac{1}{4} \cdot \frac{4}{5}\begin{bmatrix} -4 \\ 3 \end{bmatrix} = \frac{1}{5}\begin{bmatrix} -4 \\ 3 \end{bmatrix}$.

(3)

$||\boldsymbol{v}_1|| = \sqrt{1+1+1} = \sqrt{3}$ より $\boldsymbol{u}_1 = \frac{1}{\sqrt{3}}\begin{bmatrix} 1 \\ 1 \\ 1 \end{bmatrix}$.

$$\boldsymbol{v}_2{}' = \begin{bmatrix} 2 \\ 0 \\ 1 \end{bmatrix} - \left(\begin{bmatrix} 2 \\ 0 \\ 1 \end{bmatrix}, \frac{1}{\sqrt{3}}\begin{bmatrix} 1 \\ 1 \\ 1 \end{bmatrix} \right) \frac{1}{\sqrt{3}}\begin{bmatrix} 1 \\ 1 \\ 1 \end{bmatrix} = \begin{bmatrix} 2 \\ 0 \\ 1 \end{bmatrix} - \begin{bmatrix} 1 \\ 1 \\ 1 \end{bmatrix} = \begin{bmatrix} 1 \\ -1 \\ 0 \end{bmatrix},$$

$||\boldsymbol{v}_2{}'|| = \sqrt{1+1+0} = \sqrt{2}$ より $\boldsymbol{u}_2 = \frac{1}{\sqrt{2}}\begin{bmatrix} 1 \\ -1 \\ 0 \end{bmatrix}$.

$$\begin{aligned}\boldsymbol{v}_3{}' &= \begin{bmatrix} 4 \\ 0 \\ -1 \end{bmatrix} - \left(\begin{bmatrix} 4 \\ 0 \\ -1 \end{bmatrix}, \frac{1}{\sqrt{3}}\begin{bmatrix} 1 \\ 1 \\ 1 \end{bmatrix} \right) \frac{1}{\sqrt{3}}\begin{bmatrix} 1 \\ 1 \\ 1 \end{bmatrix} - \left(\begin{bmatrix} 4 \\ 0 \\ -1 \end{bmatrix}, \frac{1}{\sqrt{2}}\begin{bmatrix} 1 \\ -1 \\ 0 \end{bmatrix} \right) \frac{1}{\sqrt{2}}\begin{bmatrix} 1 \\ -1 \\ 0 \end{bmatrix} \\ &= \begin{bmatrix} 4 \\ 0 \\ -1 \end{bmatrix} - \begin{bmatrix} 1 \\ 1 \\ 1 \end{bmatrix} - 2\begin{bmatrix} 1 \\ -1 \\ 0 \end{bmatrix} = \begin{bmatrix} 1 \\ 1 \\ -2 \end{bmatrix},\end{aligned}$$

$||\boldsymbol{v}_3{}'|| = \sqrt{1+1+4} = \sqrt{6}$ より $\boldsymbol{u}_3 = \frac{1}{\sqrt{6}}\begin{bmatrix} 1 \\ 1 \\ -2 \end{bmatrix}$.

別解 外積を列ベクトルで表して

$$\boldsymbol{u}_3 = \boldsymbol{u}_1 \times \boldsymbol{u}_2 = \frac{1}{\sqrt{3}} \cdot \frac{1}{\sqrt{2}} \begin{bmatrix} \begin{vmatrix} 1 & 1 \\ -1 & 0 \end{vmatrix} \\ -\begin{vmatrix} 1 & 1 \\ 1 & 0 \end{vmatrix} \\ \begin{vmatrix} 1 & 1 \\ 1 & -1 \end{vmatrix} \end{bmatrix} = \frac{1}{\sqrt{6}}\begin{bmatrix} 1 \\ 1 \\ -2 \end{bmatrix}.$$

(4)

$||\boldsymbol{v}_1|| = \sqrt{1+1+0} = \sqrt{2}$ より $\boldsymbol{u}_1 = \frac{1}{\sqrt{2}}\begin{bmatrix} 1 \\ 1 \\ 0 \end{bmatrix}$.

$$\boldsymbol{v}_2{}' = \begin{bmatrix} 2 \\ 2 \\ 1 \end{bmatrix} - \left(\begin{bmatrix} 2 \\ 2 \\ 1 \end{bmatrix}, \frac{1}{\sqrt{2}}\begin{bmatrix} 1 \\ 1 \\ 0 \end{bmatrix} \right) \frac{1}{\sqrt{2}}\begin{bmatrix} 1 \\ 1 \\ 0 \end{bmatrix} = \begin{bmatrix} 2 \\ 2 \\ 1 \end{bmatrix} - 2\begin{bmatrix} 1 \\ 1 \\ 0 \end{bmatrix} = \begin{bmatrix} 0 \\ 0 \\ 1 \end{bmatrix},$$

$||\boldsymbol{v}_2'|| = \sqrt{0+0+1} = 1$ より $\boldsymbol{u}_2 = \begin{bmatrix} 0 \\ 0 \\ 1 \end{bmatrix}$.

$$\boldsymbol{v}_3' = \begin{bmatrix} 1 \\ 0 \\ 1 \end{bmatrix} - \left(\begin{bmatrix} 1 \\ 0 \\ 1 \end{bmatrix}, \frac{1}{\sqrt{2}} \begin{bmatrix} 1 \\ 1 \\ 0 \end{bmatrix} \right) \frac{1}{\sqrt{2}} \begin{bmatrix} 1 \\ 1 \\ 0 \end{bmatrix} - \left(\begin{bmatrix} 1 \\ 0 \\ 1 \end{bmatrix}, \begin{bmatrix} 0 \\ 0 \\ 1 \end{bmatrix} \right) \begin{bmatrix} 0 \\ 0 \\ 1 \end{bmatrix}$$
$$= \begin{bmatrix} 1 \\ 0 \\ 1 \end{bmatrix} - \frac{1}{2} \begin{bmatrix} 1 \\ 1 \\ 0 \end{bmatrix} - \begin{bmatrix} 0 \\ 0 \\ 1 \end{bmatrix} = \frac{1}{2} \begin{bmatrix} 1 \\ -1 \\ 0 \end{bmatrix},$$

$||\boldsymbol{v}_3'|| = \frac{1}{2}\sqrt{1+1+0} = \frac{\sqrt{2}}{2}$ より $\boldsymbol{u}_3 = \frac{2}{\sqrt{2}} \cdot \frac{1}{2} \begin{bmatrix} 1 \\ -1 \\ 0 \end{bmatrix} = \frac{1}{\sqrt{2}} \begin{bmatrix} 1 \\ -1 \\ 0 \end{bmatrix}$.

別解 外積を列ベクトルで表して

$$\boldsymbol{u}_3 = \boldsymbol{u}_1 \times \boldsymbol{u}_2 = \frac{1}{\sqrt{2}} \begin{bmatrix} \begin{vmatrix} 1 & 0 \\ 0 & 1 \end{vmatrix} \\ -\begin{vmatrix} 1 & 0 \\ 0 & 1 \end{vmatrix} \\ \begin{vmatrix} 1 & 1 \\ 0 & 0 \end{vmatrix} \end{bmatrix} = \frac{1}{\sqrt{2}} \begin{bmatrix} 1 \\ -1 \\ 0 \end{bmatrix}.$$

(5)

$||\boldsymbol{v}_1|| = \sqrt{1+4+1} = \sqrt{6}$ より $\boldsymbol{u}_1 = \frac{1}{\sqrt{6}} \begin{bmatrix} 1 \\ 2 \\ -1 \end{bmatrix}$.

$$\boldsymbol{v}_2' = \begin{bmatrix} 3 \\ 1 \\ 1 \end{bmatrix} - \left(\begin{bmatrix} 3 \\ 1 \\ 1 \end{bmatrix}, \frac{1}{\sqrt{6}} \begin{bmatrix} 1 \\ 2 \\ -1 \end{bmatrix} \right) \frac{1}{\sqrt{6}} \begin{bmatrix} 1 \\ 2 \\ -1 \end{bmatrix} = \begin{bmatrix} 3 \\ 1 \\ 1 \end{bmatrix} - \frac{2}{3} \begin{bmatrix} 1 \\ 2 \\ -1 \end{bmatrix} = \frac{1}{3} \begin{bmatrix} 7 \\ -1 \\ 5 \end{bmatrix},$$

$||\boldsymbol{v}_2'|| = \frac{1}{3}\sqrt{49+1+25} = \frac{5\sqrt{3}}{3}$ より $\boldsymbol{u}_2 = \frac{3}{5\sqrt{3}} \cdot \frac{1}{3} \begin{bmatrix} 7 \\ -1 \\ 5 \end{bmatrix} = \frac{1}{5\sqrt{3}} \begin{bmatrix} 7 \\ -1 \\ 5 \end{bmatrix}$.

$$\boldsymbol{v}_3' = \begin{bmatrix} 6 \\ 7 \\ 8 \end{bmatrix} - \left(\begin{bmatrix} 6 \\ 7 \\ 8 \end{bmatrix}, \frac{1}{\sqrt{6}} \begin{bmatrix} 1 \\ 2 \\ -1 \end{bmatrix} \right) \frac{1}{\sqrt{6}} \begin{bmatrix} 1 \\ 2 \\ -1 \end{bmatrix} - \left(\begin{bmatrix} 6 \\ 7 \\ 8 \end{bmatrix}, \frac{1}{5\sqrt{3}} \begin{bmatrix} 7 \\ -1 \\ 5 \end{bmatrix} \right) \frac{1}{5\sqrt{3}} \begin{bmatrix} 7 \\ -1 \\ 5 \end{bmatrix}$$
$$= \begin{bmatrix} 6 \\ 7 \\ 8 \end{bmatrix} - 2 \begin{bmatrix} 1 \\ 2 \\ -1 \end{bmatrix} - \begin{bmatrix} 7 \\ -1 \\ 5 \end{bmatrix} = \begin{bmatrix} -3 \\ 4 \\ 5 \end{bmatrix},$$

$||\boldsymbol{v}_3'|| = \sqrt{9+16+25} = 5\sqrt{2}$ より $\boldsymbol{u}_3 = \frac{1}{5\sqrt{2}} \begin{bmatrix} -3 \\ 4 \\ 5 \end{bmatrix}$.

別解 外積を列ベクトルで表して

$$\boldsymbol{u}_3=\boldsymbol{u}_1\times\boldsymbol{u}_2=\frac{1}{\sqrt{6}}\cdot\frac{1}{5\sqrt{3}}\begin{bmatrix}\begin{vmatrix}2&-1\\-1&5\end{vmatrix}\\-\begin{vmatrix}1&-1\\7&5\end{vmatrix}\\\begin{vmatrix}1&2\\7&-1\end{vmatrix}\end{bmatrix}=\frac{1}{15\sqrt{2}}\begin{bmatrix}9\\-12\\-15\end{bmatrix}=\frac{1}{5\sqrt{2}}\begin{bmatrix}3\\-4\\-5\end{bmatrix}.$$

注意 この方法で求めた $\boldsymbol{u}_3$ は上述の $\boldsymbol{u}_3$ とは向きが逆であるが, これでもよい.

(6)

$||\boldsymbol{v}_1||=\sqrt{1+4+4}=3$ より $\boldsymbol{u}_1=\dfrac{1}{3}\begin{bmatrix}1\\2\\2\end{bmatrix}$.

$$\boldsymbol{v}_2{}'=\begin{bmatrix}1\\0\\1\end{bmatrix}-\left(\begin{bmatrix}1\\0\\1\end{bmatrix},\ \frac{1}{3}\begin{bmatrix}1\\2\\2\end{bmatrix}\right)\frac{1}{3}\begin{bmatrix}1\\2\\2\end{bmatrix}=\begin{bmatrix}1\\0\\1\end{bmatrix}-\frac{1}{3}\begin{bmatrix}1\\2\\2\end{bmatrix}=\frac{1}{3}\begin{bmatrix}2\\-2\\1\end{bmatrix},$$

$||\boldsymbol{v}_2{}'||=\dfrac{1}{3}\sqrt{4+4+1}=1$ より $\boldsymbol{u}_2=\dfrac{1}{3}\begin{bmatrix}2\\-2\\1\end{bmatrix}$.

$$\begin{aligned}\boldsymbol{v}_3{}'&=\begin{bmatrix}1\\0\\0\end{bmatrix}-\left(\begin{bmatrix}1\\0\\0\end{bmatrix},\ \frac{1}{3}\begin{bmatrix}1\\2\\2\end{bmatrix}\right)\frac{1}{3}\begin{bmatrix}1\\2\\2\end{bmatrix}-\left(\begin{bmatrix}1\\0\\0\end{bmatrix},\ \frac{1}{3}\begin{bmatrix}2\\-2\\1\end{bmatrix}\right)\frac{1}{3}\begin{bmatrix}2\\-2\\1\end{bmatrix}\\&=\begin{bmatrix}1\\0\\0\end{bmatrix}-\frac{1}{9}\begin{bmatrix}1\\2\\2\end{bmatrix}-\frac{2}{9}\begin{bmatrix}2\\-2\\1\end{bmatrix}=\frac{2}{9}\begin{bmatrix}2\\1\\-2\end{bmatrix},\end{aligned}$$

$||\boldsymbol{v}_3{}'||=\dfrac{2}{9}\sqrt{4+1+4}=\dfrac{2}{3}$ より $\boldsymbol{u}_3=\dfrac{3}{2}\cdot\dfrac{2}{9}\begin{bmatrix}2\\1\\-2\end{bmatrix}=\dfrac{1}{3}\begin{bmatrix}2\\1\\-2\end{bmatrix}$.

別解 外積を列ベクトルで表して

$$\boldsymbol{u}_3=\boldsymbol{u}_1\times\boldsymbol{u}_2=\frac{1}{3}\cdot\frac{1}{3}\begin{bmatrix}\begin{vmatrix}2&2\\-2&1\end{vmatrix}\\-\begin{vmatrix}1&2\\2&1\end{vmatrix}\\\begin{vmatrix}1&2\\2&-2\end{vmatrix}\end{bmatrix}=\frac{1}{9}\begin{bmatrix}6\\3\\-6\end{bmatrix}=\frac{1}{3}\begin{bmatrix}2\\1\\-2\end{bmatrix}.$$

(7)

$$\|\boldsymbol{v}_1\| = \sqrt{1+1+1+1} = 2 \text{ より } \boldsymbol{u}_1 = \frac{1}{2}\begin{bmatrix}1\\1\\1\\1\end{bmatrix}.$$

$$\boldsymbol{v}_2{}' = \begin{bmatrix}1\\1\\0\\0\end{bmatrix} - \left(\begin{bmatrix}1\\1\\0\\0\end{bmatrix}, \frac{1}{2}\begin{bmatrix}1\\1\\1\\1\end{bmatrix}\right)\frac{1}{2}\begin{bmatrix}1\\1\\1\\1\end{bmatrix} = \begin{bmatrix}1\\1\\0\\0\end{bmatrix} - \frac{1}{2}\begin{bmatrix}1\\1\\1\\1\end{bmatrix} = \frac{1}{2}\begin{bmatrix}1\\1\\-1\\-1\end{bmatrix},$$

$$\|\boldsymbol{v}_2{}'\| = \frac{1}{2}\sqrt{1+1+1+1} = 1 \text{ より } \boldsymbol{u}_2 = \frac{1}{2}\begin{bmatrix}1\\1\\-1\\-1\end{bmatrix}.$$

$$\begin{aligned}\boldsymbol{v}_3{}' &= \begin{bmatrix}2\\1\\0\\1\end{bmatrix} - \left(\begin{bmatrix}2\\1\\0\\1\end{bmatrix}, \frac{1}{2}\begin{bmatrix}1\\1\\1\\1\end{bmatrix}\right)\frac{1}{2}\begin{bmatrix}1\\1\\1\\1\end{bmatrix} - \left(\begin{bmatrix}2\\1\\0\\1\end{bmatrix}, \frac{1}{2}\begin{bmatrix}1\\1\\-1\\-1\end{bmatrix}\right)\frac{1}{2}\begin{bmatrix}1\\1\\-1\\-1\end{bmatrix}\\ &= \begin{bmatrix}2\\1\\0\\1\end{bmatrix} - \begin{bmatrix}1\\1\\1\\1\end{bmatrix} - \frac{1}{2}\begin{bmatrix}1\\1\\-1\\-1\end{bmatrix} = \frac{1}{2}\begin{bmatrix}1\\-1\\-1\\1\end{bmatrix},\end{aligned}$$

$$\|\boldsymbol{v}_3{}'\| = \frac{1}{2}\sqrt{1+1+1+1} = 1 \text{ より } \boldsymbol{u}_3 = \frac{1}{2}\begin{bmatrix}1\\-1\\-1\\1\end{bmatrix}.$$

$$\begin{aligned}\boldsymbol{v}_4{}' &= \begin{bmatrix}0\\0\\1\\3\end{bmatrix} - \left(\begin{bmatrix}0\\0\\1\\3\end{bmatrix}, \frac{1}{2}\begin{bmatrix}1\\1\\1\\1\end{bmatrix}\right)\frac{1}{2}\begin{bmatrix}1\\1\\1\\1\end{bmatrix} - \left(\begin{bmatrix}0\\0\\1\\3\end{bmatrix}, \frac{1}{2}\begin{bmatrix}1\\1\\-1\\-1\end{bmatrix}\right)\frac{1}{2}\begin{bmatrix}1\\1\\-1\\-1\end{bmatrix}\\ &\qquad - \left(\begin{bmatrix}0\\0\\1\\3\end{bmatrix}, \frac{1}{2}\begin{bmatrix}1\\-1\\-1\\1\end{bmatrix}\right)\frac{1}{2}\begin{bmatrix}1\\-1\\-1\\1\end{bmatrix}\\ &= \begin{bmatrix}0\\0\\1\\3\end{bmatrix} - \begin{bmatrix}1\\1\\1\\1\end{bmatrix} + \begin{bmatrix}1\\1\\-1\\-1\end{bmatrix} - \frac{1}{2}\begin{bmatrix}1\\-1\\-1\\1\end{bmatrix} = \frac{1}{2}\begin{bmatrix}-1\\1\\-1\\1\end{bmatrix},\end{aligned}$$

$$\|\boldsymbol{v}_4{}'\| = \frac{1}{2}\sqrt{1+1+1+1} = 1 \text{ より } \boldsymbol{u}_4 = \frac{1}{2}\begin{bmatrix}-1\\1\\-1\\1\end{bmatrix}.$$

問題 18.2

（1）$\boldsymbol{a} = \dfrac{10}{3}\boldsymbol{u}_1 + \dfrac{5}{3}\boldsymbol{u}_2 - \dfrac{1}{3}\boldsymbol{u}_3$　　（2）$\boldsymbol{a} = \dfrac{11}{2}\boldsymbol{u}_1 - \dfrac{5}{2}\boldsymbol{u}_2 + \dfrac{1}{2}\boldsymbol{u}_3 + \dfrac{3}{2}\boldsymbol{u}_4$

詳しい解

（1）

$$\boldsymbol{u}_1 \text{ の係数} = (\boldsymbol{u}_1,\ \boldsymbol{a}) = \left(\frac{1}{3}\begin{bmatrix}1\\2\\2\end{bmatrix},\ \begin{bmatrix}2\\1\\3\end{bmatrix}\right) = \frac{1}{3}(2+2+6) = \frac{10}{3}$$

$$\boldsymbol{u}_2 \text{ の係数} = (\boldsymbol{u}_2,\ \boldsymbol{a}) = \left(\frac{1}{3}\begin{bmatrix}2\\-2\\1\end{bmatrix},\ \begin{bmatrix}2\\1\\3\end{bmatrix}\right) = \frac{1}{3}(4-2+3) = \frac{5}{3}$$

$$\boldsymbol{u}_3 \text{ の係数} = (\boldsymbol{u}_3,\ \boldsymbol{a}) = \left(\frac{1}{3}\begin{bmatrix}2\\1\\-2\end{bmatrix},\ \begin{bmatrix}2\\1\\3\end{bmatrix}\right) = \frac{1}{3}(4+1-6) = -\frac{1}{3}$$

（2）

$$\boldsymbol{u}_1 \text{ の係数} = (\boldsymbol{u}_1,\ \boldsymbol{a}) = \left(\frac{1}{2}\begin{bmatrix}1\\1\\1\\1\end{bmatrix},\ \begin{bmatrix}1\\2\\3\\5\end{bmatrix}\right) = \frac{1}{2}(1+2+3+5) = \frac{11}{2}$$

$$\boldsymbol{u}_2 \text{ の係数} = (\boldsymbol{u}_2,\ \boldsymbol{a}) = \left(\frac{1}{2}\begin{bmatrix}1\\1\\-1\\-1\end{bmatrix},\ \begin{bmatrix}1\\2\\3\\5\end{bmatrix}\right) = \frac{1}{2}(1+2-3-5) = -\frac{5}{2}$$

$$\boldsymbol{u}_3 \text{ の係数} = (\boldsymbol{u}_3,\ \boldsymbol{a}) = \left(\frac{1}{2}\begin{bmatrix}1\\-1\\-1\\1\end{bmatrix},\ \begin{bmatrix}1\\2\\3\\5\end{bmatrix}\right) = \frac{1}{2}(1-2-3+5) = \frac{1}{2}$$

$$\boldsymbol{u}_4 \text{ の係数} = (\boldsymbol{u}_4,\ \boldsymbol{a}) = \left(\frac{1}{2}\begin{bmatrix}-1\\1\\-1\\1\end{bmatrix},\ \begin{bmatrix}1\\2\\3\\5\end{bmatrix}\right) = \frac{1}{2}(-1+2-3+5) = \frac{3}{2}$$

問題 18.3

（1）$\overrightarrow{\mathrm{OA}} \times \overrightarrow{\mathrm{OB}} = \left[\begin{vmatrix}2 & -3\\-1 & 5\end{vmatrix},\ -\begin{vmatrix}1 & -3\\3 & 5\end{vmatrix},\ \begin{vmatrix}2 & 2\\-1 & -1\end{vmatrix}\right] = [7,\ -14,\ -7],$

$$S = \frac{1}{2}\sqrt{7^2+(-14)^2+(-7)^2} = \frac{7}{2}\sqrt{1^2+(-2)^2+(-1)^2} = \frac{7\sqrt{6}}{2}$$

（2）$\overrightarrow{\mathrm{OA}} \times \overrightarrow{\mathrm{OB}} = \left[\begin{vmatrix}0 & 1\\-2 & 5\end{vmatrix},\ -\begin{vmatrix}3 & 1\\6 & 5\end{vmatrix},\ \begin{vmatrix}3 & 0\\6 & -2\end{vmatrix}\right] = [2,\ -9,\ -6],$

$$S = \frac{1}{2}\sqrt{2^2+(-9)^2+(-6)^2} = \frac{11}{2}$$

問題 18.4

$\vec{\boldsymbol{a}} \times \vec{\boldsymbol{b}} = [-18 \quad 0 \quad 9]$, $\left\{ \frac{1}{3}[1 \quad -2 \quad 2],\ \frac{1}{3\sqrt{5}}[2 \quad 5 \quad 4],\ \frac{1}{\sqrt{5}}[-2 \quad 0 \quad 1] \right\}$

§19

問題 19.1

(1) $g_A(t) = \begin{vmatrix} 1-t & 3 \\ 3 & 1-t \end{vmatrix} = t^2 - 2t - 8 = (t-4)(t+2)$, 固有値 4, −2

(2) $g_A(t) = \begin{vmatrix} 10-t & -18 \\ 3 & -5-t \end{vmatrix} = t^2 - 5t + 4 = (t-1)(t-4)$, 固有値 1, 4

(3) $g_A(t) = \begin{vmatrix} 6-t & 3 \\ 1 & 4-t \end{vmatrix} = t^2 - 10t + 21 = (t-3)(t-7)$, 固有値 3, 7

(4) $g_A(t) = \begin{vmatrix} 1-t & 0 \\ 2 & 3-t \end{vmatrix} = t^2 - 4t + 3 = (t-1)(t-3)$, 固有値 1, 3

(5) $g_A(t) = \begin{vmatrix} 5-t & -4 \\ 1 & 1-t \end{vmatrix} = t^2 - 6t + 9 = (t-3)^2$, 固有値 3 (重複度 2)

問題 19.2

(1) <u>固有値 4</u> $[A - 4E \ \ \mathbf{0}] = \begin{bmatrix} -3 & 3 & 0 \\ 3 & -3 & 0 \end{bmatrix} \longrightarrow \begin{bmatrix} 1 & -1 & 0 \\ 0 & 0 & 0 \end{bmatrix}$ より $\begin{bmatrix} 1 \\ 1 \end{bmatrix}$,

<u>固有値 −2</u> $[A - (-2)E \ \ \mathbf{0}] = \begin{bmatrix} 3 & 3 & 0 \\ 3 & 3 & 0 \end{bmatrix} \longrightarrow \begin{bmatrix} 1 & 1 & 0 \\ 0 & 0 & 0 \end{bmatrix}$ より $\begin{bmatrix} -1 \\ 1 \end{bmatrix}$.

(2) <u>固有値 1</u> $[A - 1E \ \ \mathbf{0}] = \begin{bmatrix} 9 & -18 & 0 \\ 3 & -6 & 0 \end{bmatrix} \longrightarrow \begin{bmatrix} 1 & -2 & 0 \\ 0 & 0 & 0 \end{bmatrix}$ より $\begin{bmatrix} 2 \\ 1 \end{bmatrix}$,

<u>固有値 4</u> $[A - 4E \ \ \mathbf{0}] = \begin{bmatrix} 6 & -18 & 0 \\ 3 & -9 & 0 \end{bmatrix} \longrightarrow \begin{bmatrix} 1 & -3 & 0 \\ 0 & 0 & 0 \end{bmatrix}$ より $\begin{bmatrix} 3 \\ 1 \end{bmatrix}$.

(3) <u>固有値 3</u> $[A - 3E \ \ \mathbf{0}] = \begin{bmatrix} 3 & 3 & 0 \\ 1 & 1 & 0 \end{bmatrix} \longrightarrow \begin{bmatrix} 1 & 1 & 0 \\ 0 & 0 & 0 \end{bmatrix}$ より $\begin{bmatrix} -1 \\ 1 \end{bmatrix}$,

<u>固有値 7</u> $[A - 7E \ \ \mathbf{0}] = \begin{bmatrix} -1 & 3 & 0 \\ 1 & -3 & 0 \end{bmatrix} \longrightarrow \begin{bmatrix} 1 & -3 & 0 \\ 0 & 0 & 0 \end{bmatrix}$ より $\begin{bmatrix} 3 \\ 1 \end{bmatrix}$.

(4) <u>固有値 1</u> $[A - 1E \ \ \mathbf{0}] = \begin{bmatrix} 0 & 0 & 0 \\ 2 & 2 & 0 \end{bmatrix} \longrightarrow \begin{bmatrix} 1 & 1 & 0 \\ 0 & 0 & 0 \end{bmatrix}$ より $\begin{bmatrix} -1 \\ 1 \end{bmatrix}$,

<u>固有値 3</u> $[A - 3E \ \ \mathbf{0}] = \begin{bmatrix} -2 & 0 & 0 \\ 2 & 0 & 0 \end{bmatrix} \longrightarrow \begin{bmatrix} 1 & 0 & 0 \\ 0 & 0 & 0 \end{bmatrix}$ より $\begin{bmatrix} 0 \\ 1 \end{bmatrix}$.

(5) <u>固有値 3</u> $[A - 3E \ \ \mathbf{0}] = \begin{bmatrix} 2 & -4 & 0 \\ 1 & -2 & 0 \end{bmatrix} \longrightarrow \begin{bmatrix} 1 & -2 & 0 \\ 0 & 0 & 0 \end{bmatrix}$ より $\begin{bmatrix} 2 \\ 1 \end{bmatrix}$.

問題 19.3 固有多項式 $g_A(t) = \begin{vmatrix} a_{11}-t & a_{12} \\ a_{21} & a_{22}-t \end{vmatrix}$ を展開すると

$$\begin{aligned} g_A(t) &= (a_{11}-t)(a_{22}-t) - a_{12}a_{21} \\ &= t^2 - (a_{11}+a_{22})t + a_{11}a_{22} - a_{12}a_{21} \end{aligned}$$

であるから，2 次方程式 $g_A(t) = 0$ の解と係数の関係より，$\lambda_1 + \lambda_2 = a_{11} + a_{22}$, $\lambda_1\lambda_2 = a_{11}a_{22} - a_{12}a_{21}$ である．

問題 19.4 (1) $A\boldsymbol{x} = \lambda\boldsymbol{x}$ に左から A をかけて

$$A(A\boldsymbol{x}) = A(\lambda\boldsymbol{x}) = \lambda(A\boldsymbol{x}) = \lambda(\lambda\boldsymbol{x}), \quad \text{つまり} \quad A^2\boldsymbol{x} = \lambda^2\boldsymbol{x}$$

が成り立ち，λ^2 は A^2 の固有値である．

(2) $(\alpha A^2+\beta A+\gamma E)\boldsymbol{x} = \alpha A^2\boldsymbol{x}+\beta A\boldsymbol{x}+\gamma E\boldsymbol{x} = \alpha\lambda^2\boldsymbol{x}+\beta\lambda\boldsymbol{x}+\gamma\boldsymbol{x} = (\alpha\lambda^2+\beta\lambda+\gamma)\boldsymbol{x}$ である．

§20

問題 20.1

(1) $P = \begin{bmatrix} 1 & -1 \\ 1 & 1 \end{bmatrix}$ とすると，$P^{-1}AP = \begin{bmatrix} 4 & 0 \\ 0 & -2 \end{bmatrix}$.

(2) $P = \begin{bmatrix} 2 & 3 \\ 1 & 1 \end{bmatrix}$ とすると，$P^{-1}AP = \begin{bmatrix} 1 & 0 \\ 0 & 4 \end{bmatrix}$.

(3) $P = \begin{bmatrix} -1 & 3 \\ 1 & 1 \end{bmatrix}$ とすると，$P^{-1}AP = \begin{bmatrix} 3 & 0 \\ 0 & 7 \end{bmatrix}$.

(4) $P = \begin{bmatrix} -1 & 0 \\ 1 & 1 \end{bmatrix}$ とすると，$P^{-1}AP = \begin{bmatrix} 1 & 0 \\ 0 & 3 \end{bmatrix}$.

(5) 対角化できない．

問題 20.2

(1) $g_A(t) = \begin{vmatrix} 5-t & -8 \\ 1 & -1-t \end{vmatrix} = (5-t)(-1-t) - (-8)\cdot 1$

$= t^2 - 4t + 3 = (t-1)(t-3) = 0$ より，固有値は 1 と 3.

異なる 2 個の固有値をもつから対角化可能である．

固有値 1 の固有ベクトル　$(A - 1E)\boldsymbol{x} = \boldsymbol{0}$ を解く．

$[A-1E \;\; \boldsymbol{0}] = \begin{bmatrix} 4 & -8 & 0 \\ 1 & -2 & 0 \end{bmatrix} \to \begin{bmatrix} 1 & -2 & 0 \\ 0 & 0 & 0 \end{bmatrix}$ より，$x_2 = c$ (c は任意) とおくと

$\boldsymbol{x} = \begin{bmatrix} 2c \\ c \end{bmatrix} = c\begin{bmatrix} 2 \\ 1 \end{bmatrix}$，したがって，固有値 1 の固有ベクトルは $\begin{bmatrix} 2 \\ 1 \end{bmatrix}$ である．

固有値3の固有ベクトル　$(A-3E)\boldsymbol{x}=\mathbf{0}$ を解く.

$[A-3E\ \ \mathbf{0}]=\begin{bmatrix}2 & -8 & 0\\ 1 & -4 & 0\end{bmatrix}\to\begin{bmatrix}1 & -4 & 0\\ 0 & 0 & 0\end{bmatrix}$ より, $x_2=c$ (c は任意) とおくと

$\boldsymbol{x}=\begin{bmatrix}4c\\ c\end{bmatrix}=c\begin{bmatrix}4\\ 1\end{bmatrix}$, したがって, 固有値3の固有ベクトルは $\begin{bmatrix}4\\ 1\end{bmatrix}$ である.

以上より, $P=\begin{bmatrix}2 & 4\\ 1 & 1\end{bmatrix}$ とすると, $P^{-1}AP=\begin{bmatrix}1 & 0\\ 0 & 3\end{bmatrix}$ である.

(2)

$$g_A(t)=\begin{vmatrix}2-t & -1\\ 4 & 6-t\end{vmatrix}=(2-t)(6-t)-(-1)\cdot 4\cdot 1$$

$=t^2-8t+16=(t-4)^2=0$ より, 固有値は 4 (重複度 2).

$A\neq 4E$ であるから, 対角化不可能である.

問題 20.3

(1) 問題 20.1 (2) より, $P=\begin{bmatrix}2 & 3\\ 1 & 1\end{bmatrix}$ とすると, $P^{-1}AP=\begin{bmatrix}1 & 0\\ 0 & 4\end{bmatrix}$ である.

$P^{-1}=\dfrac{1}{-1}\begin{bmatrix}1 & -3\\ -1 & 2\end{bmatrix}=\begin{bmatrix}-1 & 3\\ 1 & -2\end{bmatrix}$ であるから,

$$\begin{aligned}A^k&=P\begin{bmatrix}1 & 0\\ 0 & 4^k\end{bmatrix}P^{-1}=\begin{bmatrix}2 & 3\\ 1 & 1\end{bmatrix}\begin{bmatrix}1 & 0\\ 0 & 4^k\end{bmatrix}\begin{bmatrix}-1 & 3\\ 1 & -2\end{bmatrix}\\ &=\begin{bmatrix}2 & 3\cdot 4^k\\ 1 & 4^k\end{bmatrix}\begin{bmatrix}-1 & 3\\ 1 & -2\end{bmatrix}\\ &=\begin{bmatrix}3\cdot 4^k-2 & 6-6\cdot 4^k\\ 4^k-1 & 3-2\cdot 4^k\end{bmatrix}.\end{aligned}$$

(2) 問題 20.1 (3) より, $P=\begin{bmatrix}-1 & 3\\ 1 & 1\end{bmatrix}$ とすると, $P^{-1}AP=\begin{bmatrix}3 & 0\\ 0 & 7\end{bmatrix}$ である.

$P^{-1}=\dfrac{1}{-4}\begin{bmatrix}1 & -3\\ -1 & -1\end{bmatrix}=\dfrac{1}{4}\begin{bmatrix}-1 & 3\\ 1 & 1\end{bmatrix}$ であるから,

$$\begin{aligned}A^k&=P\begin{bmatrix}3^k & 0\\ 0 & 7^k\end{bmatrix}P^{-1}=\begin{bmatrix}-1 & 3\\ 1 & 1\end{bmatrix}\begin{bmatrix}3^k & 0\\ 0 & 7^k\end{bmatrix}\left(\frac{1}{4}\begin{bmatrix}-1 & 3\\ 1 & 1\end{bmatrix}\right)\\ &=\frac{1}{4}\begin{bmatrix}-3^k & 3\cdot 7^k\\ 3^k & 7^k\end{bmatrix}\begin{bmatrix}-1 & 3\\ 1 & 1\end{bmatrix}\\ &=\frac{1}{4}\begin{bmatrix}3^k+3\cdot 7^k & -3^{k+1}+3\cdot 7^k\\ -3^k+7^k & 3^{k+1}+7^k\end{bmatrix}.\end{aligned}$$

問題 20.4 $AP=P\begin{bmatrix}3 & 1\\ 0 & 3\end{bmatrix}$ と変形し, $P=\begin{bmatrix}x & z\\ y & w\end{bmatrix}$ とおくと

$$A\begin{bmatrix}x\\ y\end{bmatrix}=3\begin{bmatrix}x\\ y\end{bmatrix},\qquad A\begin{bmatrix}z\\ w\end{bmatrix}=3\begin{bmatrix}z\\ w\end{bmatrix}+\begin{bmatrix}x\\ y\end{bmatrix},$$

つまり

$$\begin{bmatrix}-1 & -1\\ 1 & 1\end{bmatrix}\begin{bmatrix}x\\ y\end{bmatrix}=\begin{bmatrix}0\\ 0\end{bmatrix}, \qquad \begin{bmatrix}-1 & -1\\ 1 & 1\end{bmatrix}\begin{bmatrix}z\\ w\end{bmatrix}=\begin{bmatrix}x\\ y\end{bmatrix}$$

である．これを解くと，まず $\begin{bmatrix}x\\ y\end{bmatrix}=c\begin{bmatrix}-1\\ 1\end{bmatrix}$ (c は 0 でない任意の実数) であり，$\begin{bmatrix}z\\ w\end{bmatrix}=c\begin{bmatrix}1\\ 0\end{bmatrix}+d\begin{bmatrix}-1\\ 1\end{bmatrix}$ (d は任意の実数) である．したがって，$P=\begin{bmatrix}-c & c-d\\ c & d\end{bmatrix}$ ($c\neq 0$) である．

§21

問題 21.1

(1)

$$\begin{aligned}g_A(t)&=\begin{vmatrix}3-t & 0 & -5\\ 1 & -1-t & -2\\ 1 & -4 & 1-t\end{vmatrix}=(3-t)\begin{vmatrix}-1-t & -2\\ -4 & 1-t\end{vmatrix}+(-5)\begin{vmatrix}1 & -1-t\\ 1 & -4\end{vmatrix}\\ &=(3-t)\{(-1-t)(1-t)-8\}-5(-4+1+t)\\ &=-(t-3)(t^2-9)-5(t-3)=-(t-3)(t^2-4)=-(t-3)(t-2)(t+2)\end{aligned}$$

であるから，$(t-3)(t-2)(t+2)=0$ を解いて，A の固有値は 3 と 2 と -2 である (重複度はいずれも 1)．

固有値 3 の固有ベクトル　$(A-3E)\boldsymbol{x}=\boldsymbol{0}$ を解く．

$$A-3E=\begin{bmatrix}0 & 0 & -5\\ 1 & -4 & -2\\ 1 & -4 & -2\end{bmatrix}\longrightarrow\begin{bmatrix}1 & -4 & -2\\ 0 & 0 & -5\\ 1 & -4 & -2\end{bmatrix}\longrightarrow\begin{bmatrix}1 & -4 & -2\\ 0 & 0 & -5\\ 0 & 0 & 0\end{bmatrix}\longrightarrow\begin{bmatrix}1 & -4 & 0\\ 0 & 0 & 1\\ 0 & 0 & 0\end{bmatrix}$$

であるから，$x_2=c$ とおき

$$\boldsymbol{x}=\begin{bmatrix}4c\\ c\\ 0\end{bmatrix}=c\begin{bmatrix}4\\ 1\\ 0\end{bmatrix},\quad \text{これより}\begin{bmatrix}4\\ 1\\ 0\end{bmatrix}.$$

固有値 2 の固有ベクトル　$(A-2E)\boldsymbol{x}=\boldsymbol{0}$ を解く．

$$A-2E=\begin{bmatrix}1 & 0 & -5\\ 1 & -3 & -2\\ 1 & -4 & -1\end{bmatrix}\longrightarrow\begin{bmatrix}1 & 0 & -5\\ 0 & -3 & 3\\ 0 & -4 & 4\end{bmatrix}\longrightarrow\begin{bmatrix}1 & 0 & -5\\ 0 & 1 & -1\\ 0 & 0 & 0\end{bmatrix}$$

であるから，$x_3=c$ とおき

$$\boldsymbol{x}=\begin{bmatrix}5c\\ c\\ c\end{bmatrix}=c\begin{bmatrix}5\\ 1\\ 1\end{bmatrix},\quad \text{これより}\begin{bmatrix}5\\ 1\\ 1\end{bmatrix}.$$

固有値 -2 の固有ベクトル　$(A-(-2)E)\boldsymbol{x}=\boldsymbol{0}$ を解く．

$$A-(-2)E=\begin{bmatrix}5 & 0 & -5\\ 1 & 1 & -2\\ 1 & -4 & 3\end{bmatrix}\longrightarrow\begin{bmatrix}1 & 0 & -1\\ 1 & 1 & -2\\ 1 & -4 & 3\end{bmatrix}\longrightarrow\begin{bmatrix}1 & 0 & -1\\ 0 & 1 & -1\\ 0 & -4 & 4\end{bmatrix}\longrightarrow\begin{bmatrix}1 & 0 & -1\\ 0 & 1 & -1\\ 0 & 0 & 0\end{bmatrix}$$

であるから, $x_3 = c$ とおき

$$\boldsymbol{x} = \begin{bmatrix} c \\ c \\ c \end{bmatrix} = c\begin{bmatrix} 1 \\ 1 \\ 1 \end{bmatrix}, \quad \text{これより} \begin{bmatrix} 1 \\ 1 \\ 1 \end{bmatrix}.$$

(2)

$$g_A(t) = \begin{vmatrix} 2-t & -3 & -2 \\ -1 & 4-t & 2 \\ 1 & -3 & -1-t \end{vmatrix}$$

$$\underset{③+②}{\overset{①+②}{=\!=\!=}} \begin{vmatrix} 1-t & 1-t & 0 \\ -1 & 4-t & 2 \\ 0 & 1-t & 1-t \end{vmatrix} = (1-t)^2\begin{vmatrix} 1 & 1 & 0 \\ -1 & 4-t & 2 \\ 0 & 1 & 1 \end{vmatrix}$$

$$\overset{②+①}{=\!=\!=} (t-1)^2\begin{vmatrix} 1 & 1 & 0 \\ 0 & 5-t & 2 \\ 0 & 1 & 1 \end{vmatrix} = (t-1)^2\begin{vmatrix} 5-t & 2 \\ 1 & 1 \end{vmatrix}$$

$$= (t-1)^2(5-t-2) = -(t-1)^2(t-3)$$

であるから, $(t-1)^2(t-3) = 0$ を解いて, A の固有値は 1 (重複度 2) と 3 (重複度 1) である.

固有値 1 の固有ベクトル　$(A-1E)\boldsymbol{x} = \boldsymbol{0}$ を解く.

$$A - 1E = \begin{bmatrix} 1 & -3 & -2 \\ -1 & 3 & 2 \\ 1 & -3 & -2 \end{bmatrix} \longrightarrow \begin{bmatrix} 1 & -3 & -2 \\ 0 & 0 & 0 \\ 0 & 0 & 0 \end{bmatrix}$$

であるから, $x_2 = c$, $x_3 = d$ とおき

$$\boldsymbol{x} = \begin{bmatrix} 3c+2d \\ c \\ d \end{bmatrix} = c\begin{bmatrix} 3 \\ 1 \\ 0 \end{bmatrix} + d\begin{bmatrix} 2 \\ 0 \\ 1 \end{bmatrix}, \quad \text{これより} \begin{bmatrix} 3 \\ 1 \\ 0 \end{bmatrix} \text{と} \begin{bmatrix} 2 \\ 0 \\ 1 \end{bmatrix}.$$

固有値 3 の固有ベクトル　$(A-3E)\boldsymbol{x} = \boldsymbol{0}$ を解く.

$$A - 3E = \begin{bmatrix} -1 & -3 & -2 \\ -1 & 1 & 2 \\ 1 & -3 & -4 \end{bmatrix} \longrightarrow \begin{bmatrix} 1 & 3 & 2 \\ -1 & 1 & 2 \\ 1 & -3 & -4 \end{bmatrix} \longrightarrow \begin{bmatrix} 1 & 3 & 2 \\ 0 & 4 & 4 \\ 0 & -6 & -6 \end{bmatrix} \longrightarrow \begin{bmatrix} 1 & 0 & -1 \\ 0 & 1 & 1 \\ 0 & 0 & 0 \end{bmatrix}$$

であるから, $x_3 = c$ とおき

$$\boldsymbol{x} = \begin{bmatrix} c \\ -c \\ c \end{bmatrix} = c\begin{bmatrix} 1 \\ -1 \\ 1 \end{bmatrix}, \quad \text{これより} \begin{bmatrix} 1 \\ -1 \\ 1 \end{bmatrix}.$$

問題 21.2 どちらも対角化可能である.

(1) $P = \begin{bmatrix} 4 & 5 & 1 \\ 1 & 1 & 1 \\ 0 & 1 & 1 \end{bmatrix}$ とすると, $P^{-1}AP = \begin{bmatrix} 3 & 0 & 0 \\ 0 & 2 & 0 \\ 0 & 0 & -2 \end{bmatrix}$.

(2) $P = \begin{bmatrix} 3 & 2 & 1 \\ 1 & 0 & -1 \\ 0 & 1 & 1 \end{bmatrix}$ とすると, $P^{-1}AP = \begin{bmatrix} 1 & 0 & 0 \\ 0 & 1 & 0 \\ 0 & 0 & 3 \end{bmatrix}$.

問題 21.3 問題の行列を A とし, P については一例をあげる.

(1) $P = \begin{bmatrix} -1 & -1 & 0 \\ 1 & 2 & 1 \\ 1 & 0 & 1 \end{bmatrix}$ とすると, $P^{-1}AP = \begin{bmatrix} 3 & 0 & 0 \\ 0 & 5 & 0 \\ 0 & 0 & -1 \end{bmatrix}$.

(2) $P = \begin{bmatrix} -1 & 1 & -11 \\ 1 & 1 & -1 \\ 1 & 1 & 14 \end{bmatrix}$ とすると, $P^{-1}AP = \begin{bmatrix} 1 & 0 & 0 \\ 0 & 3 & 0 \\ 0 & 0 & -2 \end{bmatrix}$.

(3) $P = \begin{bmatrix} -2 & -3 & 1 \\ 1 & 0 & 1 \\ 0 & 1 & 1 \end{bmatrix}$ とすると, $P^{-1}AP = \begin{bmatrix} 2 & 0 & 0 \\ 0 & 2 & 0 \\ 0 & 0 & -4 \end{bmatrix}$.

(4) $P = \begin{bmatrix} 3 & 5 & 1 \\ 1 & 0 & -1 \\ 0 & 1 & 1 \end{bmatrix}$ とすると, $P^{-1}AP = \begin{bmatrix} 4 & 0 & 0 \\ 0 & 4 & 0 \\ 0 & 0 & 3 \end{bmatrix}$.

(5) $P = \begin{bmatrix} 1 & -1 & -1 \\ 1 & 0 & -3 \\ 0 & 1 & 1 \end{bmatrix}$ とすると, $P^{-1}AP = \begin{bmatrix} 1 & 0 & 0 \\ 0 & 1 & 0 \\ 0 & 0 & -2 \end{bmatrix}$.

(6) $P = \begin{bmatrix} 1 & -1 & 1 \\ 1 & 0 & -1 \\ 0 & 1 & 1 \end{bmatrix}$ とすると, $P^{-1}AP = \begin{bmatrix} 2 & 0 & 0 \\ 0 & 2 & 0 \\ 0 & 0 & 5 \end{bmatrix}$.

(7) 対角化できない. 固有値は 2 (重複度 2) と 4 (重複度 1),

固有値 2 の固有ベクトルは $\begin{bmatrix} -1 \\ 2 \\ 1 \end{bmatrix}$, 固有値 4 の固有ベクトルは $\begin{bmatrix} 1 \\ -1 \\ 1 \end{bmatrix}$.

(8) 対角化できない. 固有値は 3 (重複度 3), 固有ベクトルは $\begin{bmatrix} 2 \\ 1 \\ 0 \end{bmatrix}$, $\begin{bmatrix} -1 \\ 0 \\ 1 \end{bmatrix}$.

問題 21.4

(1) 固有値は $\pm 3, \pm 4$,

固有ベクトルは 固有値 ± 3 : $\begin{bmatrix} \pm 1 \\ 0 \\ 0 \\ 3 \end{bmatrix}$, 固有値 ± 4 : $\begin{bmatrix} 0 \\ \pm 1 \\ 2 \\ 0 \end{bmatrix}$ (複号同順).

(2) 固有値は 2 (重複度 2), 0, −2,

固有ベクトルは　固有値 2 : $\begin{bmatrix} -1 \\ 0 \\ 1 \\ 0 \end{bmatrix}, \begin{bmatrix} 0 \\ 1 \\ 0 \\ 1 \end{bmatrix}$, 固有値 0 : $\begin{bmatrix} 1 \\ 0 \\ 1 \\ 0 \end{bmatrix}$, 固有値 −2 : $\begin{bmatrix} 0 \\ -1 \\ 0 \\ 1 \end{bmatrix}$.

(3) 固有値は 2 (重複度 2), 4 (重複度 2),

固有ベクトルは　固有値 2 : $\begin{bmatrix} 1 \\ 0 \\ 1 \\ 0 \end{bmatrix}, \begin{bmatrix} 0 \\ 1 \\ 0 \\ 1 \end{bmatrix}$, 固有値 4 : $\begin{bmatrix} -1 \\ 0 \\ 1 \\ 0 \end{bmatrix}, \begin{bmatrix} 0 \\ -1 \\ 0 \\ 1 \end{bmatrix}$.

(4) 固有値は 1 (重複度 4),　固有ベクトルは　$\begin{bmatrix} -2 \\ 1 \\ 0 \\ 0 \end{bmatrix}, \begin{bmatrix} 0 \\ 0 \\ -1 \\ 1 \end{bmatrix}$.

問題 21.5

(1) $A^k = \begin{bmatrix} 2 \cdot 4^k + 3^k & -3 \cdot 4^k + 3^{k+1} & -5 \cdot 4^k + 5 \cdot 3^k \\ -4^k + 3^k & 4^{k+1} - 3^{k+1} & 5 \cdot 4^k - 5 \cdot 3^k \\ 4^k - 3^k & -3 \cdot 4^k + 3^{k+1} & -4^{k+1} + 5 \cdot 3^k \end{bmatrix}$

(2) $A^k = \dfrac{1}{6} \begin{bmatrix} 7^k + 5 & 2 \cdot 7^k - 2 & 3 \cdot 7^k - 3 \\ 7^k - 1 & 2 \cdot 7^k + 4 & 3 \cdot 7^k - 3 \\ 7^k - 1 & 2 \cdot 7^k - 2 & 3 \cdot 7^k + 3 \end{bmatrix}$

問題 21.6

(1) −1　(2) 1　(3) 4

問題 21.7 $n = 2$ の場合は問題 19.3 で示した．一般の場合も固有方程式の解と係数の関係から問題の関係式が得られる．

問題 21.8

問題 21.1

(1) 固有値の和 $= 3 + 2 + (-2) = 3$,　トレース $= 3 + (-1) + 1 = 3$

(2) 固有値の和 $= 1 + 1 + 3 = 5$,　トレース $= 2 + 4 + (-1) = 5$

問題 21.3 ：固有値の和 (トレース) の値のみ示す.

(1) 7　(2) 2　(3) 0　(4) 11　(5) 0　(6) 9　(7) 9　(8) 9

問題 21.9 $g_{P^{-1}AP}(t) = |P^{-1}AP - tE| = |P^{-1}(A - tE)P|$
$= |P^{-1}|\,|A - tE|\,|P| = |P|^{-1}|A - tE|\,|P| = |A - tE| = g_A(t)$.

問題 21.10 $\boldsymbol{v}_1, \cdots, \boldsymbol{v}_r, \boldsymbol{v}_{r+1}, \cdots, \boldsymbol{v}_n$ が 1 次独立となるように $\boldsymbol{v}_{r+1}, \cdots, \boldsymbol{v}_n$ を選び，$P = [\,\boldsymbol{v}_1 \ \ \cdots \ \ \boldsymbol{v}_n\,]$ とおく．このとき，$P^{-1}AP = \begin{bmatrix} \lambda E_r & A' \\ O & A'' \end{bmatrix}$ (A' は $r \times (n-r)$ 行列，A'' は $(n-r)$ 次正方行列) となり，

$$g_A(t) = g_{P^{-1}AP}(t) = \begin{vmatrix} (\lambda - t)E_r & A' \\ O & A'' - tE_{n-r} \end{vmatrix} = (\lambda - t)^r |A'' - tE_{n-r}|$$

である.

問題 21.11 一例をあげる.

（1）$P = \begin{bmatrix} 1 & 0 & 1 \\ 1 & 1 & 0 \\ -1 & 0 & 0 \end{bmatrix}$　（2）$P = \begin{bmatrix} 2 & 1 & -1 \\ 1 & 1 & 0 \\ 0 & 1 & 0 \end{bmatrix}$

§22

問題 22.1

（1）$\begin{cases} x_k = -5 + 6 \cdot 4^k \\ y_k = -5 + 3 \cdot 4^k \end{cases}$　（2）$\begin{cases} x_k = -3^{k+1} - 3 \cdot (-2)^{k+1} \\ y_k = -3^k + 3 \cdot (-2)^k \end{cases}$

（3）$\begin{cases} x_k = -5 \cdot 4^k + 8 \cdot 3^k \\ y_k = 10 \cdot 4^k - 8 \cdot 3^k \\ z_k = -7 \cdot 4^k + 8 \cdot 3^k \end{cases}$

問題 22.2

（1）$\begin{bmatrix} x_{k+1} \\ y_{k+1} \end{bmatrix} = \begin{bmatrix} 0 & 1 \\ 4 & 3 \end{bmatrix} \begin{bmatrix} x_k \\ y_k \end{bmatrix}$ より $x_k = 2 \cdot 4^k + 3 \cdot (-1)^k$.

（2）$\begin{bmatrix} x_{k+1} \\ y_{k+1} \end{bmatrix} = \begin{bmatrix} 0 & 1 \\ 9 & 0 \end{bmatrix} \begin{bmatrix} x_k \\ y_k \end{bmatrix}$ より $x_k = \frac{1}{2}\{3^k + (-3)^k\}$.

（3）$\begin{bmatrix} x_{k+1} \\ y_{k+1} \\ z_{k+1} \end{bmatrix} = \begin{bmatrix} 0 & 1 & 0 \\ 0 & 0 & 1 \\ 6 & -11 & 6 \end{bmatrix} \begin{bmatrix} x_k \\ y_k \\ z_k \end{bmatrix}$ より $x_k = 5 - 3 \cdot 2^k + 4 \cdot 3^k$.

問題 22.3

（1）$\begin{bmatrix} 4 & 0 \\ 0 & -1 \end{bmatrix}$

（2）$\begin{bmatrix} x_k \\ y_k \end{bmatrix} = P \begin{bmatrix} u_k \\ v_k \end{bmatrix}$ と (1) の結果より,

$$\begin{bmatrix} u_{k+1} \\ v_{k+1} \end{bmatrix} = P^{-1} \begin{bmatrix} x_{k+1} \\ y_{k+1} \end{bmatrix} = P^{-1}A \begin{bmatrix} x_k \\ y_k \end{bmatrix} = P^{-1}AP \begin{bmatrix} u_k \\ v_k \end{bmatrix} = \begin{bmatrix} 4 & 0 \\ 0 & -1 \end{bmatrix} \begin{bmatrix} u_k \\ v_k \end{bmatrix}$$

となるから, $u_{k+1} = 4u_k$, $v_{k+1} = (-1)v_k$ である.

問題 22.4

$\begin{bmatrix} 1 & 5 & 4 \\ 1 & 1 & 1 \\ 1 & 1 & 0 \end{bmatrix}^{-1} \begin{bmatrix} 3 & 0 & -5 \\ 1 & -1 & -2 \\ 1 & -4 & 1 \end{bmatrix} \begin{bmatrix} 1 & 5 & 4 \\ 1 & 1 & 1 \\ 1 & 1 & 0 \end{bmatrix} = \begin{bmatrix} -2 & 0 & 0 \\ 0 & 2 & 0 \\ 0 & 0 & 3 \end{bmatrix}$ であるから,

$u_{k+1} = -2u_k$,　$v_{k+1} = 2v_k$,　$w_{k+1} = 3w_k$ である.

§23

問題 23.1 問題の行列を A とし, U については一例をあげる.

(1) $U = \dfrac{1}{\sqrt{2}}\begin{bmatrix} 1 & -1 \\ 1 & 1 \end{bmatrix}$ とすると, $U^{-1}AU = \begin{bmatrix} 1 & 0 \\ 0 & 3 \end{bmatrix}$.

(2) $U = \dfrac{1}{\sqrt{5}}\begin{bmatrix} 2 & -1 \\ 1 & 2 \end{bmatrix}$ とすると, $U^{-1}AU = \begin{bmatrix} 2 & 0 \\ 0 & -3 \end{bmatrix}$.

(3) $U = \dfrac{1}{3}\begin{bmatrix} 2 & -2 & 1 \\ 2 & 1 & -2 \\ 1 & 2 & 2 \end{bmatrix}$ とすると, $U^{-1}AU = \begin{bmatrix} -2 & 0 & 0 \\ 0 & 1 & 0 \\ 0 & 0 & 4 \end{bmatrix}$.

(4) $U = \begin{bmatrix} -\frac{1}{\sqrt{2}} & \frac{1}{\sqrt{3}} & \frac{1}{\sqrt{6}} \\ 0 & \frac{1}{\sqrt{3}} & -\frac{2}{\sqrt{6}} \\ \frac{1}{\sqrt{2}} & \frac{1}{\sqrt{3}} & \frac{1}{\sqrt{6}} \end{bmatrix}$ とすると, $U^{-1}AU = \begin{bmatrix} 1 & 0 & 0 \\ 0 & 1 & 0 \\ 0 & 0 & 7 \end{bmatrix}$.

(5) $U = \begin{bmatrix} \frac{2}{\sqrt{5}} & -\frac{2}{3\sqrt{5}} & \frac{1}{3} \\ \frac{1}{\sqrt{5}} & \frac{4}{3\sqrt{5}} & -\frac{2}{3} \\ 0 & \frac{5}{3\sqrt{5}} & \frac{2}{3} \end{bmatrix}$ とすると, $U^{-1}AU = \begin{bmatrix} 4 & 0 & 0 \\ 0 & 4 & 0 \\ 0 & 0 & -5 \end{bmatrix}$.

(6) $U = \begin{bmatrix} \frac{3}{5} & \frac{48}{65} & -\frac{4}{13} \\ \frac{4}{5} & -\frac{36}{65} & \frac{3}{13} \\ 0 & \frac{5}{13} & \frac{12}{13} \end{bmatrix}$ とすると, $U^{-1}AU = \begin{bmatrix} 0 & 0 & 0 \\ 0 & 0 & 0 \\ 0 & 0 & 169 \end{bmatrix}$.

問題 23.2

(1) ${}^t\boldsymbol{x}\begin{bmatrix} 3 & 3 \\ 3 & -5 \end{bmatrix}\boldsymbol{x}$ (2) ${}^t\boldsymbol{x}\begin{bmatrix} 1 & 2 & -3 \\ 2 & -3 & -4 \\ -3 & -4 & 2 \end{bmatrix}\boldsymbol{x}$ (3) ${}^t\boldsymbol{x}\begin{bmatrix} 1 & 0 & 1 & -1 \\ 0 & -1 & 0 & -1 \\ 1 & 0 & 1 & 0 \\ -1 & -1 & 0 & -1 \end{bmatrix}\boldsymbol{x}$

問題 23.3

(1) $\begin{bmatrix} x_1 \\ x_2 \end{bmatrix} = \begin{bmatrix} \frac{1}{\sqrt{2}} & \frac{-1}{\sqrt{2}} \\ \frac{1}{\sqrt{2}} & \frac{1}{\sqrt{2}} \end{bmatrix}\begin{bmatrix} y_1 \\ y_2 \end{bmatrix}$ とすると, 与式 $= 2{y_2}^2$.

(2) $\begin{bmatrix} x_1 \\ x_2 \\ x_3 \end{bmatrix} = \begin{bmatrix} \frac{1}{\sqrt{6}} & \frac{-1}{\sqrt{3}} & \frac{1}{\sqrt{2}} \\ \frac{-1}{\sqrt{6}} & \frac{1}{\sqrt{3}} & \frac{1}{\sqrt{2}} \\ \frac{2}{\sqrt{6}} & \frac{1}{\sqrt{3}} & 0 \end{bmatrix}\begin{bmatrix} y_1 \\ y_2 \\ y_3 \end{bmatrix}$ とすると, 与式 $= 6{y_1}^2 + 3{y_2}^2 - 2{y_3}^2$.

(3) $\begin{bmatrix} x_1 \\ x_2 \\ x_3 \end{bmatrix} = \begin{bmatrix} \frac{1}{\sqrt{2}} & \frac{1}{\sqrt{6}} & \frac{-1}{\sqrt{3}} \\ \frac{1}{\sqrt{2}} & \frac{-1}{\sqrt{6}} & \frac{1}{\sqrt{3}} \\ 0 & \frac{2}{\sqrt{6}} & \frac{1}{\sqrt{3}} \end{bmatrix}\begin{bmatrix} y_1 \\ y_2 \\ y_3 \end{bmatrix}$ とすると, 与式 $= 2{y_1}^2 + 2{y_2}^2 - {y_3}^2$.

問題 23.4

(1) 正値　(2) 正値でない

§24

問題 24.1 問題の行列を A とする.

(1) $A=2\begin{bmatrix}2 & -2\\ 1 & -1\end{bmatrix}+(-1)\begin{bmatrix}-1 & 2\\ -1 & 2\end{bmatrix}$　(2) $A=4\begin{bmatrix}\frac{5}{7} & \frac{2}{7}\\ \frac{5}{7} & \frac{2}{7}\end{bmatrix}+(-3)\begin{bmatrix}\frac{2}{7} & \frac{-2}{7}\\ \frac{-5}{7} & \frac{2}{7}\end{bmatrix}$

(3) $A=2\begin{bmatrix}-3 & -5 & -1\\ 3 & 5 & 1\\ -3 & -5 & -1\end{bmatrix}+1\cdot\begin{bmatrix}6 & 9 & 3\\ -4 & -6 & -2\\ 2 & 3 & 1\end{bmatrix}+(-1)\begin{bmatrix}-2 & -4 & -2\\ 1 & 2 & 1\\ 1 & 2 & 1\end{bmatrix}$

(4) $A=2\begin{bmatrix}-1 & 1 & -1\\ -3 & 3 & -3\\ -1 & 1 & -1\end{bmatrix}+4\begin{bmatrix}2 & -4 & 10\\ 3 & -6 & 15\\ 1 & -2 & 5\end{bmatrix}+5\begin{bmatrix}0 & 3 & -9\\ 0 & 4 & -12\\ 0 & 1 & -3\end{bmatrix}$

(5) $A=3\begin{bmatrix}-1 & 3 & 5\\ 1 & -3 & -5\\ -1 & 3 & 5\end{bmatrix}+4\begin{bmatrix}2 & -3 & -5\\ -1 & 4 & 5\\ 1 & -3 & -4\end{bmatrix}$

(6) $A=1\cdot\begin{bmatrix}0 & 1 & 1\\ \frac{1}{3} & \frac{2}{3} & \frac{-1}{3}\\ \frac{-1}{3} & \frac{1}{3} & \frac{4}{3}\end{bmatrix}+2\begin{bmatrix}1 & -1 & -1\\ \frac{-1}{3} & \frac{1}{3} & \frac{1}{3}\\ \frac{1}{3} & \frac{-1}{3} & \frac{-1}{3}\end{bmatrix}$

問題 24.2

(1) $P=\begin{bmatrix}2 & -1\\ 1 & -1\end{bmatrix}$ とすると, $P^{-1}AP=\begin{bmatrix}2 & 0\\ 0 & -1\end{bmatrix}$.

(2) $P=\begin{bmatrix}\frac{5}{7} & \frac{2}{7}\\ \frac{5}{7} & \frac{-5}{7}\end{bmatrix}$ とすると, $P^{-1}AP=\begin{bmatrix}4 & 0\\ 0 & -3\end{bmatrix}$.

(3) $P=\begin{bmatrix}-1 & 3 & -2\\ 1 & -2 & 1\\ -1 & 1 & 1\end{bmatrix}$ とすると, $P^{-1}AP=\begin{bmatrix}2 & 0 & 0\\ 0 & 1 & 0\\ 0 & 0 & -1\end{bmatrix}$.

(4) $P=\begin{bmatrix}1 & 2 & 3\\ 3 & 3 & 4\\ 1 & 1 & 1\end{bmatrix}$ とすると, $P^{-1}AP=\begin{bmatrix}2 & 0 & 0\\ 0 & 4 & 0\\ 0 & 0 & 5\end{bmatrix}$.

(5) $P=\begin{bmatrix}-1 & 2 & -3\\ 1 & -1 & 4\\ -1 & 1 & -3\end{bmatrix}$ とすると, $P^{-1}AP=\begin{bmatrix}3 & 0 & 0\\ 0 & 4 & 0\\ 0 & 0 & 4\end{bmatrix}$.

(6) $P=\begin{bmatrix}0 & 1 & 1\\ \frac{1}{3} & \frac{2}{3} & \frac{-1}{3}\\ \frac{-1}{3} & \frac{1}{3} & \frac{1}{3}\end{bmatrix}$ とすると, $P^{-1}AP=\begin{bmatrix}1 & 0 & 0\\ 0 & 1 & 0\\ 0 & 0 & -2\end{bmatrix}$.

問題 24.3

(1) $A = 2^k \begin{bmatrix} -1 & 1 \\ -2 & 2 \end{bmatrix} + 3^k \begin{bmatrix} 2 & -1 \\ 2 & -1 \end{bmatrix}$, $f(A) = \begin{bmatrix} 273 & -135 \\ 270 & -132 \end{bmatrix}$

(2) $A = \dfrac{3^k}{6} \begin{bmatrix} 1 & 2 & 3 \\ 1 & 2 & 3 \\ 1 & 2 & 3 \end{bmatrix} + \dfrac{(-3)^k}{6} \begin{bmatrix} 5 & -2 & -3 \\ -1 & 4 & -3 \\ -1 & -2 & 3 \end{bmatrix}$, $f(A) = \begin{bmatrix} -87 & 90 & 135 \\ 45 & -42 & 135 \\ 45 & 90 & 3 \end{bmatrix}$

問題 24.4

(1) (24.5) より $\boldsymbol{e}_j = A_1\boldsymbol{e}_j + A_2\boldsymbol{e}_j + \cdots + A_p\boldsymbol{e}_j$ である．補足 2 (p.171) より, $(*)$ ならば $A_1\boldsymbol{e}_j$, $A_2\boldsymbol{e}_j$, $\cdots$, $A_p\boldsymbol{e}_j$ はそれぞれ固有値 λ_1, λ_2, $\cdots$, λ_p の固有ベクトルである．

(2) $A_1\boldsymbol{e}_j$, $A_2\boldsymbol{e}_j$, $\cdots$, $A_p\boldsymbol{e}_j$ はそれぞれ r_1 個, r_2 個, $\cdots$, r_p 個の 1 次独立なベクトルの 1 次結合で表されるから, $\boldsymbol{e}_1$, $\boldsymbol{e}_2$, $\cdots$, $\boldsymbol{e}_n$ のそれぞれは $r_1 + r_2 + \cdots + r_p$ 個のベクトルの 1 次結合で表される．$\boldsymbol{e}_1$, $\boldsymbol{e}_2$, $\cdots$, $\boldsymbol{e}_n$ は 1 次独立であるから, 定理 12.2 (2) より, $n \leqq r_1 + r_2 + \cdots + r_p$ である．定理 21.5 より, 固有ベクトルは全体として 1 次独立であるから, $r_1 + r_2 + \cdots + r_p \leqq n$ でもある．したがって, $r_1 + r_2 + \cdots + r_p = n$ である．

(3) 1 次独立な固有ベクトルが全体として n 個存在し, それらを並べて行列 P を構成すると, P は n 次正則行列となる．A はこの P で対角化される．

索　引

あ 行

か 行

さ 行

た 行

な 行

は 行

や 行

ら 行

著者略歴

長崎憲一（ながさき けんいち）

1970年　東京大学理学部数学科卒業
1977年　東京大学大学院理学系研究科
　　　　博士課程単位取得満期退学
現　在　元 千葉工業大学教授，理学博士

主要著書

明解微分方程式（初版）（共著，培風館，1997）
明解微分積分（初版）（共著，培風館，2000）
明解複素解析（共著，培風館，2002）
明解微分方程式 改訂版（共著，培風館，2003）
明解線形代数（共著，培風館，2005）
明解微分積分 改訂版（共著，培風館，2019）

横山利章（よこやま としあき）

1983年　大阪大学理学部数学科卒業
1988年　広島大学大学院理学研究科
　　　　博士課程修了，理学博士
現　在　千葉工業大学教授

主要著書

明解微分積分（初版）（共著，培風館，2000）
明解複素解析（共著，培風館，2002）
明解微分方程式 改訂版（共著，培風館，2003）
明解線形代数（共著，培風館，2005）
明解微分積分 改訂版（共著，培風館，2019）

2005年10月7日　初版発行
2024年3月13日　改訂版発行

明解線形代数

著　者　長崎憲一
　　　　横山利章
発行者　山本　格

発行所　株式会社 培風館
東京都千代田区九段南4-3-12・郵便番号102-8260
電話(03)3262-5256(代表)・振替00140-7-44725

平文社印刷・牧 製本

PRINTED IN JAPAN

ISBN978-4-563-01249-6 C3041